Excel 函数与公式速查宝典

474 节视频讲解+手机扫码看视频+素材源文件+行业案例+在线服务

Excel 精英部落　编著

www.waterpub.com.cn

·北京·

内 容 提 要

《Excel 函数与公式速查宝典》是一本通过实例介绍 Excel 函数与公式实用技巧的图书，内容包含工作和生活中常用的所有函数，随查随用，是一本 Excel 函数与公式应用大全，也是一本 Excel 函数与公式效率手册、Excel 函数与公式速查手册，一本在手，工作无忧。

《Excel 函数与公式速查宝典》共 11 章，具体内容包括公式与函数基础、逻辑函数、数学与三角函数、统计函数、文本函数、日期函数、查找和引用函数、信息函数、财务函数、数据库函数、工程函数。在具体介绍过程中，每个重要常用函数均配有实例辅助讲解，易学易懂、效率高。

《Excel 函数与公式速查宝典》包含 474 节同步视频讲解、362 个 Excel 函数与公式应用解析和 435 个 Excel 函数行业应用案例，非常适合 Excel 从入门到精通、Excel 从新手到高手层次的读者使用，行政管理、财务、市场营销、人力资源管理、统计分析等人员均可将此书作为案头速查参考手册。本书适合于 Excel2016/2013/2010/2007/2003 等版本。

图书在版编目（C I P）数据

Excel函数与公式速查宝典 / Excel精英部落编著
. —— 北京 : 中国水利水电出版社，2019.2（2021.9重印）
ISBN 978-7-5170-6639-2

Ⅰ. ①E… Ⅱ. ①E… Ⅲ. ①表处理软件 Ⅳ.
①TP391.13

中国版本图书馆CIP数据核字（2018）第160307号

书　　名	Excel 函数与公式速查宝典 Excel HANSHU YU GONGSHI SUCHA BAODIAN	
作　　者	Excel 精英部落　编著	
出版发行	中国水利水电出版社	
	（北京市海淀区玉渊潭南路 1 号 D 座　100038）	
	网址：www.waterpub.com.cn	
	E-mail：zhiboshangshu@163.com	
	电话：（010）62572966-2205/2266/2201（营销中心）	
经　　售	北京科水图书销售中心（零售）	
	电话：（010）88383994、63202643、68545874	
	全国各地新华书店和相关出版物销售网点	
排　　版	北京智博尚书文化传媒有限公司	
印　　刷	北京富博印刷有限公司	
规　　格	145mm×210mm　32 开本　21.375 印张　656 千字　4 插页	
版　　次	2019 年 2 月第 1 版　2021 年 9 月第 9 次印刷	
印　　数	40001—45000 册	
定　　价	99.80 元	

凡购买我社图书，如有缺页、倒页、脱页的，本社营销中心负责调换

❤ 根据贷款、利率和时间计算偿还的利息额　　❤ 根据不同的返利率计算各笔订单的返利金额

❤ 按本月缺勤天数计算缺勤扣款　　❤ 比赛用时统计（分钟数）

❤ 对销售业绩排名　　❤ 检测数据是否是数值数据　　❤ 根据促销开始时间计算促销天数

❤ 从身份证号码中提取性别　　❤ 返回几次活动日期分别对应在一年中的第几周

❤ 从公司名称中提取姓名　　❤ 比较测试数据是否完全一致　　❤ 将利润按百分比排位

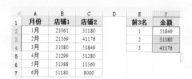
😼 返回排名前三的销售额　　😼 计算偿还的本金额　　😼 对考核成绩排名次

😼 比较供货单价是否相等　　😼 在数据前统一加上相同文字　　😼 返回值班对应星期数

😼 判断考核是否通过　　😼 计算指定班级指定科目的平均分

😼 一次性查询各科目成绩中的最高分　　😼 解决模糊匹配造成统计错误问题

😼 计算应付账款的还款倒计时天数　　😼 计算出一组不定期盈利额的净现值

❤ 从身份号码提取出生年份　　❤ 快速更改产品名称的格式　　❤ 计算项目结束日期

❤ 计算债券的年收益率　　❤ 计算有价证券的收益率　　❤ 删除产品名称中多余空格

❤ 删除产品名称中的换行符　　❤ 只为满足条件的产品提价　　❤ 根据销售额计算员工提成

❤ 三项成绩中有一项达标时给予合格　　❤ 年数总和法计算固定资产的年折旧额

❤ OFFSET 用于创建动图表的数据源　　❤ 根据双条件判断跑步成绩是否合格

根据下班打卡时间计算加班时间

计算临时工的实际工作天数

对多表数据一次性求和

统计指定产品每日的销售记录数

计算商品秒杀的秒数

判断测试结果是否达标

按季支付时计算每期应偿还额　**计算住房公积金的未来值**　**计算国库券的等效收益率**

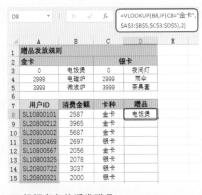

计算指定车间指定性别员工的平均工资（双条件）

根据多条件派发赠品

直线法计算固定资产的每月折旧额

	A	B	C	D	E	F	G	H	I
1	员工姓名	性别	年龄	学历	招聘渠道	招聘编号	应聘岗位	初试时间	是否完善
2	陈波	女	21	专科	招聘网站		销售专员	2016/12/13	未完善
3	刘文水	男	26	本科	现场招聘	R0050	销售专员	2016/12/13	
4	郝志文	男	27	高中	现场招聘	R0050	销售专员	2016/12/14	
5	徐瑶瑶	女	33	本科		R0050	销售专员	2016/12/14	
6	个梦玲	女	33	本科	校园招聘	R0001	客服	2017/1/5	未完善
7	葛大志	男	32		R0001	客服	2017/1/5		未完善
8	方刚名	男	23	专科	校园招聘	R0001	客服	2017/2/15	
9	刘横横	女	21	本科	招聘网站	R0002	助理	2017/2/15	
10	张宇					R0002		2017/2/15	未完善
11	李想	男	31	硕士	猎头招聘	R0003	研究员	2017/3/8	
12	林成洁	男	29	本科	猎头招聘	R0003	研究员	2017/3/9	

☙ 检查应聘者填写信息是否完整

	A	B	C	D
1	项目	职级	完成用时 (小时)	是否合格
2	1	一级工	9	合格
3	2	一级工	14	合格
4	3	二级工	15	不合格
5	4	二级工	12	不合格
6	5	二级工	12	合格
7	6	二级工	16	不合格
8	7	二级工	9	合格

☙ 判断完成时间是否合格

B7   fx   =YIELDDISC(B1,B2,B3,B4,B5)

	A	B	C
1	债券成交日	2017/8/1	
2	债券到期日	2018/1/1	
3	债券购买价格	96.5	
4	债券面值	100	
5	日计数基准	2	
6			
7	债券收益率:	8.53%	

☙ 计算出折价发行债券的年收益

	A	B	C
1	姓名	身份证号	修正身份证号
2	张佳佳	3.40124E+14	340123900721951
3	韩心怡	3.41124E+14	341123870913580
4	王淑芬	3.41132E+14	341131979092709
5	徐明明	3.25121E+14	325120870630789
6	周志清	3.42622E+14	342621980110724
7	吴恩思	3.17142E+14	317141900325841

☙ 修正以科学计数方式显示的身份证号码

E2   fx   =SLN(B2,C2,D2)

	A	B	C	D	E
1	资产名称	原值	预计残值	预计使用年限	年折旧额
2	空调	3980	180	6	633.33
3	冷暖空调机	2200	110	4	522.50
4	uv喷绘机	98000	9800	10	8820.00
5	印刷机	3500	154	5	669.20
6	覆膜机	3200	500	5	540.00
7	平板彩印机	42704	3416	10	3928.80
8	亚克力喷绘机	13920	1113	10	1280.70

☙ 直线法计算固定资产的每年折旧额

	A	B	C
1	姓名	身份证号码	位数
2	孙悦	34010319856912	错误
3	徐梓瑞	342622196111232368	
4	许宸洁	342622198709154658	
5	王硕彦	342622196120618	错误
6	姜美	342622198908021	错误
7	蔡洁轩	342513198009112351	
8	王晓蝶	342521198807018921	

☙ 检测身份证号码位数是否正确

D2   fx   =AND(B2>30000,C2>5)

	A	B	C	D	E
1	姓名	业绩	工龄	是否发放奖金	
2	何玉	33000	7	TRUE	
3	林文洁	18000	9	FALSE	
4	马俊	25200	2	FALSE	
5	李明璐	32400	5	FALSE	
6	刘蕊	32400	11	TRUE	
7	张中阳	36000	5	FALSE	
8	林晓辉	37200	11	TRUE	

☙ 满足双条件时给予奖金

	A	B	C	D	E
1	姓名	职位	工龄	基本工资	调薪幅度
2	何志新	设计员	1	4000	不变
3	周志鹏	研发员	3	5000	5500
4	夏楚奇	会计	5	3500	不变
5	周金星	设计员	4	5000	不变
6	张明宇	研发员	2	4500	5000
7	赵思飞	测试员	4	3500	不变
8	韩佳人	研发员	6	6000	7000
9	刘莉莉	测试员	8	5000	不变
10	吴世芳	研发员	3	5000	5500

☙ 根据员工的职位和工龄调整工资

B6		▼		×	✓	fx	=COUPNCD(B1,B2,B3,B4)

	A	B
1	成交日	2017/10/10
2	到期日	2018/6/10
3	年付息次数	2
4	日计数基准	2
5		
6	成交日之后的下一个付息日	43079

🐾 计算成交日之后的下一个付息日

T.TEST		▼		×	✓	fx	=DATEDIF(C2,TODAY(),"m")

	A	B	C	D	E
1	序号	物品名称	新增日期	使用时间(月)	
2	A001	空调	14.06.05	TODAY(),"m")	
3	A002	冷暖空调机	14.06.22		
4	A003	饮水机	15.06.05		
5	A004	uv喷绘机	14.05.01		

🐾 计算固定资产已使用月份

B9		▼		×	✓	fx	=NPV(B1,B3:B6)+B2

	A	B	C
1	年贴现率	7.50%	
2	初期投资	-100000	
3	第1年收益	10000	
4	第2年收益	20000	
5	第3年收益	50000	
6	第4年收益	80000	
7	第5年再投资	10000	
9	投资净现值(年初发生)	¥26,761.05	

🐾 计算一笔投资的净现值

D2		▼		×	✓	fx	=YEAR(TODAY())-YEAR(C2)

	A	B	C	D	E
1	姓名	出生日期	入职日期	工龄	
2	刘瑞轩	1986/3/24	2010/11/17	1900/1/7	
3	方嘉禾	1990/2/3	2010/3/27		
4	徐瑞	1978/1/25	2009/6/5		

🐾 计算出员工的工龄

B7		▼		×	✓	fx	=RECEIVED(B1,B2,B3,B4,B5)

	A	B	C
1	债券成交日	2017/2/1	
2	债券到期日	2018/6/10	
3	债券金额	500000	
4	债券贴现率	6.65%	
5	日计数基准	3	
6			
7	债券到期的总收回金额:	¥549,452.20	

🐾 计算出购买债券到期的总回报金额

B7		▼		×	✓	fx	=ACCRINTM(B1,B2,B3,B4,B5)

	A	B	C	D
1	发行日	2017/1/1		
2	成交日	2017/8/18		
3	年利率	10.00%		
4	票面价值	50000		
5	日计数基准	2		
6				
7	应计利息	3180.555556		

🐾 计算到期一次性付息有价证券的应计利息

YEARFRAC		▼		×	✓	fx	=YEARFRAC(B2,C2,3)

	A	B	C	D
1	姓名	起始日	结束日	占全年天数百分比
2	李岩	2017/1/1	2017/1/20	=YEARFRAC(B2,C2,3)
3	高雨馨	2017/2/18	2017/2/28	
4	卢明宇	2017/3/10	2017/3/25	

🐾 根据休假日期计算占全年天数的百分比

D2		▼					=PMT(B1,B2,B3)

	A	B	C	D
1	贷款年利率	6.55%		每年偿还金额
2	贷款年限	28		(¥78,843.48)
3	贷款总金额	1000000		

🐾 计算贷款的每年偿还额

	A	B	C	D	E	F	G
1	姓名	性别	所属部门	工资		所属部门	总工资
2	何慧兰	女	企划部	5565.00		<>销售部	
3	周云溪	女	财务部	2800.00			
4	夏楚玉	男	销售部	14900.00			
5	张心怡	女	销售部	6680.00			
6	孙丽萍	女	办公室	2200.00			
7	李悦	女	财务部	3500.00			

🐾 计算总销售额时去除某个分部

B9		▼		×	✓	fx	=IRR(B1:B6)

	A	B
1	期初投资额	-100000
2	第1年收益	10000
3	第2年收益	20000
4	第3年收益	50000
5	第4年收益	80000
6	第5年收益	120000
7		
8	三年后内部收益率	-8.47%
9	五年后内部收益率	30.93%

🐾 计算一笔投资的内部收益率

前　　言

　　Excel 是微软办公软件套装 Office 的一个重要组成部分，是一款简单易学、功能强大的数据处理软件，广泛应用于各类企业日常办公中，也是目前应用最广泛的数据处理软件之一。作为职场人员，掌握 Excel 这个办公利器，必将让你的工作事半功倍，简捷高效！但是，大多数用户对 Excel 的应用仅停留在一些基础运算，对 Excel 的一些高级功能就比较陌生了。再加上 Excel 中用于数据处理的函数和公式超多，每个人的精力又非常有限，记住所有函数及其应用是不太现实的，所以我们编写了这本 Excel 函数与公式速查宝典，结合相应案例介绍了办公中常用的函数功能和应用技巧，遇到问题，随查随用，方便快捷。

本书特点

　　视频讲解：本书录制了 474 节视频，其中包含常用函数的功能讲解及案例分析，手机扫描书中二维码，可以随时随地看视频。

　　内容详尽：本书介绍了 Excel 2016 几乎所有常用函数的使用方法和技巧，介绍过程中结合小实例辅助理解，科学合理，好学好用。

　　实例丰富：一本书若光讲理论，难免会让你昏昏欲睡；若只讲实例，又怕落入"知其然而不知其所以然"的困境。所以本书对函数功能和使用方法进行详细解析的同时又设置了大量的实例、案例对重点常用函数的应用进行了验证，读者可以举一反三，活学活用。

　　图解操作：本书采用图解模式逐一介绍每个函数的功能及其应用技巧，清晰直观、简洁明了、好学好用，希望读者朋友可以在最短时间里学会相关知识点，从而快速解决办公中的疑难问题。

　　在线服务：本书提供 QQ 交流群，"三人行，必有我师"，读者可以在群里相互交流，共同进步。

本书目标读者

　　财务管理：作为财务管理人员，对于财务相关的各类数据需要熟练掌握，通过对大量数据的计算分析，辅助公司领导对公司的经营状况有一个清晰的判定，并为公司财务政策的制定，提供有效的参考。

　　人力资源管理：人力资源管理人员工作中经常需要对各类数据进行整

理、计算、汇总、查询、分析等处理。熟练掌握并应用此书中的知识进行数据分析，可以自动得出所期望的结果，轻松解决工作中的许多难题。

行政管理：公司行政人员经常需要使用各类数据管理与分析表格，通过本书可以轻松、快捷地学习 Excel 相关知识，以提升行政管理人员的数据处理、统计、分析等能力，提高工作效率。

市场营销：作为营销人员，经常需要面对各类数据，因此对销售数据进行统计和分析显得非常重要。Excel 中用于数据处理和分析的函数众多，所以将本书作为案头手册，可以在需要时随查随用，非常方便。

广大读者：作为普通人员，也有很多数据需要注意，如个人收支情况、贷款还款情况等。作为一个负责任的人，对这些都应该做到心中有数。广大读者均可通过 Excel 对数据进行记录、计算与分析。

本书资源获取及在线交流方式

推荐加入 QQ 群：290194231，本书的视频、素材和源文件等资源均可在群公告中获得下载链接。若对本书有任何疑问，也可在群里提问和交流。

（本书中的所有数据都是为了说明 Excel 函数与公式的应用技巧，实际工作中切不可直接应用。比如，涉及到个税计算的基准问题，请参考本书方法，以最新基准计算。）

作者简介

本书由 Excel 精英部落组织编写，其中具体编写人员为张发凌、吴祖珍、姜楠。Excel 精英部落是一个 Excel 技术研讨、项目管理、培训咨询和图书创作的 Excel 办公协作联盟，其成员多为长期从事行政管理、人力资源管理、财务管理、营销管理、市场分析及 Office 相关培训的工作者。

致谢

本书能够顺利出版，是作者、编辑和所有审校人员共同努力的结果，在此表示深深地感谢。同时，祝福所有读者在职场一帆风顺。

编者

目　录

视频讲解：2 小时 50 分钟

Excel 函数与公式速查宝典

目
录

VII

Excel 函数与公式速查宝典

目录

IX

Excel 函数与公式速查宝典

Excel 函数与公式速查宝典

目
录

Excel 函数与公式速查宝典

第1章 公式与函数基础

1.1 使用公式进行数据计算

公式是为了解决某个计算问题而建立的计算式。公式以等号开头，中间使用运算符连接。例如，"=15+22-9"是公式，"=(22+8)×4"也是公式。在 Excel 中，公式并非只是用于常量间的运算，否则就与计算器没什么区别了。在 Excel 中进行的数据计算会涉及对数据源的引用。当数据源变动时，计算结果能自动发生变化；同时为了完成一些特殊的数据运算或数据统计分析，还会在公式中引入函数。可以说，公式计算是 Excel 中的一项非常重要的功能，并且函数扮演着最重要的角色。

1. 公式的运算符

运算符是公式的基本元素，也是必不可少的元素。每一个运算符代表一种运算。在 Excel 中有 4 类运算符，每类运算符都有其独特的作用。其中，"算术运算符"（"+""-""*""/"等）与"比较运算符"（">""<"">="">""<>"等）大家都很熟悉，

扫一扫，看视频

在此不再赘述；关于"文本连接运算符"与"引用运算符"这两项，可以通过下面的示例来了解一下。

（1）文本连接运算符

文本连接运算符只有一个，即"&"，它可以将多个单元格的文本连接到一个单元格中显示。如图 1-1 所示，在 C2 单元格中使用了公式"=A2&B2"，即将 A2 与 B2 单元格中的数据连接成一个数据，结果显示在 C2 单元格中。

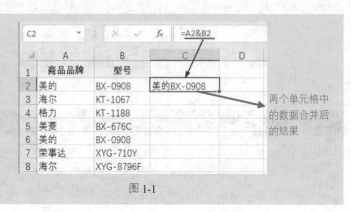

图 1-1

"&"也可以连接常量,如图 1-2 中的 """:""" 就是一个常量(注意,常量要使用双引号)。

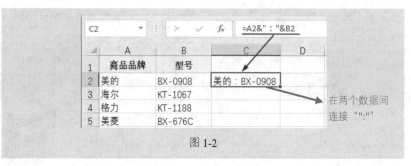

图 1-2

如图 1-3 中的 "(鼓楼店)" 也是常量,在后面章节中使用公式时也会涉及此运算符的使用。

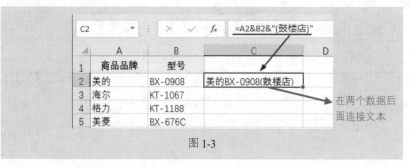

图 1-3

(2)引用运算符

引用运算符有 3 个,如表 1-1 所示。

表 1-1

运 算 符	作 用	示 例
：（冒号）	表示整个区域都作为运算对象	A1:D8
，（逗号）	联合多个特定区域引用运算	SUM(A1:C2,C2:D10)
（空格）	交叉运算，即对两个共同引用区域中共有的单元格进行运算	A1:B8 B1:D8

如图 1-4 所示，E10 单元格内的公式为 "=SUM(E2:E9)"，其中使用了引用运算符 ":"（冒号），表达的是从 E2 开始到 E3、E4、E5、…、E9 这样一个区域都是参与运算的区域。

图 1-4

2. 输入公式

公式要以 "="（等号）开始，等号后面的计算式可以包括函数、引用、运算符和常量。例如公式 "=IF(E2>5,2000+100,2000)" 中，IF 是函数，在其参数中，E2 是对单元格的引用，"E2>5" 与 "2000+100" 是表达式，"2000" 是常量，">" 和

扫一扫，看视频

"+" 则是算术运算符。在应用公式进行数据运算、统计、查询时，首先会输入与编辑公式。

❶ 选中要输入公式的单元格，如本例选中 F2 单元格，在编辑栏中输入 "="，如图 1-5 所示。

图 1-5

❷ 在 D2 单元格上单击鼠标，即可引用 D2 单元格数据进行运算，如图 1-6 所示。

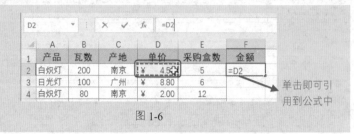

图 1-6

单击即可引用到公式中

❸ 当需要输入运算符时，手工输入运算符，如图 1-7 所示。

	A	B	C	D	E	F
1	产品	瓦数	产地	单价	采购盒数	金额
2	白炽灯	200	南京	¥ 4.50	5	=D2*
3	日光灯	100	广州	¥ 8.80	6	
4	白炽灯	80	南京	¥ 2.00	12	

图 1-7

❹ 接着在要参与运算的单元格上单击，如单击 E2 单元格，如图 1-8 所示。

	A	B	C	D	E	F
1	产品	瓦数	产地	单价	采购盒数	金额
2	白炽灯	200	南京	¥ 4.50	5	=D2*E2
3	日光灯	100	广州	¥ 8.80	6	
4	白炽灯	80	南京	¥ 2.00	12	

图 1-8

❺ 按 Enter 键即可计算出结果，如图 1-9 所示。

	A	B	C	D	E	F
1	产品	瓦数	产地	单价	采购盒数	金额
2	白炽灯	200	南京	¥ 4.50	5	¥ 22.50
3	日光灯	100	广州	¥ 8.80	6	
4	白炽灯	80	南京	¥ 2.00	12	
5	白炽灯	100	南京	¥ 3.20	8	

图 1-9

Excel 函数与公式速查宝典

注意：

❶ 在选择参与运算的单元格时，如果需要引用的是单个单元格，直接单击该单元格即可；如果是单元格区域，则在起始单元格上单击，然后按住鼠标左键不放拖动即可选中单元格区域。

❷ 在编辑栏中输入公式时，可以看到单元格与编辑栏中是同步显示的，因此也可以在选中目标单元格后，直接在单元格中输入公式，也能达到相同的目的。

❸ 要修改或重新编辑公式，只需选中目标单元格，将光标定位到编辑栏中，直接更改即可。

如果公式中未使用函数，则操作方法比较简单，只要按上面的方法在编辑栏中输入公式即可；遇到要引用的单元格时，用鼠标点选即可。

如果公式中使用了函数，那么应该输入函数名称，然后按照该函数的参数设定规则为其设置参数即可。在输入函数的参数时，运算符与常量同样采用手工输入；当引用单元格区域时，则用鼠标点选。在 1.3 节中将讲解函数的应用。

3. 复制公式完成批量计算

在 Excel 中进行数据运算时，往往需要同时得到多个计算结果。逐个输入公式显然太过麻烦，那么如何实现批量运算呢？通过公式的复制即可快速、准确地完成批量运算。例如上面的例子，在完成 F2 单元格公式的建立后，很显然我们并不只是想

扫一扫，看视频

计算出这一个产品的金额，而是想依次计算出所有产品的金额。在这种情况下需要逐一建立公式吗？当然不需要，只要通过复制公式即可完成批量运算。

（1）方法一：用填充柄填充

❶ 选中 F2 单元格，将鼠标指针指向此单元格右下角，直至出现黑色十字型图标，如图 1-10 所示。

	A	B	C	D	E	F
1	产品	瓦数	产地	单价	采购盒数	金额
2	白炽灯	200	南京	¥ 4.50	5	¥ 22.50
3	日光灯	100	广州	¥ 8.80	6	
4	白炽灯	80	南京	¥ 2.00	12	
5	白炽灯	100	南京	¥ 3.20	8	

F2   =D2*E2

准确定位

图 1-10

❷ 按住鼠标左键向下拖动（如图 1-11 所示），松开鼠标后，拖动过的单元格即可显示出计算结果，如图 1-12 所示。

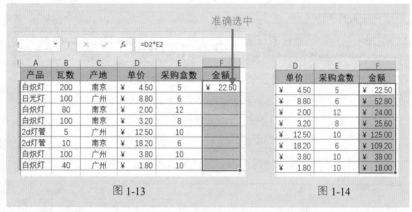

图 1-11

图 1-12

（2）方法二：用 Ctrl+D 组合键填充

❶ 设置 F2 单元格的公式后，选中包含 F2 单元格在内的想填充公式的单元格区域，如图 1-13 所示。

❷ 按 Ctrl+D 组合键即可快速填充，如图 1-14 所示。

图 1-13

图 1-14

（3）方法三：将公式复制到不连续的单元格

如果不是在连续的单元格中使用公式，连续填充的方法就不适用了。此时可以采用复制粘贴的方法来实现公式的复制。

如图 1-15 所示，F4 单元格中使用了公式 "=SUM(E2:E4)"（连续 3 个单元格计算）。选中 F4 单元格，按 Ctrl+C 组合键复制；接着选中 F7 单元格，按 Ctrl+V 组合键粘贴，即可将公式自动更改为 "=SUM(E5:E7)"（仍然是连续 3 个单元格计算），如图 1-16 所示。

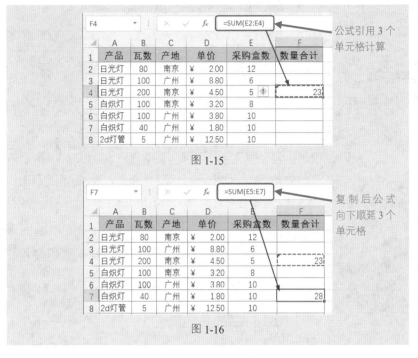

图 1-15

图 1-16

1.2　公式计算中函数的使用

只用表达式的公式只能解决简单的计算，要想完成一些特殊、复杂的数据运算，以及进行数据统计分析等，都必须使用函数。

1. 函数的作用

加、减、乘、除等运算，只需要以 "=" 开头，然后将运算符和单元格地址结合，就能执行计算。如图 1-17 所示，使用单元格依次相加的办法可以进行求和运算。

扫一扫，看视频

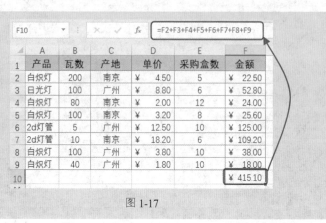

图 1-17

但试想一下，如果有更多条数据，多达成百上千条，我们还要这样逐个相加吗？显然不太方便，甚至是不现实的。此时使用一个函数可以立即解决这样的问题，如图 1-18 所示。

	A	B	C	D	E	F
1	产品	瓦数	产地	单价	采购盒数	金额
2	白炽灯	200	南京	¥ 4.50	5	¥ 22.50
3	日光灯	100	广州	¥ 8.80	6	¥ 52.80
4	白炽灯	80	南京	¥ 2.00	12	¥ 24.00
5	白炽灯	100	南京	¥ 3.20	8	¥ 25.60
6	2d灯管	5	广州	¥ 12.50	10	¥ 125.00
7	2d灯管	10	南京	¥ 18.20	6	¥ 109.20
8	白炽灯	100	广州	¥ 3.80	10	¥ 38.00
9	白炽灯	40	广州	¥ 1.80	10	¥ 18.00
10						¥ 415.10

F10 =SUM(F2:F9) → 使用要计算的单元格区域的地址

图 1-18

这样无论有多少个条目，只需要将函数参数中的单元格地址写清楚，即可实现快速求和。例如，输入"=SUM(B2:B1005)"，则会对 B2~B1005 间的所有单元格进行求和运算。

除此之外，还有些函数能解决普通数学表达式无法解决的问题。例如，IF 函数先进行条件判断，当满足条件时返回什么值，不满足时又返回什么值；MID 函数从一个文本字符串中提取部分需要的文本等。这样的运算或统计无法为其设计数学表达式。如图 1-19 所示的工作表中需要根据员工的销售额返回其销售排名，使用的是专业的排位函数。针对这样的统计需求，如果不使用函数而只使用表达式，显然无法得到想要的结果。

图 1-19

因此，要想完成各种复杂的计算、数据统计、文本处理、数据查找等，就必须使用函数。函数是公式运算中非常重要的元素。此外，还可以利用函数的嵌套来解决众多办公难题。函数的学习非一朝一夕之功，可以选择一本好书，多看多练，应用得多了，使用起来才有可能更加自如。

2. 函数的构成

函数的结构以函数名称开始，后面是左括号，然后是以逗号分隔的参数，最后则是标志函数结束的右括号。

扫一扫，看视频

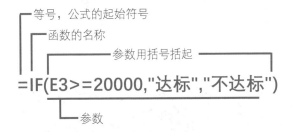

等号，公式的起始符号
函数的名称
参数用括号括起
=IF(E3>=20000,"达标","不达标")
参数

函数必须要在公式中使用才有意义，单独的函数是没有意义的——在单元格中只输入函数，返回的是一个文本，而不是计算结果。如图 1-20 中因为没有使用"="号开头，所以返回的是一个文本。

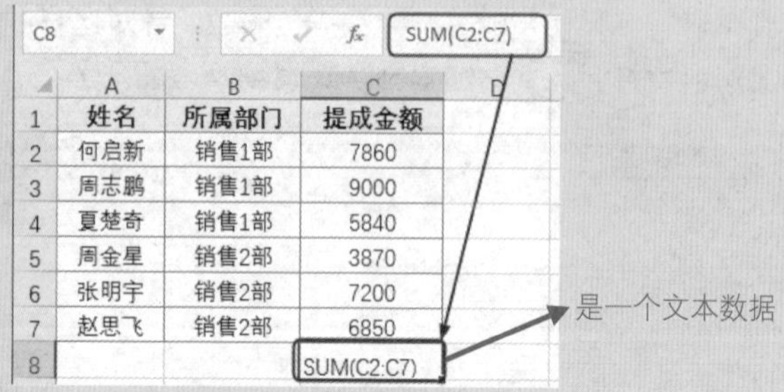

图 1-20

另外，函数的参数设置必须满足一定的规则，否则也会返回错误值。如图 1-21 所示，因为"合格"与"不合格"是文本，应用于公式中时必须要使用双引号，当前未使用双引号，所以参数不符合规则。

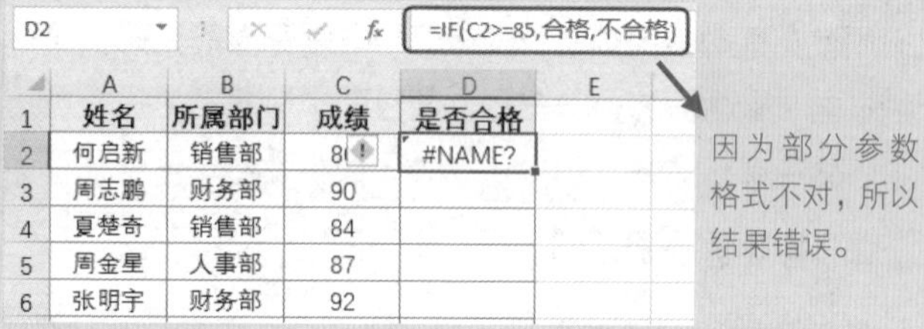

图 1-21

通过为函数设置不同的参数，可以解决多种不同问题。示例如下：

- 公式"=SUM(B2:E2)"中，括号中的"B2:E2"就是函数的参数，且是一个变量值。

- 公式"=RANK(C2,$C$2:$C$8)"中，括号中"C2"和"$C$2:$C$8"分别是 RANK 函数的两个参数。注意，带上"$"符号的表示单元格的绝对引用方式，这种引用方式有它的必要性，后面会对不同的单元格引用方式做出具体介绍。

- 公式"=LEFT(A5,FIND("-",A5)-1)"中，除了使用了变量值作为参数，还使用了函数表达式"FIND("-",A5)-1"作为参数(以该表达式返回的值作为 LEFT 函数的参数)。这个公式是函数嵌套使用的例子。

3. 用"函数参数"向导设置函数参数

利用函数进行运算时一般有两种方式：一种是利用"函数参数"向导对话框逐步设置参数；二是当对函数的参数设置较为熟练时，可以直接在编辑栏中完成公式的输入。

扫一扫，看视频

❶ 选中目标单元格，单击公式编辑栏前的 *fx* 按钮（如图 1-22 所示），弹出"插入函数"对话框，在"选择函数"列表框中选择 SUMIF 函数，如图 1-23 所示。

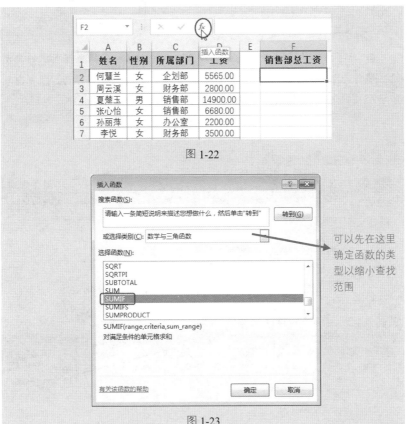

图 1-22

图 1-23

❷ 单击"确定"按钮，弹出"函数参数"对话框。将光标定位到第一个参数设置框中，在下方可看到关于此参数的设置说明（此说明可以帮助我们更好地理解参数），如图 1-24 所示。

图 1-24

❸ 单击右侧的 ⬆ 按钮，回到数据表中，拖动鼠标选择数据表中的单元格区域作为参数（如图 1-25 所示），释放鼠标后单击 🔲 按钮返回，即可得到第一个参数（也可以直接手工输入），如图 1-26 所示。

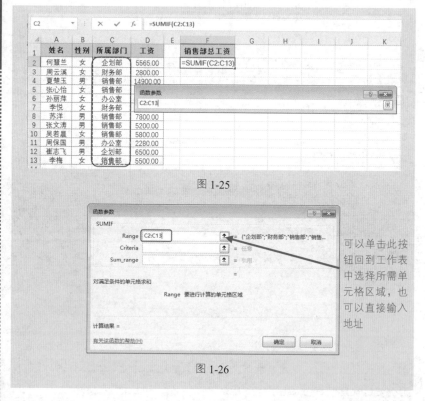

图 1-25

图 1-26

可以单击此按钮回到工作表中选择所需单元格区域，也可以直接输入地址

❹ 将光标定位到第二个参数设置框中，在下方可看到相应的设置说明，手动输入第二个参数，如图 1-27 所示。

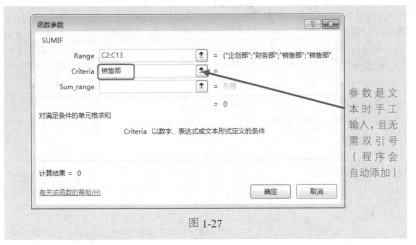

参数是文本时手工输入，且无需双引号（程序会自动添加）

图 1-27

❺ 将光标定位到第三个参数设置框中，按步骤❸的方法到工作表中选择单元格区域或手工输入单元格区域，如图 1-28 所示。

图 1-28

❻ 单击"确定"按钮，即可在编辑栏中显示完整的公式，并得到最终的计算结果，如图 1-29 所示。

图 1-29

📢 注意：

如果对要使用的函数的参数比较了解，则不必打开"函数参数"对话框，直接在编辑栏中编辑即可。编辑时注意参数间的逗号要手工输入，参数是文本的也要手工输入。当需要引用单元格或单元格区域时，利用鼠标拖动选取即可。

如果是嵌套函数，则使用手工输入的方式比"函数参数"向导更方便一些。当然，要用好嵌套函数的公式，需要多用多练，才能应用自如。

4. 函数嵌套运算

扫一扫，看视频

针对一些复杂的数据计算问题，很多时候单个函数往往无能为力。这时就需要嵌套使用函数，即让一个函数的返回值作为另一个函数的参数。下面举一个嵌套函数的例子，在后面各个章节中随处可见嵌套函数的用法。

在图 1-30 所示的表格中，要求对产品进行调价。调价规则是：如果是打印机就提价 200 元，其他产品均保持原价。思考一下，对于这一需求，只使用 IF 函数是否能判断？

这时就要使用另一个函数来辅助 IF 函数了。可以用 LEFT 函数提取产品名称的前 3 个字符并判断是否是"打印机"，如果是返回一个结果，不是则返回另一个结果。

▲	A	B	C	D
1	产品名称	颜色	价格	
2	打印机TM0241	黑色	998	
3	传真机HHL0475	白色	1080	
4	扫描仪HHT02453	白色	900	
5	打印机HHT02476	黑色	500	
6	打印机HT02491	黑色	2590	
7	传真机YDM0342	白色	500	
8	扫描仪WM0014	黑色	400	

图 1-30

因此将公式设计为 "=IF(LEFT(A2,3)="打印机",C2+200,C2)", 即将 "LEFT(A2,3)="打印机"" 这一部分作为 IF 函数的第一个参数, 如图 1-31 所示。

作为 IF 的第一个参数, 表示从 A2 的最左侧提取 3 个字符, 并判断是不是"打印机", 如果是返回 TRUE, 不是则返回 FALSE

| D2 | ▼ | : | × | ✓ | fx | =IF(LEFT(A2,3)="打印机",C2+200,C2) |

▲	A	B	C	D	E
1	产品名称	颜色	价格	调价	
2	打印机TM0241	黑色	998	1198	
3	传真机HHL0475	白色	1080		
4	扫描仪HHT02453	白色	900		

图 1-31

向下复制 D2 单元格的公式, 可以看到能逐一对 A 列的产品名称进行判断, 并且自动返回调整后的价格, 如图 1-32 所示。

▲	A	B	C	D
1	产品名称	颜色	价格	调价
2	打印机TM0241	黑色	998	1198
3	传真机HHL0475	白色	1080	1080
4	扫描仪HHT02453	白色	900	900
5	打印机HHT02476	黑色	500	700
6	打印机HT02491	黑色	2590	2790
7	传真机YDM0342	白色	500	500
8	扫描仪WM0014	黑色	400	400

图 1-32

📢 注意:

Excel 中的函数众多，要把每个函数都用好，绝非一朝一夕之功。因此对于初学者来说，当不了解某个函数的用法时，可以使用 Excel 帮助来辅助学习。在 Excel 2016 中提供了一个"告诉我你想做什么"的功能，只要在搜索框中输入函数名称，即可搜寻该函数的帮助信息，如图 1-33 所示。

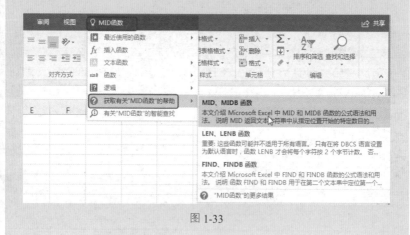

图 1-33

1.3 公式计算中的数据源的引用

在使用公式进行数据运算时，除了将一些常量运用到公式中外，最主要的是引用单元格中的数据来进行计算，我们称之为对数据源的引用。在引用数据源时，可以采用相对引用方式、绝对引用方式，也可以引用其他工作表或工作簿中的数据。不同的引用方式可满足不同的应用需求，在不同的应用场合需要使用不同的引用方式。

1. 引用相对数据源

扫一扫，看视频

在编辑公式时，当单击单元格或选取单元格区域参与运算时，其默认的引用方式是相对引用方式，其显示为 A1、A2:B2 这种形式。采用相对方式引用的数据源，在将公式复制到其他位置时，公式中的单元格地址会随之改变。

选中 C2 单元格，在公式编辑栏中输入公式 "=IF(B2>=30000,"达标","不达标")"，按 Enter 键返回第一项结果；然后按照 1.1 节中介绍的方法复制公式，得到批量结果，如图 1-34 所示。

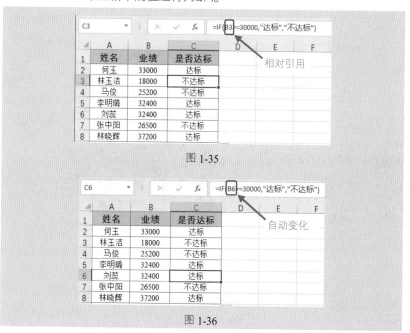

图 1-34

下面我们来看复制公式后单元格的引用情况。选中 C3 单元格，在公式编辑栏中显示该单元格的公式为 "=IF(B3>=30000,"达标","不达标")"，如图 1-35 所示（即对 B3 单元格中的值进行判断）；选中 C6 单元格，在公式编辑栏中显示该单元格的公式为"=IF(B6>=30000,"达标","不达标")"，如图 1-36 所示（即对 B6 单元格中的值进行判断）。

图 1-35

图 1-36

通过对比 C2、C3、C6 单元格的公式可以发现，当首先建立了 C2 单元格的公式，再向下复制公式时，数据源自动发生相应的变化，这也正是对其他销售员业绩进行判断所需要的正确公式。在这种情况下，用户就需要使用相对引用的数据源。

2. 引用绝对数据源

扫一扫，看视频

绝对引用是指把公式移动或复制到其他单元格中，公式的引用位置保持不变。绝对引用的单元格地址前会使用"$"符号。"$"符号表示"锁定"，添加了"$"符号的就是绝对引用。

如图 1-37 所示的表格中，对 B2 单元格使用了绝对引用，向下复制公式可以看到每个返回值完全相同（如图 1-38 所示）。这是因为无论将公式复制到哪里，永远是"=IF($B$2>=30000,"达标","不达标")"这个公式，所以返回值是不会有任何变化的。

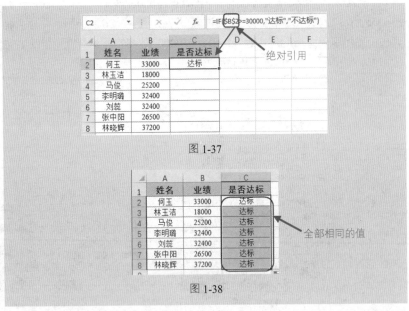

图 1-37

图 1-38

通过上面的分析，似乎相对引用才是我们真正需要的引用方式。其实并非如此，绝对引用也有其必须要使用的场合。

在图 1-39 所示的表格中，我们要对各位销售员的业绩排名次。首先在 C2 单元格中输入公式"=RANK(B2,B2:B8)"，得到的是第一个销售员的销售业绩。目前公式是没有什么错误的。

图 1-39

向下填充公式到 C3 单元格时，得到的就是错误的结果了（因为用于排名的数值区域发生了变化，已经不是整个数据区域），如图 1-40 所示。

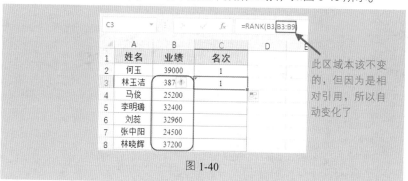

图 1-40

继续向下复制公式，可以看到返回的名次都是错的，如图 1-41 所示。

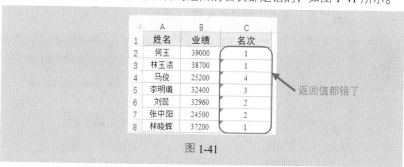

图 1-41

在这种情况下，显然 RANK 函数用于排名的数值区域这个数据源是不能发生变化的，必须对其进行绝对引用。因此将公式更改为 "=RANK

(B2,$B$2:$B$8)"，然后向下复制公式，即可得到正确的结果，如图 1-42
所示。

	A	B	C	D	E	
			C2	fx	=RANK(B2,$B$2:$B$8)	
1	姓名	业绩	名次			← 使用绝对引用
2	何玉	39000	1			方式
3	林玉洁	38700	2			
4	马俊	25200	6			
5	李明璐	32400	5			
6	刘蕊	32960	4			
7	张中阳	24500	7			
8	林晓辉	37200	3			

图 1-42

定位任意单元格，可以看到只有相对引用的单元格发生了变化，绝对引
用的单元格没有任何变化，如图 1-43 所示。

	A	B	C	D	E	
			C5	fx	=RANK(B5,$B$2:$B$8)	
1	姓名	业绩	名次			
2	何玉	39000	1			← 绝对引用方式下
3	林玉洁	38700	2			单元格地址始终
4	马俊	25200	6			不变
5	李明璐	32400	5			
6	刘蕊	32960	4			
7	张中阳	24500	7			
8	林晓辉	37200	3			

图 1-43

3. 引用当前工作表之外的单元格

扫一扫，看视频

日常工作中会不断产生众多数据，这些数据会根据性质的
不同被记录在不同的工作表中。在进行数据计算时，如要对关
联数据进行合并计算或引用判断等，就需要在建立公式时引用
其他工作表中的数据。

在引用其他工作表中的数据进行计算时，需要按如下格式来引用：

工作表名!数据源地址

下面通过一个例子来介绍如何引用其他工作表中的数据进行计算。当前
工作簿中有两张表格，如图 1-44 所示的表格为"员工培训成绩表"，用于对
成绩数据进行记录并计算总成绩；如图 1-45 所示的表格为"平均分统计表"，

用于对成绩按分部求平均值。显然，求平均值的运算需要引用"员工培训成绩表"中的数据。

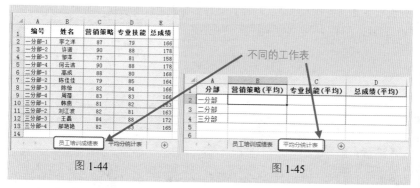

图 1-44   图 1-45

❶ 在"平均分统计表"中选中目标单元格，在公式编辑栏中应用"=AVERAGE()"函数，将光标定位到括号中，如图 1-46 所示。

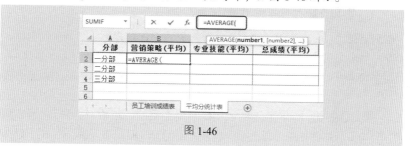

图 1-46

❷ 在"员工培训成绩表"（工作表名称）标签上单击，切换到"员工培训成绩表"中，选中要参与计算的数据（选择时可以看到编辑栏中会同步显示），如图 1-47 所示。

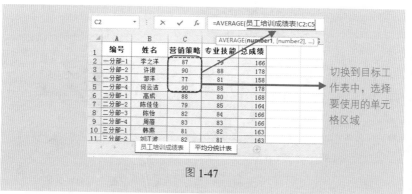

图 1-47

❸ 如果此时公式输入完成了，则按 Enter 键结束输入（图 1-48 已得出计算值）；如果公式还未完成建立，则手工输入。当要引用单元格区域时，则先单击目标工作表标签，切换到目标工作表中，再去选择目标区域即可。

	A	B	C	D
1	分部	营销策略（平均）	专业技能（平均）	总成绩（平均）
2	一分部	86		
3	二分部			
4	三分部			

B2 的公式栏：=AVERAGE(员工培训成绩表!C2:C5)

图 1-48

📢 **注意：**

在需要引用其他工作表中的单元格时，也可以直接在公式编辑栏中输入公式，但注意使用"工作表名!数据源地址"这种格式。

4. 定义名称方便数据引用

扫一扫，看视频

定义名称是指将一个单元格区域指定为一个特有的名称，当公式中要使用该单元格区域时，只要输入这个名称代替即可。当经常需要引用其他工作表的数据区域时定义名称是很有必要的，它可以避免来回切换选取的麻烦，防止出错。

例如，如图 1-49 所示的表格是一个产品的"单价一览表"，而在如图 1-50 所示的表格中计算金额时需要先使用 VLOOKUP 函数返回指定产品编号的单价（用返回的单价乘以数量才是最终金额），因此设置公式时需要引用"单价一览表!A1:B13"这样一个数据区域。

	A	B	C	D
1	产品编号	单价		
2	A001	45.8		
3	A002	20.4		
4	A003	20.1		
5	A004	68		
6	A005	12.4		
7	A006	24.6		
8	A007	14		
9	A008	12.3		
10	A009	5.4		
11	A010	6.8		
12	A011	14.5		
13	A012	13.5		

单价一览表 | 销售记录表 | Sheet3

图 1-49

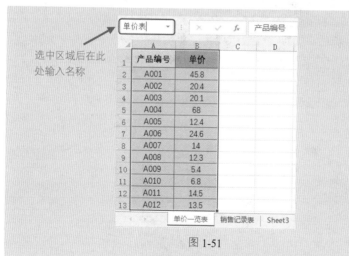

图 1-50

但如果先在"单价一览表"中选中数据区域，在左上角的名称框中输入一个名称，如"单价表"（如图 1-51 所示），按 Enter 键即可成功定义名称。

图 1-51

📢) 注意：

使用名称框定义名称是最方便的一种定义方式。如果当前工作簿中定义了多个名称，想查看具体有哪些，可以在"公式"选项卡的"定义的名称"组中单击"名称管理器"按钮，打开"名称管理器"对话框，如图 1-52 所示。

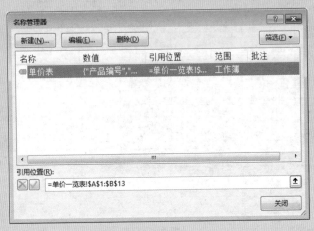

图 1-52

在此对话框中除了查看所有名称外，还可以选中目标名称将其删除，或对其引用区域重新进行编辑。

定义名称后，即可在公式中使用"单价表"名称来替代"单价一览表!A1:B13"这个区域，则公式变为"=VLOOKUP(B2,单价表,2,FALSE) *C2"，如图 1-53 所示。

	A	B	C	D	E	F	
1	销售日期	产品编号	数量	金额			用名称代
2	2017/11/1	A001	35	1603			替单元格
3	2017/11/2	A003	23	462.3			区域
4	2017/11/3	A002	15	306			
5	2017/11/4	A012	17	229.5			
6	2017/11/5	A004	31	2108			
7	2017/11/6	A005	35	434			
8	2017/11/7	A007	80	1120			
9	2017/11/8	A010	64	435.2			
10	2017/11/9	A012	18	243			
11	2017/11/10	A009	25	135			

D2 的公式为 =VLOOKUP(B2,单价表,2,FALSE)*C2

图 1-53

1.4 数组运算

要使用数组公式，首先需要大致了解什么是数组。数组有 3 种不同的类型，分别是常量数组、区域数组和内存数组。

- 构成常量数组的元素有数字、文本、逻辑值和错误值等，用一对大括号"{}"括起来，并使用半角分号或逗号间隔，如{1;2;3}或{0,"E";60,"D";70,"C";80,"B";90,"A"}等。
- 区域数组是通过对一组连续的单元格区域进行引用而得到的数组。
- 内存数组是通过公式计算返回的结果在内存中临时构成，且可以作为一个整体直接嵌入其他公式中继续参与计算的数组。

数组公式在输入结束后要按 Ctrl+Shift+Enter 组合键进行数据计算，计算后公式两端自动添加"{}"。

数组公式可以返回多个结果（在建立公式前需要一次性选中多个单元格），也可返回一个结果（调用多数据计算返回一个结果）。下面分别讲解这两种数组公式。

1. 多单元格数组公式

在图 1-54 所示的表格中，要求一次性返回前 3 名的金额。显然这是要求一次性返回多个结果，属于多单元格数组公式。

❶ 首先选中 E2:E4 单元格区域，然后在编辑栏中输入公式"=LARGE (B2:C7,{1;2;3})"，如图 1-54 所示。

扫一扫，看视频

SUMIF		⋮	× ✓ fx	=LARGE(B2:C7,{1;2;3})	
▲	A	B	C	D	E
1	月份	店铺1	店铺2		前3名金额
2	1月	21061	31180		2:C7,{1;2;3})
3	2月	21169	41176		
4	3月	31080	51849		
5	4月	21299	31280		
6	5月	31388	11560		
7	6月	51180	8000		
8					

一次性选中多个单元格

图 1-54

❷ 按 Ctrl+Shift+Enter 组合键，即可一次性在 E2:E4 单元格区域中返回

3 个值，即最大的 3 个值，如图 1-55 所示。

E2			f_x	{=LARGE(B2:C7,{1;2;3})}	
	A	B	C	D	E
1	月份	店铺1	店铺2		前3名金额
2	1月	21061	31180		51849
3	2月	21169	41176		51180
4	3月	31080	51849		41176
5	4月	21299	31280		
6	5月	31388	11560		
7	6月	51180	8000		

数组公式返回多个值

图 1-55

其计算原理是在选中的 E2:E4 单元格区域中依次返回第 1 个、第 2 个和第 3 个最大值。其中的{1;2;3}是常量数组。

2. 单个单元格数组公式

扫一扫，看视频

如图 1-56 所示的表格中记录了各个分部员工的销售额，要求统计出 1 分部的最高销售额。

❶ 首先选中 F2 单元格，然后在编辑栏中输入公式"=MAX(IF(B2:B11= "1 分部",D2:D11))"，如图 1-56 所示。

SUMIF			f_x	=MAX(IF(B2:B11="1分部",D2:D11))		
	A	B	C	D	E	F
1	编号	分部	姓名	销售额		1分部最高销售额
2	001	1分部	李之洋	￥60,160.00		=MAX(IF(B2:B11="
3	002	1分部	许诺	￥41,790.00		
4	003	2分部	邹洋	￥71,580.00		
5	004	1分部	何云洁	￥9,780.00		
6	005	1分部	高成	￥81,680.00		
7	006	2分部	陈佳佳	￥81,640.00		
8	007	2分部	陈怡	￥41,660.00		
9	008	2分部	周蓓	￥51,660.00		
10	009	1分部	韩燕	￥61,630.00		
11	010	2分部	王磊	￥71,750.00		

图 1-56

❷ 按 Ctrl+Shift+Enter 组合键，即可求解出 1 分部的最高销售额，如图 1-57 所示。

图 1-57

我们对上述公式进行分步解析。

❶ 选中"IF(B2:B11="1 分部"")"这一部分，在键盘上按 F9 功能键，可以看到会依次判断 B2:B11 单元格区域的各个值是否等于"1 分部"，如果是返回 TRUE，不是则返回 FALSE。它构建的是一个数组，同时也是我们上面讲到的内存数组，如图 1-58 所示。

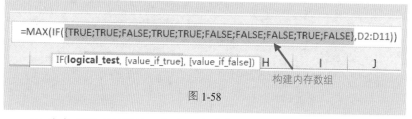

图 1-58

❷ 选中"D2:D11"这一部分，在键盘上按 F9 功能键，可以看到返回的是 D2:D11 单元格区域中各个单元格的值。这是一个区域数组，如图 1-59 所示。

=MAX(IF(B2:B11="1分部",{60160;41790;71580;9780;81680;81640;41660;51660;61630;71750}))

IF(logical_test, [value_if_true], [value_if_false]) H | I | J | K

区域数组

图 1-59

❸ 选中"IF(B2:B11="1 分部",D2:D11)"这一部分，在键盘上按 F9 功能键，可以看到会把步骤❶数组中的 TRUE 值对应在步骤❷上的值取下。这仍

然是一个构建内存数组的过程，如图 1-60 所示。

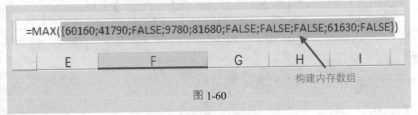

=MAX({60160;41790;FALSE;9780;81680;FALSE;FALSE;FALSE;61630;FALSE})

| | E | | F | | G | | H | | I | |

构建内存数组

图 1-60

❹ 最终再使用 MAX 函数判断数组中的最大值。

 注意：

在公式中选中部分（注意是要计算的一个完整部分），按键盘上的 F9 功能键
即可查看此步的返回值。这也是对公式的分步解析过程，便于我们对复杂公
式的理解。
关于数组公式，在后面函数实例中会有多处体现，同时也会给出公式解析，
读者可不断巩固学习。

第2章 逻辑函数

2.1 "与""或"条件判断

"与"条件表示判断多个条件是否同时满足，即同时满足时返回逻辑值 TRUE，否则返回逻辑值 FALSE；"或"条件表示判断多个条件是否有一个条件满足，即只要有一个条件满足就返回逻辑值 TRUE，否则返回逻辑值 FALSE。由于这两个函数返回的都是逻辑值，其最终结果表达不太直观，因此通常配合 IF 函数进行判断，让其返回更加易懂的中文文本结果，如"达标""合格"等。

1. AND（判断多个条件是否同时成立）

【函数功能】AND 函数用来检验一组条件判断是否都为"真"，即当所有条件均为"真"（TRUE）时，返回的运算结果为"真"（TRUE）；反之，返回的运算结果为"假"（FALSE）。因此，该函数一般用来检验一组数据是否都满足条件。

【函数语法】AND(logical1,logical2,logical3,…)

logical1,logical2,logical3,…：表示测试条件值或表达式，不过最多有 30 个条件值或表达式。

【用法解析】

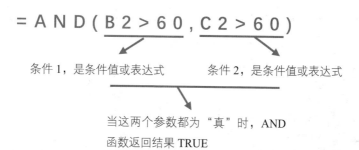

在图 2-1 所示的表格中可以看到，E2 单元格中返回的是 TRUE，原因是

"B2>60"与"C2>60"这两个条件同时为"真";E3 单元格中返回的是 FALSE，原因是"B3>60"与"C3>60"这两个条件中有一个不为"真"。

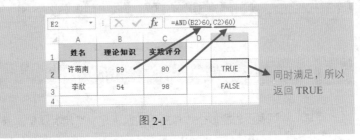

图 2-1

📢 注意：

所有参数必须是测试条件值或表达式，但是最多只能有 30 个条件值或表达式。这个函数的最终返回值只能是 TRUE 或 FALSE，因此常嵌套在 IF 函数中去判断条件（后面会有实例展现嵌套用法）。

例 1：满足双条件时给予奖金

扫一扫，看视频

表格中给出了每位员工的业绩与工龄数据，现要求依据业绩和工龄判断是否发放奖金。其规则为：当员工业绩超过 30000 元，且工龄超过 5 个月，予以发放奖金；当不满足此条件时，则不予发放。

❶ 在图 2-2 所示的工作表中选中 D2 单元格，在"公式"选项卡的"函数库"组中单击"逻辑"右侧的下拉按钮，在弹出的下拉列表中选择 AND，如图 2-3 所示。

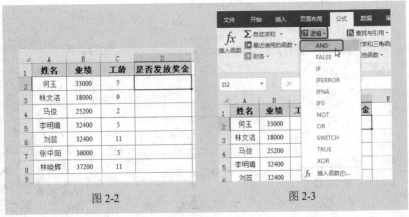

图 2-2 　　　　　　　　　图 2-3

❷ 打开"函数参数"对话框，将光标定位于第一个参数设置框中，设置条件为"B2>30000"，如图 2-4 所示。

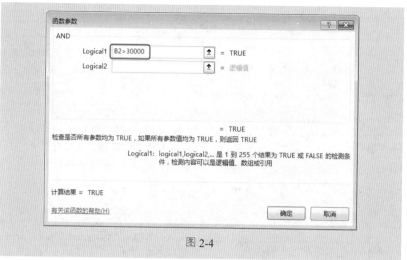

图 2-4

❸ 将光标定位于第二个参数设置框中，设置条件为"C2>5"，如图 2-5 所示。

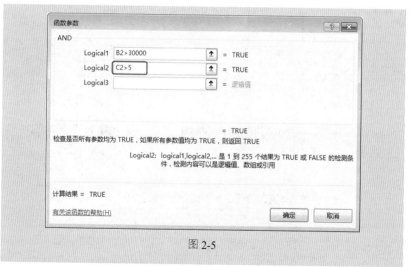

图 2-5

❹ 单击"确定"按钮，工作表的 D2 单元格中得到了返回值，并且在编辑栏中显示公式为"=AND(B2>30000,C2>5)"，如图 2-6 所示。

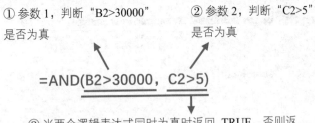

图 2-6

⑤ 选中 D2 单元格，将鼠标指针指向该单元格右下角，当出现黑色十字形图标时，按住鼠标左键向下拖动（如图 2-7 所示），释放鼠标可以看到 D 列的各个单元格中都得到了返回值，如图 2-8 所示。

图 2-7

图 2-8

【公式解析】

① 参数 1，判断 "B2>30000" 是否为真

② 参数 2，判断 "C2>5" 是否为真

=AND(B2>30000，C2>5)

③ 当两个逻辑表达式同时为真时返回 TRUE，否则返回 FALSE

例2：判断员工考核是否通过

表格中给出了每位员工的考核成绩是否合格，现在要求根据每一门课程的合格情况来判断是否通过公司考核。其规则为：当员工的 3 门考核成绩都为"合格"时才可以通过考核。

❶ 在图 2-9 所示的工作表中选中 E2 单元格，在"公式"选项卡的"函数库"组中单击"逻辑"右侧的下拉按钮，在弹出的下拉列表中选择 AND，如图 2-9 所示。

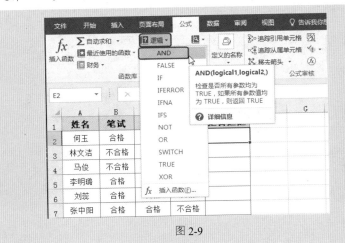

图 2-9

❷ 打开"函数参数"对话框，分别在各个参数设置框中设置参数。3 个参数分别设置为"B2="合格""C2="合格""D2="合格"，如图 2-10 所示。

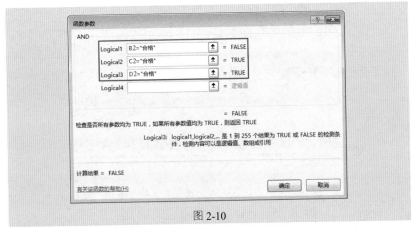

图 2-10

❸ 单击"确定"按钮，工作表的 E2 单元格中得到了返回值，并且在编辑栏中显示公式为 "=AND(B2="合格",C2="合格",D2="合格")"，如图 2-11 所示。

	A	B	C	D	E	F	G
E2				f_x	=AND(B2="合格",C2="合格",D2="合格")		
1	姓名	笔试	实践	面试	是否通过		
2	何玉	合格	合格	合格	TRUE		
3	林文洁	不合格	合格	合格			
4	马俊	不合格	合格	合格			
5	李明璐	合格	合格	合格			
6	刘蕊	合格	合格	合格			

图 2-11

❹ 选中 E2 单元格，将鼠标指针指向该单元格右下角，当出现黑色十字形图标时，按住鼠标左键向下拖动，释放鼠标可以看到 E 列的各个单元格中都得到了返回值，如图 2-12 所示。

	A	B	C	D	E	F	G
E2				f_x	=AND(B2="合格",C2="合格",D2="合格")		
1	姓名	笔试	实践	面试	是否通过		
2	何玉	合格	合格	合格	TRUE		
3	林文洁	不合格	合格	合格	FALSE		
4	马俊	不合格	合格	合格	FALSE		
5	李明璐	合格	合格	合格	TRUE		
6	刘蕊	合格	合格	合格	TRUE		
7	张中阳	合格	合格	不合格	FALSE		
8	林晓辉	不合格	合格	不合格	FALSE		
9							

图 2-12

【公式解析】

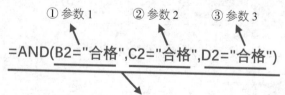

① 参数 1　　② 参数 2　　③ 参数 3

=AND(B2="合格",C2="合格",D2="合格")

④ 3 个逻辑表达式同时为真时，返回 TRUE；只要有一个不为真，就返回 FALSE

例 3：AND 函数常配合 IF 使用

由于 AND 函数返回的是逻辑值，为了让最终结果能显示为更加直观的中文文字，因此通常会配合 IF 函数来使用。

如图 2-13 所示，这是上面使用过的"=AND(B2>30000,C2>5)"公式，返回的结果是 TRUE 或者 FALSE。

扫一扫，看视频

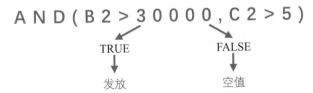

图 2-13

将"AND(B2>30000,C2>5)"作为 IF 函数的第一个参数，其返回的结果是：当"AND(B2>30000,C2>5)"的结果为 TRUE 时，返回"发放"，否则返回""。

$$A N D (B 2 > 3 0 0 0 0 , C 2 > 5)$$

TRUE   FALSE

↓   ↓

发放   空值

因此，将公式整理为如图 2-14 所示的样式，就可以按要求返回需要的值了。

D2				fx	=IF(AND(B2>30000,C2>5),"发放","")		
	A	B	C	D	E	F	
1	姓名	业绩	工龄	是否发放奖金			
2	何王	33000	7	发放			
3	林王洁	18000	9				
4	马俊	25200	2				
5	李明璐	32400	5				
6	刘蕊	32400	11	发放			

将 AND 函数返回值作为 IF 函数的第一个参数

图 2-14

【公式解析】

① IF 函数的第一个参数，返回的结果为 TRUE 或 FALSE

② IF 函数的第二个参数，当①为真时返回该结果

= IF(AND(B2>30000,C2>5),"发放","")

③ IF 的第三个参数，当①为假时返回空值

📢 注意：

IF 函数是一个非常实用的逻辑判断函数，并且可以通过嵌套实现多层条件判断。同时为了实现更加复杂的条件判断，也会将其他函数作为此函数的参数来使用。在 2.2 节中将对 IF 函数进行更加详尽的介绍，并通过多个示例引导读者深入学习。

2. OR（判断多个条件是否至少有一个条件成立）

【函数功能】当 OR 函数的参数中任意一个参数逻辑值为 TRUE 时，即返回 TRUE；当所有参数的逻辑值均为 FALSE 时，则返回 FALSE。

【函数语法】OR(logical1, [logical2], ...)

logical1,logical2,...：必需参数，后续逻辑值是可选的。这些是 1~255 个需要进行测试的条件，测试结果可以为 TRUE 或 FALSE。

【用法解析】

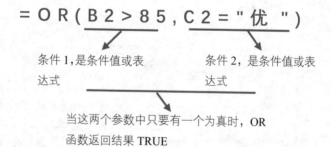

= O R (B 2 > 8 5 , C 2 = " 优 ")

条件 1,是条件值或表达式

条件 2，是条件值或表达式

当这两个参数中只要有一个为真时，OR 函数返回结果 TRUE

如图 2-15 所示，E2 单元格中返回的是 TRUE，原因是 "B2>85" 与 "C2=

"优""这两个条件有一个为真；如图 2-16 所示，E3 单元格中返回的是 FALSE，原因是"B3>85"与"C3="优""这两个条件都不成立。

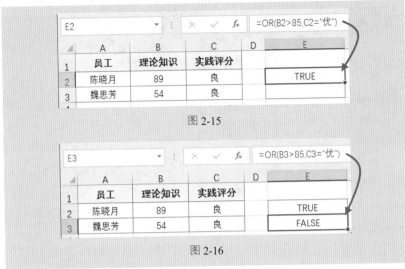

图 2-15

图 2-16

例 1：三项成绩中有一项达标时给予合格

如图 2-17 所示是公司本年度对员工的考核达标情况的统计表，现在要求根据每一科目的达标情况来判断是否通过年终考核。其规则为：当职工的 3 门考核成绩只要有一科为"达标"即可通过考核。E 列是公式的返回结果。

姓名	笔试	实践	面试	是否合格
何启新	不达标	不达标	达标	TRUE
周鹏	达标	达标	达标	TRUE
夏楚奇	不达标	达标	不达标	TRUE
周金星	不达标	不达标	不达标	FALSE
张明宇	不达标	达标	达标	TRUE
赵飞	达标	达标	达标	TRUE
韩佳人	达标	不达标	达标	TRUE
刘莉	不达标	不达标	不达标	FALSE

图 2-17

❶ 选中 E2 单元格，在编辑栏中输入公式（如图 2-18 所示）：
=OR(B2="达标",C2="达标",D2="达标")

	A	B	C	D	E	F
1	姓名	笔试	实践	面试	是否合格	
2	何启新	不达标	不达标	达标	D2="达标")	
3	周鹏	达标	达标	达标		
4	夏楚奇	不达标	达标	不达标		

图 2-18

❷ 按 Enter 键，即可依据 B2、C2、D2 的达标情况返回考核成绩是否合格。若结果显示为 TRUE，则表明考核通过；若结果显示为 FALSE，则表明未通过，如图 2-19 所示。将 F2 单元格的公式向下填充，可一次性得到批量判断结果。

	A	B	C	D	E
1	姓名	笔试	实践	面试	是否合格
2	何启新	不达标	不达标	达标	TRUE
3	周鹏	达标	达标	达标	
4	夏楚奇	不达标	达标	不达标	
5	周金星	不达标	不达标	不达标	

图 2-19

【公式解析】

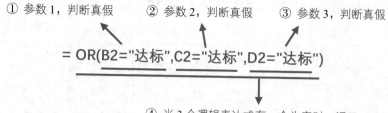

① 参数 1，判断真假　② 参数 2，判断真假　③ 参数 3，判断真假

= OR(B2="达标",C2="达标",D2="达标")

④ 当 3 个逻辑表达式有一个为真时，返回 TRUE，否则返回 FALSE

例2：对考核成绩进行综合评定

如图 2-20 所示，表格中统计了员工的两项考核成绩，并且计算了平均分，要求根据成绩判断考核是否达标。其规则为：两门课必须全部大于等于 85 分，或者平均分大于等于 85 分时，才可以评定为达标，否则为不达标。

扫一扫，看视频

（图 2-20 的表格）

	A	B	C	D	E
1	姓名	笔试	实践	平均分	是否达标
2	何启新	89	87	88.00	TRUE
3	周鹏	92	81	86.50	TRUE
4	夏楚奇	78	84	81.00	FALSE
5	周金星	87	81	84.00	FALSE
6	张明宇	91	90	90.50	TRUE
7	赵飞	84	83	83.50	FALSE
8	韩佳人	80	92	86.00	TRUE
9	刘莉	82	89	85.50	TRUE

图 2-20

❶ 选中 E2 单元格，在编辑栏中输入公式（如图 2-21 所示）：
=OR(AND(B2>=85,C2>=85),D2>=85)

AND	▼	× ✓ fx	=OR(AND(B2>=85,C2>=85),D2>=85)

	A	B	C	D	E	F
1	姓名	笔试	实践	平均分	是否达标	
2	何启新	89	87	88.00	35),D2>=85)	
3	周鹏	92	81	86.50		
4	夏楚奇	78	84	81.00		

图 2-21

❷ 按 Enter 键，即可依据 B2、C2、D2 的分数判断考核是否达标。若结果显示为 TRUE，则表明考核达标；若结果显示为 FALSE，则表明未达标，如图 2-22 所示。将 E2 单元格的公式向下填充，可一次性得到批量判断结果。

	A	B	C	D	E
1	姓名	笔试	实践	平均分	是否达标
2	何启新	89	87	88.00	TRUE
3	周鹏	92	81	86.50	
4	夏楚奇	78	84	81.00	
5	周金星	87	81	84.00	

图 2-22

【公式解析】

① AND 函数判断各项成绩是否都大于等于85
分，如果是返回 TRUE，否则返回 FALSE

② 参数 2，判断真假

$$= OR(\underline{AND(B2>=85,C2>=85)},\underline{D2>=85})$$

③ 当两个参数中只要有一个为真时，就返回 TRUE

例 3：判断员工是否可以申请退休

扫一扫，看视频

与 AND 函数一样，OR 函数的最终返回结果只能是逻辑值
TRUE 或 FALSE，如果想让最终返回的结果更加直观，可以在
OR 函数的外层嵌套使用 IF 函数。

如图 2-23 所示，表格统计了公司部分老员工的年龄和工龄
情况。公司规定：年龄达到 59 岁或工龄达到 30 年的即可申请退休。现在需
要使用公式判断员工是否可以申请退休。

	A	B	C	D	E
1	员工编号	姓名	年龄	工龄	是否可以申请退休
2	GSY-001	何志新	59	35	是
3	GSY-002	周志鹏	53	27	否
4	GSY-003	夏楚奇	56	30	是
5	GSY-004	周金星	57	33	是
6	GSY-005	张明宇	49	25	否
7	GSY-006	赵思飞	58	35	是
8	GSY-007	韩佳人	59	27	是
9	GSY-008	刘莉莉	55	28	否
10	GSY-009	吴世芳	52	30	是
11	GSY-010	王淑芬	57	29	否

图 2-23

❶ 选中 E2 单元格，在编辑栏中输入公式（如图 2-24 所示）。
`=IF(OR(C2>=59,D2>=30),"是","否")`

AND	▼	× ✓ fx	=IF(OR(C2>=59,D2>=30),"是","否")

	A	B	C	D	E
1	员工编号	姓名	年龄	工龄	是否可以申请退休
2	GSY-001	何志新	59	35	D2>=30),"是","否")
3	GSY-002	周志鹏	53	27	
4	GSY-003	夏楚奇	56	30	

图 2-24

❷ 按 Enter 键，即可依据 C2 和 D2 的年龄和工龄情况判断是否可以申请退休，如图 2-25 所示。将 E2 单元格的公式向下填充，可一次性得到批量判断结果。

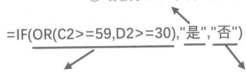

	A	B	C	D	E
1	员工编号	姓名	年龄	工龄	是否可以申请退休
2	GSY-001	何志新	59	35	是
3	GSY-002	周志鹏	53	27	
4	GSY-003	夏楚奇	56	30	
5	GSY-004	周金星	57	33	

图 2-25

【公式解析】

② 若①为 TRUE，则返回"是"

=IF(OR(C2>=59,D2>=30),"是","否")

① 判断"C2>=59"和"D2>=30"两个条件，这两个条件中只要有一个为真，就返回 TRUE，否则返回 FALSE。当前这项判断返回的是 TRUE

③ 若①为 FALSE，则返回"否"

3. TRUE（返回逻辑值 TRUE）

【函数功能】TRUE 函数用于返回参数的逻辑值，也可以直接在单元格或公式中使用。

【函数语法】TRUE()

扫一扫，看视频

该函数没有参数，它可以在其他函数中被当作参数来使用。可以直接在单元格和公式中输入 TRUE，而不使用此函数。Excel 提供 TRUE 函数的目的主要是为了与其他程序兼容。

【用法解析】

例如，在 A1 单元格中使用公式 "=TRUE()"，返回结果是 TRUE，如图 2-26 所示。

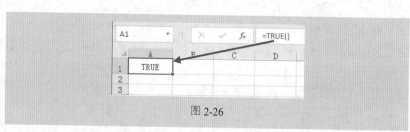

图 2-26

假如它嵌套在 IF 函数中使用，使用公式 "=IF(B2=C2,TRUE(),"")"，表示当 "B2=C2" 这个条件成立时，返回 TRUE()，而 TRUE() 的返回值就是 TRUE，如图 2-27 所示。

	A	B	C	D
1	产品编号	标准质量（克）	实际质量（克）	是否合格
2	GX001	850	850	TRUE
3	GX002	850	853	

图 2-27

4. FALSE（返回逻辑值 FALSE）

【函数功能】FALSE 函数用于返回参数的逻辑值，也可直接在单元格或公式中使用。一般配合其他函数来使用。

【函数语法】FALSE ()

该函数没有参数，它可以在其他函数中被当作参数来使用。可以直接在单元格和公式中输入 FALSE，而不使用此函数。Excel 提供 FALSE 函数的目的主要是为了与其他程序兼容。

【用法解析】

例如，在 A1 单元格中使用公式 "=FALSE()"，返回结果是 FALSE，如图 2-28 所示。

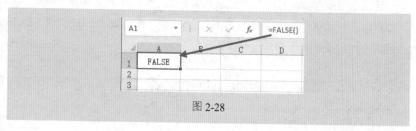

图 2-28

假如它嵌套在 IF 函数中使用，使用公式"=IF(B3=C3, FALSE(),"")"，表示当"B3=C3"这个条件成立时，返回 FALSE()，而 FALSE()的返回值就是 FALSE，如图 2-29 所示。

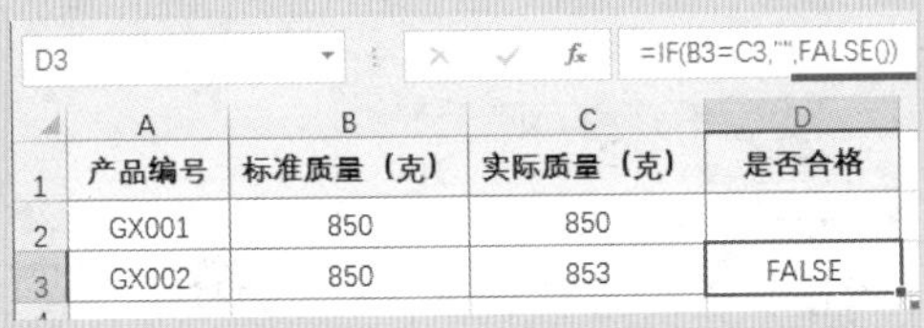

D3			× ✓ fx	=IF(B3=C3,"",FALSE())
	A	B	C	D
1	产品编号	标准质量（克）	实际质量（克）	是否合格
2	GX001	850	850	
3	GX002	850	853	FALSE

图 2-29

5. NOT（对逻辑值求反）

【函数功能】NOT 函数用于对参数求反。当要确保一个值不等于某一特定值时，可以使用 NOT 函数。

【函数语法】NOT(logical)

logical：表示一个返回值为 TRUE 或 FALSE 的值或表达式。

【用法解析】

表示测试条件值或表达式，返回值是
TRUE 或 FALSE

$$= NOT(C2>30)$$

参数返回值为 TRUE 时，NOT 函数就返回 FALSE；参数返回值为 FALSE 时，NOT 函数就返回 TRUE

如图 2-30 所示，E2 单元格的返回值是 TRUE，是因为"C2>30"这个判断条件的值是 FALSE。NOT 函数求反，最终结果为 TRUE。

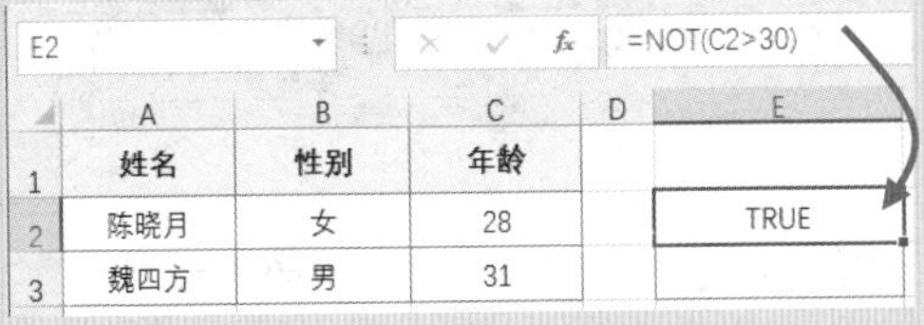

E2			× ✓ fx	=NOT(C2>30)	
	A	B	C	D	E
1	姓名	性别	年龄		
2	陈晓月	女	28		TRUE
3	魏四方	男	31		

图 2-30

如图 2-31 所示，E3 单元格的返回值是 FALSE，是因为 "C3>30" 这个判断条件的值是 TRUE。NOT 函数求反，最终结果为 FALSE。

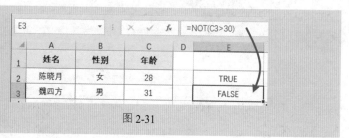

图 2-31

例：排除大于 45 岁的应聘者

如图 2-32 所示表格统计了应聘人员信息。公司规定：不录用年龄超过 45 岁的员工。因此可以利用公式将年龄大于 45 岁的排除。

姓名	性别	年龄	学历	应聘岗位	是否排除
刘应玲	女	28	专科	销售专员	FALSE
苏成杰	男	32	本科	销售专员	FALSE
何成洁	女	47	专科	客服	TRUE
李成	女	22	专科	客服	FALSE
余晶晶	女	46	本科	助理	TRUE
冯易	男	31	硕士	研究员	FALSE
陈俊	男	29	本科	研究员	FALSE
李君浩	男	48	本科	研究员	TRUE
刘帅	男	29	硕士	会计	FALSE
李霖林	男	33	本科	会计	FALSE

图 2-32

❶ 选中 F2 单元格，在编辑栏中输入公式（如图 2-33 所示）：

=NOT(C2<45)

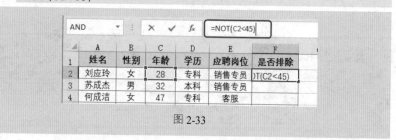

图 2-33

❷ 按 Enter 键，即可依据 C2 单元格中的年龄判断是否应该排除，如图 2-34 所示。将 F2 单元格的公式向下填充，可一次性得到批量判断结果。

	A	B	C	D	E	F
1	姓名	性别	年龄	学历	应聘岗位	是否排除
2	刘应玲	女	28	专科	销售专员	FALSE
3	苏成杰	男	32	本科	销售专员	
4	何成洁	女	47	专科	客服	
5	李成	女	22	专科	客服	

图 2-34

【公式解析】

$$=NOT(C2<45)$$

判断 "C2<45" 是否为真，如果为真，最终 NOT 函数返回 FALSE，即不排除；如果不为真，最终 NOT 函数返回 TRUE，即排除

2.2 IF 函数（根据条件判断返回指定的值）

【函数功能】IF 函数用于根据指定的条件来判断其"真"（TRUE）、"假"（FALSE），从而返回相应的内容。

【函数语法】IF(logical_test,value_if_true,value_if_false)

- logical_test：表示逻辑判断表达式。
- value_if_true：当表达式 logical_test 为"真"（TRUE）时，显示该参数所表达的内容。
- value_if_false：当表达式 logical_test 为"假"（FALSE）时，显示该参数所表达的内容。

【用法解析】

第一个参数是逻辑判断表达式，返回结果为
TRUE 或 FALSE

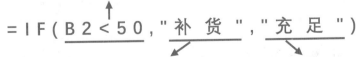

$$=IF(B2<50,"补货","充足")$$

第二个参数为函数返回值，当第一个参数返回 TRUE 时，公式最终返回这个值。如果是文本，要使用双引号　第三个参数为函数返回值，当第一个参数返回 FALSE 时，公式最终返回这个值。如果是文本，要使用双引号

📢 **注意：**

> 在使用 IF 函数进行判断时，其参数设置必须遵循规则进行，要按顺序输入，即第一个参数为判断条件，第二个参数和第三个参数为函数返回值。颠倒顺序或格式不对时，都不能让公式返回正确的结果。

如图 2-35 所示，C2 单元格的公式为"=IF(B2<50,"补货","充足")，表示先判断"B2<50"是否成立。从图中可以看到判断条件不成立，返回的值是第三个参数，结果为"充足"。

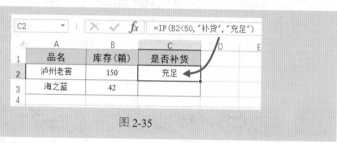

图 2-35

如图 2-36 所示，C3 单元格的公式为"=IF(B3<50,"补货","充足")，表示先判断"B3<50"是否成立。从图中可以看到判断条件成立，返回的值是第二个参数，结果为"补货"。

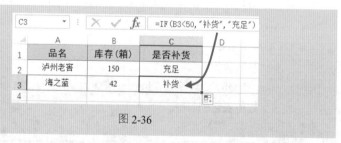

图 2-36

📢 **注意：**

> IF 函数是一个非常重要的函数，我们需要根据上面的介绍熟练地掌握它的 3 个基本参数。除此之外，该函数可以进行多层嵌套，以便实现一次性判断多个条件；并且 IF 的第一个参数还可以通过其他函数的返回值得到，只要它能实现逻辑值的判断即可（例如前面 AND 函数与 OR 函数中的例 3 都是嵌套函数的例子），这也实现了对多个条件的判断。在下面的实例中会从多个方面展示 IF 函数的参数设置方法。

例 1：判断考核成绩是否合格

如图 2-37 所示，表格中给出了每位员工本月的考核成绩，现在要求根据他们的分数判断其是否通过公司考核。规则为：只有当考核分数大于等于 85 分时才可以通过考核。E 列中是公式的返回结果。

工号	姓名	所属部门	成绩	是否合格
GX001	何启新	销售部	86	合格
GX002	周志鹏	财务部	90	合格
GX003	夏楚奇	销售部	84	不合格
GX004	周金星	人事部	87	合格
GX005	张明宇	财务部	92	合格
GX006	赵思飞	人事部	87	合格
GX007	韩佳人	销售部	89	合格
GX008	刘莉莉	销售部	82	不合格

图 2-37

❶ 选中 E2 单元格，在编辑栏中输入公式（如图 2-38 所示）：
=IF(D2>=85,"合格","不合格")

IF				=IF(D2>=85,"合格","不合格")	
	A	B	C	D	E
工号	姓名	所属部门	成绩	是否合格	
GX001	何启新	销售部	86	格","不合格")	
GX002	周志鹏	财务部	90		
GX003	夏楚奇	销售部	84		
GX004	周金星	人事部	87		

图 2-38

❷ 按 Enter 键，即可依据 D2 单元格中的分数判断是否通过考核。若分数大于等于 85 则显示为 "合格"，表明考核通过；若分数小于 85 则显示为 "不合格"，表明考核未通过，如图 2-39 所示。将 E2 单元格的公式向下填充，可一次性得到批量判断结果。

工号	姓名	所属部门	成绩	是否合格
GX001	何启新	销售部	86	合格
GX002	周志鹏	财务部	90	
GX003	夏楚奇	销售部	84	
GX004	周金星	人事部	87	

图 2-39

第 2 章 逻辑函数

【公式解析】

① 判断 D2 单元格中的数值是否大于等于 85

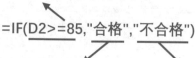

=IF(D2>=85,"合格","不合格")

② "D2>=85" 如果成立，返回 "合格"

③ "D2>=85" 如果不成立，返回 "不合格"

例 2：根据销售额计算员工提成

扫一扫，看视频

如图 2-40 所示，表格中给出了每位员工本月的销售业绩，要求依据员工的销售业绩计算提成金额。公司规定销售金额不同，提成率也不同：当销售金额小于 8000 元时，提成率为 5%；当销售金额在 8000~10000 元之间时，提成率为 8%；当销售金额大于 10000 元时，提成率为 10%。

	A	B	C	D
1	姓名	所属部门	销售额	提成金额
2	何启新	销售1部	8600	688
3	周志鹏	销售3部	9500	760
4	夏奇	销售2部	4840	242
5	周金星	销售1部	10870	1087
6	张明宇	销售3部	7920	396
7	赵飞	销售2部	4870	243.5
8	韩玲玲	销售1部	11890	1189
9	刘莉	销售2部	9820	785.6

图 2-40

这是一个 IF 嵌套的例子，IF 最多可以达到 7 层嵌套，从而实现多个条件的判断。在下面的公式解析中将会对这种用法进行详细的讲解。

❶ 选中 D2 单元格，在编辑栏中输入公式（如图 2-41 所示）：
=C2*IF(C2>10000,10%,IF(C2>8000,8%,5%))

AND		× ✓	fx	=C2*IF(C2>10000,10%,IF(C2>8000,8%,5%))	
	A	B	C	D	E	F
1	姓名	所属部门	销售额	提成金额		
2	何启新	销售1部	8600	3000,8%,5%))		
3	周志鹏	销售3部	9500			
4	夏奇	销售2部	4840			

图 2-41

② 按 Enter 键，即可依据 C2 单元格中的销售额判断其提成率。然后再将 C2 单元格中的销售额乘以返回的提成率即为销售提成金额，如图 2-42 所示。将 D2 单元格的公式向下填充，可一次性得到批量判断结果。

	A	B	C	D	E
1	姓名	所属部门	销售额	提成金额	
2	何启新	销售1部	8600	688	
3	周志鹏	销售3部	9500		
4	夏奇	销售2部	4840		
5	周金星	销售1部	10870		

图 2-42

【公式解析】

① 判断 C2 单元格中的值是否大于 10000，如果是返回 10%，如果不是则执行第二层 IF（整体作为前一 IF 的第三个参数）

② 判断 C2 单元格中的值是否大于 8000，如果是返回 8%，如果不是返回 5%

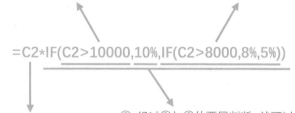

=C2*IF(C2>10000,10%,IF(C2>8000,8%,5%))

④ 用 C2 乘以返回的提成率则得到提成金额

③ 经过①与②的两层判断，就可以界定数值范围，并返回相应的百分比

例 3：比较两个供应商提供的供货单价是否相等

如图 2-43 所示为 A 供应商提供的货供单价表，如图 2-44 所示为 B 供应商提供的货供单价表，现在需要对这两个单价表进行比较，看哪些产品的供货价格存在差异。

扫一扫，看视频

	A	B	C
1	产品名称	单位	供货单价
2	康师傅冰红茶	瓶	2.2
3	康师傅绿茶	瓶	2.2
4	康师傅茉莉清茶	瓶	2.4
5	康师傅鲜橙多	瓶	2.2
6	红牛	罐	3.5
7	统一鲜橙多	瓶	2.1
8	娃哈哈苦养快线	瓶	3
9	芬达橙汁	瓶	2.2
10	罐装雪碧	罐	2
11	袋装王老吉	袋	1
12			

A供应商　B供应商　单价对比表

图 2-43

	A	B	C
1	产品名称	单位	供货单价
2	康师傅冰红茶	瓶	2.2
3	康师傅绿茶	瓶	2.3
4	康师傅茉莉清茶	瓶	2.4
5	康师傅鲜橙多	瓶	2.1
6	红牛	罐	3.5
7	统一鲜橙多	瓶	1.9
8	娃哈哈苦养快线	瓶	3
9	芬达橙汁	瓶	2.2
10	罐装雪碧	罐	2
11	袋装王老吉	袋	1
12			

A供应商　B供应商　单价对比

图 2-44

❶ 建立"单价对比表",注意"产品名称"的顺序要与前面两张表保持一致。选中 C2 单元格,在编辑栏中输入公式(如图 2-45 所示):

=IF(A 供应商!C2=B 供应商!C2,"相同","有差异")

图 2-45

❷ 按 Enter 键,即可依据"A 供应商"和"B 供应商"两张工作表的 C2 单元格中的数值进行判断,如果数值相同则显示"相同",若不同则显示"有差异",如图 2-46 所示。

	A	B	C
1	产品名称	单位	单价是否相同
2	康师傅冰红茶	瓶	相同
3	康师傅绿茶	瓶	
4	康师傅茉莉清茶	瓶	
5	康师傅鲜橙多	瓶	

图 2-46

❸ 将C2单元格的公式向下填充，可一次性得到批量判断结果，如图 2-47 所示。

	A	B	C
1	产品名称	单位	单价是否相同
2	康师傅冰红茶	瓶	相同
3	康师傅绿茶	瓶	有差异
4	康师傅茉莉清茶	瓶	相同
5	康师傅鲜橙多	瓶	有差异
6	红牛	罐	相同
7	统一鲜橙多	瓶	有差异
8	娃哈哈营养快线	瓶	相同
9	芬达橙汁	瓶	相同
10	罐装雪碧	罐	相同
11	袋装王老吉	袋	相同
12			

A供应商 | B供应商 | 单价对比表

图 2-47

【公式解析】

本例中涉及对其他工作表中单元格区域的引用

=IF(A 供应商!C2=B 供应商!C2,"相同","有差异")

参数 1 是一个逻辑判断表达式，当“A 供应商”表中 C2 单元格中的数值等于“B 供应商”表中 C2 单元格中的数值时，表示条件判断为真，返回“相同”，否则返回“有差异”

📢 **注意:**

这个公式中涉及了对其他工作表中数据源的引用,其操作方法与在当前工作表中引用数据一样。当需要引用某个表中的数据时,先单击该工作表标签,然后再单击要引用的单元格或选择单元格区域即可。

例4:根据双条件判断跑步成绩是否合格

扫一扫,看视频

为了鼓励员工积极进行身体锻炼,公司每年都会组织员工进行体能测试。公司规定:男员工必须在 8 分钟之内跑完 1000 米才算合格;女员工则必须在 10 分钟之内跑完 1000 米才算合格。如图 2-48 所示表格统计了本次体能测试的成绩,现在需要快速判断每位员工的完成时间是否合格。

	A	B	C	D	E	F
1	员工编号	姓名	年龄	性别	完成时间(分)	是否合格
2	GSY-001	何志新	35	男	12	不合格
3	GSY-002	周志鹏	28	男	7.9	合格
4	GSY-003	夏楚奇	25	男	7.6	合格
5	GSY-004	周金星	27	女	9.4	合格
6	GSY-005	张明宇	30	男	6.9	合格
7	GSY-006	赵思飞	31	男	7.8	合格
8	GSY-007	韩佳人	36	女	11.2	不合格
9	GSY-008	刘莉莉	24	女	12.3	不合格
10	GSY-009	吴世芳	30	女	9.1	合格
11	GSY-010	王淑芬	27	女	8.9	合格

图 2-48

❶ 选中 F2 单元格,在编辑栏中输入公式(如图 2-49 所示):
=IF(OR(AND(D2="男",E2<=8),AND(D2="女",E2<=10)),"合格","不合格")

AND		✕ ✓	f_x	=IF(OR(AND(D2="男",E2<=8),AND(D2="女",E2<=10)), "合格","不合格")	
	A	B	C	D	E	F
1	员工编号	姓名	年龄	性别	完成时间(分)	是否合格
2	GSY-001	何志新	35	男	12	格","不合格")
3	GSY-002	周志鹏	28	男	7.9	
4	GSY-003	夏楚奇	25	男	7.6	

图 2-49

❷ 按 Enter 键，即可依据 D2 和 E2 判断体能测试是否合格，如图 2-50 所示。将 F2 单元格的公式向下填充，可一次性得到批量判断结果。

	A	B	C	D	E	F
1	员工编号	姓名	年龄	性别	完成时间（分）	是否合格
2	GSY-001	何志新	35	男	12	不合格
3	GSY-002	周志鹏	28	男	7.9	
4	GSY-003	夏楚奇	25	男	7.6	

图 2-50

【公式解析】

① 这一部分的返回值是 IF 函数的第一个参数。它使用 OR 函数又嵌套 AND 函数的方法来设置条件。如果这一步返回 TRUE，IF 就返回 "合格"，否则返回 "不合格"

④ 当②和③的两个返回值中只要有一个为 TRUE，OR 函数就返回 TRUE。并且通过①解析知道，当 OR 返回 TRUE 时，IF 返回 "合格"，否则返回 "不合格"

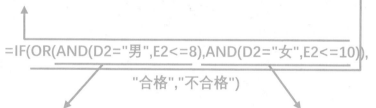

=IF(OR(AND(D2="男",E2<=8),AND(D2="女",E2<=10)),
"合格","不合格")

② OR 函数的第一个参数，判断 D2 单元格中是否为 "男" 并且 E2 单元格中数值是否小于等于 8，若同时满足返回 TRUE，否则返回 FALSE

③ OR 函数的第二个参数，判断 D2 单元格中是否为 "女" 并且 E2 单元格中数值是否小于等于 10，若同时满足返回 TRUE，否则返回 FALSE

例 5：只对满足条件的产品调价

如图 2-51 所示表格统计了一系列产品的定价，现在需要对部分产品进行调价。具体规则为：当产品是 "十年陈" 时，价格上调 50 元，其他产品保持不变。

扫一扫，看视频

要完成这项自动判断，需要公式能自动找出文本"十年陈"，从而实现当满足条件时进行提价运算。由于"十年陈"都显示在产品名称的后面，因此使用文本函数 RIGHT 来提取。

	A	B	C	D
1	产品	规格	定价	调后价格
2	咸亨太雕酒（十年陈）	5L	320	370
3	绍兴花雕酒）	5L	128	128
4	绍兴会稽山花雕酒	5L	215	215
5	绍兴会稽山花雕酒（十年陈）	5L	420	470
6	大越雕酒	5L	187	187
7	大越雕酒（十年陈）	5L	398	448
8	古越龙山花雕酒	5L	195	195
9	绍兴黄酒女儿红	5L	358	358
10	绍兴黄酒女儿红（十年陈）	5L	440	490
11	绍兴塔牌黄酒	5L	228	228

图 2-51

❶ 选中 D2 单元格，在编辑栏中输入公式（如图 2-52 所示）:

```
=IF(RIGHT(A2,5)="（十年陈）",C2+50,C2)
```

AND　=IF(RIGHT(A2,5)="（十年陈）",C2+50,C2)

	A	B	C	D	E	F
1	产品	规格	定价	调后价格		
2	咸亨太雕酒（十年陈）	5L	320	2+50, C2)		
3	绍兴花雕酒）	5L	128			
4	绍兴会稽山花雕酒	5L	215			
5	绍兴会稽山花雕酒（十年陈）	5L	420			

图 2-52

❷ 按 Enter 键，即可根据 A2 单元格中的产品名称判断其是否满足“十年陈”这个条件。从图中可以看到当前是满足的，因此计算结果是“C2+50”的值，如图 2-53 所示。将 D2 单元格的公式向下填充，可一次性得到批量判断结果。

	A	B	C	D
1	产品	规格	定价	调后价格
2	咸亨太雕酒（十年陈）	5L	320	370
3	绍兴花雕酒）	5L	128	
4	绍兴会稽山花雕酒	5L	215	
5	绍兴会稽山花雕酒（十年陈）	5L	420	

图 2-53

【公式解析】

> RIGHT 是一个文本函数，用于从给定字符串的右侧开始提取字符，提取字符的数量用第二个参数来指定。在 5.3 节中将详细介绍此函数

=IF(RIGHT(A2,5)="（十年陈）",C2+50,C2)

> 这部分是此公式的关键，表示从 A2 单元格中数据的右侧开始提取，共提取 5 个字符。提取后判断其是否是"（十年陈）"，如果是则返回"C2+50"；否则只返回 C2 的值，即不调价。

🔊 注意：

> 在设置"RIGHT(A2,5)="（十年陈）""时，注意"（十年陈）"前后的括号是区分全半角的，即如果在单元格中是使用的全角括号，那么公式中也需要使用全角括号，否则会导致公式错误。

例 6：根据双重条件判断退休年龄

如图 2-54 所示表格统计了公司即将退休老员工的年龄和职位情况。为了挽留管理人才，公司规定：普通员工女性退休年龄为 55 岁，男性为 60 岁；当职位为总经理或副总经理时，统一延迟 5 年。现在需要使用公式得到每位员工的退休年龄。

扫一扫，看视频

	A	B	C	D	E
1	员工编号	姓名	性别	职位	退休年龄
2	GSY-001	何志新	男	总经理	65
3	GSY-002	周志鹏	男	副总经理	65
4	GSY-003	夏楚奇	男	人事总监	60
5	GSY-004	周金星	女	财务总监	55
6	GSY-005	张明宇	男	出纳	60
7	GSY-006	赵思飞	男	文员	60
8	GSY-007	韩佳人	女	销售总监	55
9	GSY-008	刘莉莉	女	市场总监	55
10	GSY-009	吴世芳	女	副总经理	60
11	GSY-010	王淑芬	女	会计	55

图 2-54

❶ 选中 E2 单元格，在编辑栏中输入公式（如图 2-55 所示）：
=IF(C2="男",60,55)+IF(OR(D2="总经理",D2="副总经理"),5,0)

| AND | ▾ | : | × | ✓ | f_x | =IF(C2="男",60,55)+IF(OR(D2="总经理", D2="副总经理"),5,0) |

	A	B	C	D	E
1	员工编号	姓名	性别	职位	退休年龄
2	GSY-001	何志新	男	总经理	2="副总经理"),5,0)
3	GSY-002	周志鹏	男	副总经理	
4	GSY-003	夏楚奇	男	人事总监	

图 2-55

❷ 按 Enter 键，即可依据 C2 中的性别和 D2 中的职位情况计算退休年龄，如图 2-56 所示。将 E2 单元格的公式向下填充，可一次性得到批量判断结果。

	A	B	C	D	E
1	员工编号	姓名	性别	职位	退休年龄
2	GSY-001	何志新	男	总经理	65
3	GSY-002	周志鹏	男	副总经理	
4	GSY-003	夏楚奇	男	人事总监	

图 2-56

【公式解析】

① 判断 C2 单元格中的性别是否为"男"，若是返回"60"，否则返回"55"

② 判断 D2 单元格中的职位是否为"总经理"或者"副总经理"，如果是其中之一就返回 TRUE，否则返回 FALSE

=IF(C2="男",60,55)+IF(OR(D2="总经理",D2="副总经理"),5,0)

④ ①与③之和为最终的退休年龄

③ 当②结果为 TRUE 时，返回 5，否则返回 0

Excel 函数与公式速查宝典

例7：根据双重条件判断完成时间是否合格

本例统计了不同项目中"一级工"和"二级工"的完成时间，要求根据职级和时间来判断最终的完成时间是否达到了合格。这里需要按照以下规定来设置公式：

- 当职位为"一级工"时，用时小于10小时，返回结果为"合格"。
- 当职位为"二级工"时，用时小于15小时，返回结果为"合格"。
- 否则返回结果为"不合格"。

即通过判断最终得到D列中的数据，如图2-57所示。

	A	B	C	D	E
1	项目	职级	完成用时(小时)	是否合格	
2	1	一级工	9	合格	
3	2	二级工	14	合格	
4	3	二级工	15	不合格	
5	4	一级工	12	不合格	
6	5	二级工	12	合格	
7	6	二级工	16	不合格	
8	7	二级工	9	合格	

图 2-57

❶ 选中 D2 单元格，在编辑栏中输入公式（如图 2-58 所示）：
=IF(OR(AND(B2="一级工",C2<10),AND(B2="二级工",C2<15)),"合格","不合格")

| IF | ▼ | : | ✕ | ✓ | fx | =IF(OR(AND(B2="一级工",C2<10),AND(B2="二级工",C2<15)),"合格","不合格") |

	A	B	C	D	E	F	G	H	I	J
1	项目	职级	完成用时(小时)	是否合格						
2	1	一级工	9	=IF(OR(AND(B2=						
3	2	二级工	14							
4	3	二级工	15							

图 2-58

❷ 按 Enter 键，因为 B2 单元格是"一级工"，C2 单元格是"9"（小于10小时），所以返回结果为"合格"，如图2-59所示。将D2单元格的公式向下填充，可一次性得到批量判断结果。

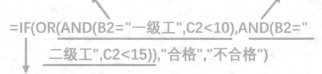

	A	B	C	D	E
1	项目	职级	完成用时(小时)	是否合格	
2	1	一级工	9	合格	
3	2	二级工	14		
4	3	二级工	15		

图 2-59

【公式解析】

① 使用 AND 函数判断 B2 单元格是否为"一级工",并且 C2 单元格中时间是否小于 10,同时满足时返回 TRUE,否则返回 FALSE

② 使用 AND 函数判断 B2 单元格是否为"二级工",并且 C2 单元格中时间是否小于 15,同时满足时返回 TRUE,否则返回 FALSE

=IF(OR(AND(B2="一级工",C2<10),AND(B2="二级工",C2<15)),"合格","不合格")

③ 两个 AND 函数的返回值中只要有一个为 TRUE,就返回"合格",否则返回"不合格"

例 8:根据员工的职位和工龄调整工资

扫一扫,看视频

如图 2-60 所示表格统计了员工的职位、工龄以及基本工资。为了鼓励员工创新,不断推出优质的新产品,公司决定上调研发员薪资,其他职位工资暂时不变。加薪规则:工龄大于 5 年的研发员工资上调 1000 元,其他的研发员上调 500 元。

	A	B	C	D	E
1	姓名	职位	工龄	基本工资	调薪幅度
2	何志新	设计员	1	4000	不变
3	周志鹏	研发员	3	5000	5500
4	夏楚奇	会计	5	3500	不变
5	周金星	设计员	4	5000	不变
6	张明宇	研发员	2	4500	5000
7	赵思飞	测试员	4	3500	不变
8	韩佳人	研发员	6	6000	7000
9	刘莉莉	测试员	8	5000	不变
10	吴世芳	研发员	3	5000	5500

图 2-60

❶ 选中 E2 单元格，在编辑栏中输入公式（如图 2-61 所示）：
=IF(NOT(B2="研发员"),"不变",IF(AND(B2="研发员", C2>5),
D2+1000,D2+500))

AND	▼		× ✓ fx	=IF(NOT(B2="研发员"),"不变",IF(AND(B2="研发员",C2>5),D2+1000,D2+500))			
	A	B	C	D	E	F	G	H
1	姓名	职位	工龄	基本工资	调薪幅度			
2	何志新	设计员	1	4000	00,D2+500))			
3	周志鹏	研发员	3	5000				
4	夏楚奇	会计	5	3500				
5	周金星	设计员	4	5000				

图 2-61

❷ 按 Enter 键，即可依据 B2 中的职位和 C2 中的工龄判断其是否符合加薪条件以及加薪金额。如果符合加薪条件，再用 D2 中的基本工资加上加薪金额即为加薪后的薪资水平，如图 2-62 所示。将 E2 单元格的公式向下填充，可一次性得到批量判断结果。

	A	B	C	D	E
1	姓名	职位	工龄	基本工资	调薪幅度
2	何志新	设计员	1	4000	不变
3	周志鹏	研发员	3	5000	
4	夏楚奇	会计	5	3500	

图 2-62

【公式解析】

① 用于判断 B2 单元格中的职位是否为"研发员"，如果不是研发员，返回"不变"，否则进入下一个 IF 的判断

=IF(NOT(B2="研发员"),"不变",IF(AND(B2="研发员",
C2>5),D2+1000,D2+500))

② 判断 B2 单元格中的职位是否为"研发员"，并且 C2 单元格中工龄是否大于 5，若同时满足返回 TRUE，否则返回 FALSE

③ 若②返回 TRUE，则 IF 返回 "D2+1000"的值；若②返回 FALSE，则 IF 返回 "D2+500" 的值

例 9：用数组公式判断一组数据是否都满足要求

扫一扫，看视频

如图 2-63 所示表格中记录了某台机器 10 次的生产测试情况，要求每次生产出的产品的克重在 850~900 之间才算合格，只要有任意一组或任意一个克重不符合要求，就返回"不合格"。即如果测试结果满足规定条件则返回如图 2-63 所示结果；若不满足则返回如图 2-64 所示结果。

	A	B	C	D	E
1	测试次数	合格上限(克)	合格下限(克)		是否合格
2	1	875	891		合格
3	2	891	885		
4	3	864	898		
5	4	879	897		
6	5	884	851		
7	6	897	867		
8	7	881	847		
9	8	863	855		
10	9	874	876		
11	10	890	842		

图 2-63

	A	B	C	D	E
1	测试次数	合格上限(克)	合格下限(克)		是否合格
2	1	875	891		不合格
3	2	891	885		
4	3	864	898		
5	4	879	903		
6	5	884	851		
7	6	897	867		
8	7	881	847		
9	8	863	855		
10	9	874	876		
11	10	890	842		

图 2-64

❶ 选中 E2 单元格，在编辑栏中输入公式（如图 2-65 所示）：
=IF(AND(B2:B11>=850,C2:C11<=900),"合格","不合格")

❷ 按 Ctrl+Shift+Enter 组合键，即可依据 B 列与 C 列中约定的上限值与下限值判断此次测试的合格情况，如图 2-66 所示。

| AND | ▾ | : | × | ✓ | _fx_ | =IF(AND(B2:B11>=850,C2:C11<=900),"合格","不合格") |

▲	A	B	C	D	E	F	(
1	测试次数	合格上限(克)	合格下限(克)		是否合格		
2	1	875	891		¦格","不合格")		
3	2	891	885				
4	3	864	898				
5	4	879	897				
6	5	884	851				
7	6	897	867				
8	7	881	847				
9	8	863	855				
10	9	874	876				
11	10	890	842				

图 2-65

| E2 | ▾ | : | × | ✓ | _fx_ | {=IF(AND(B2:B11>=850,C2:C11<=900),"合格","不合格")} |

▲	A	B	C	D	E	F	G
1	测试次数	合格上限(克)	合格下限(克)		是否合格		
2	1	875	891		合格		
3	2	891	885				
4	3	864	898				
5	4	879	897				
6	5	884	851				
7	6	897	867				
8	7	881	847				
9	8	863	855				
10	9	874	876				
11	10	890	842				

图 2-66

【公式解析】

① 依次判断 B2:B11 这一组中各个数据是否大于等于 850

② 依次判断 C2:C11 这一组中各个数据是否小于等于 900

=IF(AND(B2:B11>=850,C2:C11<=900),"合格","不合格")

③ 当①与②同时满足时，返回 TRUE，否则返回 FALSE

④ 当③的结果是 TRUE 时，返回 "合格"，否则返回 "不合格"

🔊 **注意:**

该公式进行了数组运算,先判断 B2:B11 单元格区域的各个值是否大于等于 850,再判断 C2:C11 单元格区域的各个值是否小于等于 900,得到一个由逻辑值 TRUE 和 FALSE 组成的数组,然后再对数组内的值进行判断,只有当数组中的值都为 TRUE 时才能返回 TRUE,最终 IF 返回"合格",否则返回"不合格"。

第3章 数学与三角函数

3.1 求和及按条件求和运算

在进行数据运算时，求和运算是最常进行的运算之一，不仅包括简单的基础求和，还包括按条件求和。使用函数进行求和运算时，可以在单张工作表或多张工作表中进行，如对多表数据一次性求和。使用 SUMIF 函数可以按指定条件求和，如统计各部门工资之和、对某一类数据求和等。使用 SUMIFS 函数可按多重条件求和，如统计指定店面中指定品牌的销售总额、按月汇总出库量、多条件对某一类数据求和等。另外，本节还重点介绍一个既可以按条件求和又可以计数的函数：SUMPRODUCT。

1. SUM（对给定的数据区域求和）

【函数功能】SUM 函数可以将指定为参数的所有数字相加。每个参数都可以是区域、单元格引用、数组、常量、公式或另一个函数的结果。

【函数语法】SUM(number1,[number2],...)

- number1：必需参数，想要相加的第一个数值参数。
- number2,...：可选参数，想要相加的第 2~255 个数值参数。

【用法解析】

SUM 函数参数的写法也有多种形式：

当前有 3 个参数，参数间用逗号分隔，参数个数最少是 1 个，最多只能设置 255 个。当前公式的计算结果等同于 "=1+2+3"

=SUM（1,2,3）

共 3 个参数，因为单元格区域是不连续的，所以必须分别使用各自的
单元格区域，中间用逗号间隔。公式计算结果等同于将这几个单元格
区域中的所有值相加

$=SUM(D2:D3,D9:D10,Sheet2!A1:A3)$

也可引用其他工作表中的单元格区域

除了单元格引用和数值，SUM 函数的参数还可以是其他公式的计算结
果，如：

第 1 个参数是常量   第 2 个参数是公式

$=SUM（4,SUM(3,3),A1）$

第 3 个参数是单元格引用

将单元格引用设置为 SUM 的参数，如果单元格中包含非数值类型的数
据，聪明的 SUM 函数会忽略它们，只计算其中的数值，如图 3-1 所示。

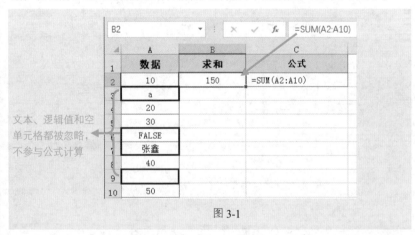

文本、逻辑值和空
单元格都被忽略，
不参与公式计算

图 3-1

但 SUM 函数不会忽略错误值，参数中如果包含错误，公式将返回错误，
如图 3-2 所示。

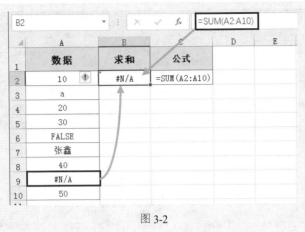

图 3-2

例 1：快速求总销售额（用"自动求和"按钮）

如图 3-3 所示，表格中统计了公司每位销售员一季度各月的销售额，现在需要批量计算每位销售员第一季度的总销售额。

扫一扫，看视频

	A	B	C	D	E	F
1	所属部门	姓名	1月	2月	3月	一季度销售额
2	销售1部	何志新	12900	13850	9870	36620
3	销售1部	周志鹏	16780	9790	10760	37330
4	销售1部	夏楚奇	9800	11860	12900	34560
5	销售2部	周金星	8870	9830	9600	28300
6	销售2部	张明宇	9860	10800	11840	32500
7	销售2部	赵思飞	9790	11720	12770	34280
8	销售3部	韩佳人	8820	9810	8960	27590
9	销售3部	刘莉莉	9879	12760	10790	33429
10	销售3部	吴世芳	11860	9849	10800	32509
11	销售3部	王淑芬	10800	9870	12880	33550

图 3-3

❶ 选中 F2 单元格，在"公式"选项卡的"函数库"选项组中单击"自动求和"按钮（如图 3-4 所示）。即可在 F2 单元格自动输入求和的公式（如图 3-5 所示）：

=SUM(C2:E2)

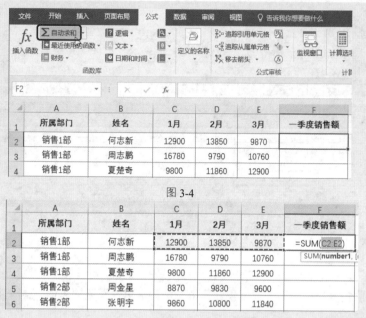

图 3-4

图 3-5

❷ 按 Enter 键，即可根据 C2、D2、E2 中的数值求出一季度的总销售额，如图 3-6 所示。将 F2 单元格的公式向下填充，可一次得到批量计算结果。

	A	B	C	D	E	F
1	所属部门	姓名	1月	2月	3月	一季度销售额
2	销售1部	何志新	12900	13850	9870	36620
3	销售1部	周志鹏	16780	9790	10760	
4	销售1部	夏楚奇	9800	11860	12900	

图 3-6

在单击"自动求和"按钮时，程序会自动判断当前数据源的情况，默认填入参数，一般连续的数据区域都会被自动默认作为参数。如果我们实际并不是要求对默认的参数进行计算，这时候可以对参数进行修改。

例如，在图 3-7 所示的单元格中要计算销售 1 部 1 月的总销售额，使用自动求和功能计算时，默认参与计算的单元格为 C2:C12。

▲	A	B	C	D	E	F
1	所属部门	姓名	1月	2月	3月	一季度销售额
2	销售1部	何志新	12900	13850	9870	
3	销售1部	周志鹏	16780	9790	10760	
4	销售1部	夏楚奇	9800	11860	12900	
5	销售2部	周金星	8870	9830	9600	
6	销售2部	张明宇	9860	10800	11840	
7	销售2部	赵思飞	9790	11720	12770	
8	销售3部	韩佳人	8820	9810	8960	
9	销售3部	刘莉莉	9879	12760	10790	
10	销售3部	吴世芳	11860	9849	10800	
11	销售3部	王淑芬	10800	9870	12880	
12						
13	销售1部1月总销售额		=SUM(C2:C12)			

图 3-7

此时，只需要利用鼠标拖动的方式重新选择 C2:C4 单元格区域即可改变函数的参数，然后按 Enter 键返回即可计算结果，如图 3-8 所示。

▲	A	B	C	D	E
1	所属部门	姓名	1月	2月	3月
2	销售1部	何志新	12900	13850	9870
3	销售1部	周志鹏	16780	9790	10760
4	销售1部	夏楚奇	9800	11860	12900
5	销售2部	周金星	8870	9830	9600
6	销售2部	张明宇	9860	10800	11840
7	销售2部	赵思飞	9790	11720	12770
8	销售3部	韩佳人	8820	9810	8960
9	销售3部	刘莉莉	9879	12760	10790
10	销售3部	吴世芳	11860	9849	10800
11	销售3部	王淑芬	10800	9870	12880
12					
13	销售1部1月总销售额		39480		

图 3-8

📢 注意：

"自动求和"并不仅仅用于求和运算，它是将几个常用的快速计算的函数集成到此处，方便用户使用。单击"自动求和"右侧的下拉按钮，可以看到还有平均值、最大值、最小值以及计数等选项，当要使用这些运算时则可以从这里快速选择。

例 2：对一个数据块一次性求和

在进行求和运算时，并不是只能对一列数据、一行数据求和，一个数据块也可以一次性求和。例如在下面的表格中，要计算出第一季度的总销售额。

❶ 选中 G2 单元格，在编辑栏中输入公式（如图 3-9 所示）：
=SUM(C2:E7)

	SUMIF		× ✓ ƒx	=SUM(C2:E7)		
▲	A	B	C	D	E	F	G
1	所属部门	姓名	1月	2月	3月		1季度总销售额
2	销售1部	何志新	12900	13850	9870		=SUM(C2:E7)
3	销售1部	周志鹏	16780	9790	10760		
4	销售1部	夏楚奇	9800	11860	12900		
5	销售2部	周金星	8870	9830	9600		
6	销售2部	张明宇	9860	10800	11840		
7	销售2部	赵思飞	9790	11720	12770		

图 3-9

❷ 按 Enter 键，即可依据 C2:E7 整个单元格区域的数据进行求和计算，如图 3-10 所示。

▲	A	B	C	D	E	F	G
1	所属部门	姓名	1月	2月	3月		1季度总销售额
2	销售1部	何志新	12900	13850	9870		203590
3	销售1部	周志鹏	16780	9790	10760		
4	销售1部	夏楚奇	9800	11860	12900		
5	销售2部	周金星	8870	9830	9600		
6	销售2部	张明宇	9860	10800	11840		
7	销售2部	赵思飞	9790	11720	12770		

图 3-10

例 3：对多表数据一次性求和

如图 3-11~图 3-14 所示是 4 张工作表，分别统计了当年 4 个季度每月每位工人的产值，现在需要计算全年的产值。这种情况下就需要对多个表格的数据进行求和运算。

▲	A	B	C	D	E	F
1	所属车间	姓名	性别	1月	2月	3月
2	一车间	何志新	男	129	138	97
3	二车间	周志鹏	男	167	97	106
4	二车间	夏楚奇	男	96	113	129
5	一车间	周金星	女	85	95	96
6	二车间	张明宇	男	79	104	115
7	一车间	赵思飞	男	97	117	123
8	二车间	韩佳人	女	86	91	88
9	一车间	刘莉莉	女	98	126	102
10	一车间	吴世芳	女	112	99	105
11	一车间	王淑芬	女	107	90	121

1季度 2季度 3季度 4季度

图 3-11

▲	A	B	C	D	E	F
1	所属车间	姓名	性别	4月	5月	6月
2	一车间	何志新	男	130	124	130
3	二车间	周志鹏	男	14	131	121
4	二车间	夏楚奇	男	110	101	124
5	一车间	周金星	女	112	125	108
6	二车间	张明宇	男	104	131	117
7	一车间	赵思飞	男	124	135	103
8	二车间	韩佳人	女	131	102	91
9	一车间	刘莉莉	女	102	106	105
10	二车间	吴世芳	女	97	134	132
11	一车间	王淑芬	女	118	121	142

1季度 2季度 3季度 4季度

图 3-12

▲	A	B	C	D	E	F
1	所属车间	姓名	性别	7月	8月	9月
2	一车间	何志新	男	120	112	102
3	二车间	周志鹏	男	112	141	131
4	二车间	夏楚奇	男	109	121	107
5	一车间	周金星	女	105	130	137
6	二车间	张明宇	男	115	105	125
7	一车间	赵思飞	男	124	97	108
8	二车间	韩佳人	女	130	108	104
9	一车间	刘莉莉	女	93	104	97
10	二车间	吴世芳	女	126	114	105
11	一车间	王淑芬	女	116	108	118

1季度 2季度 3季度 4季度

图 3-13

▲	A	B	C	D	E	F
1	所属车间	姓名	性别	10月	11月	12月
2	一车间	何志新	男	131	120	112
3	二车间	周志鹏	男	120	124	107
4	二车间	夏楚奇	男	114	107	115
5	一车间	周金星	女	115	116	98
6	二车间	张明宇	男	117	102	104
7	一车间	赵思飞	男	108	105	104
8	二车间	韩佳人	女	109	93	109
9	一车间	刘莉莉	女	92	108	117
10	二车间	吴世芳	女	116	115	132
11	一车间	王淑芬	女	108	110	128

1季度 2季度 3季度 4季度

图 3-14

❶ 在"4 季度"工作表中（也可以新建一个汇总表），选中 H2 单元格，在编辑栏中输入公式前部分"=SUM("，如图 3-15 所示。

IF		× ✓ fx	=SUM(				
▲	A	B	C	D	E		H	I

▲	A	B	C	D	E	F	H	I
1	所属车间	姓名	性别	10月	11月	12月	全年总产值	
2	一车间	何志新	男	131	120	112	=SUM(	
3	二车间	周志鹏	男	120	124	107		
4	二车间	夏楚奇	男	114	107	115		
5	一车间	周金星	女	115	116	98		
6	二车间	张明宇	男	117	102	104		
7	一车间	赵思飞	男	108	105	104		
8	二车间	韩佳人	女	109	93	109		
9	一车间	刘莉莉	女	92	108	117		
10	二车间	吴世芳	女	116	115	132		
11	一车间	王淑芬	女	108	110	128		

SUM(**number1**, [number2], ...)

1季度 2季度 3季度 4季度

图 3-15

❷ 按住 Shift 键，依次在"1 季度""2 季度""3 季度"工作表的名称标签上单击（此时，这 3 张工作表和"4 季度"工作表形成了一个工作组），然后利用鼠标拖动的方法选中 D2:F11 单元格区域，如图 3-16 所示。

	A	B	C	D	E	F	G	H
					=SUM('1季度:4季度'!D2:F11			
					SUM(**number1**, [number2], ...)			
1	所属车间	姓名	性别	1月	2月	3月		
2	一车间	何志新	男	129	138	97		
3	二车间	周志鹏	男	167	97	106		
4	二车间	夏楚奇	男	96	113	129		
5	一车间	周金星	女	85	95	96		
6	二车间	张明宇	男	79	104	115		
7	一车间	赵思飞	男	97	117	123		
8	二车间	韩佳人	女	86	91	88		
9	一车间	刘莉莉	女	98	126	102		
10	二车间	吴世芳	女	112	99	105		
11	一车间	王淑芬	女	107	90	121		

1季度 2季度 3季度 4季度   10R x 3C

图 3-16

❸ 再输入公式的其他运算符号（此公式中只需要再输入右括号），按 Enter 键即可依据"1 季度""2 季度""3 季度""4 季度"工作表中 D2:F11 单元格区域的数值求出全年的总产值，如图 3-17 所示。

H2				fx	=SUM('1季度:4季度'!D2:F11)			
	A	B	C	D	E	F	G	H
1	所属车间	姓名	性别	10月	11月	12月		全年总产值
2	一车间	何志新	男	131	120	112		13413
3	二车间	周志鹏	男	120	124	107		
4	二车间	夏楚奇	男	114	107	115		
5	一车间	周金星	女	115	116	98		
6	二车间	张明宇	男	117	102	104		

图 3-17

【公式解析】

此公式的计算原理是先要建立工作组，然后选中参与计算的单元格区域时，表示选中了工作组内所有表中相同位置的单元格区域。

按照相同的计算原理，也可以建立一张汇总表，对每位员工的全年生产量进行汇总计算。如图 3-18 所示，先建立一张汇总表（注意数据顺序要与前面分季度统计的表保持一致）使用公式 "=SUM('1 季度:4 季度'!D2:F2)" 可以计算出 "何志新" 这名员工的全年总生产量。并且通过公式的向下填充可以一次性得到所有员工的全年总生产量，如图 3-19 所示。

D2			f_x	=SUM('1季度:4季度'!D2:F2)	
	A	B	C	D	E
1	所属车间	姓名	性别	总生产量	
2	一车间	何志新	男	1445	
3	二车间	周志鹏	男		
4	二车间	夏楚奇	男		
5	一车间	周金星	女		

对 "1 季度" "2 季度" "3 季度" 和 "4 季度" 工作表中 D2:F2 单元格区域的数值求和

图 3-18

D3			f_x	=SUM('1季度:4季度'!D3:F3)	
	A	B	C	D	E
1	所属车间	姓名	性别	总生产量	
2	一车间	何志新	男	1445	
3	二车间	周志鹏	男	1371	
4	二车间	夏楚奇	男	1346	
5	一车间	周金星	女	1322	
6	二车间	张明宇	男	1318	
7	二车间	赵思飞	男	1345	
8	二车间	韩佳人	女	1242	

复制公式时，引用区域自动变化

图 3-19

例 4：求排名前三的产量总和

如图 3-20 所示，表格中统计了每个车间每位员工一季度 3 个月每月的产值，需要找到 3 个月中前三名的产值并求和。这个公式的设计需要使用 LARGE 这个函数提取前三名的值，然后再在外层嵌套 SUM 函数进行求和运算。

扫一扫，看视频

	A	B	C	D	E	F	G
1	姓名	性别	1月	2月	3月		前三名总产值
2	何志新	男	129	138	97		
3	周志鹏	男	167	97	106		
4	夏楚奇	男	96	113	129		
5	周金星	女	85	95	96		
6	张明宇	男	79	104	115		
7	赵思飞	男	97	117	123		
8	韩佳人	女	86	91	88		

图 3-20

❶ 选中 G2 单元格，在编辑栏中输入公式：

`=SUM(LARGE(C2:E8,{1,2,3}))`

❷ 按 Ctrl+Shift+Enter 组合键即可依据 C2:E8 单元格区域中的数值求出前三名的总产值，如图 3-21 所示。

	A	B	C	D	E	F	G
1	姓名	性别	1月	2月	3月		前三名总产值
2	何志新	男	129	138	97		434
3	周志鹏	男	167	97	106		
4	夏楚奇	男	96	113	129		
5	周金星	女	85	95	96		
6	张明宇	男	79	104	115		
7	赵思飞	男	97	117	123		
8	韩佳人	女	86	91	88		

G2 单元格公式：`{=SUM(LARGE(C2:E8,1,2,3))}`

图 3-21

【公式解析】

① 从 C2:E8 区域的数据中返回排名前 1、2、3 位的 3 个数，返回值组成的是一个数组

`=SUM(LARGE(C2:E8,{1,2,3}))`

② 对①中的数组进行求和运算

LARGE 函数是返回某一数据集中的某个最大值。返回排名第几的那个值，需要用第二个参数指定，如 LARGE(C2:E8,1)，表示返回第 1 名的值；LARGE(C2:E8,3)，表示返回第 3 名的值。我们这里想一次性返回前 3 名的值，所以在公式中使用了 {1,2,3} 这样一个常量数组

2. SUMIF（按照指定条件求和）

【函数功能】SUMIF 函数可以对区域中符合指定条件的值求和。

【函数语法】SUMIF(range, criteria, [sum_range])

● range：必需，用于条件判断单元格区域。

● criteria：必需，用于确定对哪些单元格求和的条件，其形式可以为

数字、表达式、单元格引用、文本或函数。

- sum_range：可选，表示根据条件判断的结果要进行计算的单元格区域。

【用法解析】

第 1 个参数是用于条件判断区域，必须是单元格引用

第 3 个参数是用于求和的区域。行、列数应与第 1 个参数相同

=SUMIF(\$A\$2:\$A\$5,E2,\$C\$2:\$C\$5)

第 2 个参数是求和条件，可以是数字、文本、单元格引用或公式等。如果是文本，必须使用双引号

注意：

在使用 SUMIF 函数时，其参数的设置必须要按以下顺序输入。第 1 个参数和第 3 个参数中的数据是一一对应关系，行数与列数必须保持相同。

如果用于条件判断的区域（第 1 个参数）与用于求和的区域（第 3 个参数）是同一单元格区域，则可以省略第 3 个参数。

如图 3-22 所示，F2 单元格的公式为 "=SUMIF(\$A\$2:\$A\$5,E2,\$C\$2:\$C\$5)"，用于条件判断的区域为 "\$A\$2:\$A\$5"；判断条件为 "E2"；用于求和的区域为 "\$C\$2:\$C\$5"。在 "\$A\$2:\$A\$5" 中满足条件 "E2" 的单元格对应在 "\$C\$2:\$C\$5" 中的数值是 "12900" 和 "9800"，对它们进行求和运算，因此公式返回的结果是 "22700"。

F2				f_x	=SUMIF(\$A\$2:\$A\$5,E2,\$C\$2:\$C\$5)	
	A	B	C	D	E	F	G
1	所属部门	姓名	销售额		销售部门	总销售额	
2	销售1部	何志新	12900		销售1部	22700	
3	销售2部	周志鹏	16780		销售2部		
4	销售1部	夏楚奇	9800				
5	销售2部	周金星	8870				

图 3-22

例1：统计各销售员的销售业绩总和

如图 3-23 所示的表格是一张销售记录表，现在需要分别统计出每位销售员在本月的总销售额。

	A	B	C	D	E	F	G
1	编号	销售日期	销售员	销售额		销售员	总销售额
2	YWSP-030301	2017/3/3	何慧兰	12900		何慧兰	41900
3	YWSP-030302	2017/3/3	周云溪	1670		周云溪	32670
4	YWSP-030501	2017/3/5	夏楚玉	9800		夏楚玉	36100
5	YWSP-030601	2017/3/6	何慧兰	12000			
6	YWSP-030901	2017/3/9	何慧兰	11200			
7	YWSP-030902	2017/3/9	夏楚玉	9500			
8	YWSP-031301	2017/3/13	何慧兰	7900			
9	YWSP-031401	2017/3/14	周云溪	10200			
10	YWSP-031701	2017/3/17	夏楚玉	8900			
11	YWSP-032001	2017/3/20	何慧兰	9100			
12	YWSP-032202	2017/3/22	周云溪	9600			
13	YWSP-032501	2017/3/25	夏楚玉	7900			

图 3-23

❶ 选中 G2 单元格，在编辑栏中输入公式（如图 3-24 所示）：
=SUMIF($C$2:$C$13,F2,$D$2:$D$13))

SUMIF	▼	:	×	✓	*fx*	=SUMIF($C$2:$C$13,F2,$D$2:$D13)

	A	B	C	D	E	F	G
1	编号	销售日期	销售员	销售额		销售员	总销售额
2	YWSP-030301	2017/3/3	何慧兰	12900		何慧兰	=SUMIF($C$2
3	YWSP-030302	2017/3/3	周云溪	1670		周云溪	
4	YWSP-030501	2017/3/5	夏楚玉	9800		夏楚玉	
5	YWSP-030601	2017/3/6	何慧兰	12000			
6	YWSP-030901	2017/3/9	何慧兰	11200			
7	YWSP-030902	2017/3/9	夏楚玉	9500			
8	YWSP-031301	2017/3/13	何慧兰	7900			
9	YWSP-031401	2017/3/14	周云溪	10200			
10	YWSP-031701	2017/3/17	夏楚玉	8900			
11	YWSP-032001	2017/3/20	何慧兰	9100			
12	YWSP-032202	2017/3/22	周云溪	9600			
13	YWSP-032501	2017/3/25	夏楚玉	7900			

图 3-24

❷ 按 Enter 键，即可依据 C2:C13 和 D2:D13 单元格区域的数据计算出 F2 单元格中销售员"何慧兰"的总销售额，如图 3-25 所示。将 G2 单元格

的公式向下填充，可一次性得到每位销售员的总销售额。

	A	B	C	D	E	F	G
1	编号	销售日期	销售员	销售额		销售员	总销售额
2	YWSP-030301	2017/3/3	何慧兰	12900		何慧兰	41900
3	YWSP-030302	2017/3/3	周云溪	1670		周云溪	
4	YWSP-030501	2017/3/5	夏楚玉	9800		夏楚玉	
5	YWSP-030601	2017/3/6	何慧兰	12000			
6	YWSP-030901	2017/3/9	周云溪	11200			
7	YWSP-030902	2017/3/9	夏楚玉	9500			
8	YWSP-031301	2017/3/13	何慧兰	7900			
9	YWSP-031401	2017/3/14	周云溪	10200			
10	YWSP-031701	2017/3/17	夏楚玉	8900			
11	YWSP-032001	2017/3/20	何慧兰	9100			
12	YWSP-032202	2017/3/22	周云溪	9600			
13	YWSP-032501	2017/3/25	夏楚玉	7900			

图 3-25

【公式解析】

① 在条件区域 C2:C13 中找到 F2 中指定销售员所在的单元格

② 如果只是对某一个销售员的总销售额进行计算，如"何慧兰"，可以将这个参数直接设置为"何慧兰"

=SUMIF($C$2:$C$13,F2,$D$2:$D$13))

③ 将①中找到的满足条件的对应在 D2:D13 单元格区域上的销售额进行求和运算

注意：

在本例公式中，条件判断区域 "$C$2:$C$13" 和求和区域 "$D$2:$D$13" 使用了数据源的绝对引用，因为在公式填充过程中，这两部分需要保持不变；而判断条件区域 "F2" 则需要随着公式的填充做相应的变化，所以使用了数据源的相对引用。

如果只在单个单元格中应用公式，而不进行复制填充，数据源使用相对引用与绝对引用可返回相同的结果。

例2：统计某个时段的销售业绩总金额

如图3-26所示的表格是一张销售记录表，现在需要统计出3月份上半月的总销售额。

	A	B	C	D	E	F
1	销售日期	销售员	产品系列	销售额		3月上半月总销售额
2	2017/3/3	何慧兰	灵芝保湿	12900		22700
3	2017/3/22	何慧兰	日夜修复	12000		
4	2017/4/4	何慧兰	日夜修复	7900		
5	2017/4/21	何慧兰	灵芝保湿	9100		
6	2017/3/19	吴若晨	美白防晒	8870		
7	2017/4/10	吴若晨	灵芝保湿	13600		
8	2017/4/23	吴若晨	恒美紧致	11020		
9	2017/4/28	吴若晨	恒美紧致	11370		
10	2017/3/11	夏楚玉	灵芝保湿	9800		
11	2017/3/29	夏楚玉	恒美紧致	9500		
12	2017/4/17	夏楚玉	日夜修复	8900		
13	2017/4/27	夏楚玉	灵芝保湿	7900		

图 3-26

❶ 选中 F2 单元格，在编辑栏中输入公式（如图 3-27 所示）：

=SUMIF(A2:A13,"<=2017/3/15",D2:D13)

SUMIF		× ✓ fx	=SUMIF(A2:A13,"<=2017/3/15",D2:D13)

	A	B	C	D	E	F
1	销售日期	销售员	产品系列	销售额		上半月总销售额
2	2017/3/3	何慧兰	灵芝保湿	12900		017/3/15",D2:D13)
3	2017/3/22	何慧兰	日夜修复	12000		
4	2017/4/4	何慧兰	日夜修复	7900		
5	2017/4/21	何慧兰	灵芝保湿	9100		
6	2017/3/19	吴若晨	美白防晒	8870		
7	2017/4/10	吴若晨	灵芝保湿	13600		
8	2017/4/23	吴若晨	恒美紧致	11020		
9	2017/4/28	吴若晨	恒美紧致	11370		
10	2017/3/11	夏楚玉	灵芝保湿	9800		
11	2017/3/29	夏楚玉	恒美紧致	9500		
12	2017/4/17	夏楚玉	日夜修复	8900		
13	2017/4/27	夏楚玉	灵芝保湿	7900		

图 3-27

❷ 按 Enter 键，即可依据 A2:A13 和 D2:D13 单元格区域的数值计算出日期"<=2017/3/15"的总销售额。

【公式解析】

① 用于条件判断的区域　② 用于求和的区域

=SUMIF(A2:A13,"<=2017/3/15",D2:D13)

③ 条件区域是日期值，所以一定要使用双引号。如果是求下半月的合计值，则只要将此条件更改为"＞2017/3/15"即可

例3：用通配符对某一类数据求和

如图 3-28 所示的表格统计了本月公司所有零食产品的订单日期及金额等，其中包括各种口味的薯片、饼干和奶糖等，需要计算出奶糖类产品的总销售额。奶糖类产品有一个特征就是全部以"奶糖"结尾，但前面的各口味不能确定，因此可以在设置判断条件时使用通配符。

扫一扫，看视频

▲	A	B	C	D	E	F
1	订单编号	签单日期	产品名称	销售额		"奶糖"类总销售额
2	HYMS030301	2017/3/3	香橙奶糖	1290		6951
3	HYMS030302	2017/3/3	奶油夹心饼干	867		
4	HYMS030501	2017/3/5	芝士蛋糕	980		
5	HYMS030502	2017/3/5	巧克力奶糖	887		
6	HYMS030601	2017/3/6	草莓奶糖	1200		
7	HYMS030901	2017/3/9	奶油夹心饼干	1120		
8	HYMS031302	2017/3/13	草莓奶糖	1360		
9	HYMS031401	2017/3/14	原味薯片	1020		
10	HYMS031701	2017/3/17	黄瓜味薯片	890		
11	HYMS032001	2017/3/20	原味薯片	910		
12	HYMS032202	2017/3/22	哈蜜瓜奶糖	960		
13	HYMS032501	2017/3/25	原味薯片	790		
14	HYMS032801	2017/3/28	黄瓜味薯片	1137		
15	HYMS033001	2017/3/30	巧克力奶糖	1254		

图 3-28

❶ 选中 F2 单元格，在编辑栏中输入公式（如图 3-29 所示）：
=SUMIF(C2:C15,"*奶糖",D2:D15)

| AND | ▼ | ✕ | ✓ | *fx* | =SUMIF(C2:C15,"*奶糖",D2:D15) |

	A	B	C	D	E	F
1	订单编号	签单日期	产品名称	销售额		"奶糖"类总销售额
2	HYMS030301	2017/3/3	香橙奶糖	1290		C15,"*奶糖",D2:D15)
3	HYMS030302	2017/3/3	奶油夹心饼干	867		
4	HYMS030501	2017/3/5	芝士蛋糕	980		
5	HYMS030502	2017/3/5	巧克力奶糖	887		
6	HYMS030601	2017/3/6	草莓奶糖	1200		
7	HYMS030901	2017/3/9	奶油夹心饼干	1120		
8	HYMS031302	2017/3/13	草莓奶糖	1360		
9	HYMS031401	2017/3/14	原味薯片	1020		
10	HYMS031701	2017/3/17	黄瓜味薯片	890		
11	HYMS032001	2017/3/20	原味薯片	910		
12	HYMS032202	2017/3/22	哈蜜瓜奶糖	960		
13	HYMS032501	2017/3/25	原味薯片	790		
14	HYMS032801	2017/3/28	黄瓜味薯片	1137		
15	HYMS033001	2017/3/30	巧克力奶糖	1254		

图 3-29

❷ 按 Enter 键，即可依据 C2:C15 和 D2:D15 单元格区域的产品名称和销售金额计算出奶糖类食品的总销售额，如图 3-28 所示。

【公式解析】

= SUMIF(C2:C15,"*奶糖",D2:D15)

公式的关键点是对第 2 个参数的设置，其中使用了 "*" 号通配符。"*" 号可以代替任意字符，如 "*奶糖" 即等同于表格中的巧克力奶糖、草莓味奶糖等以 "奶糖" 结尾的都为满足条件的记录。除了 "*" 号是通配符以外，"?" 号也是通配符，它用于代替任意单个字符，如 "吴?" 即代表 "吴三" "吴四" 和 "吴有" 等，但不能代替 "吴有才"，因为 "有才" 是两个字符

例 4：用通配符求所有车间人员的工资和

扫一扫，看视频

如图 3-30 所示，表格统计了工厂各部门员工的基本工资，其中包括既行政人员，也包括 "一车间" 和 "二车间" 的工人，现在需要计算出车间工人的工资总和。

	A	B	C	D	E	F	G
1	所属部门	姓名	性别	职位	基本工资		车间工人工资和
2	一车间	何志新	男	高级技工	3800		25100
3	二车间	周志鹏	男	技术员	4500		
4	财务部	吴思兰	女	会计	3500		
5	一车间	周金星	女	初级技工	2600		
6	人事部	张明宇	男	人事专员	3200		
7	一车间	赵思飞	男	中级技工	3200		
8	财务部	赵新芳	女	出纳	3000		
9	一车间	刘莉莉	女	初级技工	2600		
10	二车间	吴世芳	女	中级技工	3200		
11	后勤部	杨传霞	女	主管	3500		
12	二车间	郑嘉新	男	初级技工	2600		
13	后勤部	顾心怡	女	文员	3000		
14	二车间	侯诗奇	男	初级技工	2600		

图 3-30

❶ 选中 G2 单元格，在编辑栏中输入公式（如图 3-31 所示）：
=SUMIF(A2:A14,"?车间",E2:E14)

IF			▼		×	✓	fx	=SUMIF(A2:A14,"?车间",E2:E14)		

	A	B	C	D	E	F	G	I
1	所属部门	姓名	性别	职位	基本工资		车间工人工资和	
2	一车间	何志新	男	高级技工	3800		'车间",E2:E14)	
3	二车间	周志鹏	男	技术员	4500			
4	财务部	吴思兰	女	会计	3500			
5	一车间	周金星	女	初级技工	2600			
6	人事部	张明宇	男	人事专员	3200			
7	一车间	赵思飞	男	中级技工	3200			
8	财务部	赵新芳	女	出纳	3000			
9	一车间	刘莉莉	女	初级技工	2600			
10	二车间	吴世芳	女	中级技工	3200			
11	后勤部	杨传霞	女	主管	3500			
12	二车间	郑嘉新	男	初级技工	2600			
13	后勤部	顾心怡	女	文员	3000			
14	二车间	侯诗奇	男	初级技工	2600			

图 3-31

❷ 按 Enter 键，即可依据 A2:A14 和 E2:E14 单元格区域的部门名称和基本工资金额计算出车间工人的工资和，如图 3-30 所示。

【公式解析】

$$=SUMIF(A2:A14,"?车间",E2:E14)$$

这个公式与上一公式相似，只是在"车间"前使用"?"通配符来代替一个文字，因为"车间"前只有一个字，所以使用代表单个字符的"?"通配符即可

3. SUMIFS（对满足多重条件的单元格求和）

【函数功能】SUMIFS 函数用于对某一区域（区域：两个或多于两个单元格的区域；区域可以相邻或不相邻）满足多重条件的单元格求和。

【函数语法】SUMIFS(sum_range, criteria_range1, criteria1, [criteria_ range2, criteria2], ...)

● sum_range：必需，对一个或多个单元格求和，包括数字或包含数字的名称、区域或单元格引用。空值和文本值将被忽略。只有当每一单元格满足为其指定的所有关联条件时，才对这些单元格进行求和。

● criteria_range1, criteria_range2…：必需，在其中计算关联条件的区域。至少有一个关联条件的区域，最多可有 127 个关联条件区域。

● criteria1, criteria2…：必需，条件的形式为数字、表达式、单元格或文本。至少有一个条件，最多可有 127 个条件。

📢 注意：

在条件中使用通配符，即问号（?）和星号（*）。问号匹配任意单个字符；星号匹配任意字符序列。另外，SUMIFS 函数中 criteria_range 参数包含的行数和列数必须与 sum_range 参数相同。

【用法解析】

=SUMIFS（❶用于求和的区域，❷用于条件判断的区域，❸条件，❹用于条件判断的区域，❺条件……）

条件可以是数字、文本、单元格引用或公式等。如果是文本，必须使用双引号

例1：统计指定店面中指定品牌的销售总金额

如图 3-32 所示，表格统计了公司 3 月份中各品牌产品在各门店的销售额，为了对销售数据进行进一步分析，需要计算"新都汇店""玉肌"品牌产品的总销售额，即要同时满足两个条件。

	A	B	C	D	E	F	G
1	销售日期	店面	品牌	产品类别	销售额		新都汇玉肌总销售额
2	2017/3/4	国购店	贝莲娜	防晒	8870		18000
3	2017/3/4	沙湖街区店	玉肌	保湿	7900		
4	2017/3/4	新都汇店	玉肌	保湿	9100		
5	2017/3/5	沙湖街区店	玉肌	防晒	12540		
6	2017/3/11	沙湖街区店	薇姿薇可	防晒	9600		
7	2017/3/11	新都汇店	玉肌	修复	8900		
8	2017/3/12	沙湖街区店	贝莲娜	修复	12000		
9	2017/3/18	新都汇店	贝莲娜	紧致	11020		
10	2017/3/18	圆融广场店	玉肌	紧致	9500		
11	2017/3/19	圆融广场店	薇姿薇可	保湿	11200		
12	2017/3/25	国购店	薇姿薇可	紧致	8670		
13	2017/3/26	圆融广场店	贝莲娜	保湿	13600		
14	2017/3/26	圆融广场店	玉肌	修复	12000		

图 3-32

❶ 选中 G2 单元格，在编辑栏中输入公式（如图 3-33 所示）：

=SUMIFS(E2:E14,B2:B14,"新都汇店",C2:C14,"玉肌")

IF			× ✓ fx	=SUMIFS(E2:E14,B2:B14,"新都汇店",C2:C14,"玉肌")			
	A	B	C	D	E	F	G
1	销售日期	店面	品牌	产品类别	销售额		新都汇玉肌总销售额
2	2017/3/4	国购店	贝莲娜	防晒	8870		店",C2:C14,"玉肌")
3	2017/3/4	沙湖街区店	玉肌	保湿	7900		
4	2017/3/4	新都汇店	玉肌	保湿	9100		
5	2017/3/5	沙湖街区店	玉肌	防晒	12540		
6	2017/3/11	沙湖街区店	薇姿薇可	防晒	9600		
7	2017/3/11	新都汇店	玉肌	修复	8900		
8	2017/3/12	沙湖街区店	贝莲娜	修复	12000		
9	2017/3/18	新都汇店	贝莲娜	紧致	11020		
10	2017/3/18	圆融广场店	玉肌	紧致	9500		
11	2017/3/19	圆融广场店	薇姿薇可	保湿	11200		
12	2017/3/25	国购店	薇姿薇可	紧致	8670		
13	2017/3/26	圆融广场店	贝莲娜	保湿	13600		
14	2017/3/26	圆融广场店	玉肌	修复	12000		

图 3-33

❷ 按 Enter 键，即可同时满足店面要求与品牌要求，利用 E2:E14 单元格区域中的值求和。

【公式解析】

④ 将同时满足②和③的记录对应在①中的销售额
进行求和运算，即返回的计算结果即为新都汇店玉
肌牌护肤品的总销售额

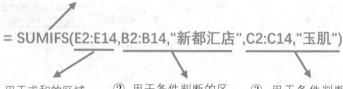

= SUMIFS(E2:E14,B2:B14,"新都汇店",C2:C14,"玉肌")

① 用于求和的区域　② 用于条件判断的区　③ 用于条件判断的
域和第一个条件　区域和第二个条件

例 2：按月汇总出库数量

扫一扫，看视频

如图 3-34 所示，表格统计了 3、4 月份公司各品牌各类别
产品的出库量，由于录入的数据较粗糙，没有经过详细地整理，
并且是按产品类别顺序登记的，导致时间顺序较乱。现在需要
使用函数分别计算这两个月产品的总出库量。

	A	B	C	D	E	F	G
1	日期	品牌	产品类别	出库		月份	出库量
2	2017/4/4	玉肌	保湿	79		3	744
3	2017/4/7	贝莲娜	保湿	91		4	598
4	2017/3/19	薇姿薇可	保湿	112			
5	2017/4/26	贝莲娜	保湿	136			
6	2017/3/4	贝莲娜	防晒	88			
7	2017/3/5	玉肌	防晒	125			
8	2017/4/11	薇姿薇可	防晒	96			
9	2017/4/18	贝莲娜	紧致	110			
10	2017/3/18	玉肌	紧致	95			
11	2017/4/25	薇姿薇可	紧致	86			
12	2017/3/11	玉肌	修复	99			
13	2017/3/12	贝莲娜	修复	120			
14	2017/3/26	玉肌	修复	105			

图 3-34

❶ 选中 G2 单元格，在编辑栏中输入公式（如图 3-35 所示）：
=SUMIFS(D2:D14,A2:A14,">=17-3-1",A2:A14,"<17-4-1")

IF				✕ ✓ f_x	=SUMIFS(D2:D14,A2:A14,">=17-3-1",A2:A14,"<17-4-1")		
▲	A	B	C	D	E	F	G	H
1	日期	品牌	产品类别	出库		月份	出库量	
2	2017/4/4	玉肌	保湿	79		3	4,"<17-4-1")	
3	2017/4/7	贝莲娜	保湿	91		4		
4	2017/3/19	薇姿薇可	保湿	112				
5	2017/4/26	贝莲娜	保湿	136				
6	2017/3/4	贝莲娜	防晒	88				
7	2017/3/5	玉肌	防晒	125				
8	2017/4/11	薇姿薇可	防晒	96				
9	2017/4/18	贝莲娜	紧致	110				
10	2017/3/18	玉肌	紧致	95				
11	2017/4/25	薇姿薇可	紧致	86				
12	2017/3/11	玉肌	修复	99				
13	2017/3/12	贝莲娜	修复	120				
14	2017/3/26	玉肌	修复	105				

图 3-35

❷ 按 Enter 键，即可依据 A2:A14 和 D2:D14 单元格区域的日期和数值计算出 3 月的出库量。选中 G3 单元格，在编辑栏中输入公式（如图 3-36 所示）：

```
=SUMIFS(D2:D14,A2:A14,">=17-4-1",A2:A14,"<17-5-1")
```

IF				✕ ✓ f_x	=SUMIFS(D2:D14,A2:A14,">=17-4-1",A2:A14,"<17-5-1")		
▲	A	B	C	D	E	F	G	H
1	日期	品牌	产品类别	出库		月份	出库量	
2	2017/4/4	玉肌	保湿	79		3	744	
3	2017/4/7	贝莲娜	保湿	91		4	4,"<17-5-1")	
4	2017/3/19	薇姿薇可	保湿	112				
5	2017/4/26	贝莲娜	保湿	136				
6	2017/3/4	贝莲娜	防晒	88				
7	2017/3/5	玉肌	防晒	125				
8	2017/4/11	薇姿薇可	防晒	96				
9	2017/4/18	贝莲娜	紧致	110				
10	2017/3/18	玉肌	紧致	95				
11	2017/4/25	薇姿薇可	紧致	86				
12	2017/3/11	玉肌	修复	99				
13	2017/3/12	贝莲娜	修复	120				
14	2017/3/26	玉肌	修复	105				

图 3-36

❸ 按 Enter 键，即可依据 A2:A14 的日期和 D2:D14 单元格区域的数值计算出 4 月的出库量，如图 3-37 所示。

	A	B	C	D	E	F	G
1	日期	品牌	产品类别	出库		月份	出库量
2	2017/4/4	玉肌	保湿	79		3	744
3	2017/4/7	贝莲娜	保湿	91		4	598
4	2017/3/19	薇姿薇可	保湿	112			
5	2017/4/26	贝莲娜	保湿	136			

图 3-37

【公式解析】

④ 将同时满足②和③的记录对应在①中的出库量
进行求和运算，返回的计算结果即为两个日期区间
的总出库量。

=SUMIFS(D2:D14,A2:A14,">=17-3-1",A2:A14,"<17-4-1")

①用于求和的区域　　②用于条件判断的区域和第一个条件　　③用于条件判断的区域和第二个条件

例 3：多条件对某一类数据求总和

扫一扫，看视频

如图 3-38 所示，表格统计了公司各部门员工的性别、职位
和基本工资信息。现在需要统计出所有车间男性员工的工资和。
这里的车间有一车间与二车间，因此需要使用一个通配符来设
置条件。

	A	B	C	D	E	F	G
1	所属部门	姓名	性别	职位	基本工资		车间男员工工资和
2	一车间	何志新	男	高级技工	3800		16700
3	二车间	周志鹏	男	技术员	4500		
4	财务部	吴思兰	女	会计	3500		
5	一车间	周金星	女	初级技工	2600		
6	人事部	张明宇	男	人事专员	3200		
7	一车间	赵思飞	男	中级技工	3200		
8	财务部	赵新芳	女	出纳	3000		
9	一车间	刘莉莉	女	初级技工	2600		
10	二车间	吴世芳	女	中级技工	3200		
11	后勤部	杨传霞	女	主管	3500		
12	二车间	郑嘉新	男	初级技工	2600		
13	后勤部	顾心怡	女	文员	3000		
14	二车间	侯诗奇	男	初级技工	2600		

图 3-38

❶ 选中 G2 单元格，在编辑栏中输入公式（如图 3-39 所示）：

=SUMIFS(E2:E14,A2:A14,"?车间",C2:C14,"男")

IF		×	✓	*fx*	=SUMIFS(E2:E14,A2:A14,"?车间",C2:C14,"男")	
▲	A	B	C	D	E	F	G

	A	B	C	D	E	F	G
1	所属部门	姓名	性别	职位	基本工资		车间男员工工资和
2	一车间	何志新	男	高级技工	3800		间",C2:C14,"男")
3	二车间	周志鹏	男	技术员	4500		
4	财务部	吴思兰	女	会计	3500		
5	一车间	周金星	女	初级技工	2600		
6	人事部	张明宇	男	人事专员	3200		
7	一车间	赵思飞	男	中级技工	3200		
8	财务部	赵新芳	女	出纳	3000		
9	一车间	刘莉莉	女	初级技工	2600		
10	二车间	吴世芳	女	中级技工	3200		
11	后勤部	杨传霞	女	主管	3500		
12	二车间	郑嘉新	男	初级技工	2600		
13	后勤部	顾心怡	女	文员	3000		
14	二车间	侯诗奇	男	初级技工	2600		

图 3-39

❷ 按 Enter 键，即可依据 A2:A14 和 C2:C14 单元格区域的部门和性别信息以及 E2:E14 单元格区域中的工资金额计算出所有车间男员工的工资和。

【公式解析】

=SUMIFS(E2:E14,A2:A14,"?车间",C2:C14,"男")

用"?车间"来作为条件可以表示一车间，也可以表示二车间。即只要是车间的，就为满足条件

4. SUMPRODUCT（将数组间对应的元素相乘，并返回乘积之和）

【函数功能】SUMPRODUCT 函数用于在给定的几组数组中，将数组间对应的元素相乘，并返回乘积之和。

【函数语法】SUMPRODUCT(array1, [array2], [array3], ...)

● array1：必需，其相应元素需要进行相乘并求和的第一个数组参数。

- array2, array3,...：可选，有 2~255 个数组参数，其相应元素需要进行相乘并求和。

【用法解析】

SUMPRODUCT 函数是一个数学函数，其最基本的用法是对数组间对应的元素相乘，并返回乘积之和。它的语法是：

= S U M P R O D U C T（A2:A4,B2:B4,C2:C4）

执行的运算是："A2*B2*C2+A3*B3*C3+ A4*B4*C4"，即将各个数组中的数据——对应相乘再相加

如图 3-40 所示，可以理解 SUMPRODUCT 函数实际是进行了"1*3+8*2"的计算结果。

图 3-40

实际上，SUMPRODUCT 函数的作用非常强大，它可以代替 SUMIF 和 SUMIFS 函数进行条件求和，也可以代替 COUNTIF 和 COUNTIFS 函数进行计数运算。当需要判断一个条件或双条件时，用 SUMPRODUCT 进行求和、计算与使用 SUMIF、SUMIFS、COUNTIF、COUNTIFS 没有什么差别。

如图 3-41 所示的公式，是沿用 SUMIFS 函数中的例 1 的数据源，使用 SUMPRODUCT 函数来设计公式，可见二者得到了相同的计算结果（下面通过标注给出了此公式的计算原理）。

① 第一个判断条件。满足条件的返回 TRUE，否则返回 FALSE。返回数组

② 第二个判断条件。满足条件的返回 TRUE，否则返回 FALSE。返回数组

=SUMPRODUCT((B2:B14=" 新 都 汇 店 ")*(C2:C14=" 玉 肌 ")*(E2:E14))

③ 将①数组与②数组相乘，同为 TRUE 的返回 1，否则返回 0，返回数组，再将此数组与 E2:E14 单元格区域依次相乘，之后再将乘积求和

G2		× ✓ fx	=SUMPRODUCT((B2:B14="新都汇店")*(C2:C14="玉肌")*(E2:E14))				
▲	A	B	C	D	E	F	G
1	销售日期	店面	品牌	产品类别	销售额		新都汇玉肌总销售额
2	2017/3/4	国购店	贝莲娜	防晒	8870		18000
3	2017/3/4	沙湖街区店	玉肌	保湿	7900		
4	2017/3/4	新都汇店	玉肌	保湿	9100		
5	2017/3/5	沙湖街区店	玉肌	防晒	12540		
6	2017/3/11	沙湖街区店	薇姿薇可	防晒	9600		
7	2017/3/11	新都汇店	玉肌	修复	8900		
8	2017/3/12	沙湖街区店	贝莲娜	修复	12000		
9	2017/3/18	新都汇店	贝莲娜	紧致	11020		
10	2017/3/18	圆融广场店	玉肌	紧致	9500		
11	2017/3/19	圆融广场店	薇姿薇可	保湿	11200		
12	2017/3/25	国购店	薇姿薇可	紧致	8670		
13	2017/3/26	圆融广场店	贝莲娜	保湿	13600		
14	2017/3/26	圆融广场店	玉肌	修复	12000		

图 3-41

使用 SUMPRODUCT 函数进行按条件求和的语法如下：

=SUMPRODUCT（（❶条件 1 表达式）＊（（❷条件 2 表达式）＊（❸条件 3 表达式）＊（❹条件 4 表达式）…）

通过上面的分析可以看到，在这种情况下使用 SUMPRODUCT 与使用 SUMIFS 可以达到相同的统计目的。但 SUMPRODUCT 却有着 SUMIFS 无可替代的作用，首先在 Excel 2010 之前的版本中是没有 SUMIFS 这个函数的，因此要想实现双条件判断，则必须使用 SUMPRODUCT 函数。其次，SUMIFS 函数求和时只能对单元格区域进行求和或计数，即对应的参数只能设置为单元格区域，不能设置为返回结果、非单元格的公式，但是 SUMPRODUCT 函数没有这个限制，也就是说它对条件的判断更加灵活。下

面通过一个例子来说明。

如图 3-42 所示的表格中，要分月份统计出库总量。

❶ 选中 G2 单元格，输入公式（如图 3-42 所示）：

=SUMPRODUCT((MONTH($A$2:$A$14)=F2)*($D$2:$D$14))

	AND	▼	× ✓	fx	=SUMPRODUCT((MONTH($A$2:$A$14)=F2)*($D$2:$D$14))	
▲	A	B	C	D	E	F	G
1	日期	品牌	产品类别	出库		月份	出库量
2	2017/4/4	玉肌	保湿	79		3	D$2:$D$14))
3	2017/4/7	贝莲娜	保湿	91		4	
4	2017/3/19	薇姿薇可	保湿	112			
5	2017/4/26	贝莲娜	保湿	136			
6	2017/3/4	贝莲娜	防晒	88			
7	2017/3/5	玉肌	防晒	125			
8	2017/4/11	薇姿薇可	防晒	96			
9	2017/4/18	贝莲娜	紧致	110			
10	2017/3/18	玉肌	紧致	95			
11	2017/4/25	薇姿薇可	紧致	86			
12	2017/3/11	玉肌	修复	99			
13	2017/3/12	贝莲娜	修复	120			
14	2017/3/26	玉肌	修复	105			

图 3-42

❷ 按 Enter 键，统计出 3 月份的出库总量，将 G2 单元格的公式复制到 G3 单元格，可得到 4 月份的出库量，如图 3-43 所示。

	G3	▼	× ✓	fx	=SUMPRODUCT((MONTH($A$2:$A$14)=F3)*($D$2:$D$14))	
▲	A	B	C	D	E	F	G
1	日期	品牌	产品类别	出库		月份	出库量
2	2017/4/4	玉肌	保湿	79		3	744
3	2017/4/7	贝莲娜	保湿	91		4	598
4	2017/3/19	薇姿薇可	保湿	112			
5	2017/4/26	贝莲娜	保湿	136			
6	2017/3/4	贝莲娜	防晒	88			
7	2017/3/5	玉肌	防晒	125			
8	2017/4/11	薇姿薇可	防晒	96			
9	2017/4/18	贝莲娜	紧致	110			
10	2017/3/18	玉肌	紧致	95			
11	2017/4/25	薇姿薇可	紧致	86			
12	2017/3/11	玉肌	修复	99			
13	2017/3/12	贝莲娜	修复	120			
14	2017/3/26	玉肌	修复	105			

图 3-43

① 使用 MONTH 函数将 A2:A14 单元格区域中各日期的月份数提取出来，返回的是一个数组，然后判断数组中各值是否等于 F2 中指定的 "3"，如果等于返回 TRUE，不等于返回 FALSE，得到的还是一个数组

$$=SUMPRODUCT((MONTH(\$A\$2:\$A\$14)=F2)*(\$D\$2:\$D\$14))$$

② 将①返回的数组与 D2:D14 单元格区域中的值依次相乘，TRUE 乘以数值返回数值本身，FALSE 乘以数值返回 0，对最终数组求和

例 1：计算商品的折后总金额

近期公司进行了产品促销酬宾活动，针对不同的产品给出了相应的折扣。如图 3-44 所示，表格统计了部分产品的编号、名称、单价、本次的折扣以及销量。现在需要计算出产品折后的总销售金额。

扫一扫，看视频

▲	A	B	C	D	E	F	G
1	产品编号	产品名称	单价	销售数量	折扣		折后总销售额
2	MYJH030301	灵芝柔肤水	129	150	0.8		79874.65
3	MYJH030502	美白防晒乳	88	201	0.75		
4	MYJH030601	日夜修复精华	320	37	0.9		
5	MYJH030901	灵芝保湿面霜	240	49	0.8		
6	MYJH031301	白芍美白乳液	158	76	0.95		
7	MYJH031401	恒美紧致精华	350	23	0.75		
8	MYJH031701	白芍美白爽肤水	109	147	0.85		

图 3-44

❶ 选中 G2 单元格，在编辑栏中输入公式（如图 3-45 所示）：

=SUMPRODUCT(C2:C8,D2:D8,E2:E8)

| SUMIF | ▼ | : | × | ✓ | fx | =SUMPRODUCT(C2:C8,D2:D8,E2:E8) |

▲	A	B	C	D	E	F	G
1	产品编号	产品名称	单价	销售数量	折扣		折后总销售额
2	MYJH030301	灵芝柔肤水	129	150	0.8		C8,D2:D8,E2:E8)
3	MYJH030502	美白防晒乳	88	201	0.75		
4	MYJH030601	日夜修复精华	320	37	0.9		
5	MYJH030901	灵芝保湿面霜	240	49	0.8		
6	MYJH031301	白芍美白乳液	158	76	0.95		
7	MYJH031401	恒美紧致精华	350	23	0.75		
8	MYJH031701	白芍美白爽肤水	109	147	0.85		

图 3-45

❷ 按 Enter 键，即可依据 C2:C8、D2:D8 和 E2:E8 单元格区域的数值计算出本次促销活动中，所有产品折后的总金额。

【公式解析】

$$=SUMPRODUCT(C2:C8,D2:D8,E2:E8)$$

公式依次将 C2:C8、D2:D8 和 E2:E8 区域上的值一一对应相乘，即依次计算 C2*D2*E2、C3*D3*E3、C4*D4*E4……返回的结果依次为 15480、13266、10656……形成一个数组，然后公式将返回的结果进行求和运算，得到的结果即为折后总金额

扫一扫，看视频

例 2：满足多件时求和运算

如图 3-46 所示，表格统计了 3 月份两个店铺各类别产品的销售额，需要计算出指定店铺指定类别产品的总利润额。

▲	A	B	C	D	E	F	G
1	产品编号	产品名称	产品类别	店面	利润		2店紧致类总利润
2	MYJH030301	灵芝保湿柔肤水	保湿	1	19121		83267
3	MYJH030901	灵芝保湿面霜	保湿	1	27940		
4	MYJH031301	白芍美白乳液	美白	1	23450		
5	MYJH031301	白芍美白乳液	美白	2	34794		
6	MYJH031401	恒美紧致精华	紧致	1	31467		
7	MYJH031401	恒美紧致精华	紧致	2	27945		
8	MYJH031701	白芍美白爽肤水	美白	1	18451		
9	MYJH032001	灵芝保湿乳液	保湿	1	31474		
10	MYJH032001	灵芝保湿乳液	保湿	2	17940		
11	MYJH032801	恒美紧致柔肤水	紧致	2	14761		
12	MYJH032801	恒美紧致柔肤水	紧致	2	20646		
13	MYJH033001	恒美紧致面霜	紧致	2	34676		

图 3-46

❶ 选中 G2 单元格，在编辑栏中输入公式（如图 3-47 所示）：
=SUMPRODUCT((C2:C13="紧致")*(D2:D13=2)*(E2:E13))

IF		▼	× ✓	fx	=SUMPRODUCT((C2:C13="紧致")*(D2:D13=2)*(E2:E13))		
▲	A	B	C	D	E	F	G
1	产品编号	产品名称	产品类别	店面	利润		2店紧致类总利润
2	MYJH030301	灵芝保湿柔肤水	保湿	1	19121		D13=2)*(E2:E13))
3	MYJH030901	灵芝保湿面霜	保湿	1	27940		
4	MYJH031301	白芍美白乳液	美白	1	23450		
5	MYJH031301	白芍美白乳液	美白	2	34794		
6	MYJH031401	恒美紧致精华	紧致	1	31467		
7	MYJH031401	恒美紧致精华	紧致	2	27945		
8	MYJH031701	白芍美白爽肤水	美白	1	18451		
9	MYJH032001	灵芝保湿乳液	保湿	1	31474		
10	MYJH032001	灵芝保湿乳液	保湿	2	17940		
11	MYJH032801	恒美紧致柔肤水	紧致	2	14761		
12	MYJH032801	恒美紧致柔肤水	紧致	2	20646		
13	MYJH033001	恒美紧致面霜	紧致	2	34676		

图 3-47

❷ 按 Enter 键，即可依据 C2:C13、D2:D13 和 E2:E13 单元格区域的数值计算出 2 店铺紧致类产品的总利润。

【公式解析】

=SUMPRODUCT((C2:C13="紧致")*(D2:D13=2)*(E2:E13))

两个条件，需要同时满足。同时满足时返回 TRUE，否则返回 FALSE，返回的是一个数组

前面数组与 E2:E13 单元格中数据依次相乘，TRUE 乘以数值等于原值，FALSE 乘以数值等于 0，然后对相乘的结果求和

例 3：统计周末的营业额合计金额

如图 3-48 所示，表格中统计了商场 3 月份的销售记录，其中包括工作日和周末的销售业绩，现在需要统计周末的营业额合计金额。

扫一扫，看视频

	A	B	C	D	E
1	编号	销售日期	营业额		周末总营业额
2	YWSP-030301	2017/11/4	11500		76360
3	YWSP-030302	2017/11/4	8670		
4	YWSP-030501	2017/11/5	9800		
5	YWSP-030502	2017/11/5	8870		
6	YWSP-030601	2017/11/6	5000		
7	YWSP-030901	2017/11/9	11200		
8	YWSP-031101	2017/11/11	9500		
9	YWSP-031201	2017/11/12	7900		
10	YWSP-031301	2017/11/13	3600		
11	YWSP-031401	2017/11/14	5200		
12	YWSP-031701	2017/11/17	8900		
13	YWSP-031801	2017/11/18	9100		
14	YWSP-031901	2017/11/19	11020		
15	YWSP-032202	2017/11/22	8600		

图 3-48

❶ 选中 E2 单元格，在编辑栏中输入公式（如图 3-49 所示）：
=SUMPRODUCT((MOD(B2:B15,7)<2)*C2:C15)

❷ 按 Enter 键，即可依据 B2:B15 的日期和 C2:C15 单元格区域数值计算出周末的总营业额。

	A	B	C	D	E
	SUMIF ▼ : × ✓ fx		=SUMPRODUCT((MOD(B2:B15,7)<2)*C2:C15)		
1	编号	销售日期	营业额		周末总营业额
2	YWSP-030301	2017/11/4	11500		:B15,7)<2)*C2:C15)
3	YWSP-030302	2017/11/4	8670		
4	YWSP-030501	2017/11/5	9800		
5	YWSP-030502	2017/11/5	8870		
6	YWSP-030601	2017/11/6	5000		
7	YWSP-030901	2017/11/9	11200		
8	YWSP-031101	2017/11/11	9500		
9	YWSP-031201	2017/11/12	7900		
10	YWSP-031301	2017/11/13	3600		
11	YWSP-031401	2017/11/14	5200		
12	YWSP-031701	2017/11/17	8900		
13	YWSP-031801	2017/11/18	9100		
14	YWSP-031901	2017/11/19	11020		
15	YWSP-032202	2017/11/22	8600		

图 3-49

【公式解析】

MOD 函数是求两个数值相除后的余数

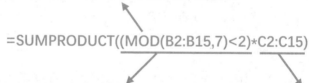

=SUMPRODUCT((MOD(B2:B15,7)<2)*C2:C15)

① 依次提取 B2:B15 单元格区域中的日期，然后依次求取与 7 相除的余数。判断余数是否小于 2，如果是返回 TRUE，否则返回 FALSE

② 将①返回的数组与 C2:C15 单元格区域各值相乘，TRUE 乘以数值等于原值，FALSE 乘以数值等于 0，然后对相乘的结果求和

扫一扫，看视频

例 4：汇总某两种产品的销售额

如图 3-50 所示，表格中统计了商场 3 月份的销售记录，现需要对两种产品的总销售额进行汇总计算。

	A	B	C	D	E	F	G
1	销售日期	经办人	产品系列	产品名称	销售额		乳液与柔肤水总销售额
2	2017/3/3	张佳佳	高保湿系列	乳液	13500		121200
3	2017/3/3	周传明	日夜修复系列	柔肤水	12900		
4	2017/3/5	周传明	男士系列	乳液	13800		
5	2017/3/7	张佳佳	高保湿系列	日霜	14100		
6	2017/3/7	袁晓宇	男士系列	洁面膏	14900		
7	2017/3/10	周传明	高保湿系列	柔肤水	13700		
8	2017/3/15	张佳佳	男士系列	乳液	13850		
9	2017/3/18	张佳佳	日夜修复系列	日霜	13250		
10	2017/3/18	周传明	高保湿系列	乳液	15420		
11	2017/3/20	袁晓宇	男士系列	洁面膏	14780		
12	2017/3/21	张佳佳	日夜修复系列	晚霜	13750		
13	2017/3/21	袁晓宇	高保湿系列	柔肤水	12040		
14	2017/3/25	周传明	男士系列	乳液	11020		
15	2017/3/27	张佳佳	日夜修复系列	柔肤水	14970		
16	2017/3/29	袁晓宇	日夜修复系列	晚霜	15010		

图 3-50

❶ 选中 G2 单元格，在编辑栏中输入公式（如图 3-51 所示）：

=SUMPRODUCT(((D2:D16="柔肤水")+(D2:D16="乳液"))*E2:E16)

IF =SUMPRODUCT(((D2:D16="柔肤水")+(D2:D16="乳液"))*E2:E16)

	A	B	C	D	E	F	G
1	销售日期	经办人	产品系列	产品名称	销售额		乳液与柔肤水总销售额
2	2017/3/3	张佳佳	高保湿系列	乳液	13500		液"))*E2:E16)
3	2017/3/3	周传明	日夜修复系列	柔肤水	12900		
4	2017/3/5	周传明	男士系列	乳液	13800		
5	2017/3/7	张佳佳	高保湿系列	日霜	14100		
6	2017/3/7	袁晓宇	男士系列	洁面膏	14900		
7	2017/3/10	周传明	高保湿系列	柔肤水	13700		
8	2017/3/15	张佳佳	男士系列	乳液	13850		
9	2017/3/18	张佳佳	日夜修复系列	日霜	13250		
10	2017/3/18	周传明	高保湿系列	乳液	15420		
11	2017/3/20	袁晓宇	男士系列	洁面膏	14780		
12	2017/3/21	张佳佳	日夜修复系列	晚霜	13750		
13	2017/3/21	袁晓宇	高保湿系列	柔肤水	12040		
14	2017/3/25	周传明	男士系列	乳液	11020		
15	2017/3/27	张佳佳	日夜修复系列	柔肤水	14970		
16	2017/3/29	袁晓宇	日夜修复系列	晚霜	15010		

图 3-51

❷ 按 Enter 键，即可对 D2:D16 单元格区域中的产品名称进行判断，并对满足条件的进行求和运算。

【公式解析】

=SUMPRODUCT(((D2:D16="柔肤水")+(D2:D16="乳液"))
*E2:E16)

这一处的设置是公式的关键点，首先当 D2:D16 单元格区域中是"柔肤水"时返回 TRUE，否则返回 FALSE；接着依次判断 D2:D16 单元区域中是否是"乳液"，如果是返回 TRUE，否则返回 FALSE。两个数组相加将会取所有 TRUE，即 TRUE 加 FALSE 也返回 TRUE。这样就实现了找到所有的"柔肤水"与"乳液"。然后将满足条件的取 E2:E16 单元格区域上的值，再进行求和运算

注意：

以此公式扩展，如果要统计更多个产品只要使用"+"号连接即可。同理如果要统计某几个地区、某几位销售的销售额等都可以使用类似公式。

扫一扫，看视频

例 5：统计大于 12 个月的账款

如图 3-52 所示表格按时间统计了借款金额，要求分别统计出 12 个月内的账款与超过 12 个月的账款。

	公司名称	开票日期	应收金额		账龄	金额
1						
2	通达科技	16/7/4	¥ 5,000.00		12月以内	¥ 208,700.00
3	中汽出口贸易	17/1/5	¥ 10,000.00		12月以上	¥ 39,800.00
4	兰苑包装	16/7/8	¥ 22,800.00			
5	安广彩印	17/1/10	¥ 8,700.00			
6	弘扬科技	17/2/20	¥ 25,000.00			
7	灵运商贸	17/1/22	¥ 58,000.00			
8	安广彩印	17/4/30	¥ 5,000.00			
9	兰苑包装	16/5/5	¥ 12,000.00			
10	兰苑包装	17/5/12	¥ 23,000.00			
11	华宇包装	17/7/12	¥ 29,000.00			
12	通达科技	17/5/17	¥ 50,000.00			

图 3-52

❶ 选中 F2 单元格，在编辑栏中输入公式（如图 3-53 所示）：
=SUMPRODUCT((DATEDIF(B2:B12,TODAY(),"M")<=12)*C2:C12)

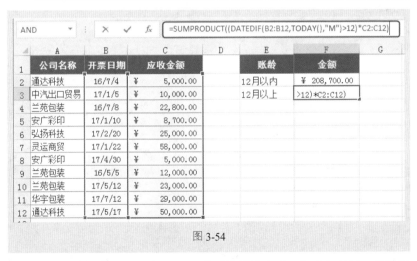

	A	B	C	D	E	F	G
	AND	▼	⋮	× ✓	f_x	=SUMPRODUCT((DATEDIF(B2:B12,TODAY(),"M")<=12)*C2:C12)	
1	公司名称	开票日期	应收金额		账龄	金额	
2	通达科技	16/7/4	¥ 5,000.00		12月以内	=12)*C2:C12)	
3	中汽出口贸易	17/1/5	¥ 10,000.00		12月以上		
4	兰苑包装	16/7/8	¥ 22,800.00				
5	安广彩印	17/1/10	¥ 8,700.00				
6	弘扬科技	17/2/20	¥ 25,000.00				
7	灵运商贸	17/1/22	¥ 58,000.00				
8	安广彩印	17/4/30	¥ 5,000.00				
9	兰苑包装	16/5/5	¥ 12,000.00				
10	兰苑包装	17/5/12	¥ 23,000.00				
11	华宇包装	17/7/12	¥ 29,000.00				
12	通达科技	17/5/17	¥ 50,000.00				

图 3-53

❷ 按 Enter 键，即可对 B2:B12 单元格区域中的日期进行判断，并计算出 12 个月以内的账款合计值。

❸ 选中 F3 单元格，在编辑栏中输入公式（如图 3-54 所示）：
=SUMPRODUCT((DATEDIF(B2:B12,TODAY(),"M")>12)*C2:C12)

	A	B	C	D	E	F	G
	AND	▼	⋮	× ✓	f_x	=SUMPRODUCT((DATEDIF(B2:B12,TODAY(),"M")>12)*C2:C12)	
1	公司名称	开票日期	应收金额		账龄	金额	
2	通达科技	16/7/4	¥ 5,000.00		12月以内	¥ 208,700.00	
3	中汽出口贸易	17/1/5	¥ 10,000.00		12月以上	>12)*C2:C12)	
4	兰苑包装	16/7/8	¥ 22,800.00				
5	安广彩印	17/1/10	¥ 8,700.00				
6	弘扬科技	17/2/20	¥ 25,000.00				
7	灵运商贸	17/1/22	¥ 58,000.00				
8	安广彩印	17/4/30	¥ 5,000.00				
9	兰苑包装	16/5/5	¥ 12,000.00				
10	兰苑包装	17/5/12	¥ 23,000.00				
11	华宇包装	17/7/12	¥ 29,000.00				
12	通达科技	17/5/17	¥ 50,000.00				

图 3-54

❹ 按 Enter 键，即可对 B2:B12 单元格区域中的日期进行判断，并计算出 12 个月以上的账款合计值。

【公式解析】

DATEDIF 函数是日期函数，用于计算两个日期之间的年数、月数和天数（用不同的参数指定）

TODO 函数是日期函数，用于返回特定日期的序列号

=SUMPRODUCT((DATEDIF(B2:B12,TODAY(),"M")>12)*C2:C12)

③ 将②返回的数组与C2:C12 单元格区域的值依次相乘，即将满足条件的取值进行求和运算

① 依次返回 B2:B12 单元格区域日期与当前日期相差的月数。返回结果是一个数组

② 依次判断①返回的数组是否大于 12，如果是返回 TRUE，否则返回FALSE。返回 TRUE 的为找到的满足条件的

扫一扫，看视频

例 6：统计指定班级中大于指定分值的人数

如图 3-55 所示，该表格统计了本次月考七年级各班学生的总分，需要统计出各班总分高于 300 分的人数。

	A	B	C	D	E	F	G
1	准考证号	姓名	班级	总分		班级	分数高于300的人数
2	2017070101	何志新	7(1)班	364		7(1)班	3
3	2017070201	周志鹏	7(2)班	330		7(2)班	2
4	2017070102	夏楚奇	7(1)班	338			
5	2017070202	周金星	7(2)班	276			
6	2017070103	张明宇	7(1)班	298			
7	2017070203	赵恩飞	7(2)班	337			
8	2017070104	韩佳人	7(1)班	265			
9	2017070204	刘莉莉	7(2)班	296			
10	2017070105	吴世芳	7(1)班	316			
11	2017070205	王淑芬	7(2)班	299			

图 3-55

❶ 选中 G2 单元格，在编辑栏中输入公式（如图 3-56 所示）：

=SUMPRODUCT((C$2:C$11=F2)*(D$2:D$11>300))

SUMIF	▼	:	×	✓	f_x	=SUMPRODUCT((C$2:C$11=F2)*(D$2:D$11>300))	

	A	B	C	D	E	F	G
1	准考证号	姓名	班级	总分		班级	分数高于300的人数
2	2017070101	何志新	7(1)班	364		7(1)班	=SUMPRODUCT((C$2:
3	2017070201	周志鹏	7(2)班	330		7(2)班	
4	2017070102	夏楚奇	7(1)班	338			
5	2017070202	周金星	7(2)班	276			
6	2017070103	张明宇	7(1)班	298			
7	2017070203	赵思飞	7(2)班	337			
8	2017070104	韩佳人	7(1)班	265			
9	2017070204	刘莉莉	7(2)班	296			
10	2017070105	吴世芳	7(1)班	316			
11	2017070205	王淑芬	7(2)班	299			

图 3-56

❷ 按 Enter 键,即可依据 C2:C11 和 D2:D11 区域中的班级信息和数值计算出 7(1)班分数高于 300 的人数,如图 3-57 所示。将 G2 单元格的公式向下填充,可一次得到批量计算结果。

	A	B	C	D	E	F	G
1	准考证号	姓名	班级	总分		班级	分数高于300的人数
2	2017070101	何志新	7(1)班	364		7(1)班	3
3	2017070201	周志鹏	7(2)班	330		7(2)班	
4	2017070102	夏楚奇	7(1)班	338			
5	2017070202	周金星	7(2)班	276			
6	2017070103	张明宇	7(1)班	298			

图 3-57

【公式解析】

① 依次判断 C2:C11 单元格区域中的值是否为 F2 单元格中的班级"7(1)班",是返回 TRUE,否则返回 FALSE。形成一个数组

② 依次判断 D2:D11 单元格区域中的数值是否大于 300,是返回 TRUE,否则返回 FALSE。形成一个数组

=SUMPRODUCT((C$2:C$11=F2)*(D$2:D$11>300))

③ 将①和②返回的结果先相乘再相加。在相乘时,逻辑值 TRUE 为 1,FALSE 为 0

这是一个满足多条件计数的例子。此公式使用 COUNTIFS 函数也可以完成公式的设计。这种情况下使用 SUMPRODUCT 与 COUNTIFS 函数都可以获取相同的统计效果。与 SUMIFS 函数一样，SUMPRODUCT 函数的参数设置更加灵活，因此可以实现满足更多条件的求和与计数统计。

例 7：统计某测试计时的达标次数

扫一扫，看视频

　　如图 3-58 所示，该表格统计了某机器的 8 次测试结果，其中有达标的，也有未达标的。达标的要满足指定的时间区间，此时可以使用 SUMPRODUCT 函数进行时间区间的判断，并返回计数统计的结果。

	A	B	C	D
1	达标时间	1:02:00至1:03:00		达标次数
2	序号	用时		4
3	1次测试	1:02:55		
4	2次测试	1:03:20		
5	3次测试	1:01:10		
6	4次测试	1:01:00		
7	5次测试	1:02:50		
8	6次测试	1:02:59		
9	7次测试	1:03:02		
10	8次测试	1:02:45		

图 3-58

❶ 选中 D2 单元格，在编辑栏中输入公式（如图 3-59 所示）：
=SUMPRODUCT((B3:B10>TIMEVALUE("1:02:00"))*(B3:B10<TIMEVALUE("1:03:00")))

IF		✕ ✓ fx	=SUMPRODUCT((B3:B10>TIMEVALUE("1:02:00"))* (B3:B10<TIMEVALUE("1:03:00")))			
	A	B	C	D	E	F	G
1	达标时间	1:02:00至1:03:00		达标次数		
2	序号	用时		3:00")))		
3	1次测试	1:02:55				
4	2次测试	1:03:20				
5	3次测试	1:01:10				
6	4次测试	1:01:00				
7	5次测试	1:02:50				
8	6次测试	1:02:59				
9	7次测试	1:03:02				
10	8次测试	1:02:45				

图 3-59

Excel 函数与公式速查宝典

❷ 按 Enter 键，即可判断 B3:B10 单元格区域的值，判断满足条件的数据，并返如图 3-58 所示的结果。

【公式解析】

公式实际是要判断 B3:B10 单元格区域中的值同时满足大于"1:02:00"并且小于"1:03:00"这个条件，并进行计数统计

TIMEVALUE 函数是日期函数类型，用于返回由文本字符串所代表的小数值。本例公式中的 TIMEVALUE("1:02:00")就是将 "1:02:00"这个时间值转换成小数，因为时间的比较是将时间值转换成小数值再进行比较的

=SUMPRODUCT((B3:B10>TIMEVALUE("1:02:00"))*(B3:B10<TIMEVALUE("1:03:00")))

3.2 数据的舍入

数据的舍入，顾名思义，指的是对数据进行舍入处理。但数据的舍入并不仅限于四舍五入，还可以向下舍入、向上舍入、截尾取整等，要实现不同的舍入结果，需要使用不同的函数。

1. ROUND（对数据进行四舍五入）

【函数功能】ROUND 函数可将某个数值四舍五入为指定的位数。

【函数语法】ROUND(number,num_digits)

● number：必需，要四舍五入的数值。

● num_digits：必需，位数，按此位数对 number 参数进行四舍五入。

【用法解析】

必需，表示要进行舍入的目标数据。可以是常数、单元格引用或公式返回值

$$= ROUND（\underline{A2}，2）$$

四舍五入后保留的小数位数。

- 大于 0，则将数值四舍五入到指定的小数位
- 等于 0，则将数值四舍五入到最接近的整数
- 小于 0，则在小数点左侧进行四舍五入

如图 3-60 所示，表格中 A 列各值为参数 1，当为参数 2 指定不同值时，可以返回不同的结果。

	A	B	C
1	数值	公式	结果
2	20.346	=ROUND(A2,0)	20
3	20.346	=ROUND(A3,2)	20.35
4	20.346	=ROUND(A4,-1)	20
5	-20.346	=ROUND(A5,2)	-20.35

除了第 2 个参数为负值，其他都是四舍五入的结果

图 3-60

例：为超出完成量的计算奖金

扫一扫，看视频

如图 3-61 所示，表格中统计了每一位销售员的完成量（B1 单元格中的达标值为 80%）。要求通过设置公式实现根据完成量自动计算奖金，在本例中计算奖金以及扣款的规则如下：当完成量大于等于达标值一个百分点时，给予 200 元奖励（向上累加），大于 1 个百分点按 2 个百分点算，大于 2 个百分点按 3 个百分点算，以此类推。

	A	B	C
1	达标值	80.00%	
2	销售员	完成量	奖金
3	何慧兰	86.65%	1400
4	周云溪	88.40%	1600
5	夏楚玉	81.72%	400
6	吴若晨	84.34%	800
7	周小琪	89.21%	1800
8	韩佳欣	81.28%	200
9	吴思兰	83.64%	800
10	孙倩新	81.32%	200
11	杨淑霞	87.61%	1600

图 3-61

❶ 选中 C3 单元格，在编辑栏中输入公式（如图 3-62 所示）：
=ROUND(B3-$B$1,2)*100*200

| AND | : × ✓ fx | =ROUND(B3-$B$1,2)*100*200 |

	A	B	C	D	E
1	达标值	80.00%			
2	销售员	完成量	奖金		
3	何慧兰	86.65%	=ROUND(B3-$B$1,2)*100*200		
4	周云溪	88.40%			
5	夏楚玉	81.72%			
6	吴若晨	84.34%			

图 3-62

❷ 按 Enter 键，即可根据 B3 单元格的完成量和 B1 单元格的达标值得出奖金金额，如图 3-63 所示。将 C3 单元格的公式向下填充，可一次得到批量结果。

	A	B	C	D
1	达标值	80.00%		
2	销售员	完成量	奖金	
3	何慧兰	86.65%	1400	
4	周云溪	88.40%		
5	夏楚玉	81.72%		
6	吴若晨	84.34%		

图 3-63

【公式解析】

=ROUND(B3-$B$1,2)*100*200

① 计算 B3 单元格中值与 B1 单元格中值的差值，并保留两位小数

② 将①的返回值乘以 100 表示将小数值转换为整数值，表示超出的百分点。再乘以 200 表示计算奖金总额

2. INT（将数字向下舍入到最接近的整数）

【函数功能】INT 函数用于将数字向下舍入到最近的整数。
【函数语法】INT(number)
number：必需，需要进行向下舍入到取整的实数。

【用法解析】

$$=INT（A2）$$

唯一参数，表示要进行舍入的目标数据。可以是常数、单元格引用或公式返回值。

如图 3-64 所示，以 A 列中各值为参数，根据参数为正数或负数返回值有所不同。

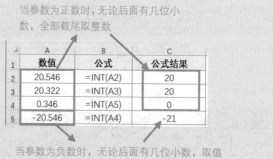

当参数为正数时，无论后面有几位小数，全部截尾取整数

	A	B	C
1	数值	公式	公式结果
2	20.546	=INT(A2)	20
3	20.322	=INT(A3)	20
4	0.346	=INT(A5)	0
5	-20.546	=INT(A4)	-21

当参数为负数时，无论后面有几位小数，取值是 5 向小值方向取整

图 3-64

例：对平均产量取整

如图 3-65 所示，计算平均销量时很多时候都会出现多个小数位，现在希望平均销量保持整数，可以在原公式的外层使用 INT 函数。

E2		▼	⋮	× ✓ fx	=AVERAGE(C2:C10)

	A	B	C	D	E
1	所属部门	销售员	销量(件)		平均销量(件)
2	销售2部	何慧兰	4469		5640.777778
3	销售1部	周云溪	5678		
4	销售2部	夏楚玉	4698		
5	销售1部	吴若晨	4840		
6	销售2部	周小琪	7953		
7	销售1部	韩佳欣	6790		
8	销售2部	吴思兰	4630		
9	销售1部	孙倩新	4798		
10	销售1部	杨淑霞	6911		

图 3-65

❶ 选中 E2 单元格，在编辑栏中输入公式（如图 3-66 所示）：

=INT(AVERAGE(C2:C10))

	A	B	C	D	E
1	所属部门	销售员	销量(件)		平均销量(件)
2	销售2部	何慧兰	4469		GE(C2:C10))
3	销售1部	周云溪	5678		
4	销售2部	夏楚玉	4698		
5	销售1部	吴若晨	4840		
6	销售2部	周小琪	7953		
7	销售1部	韩佳欣	6790		
8	销售2部	吴思兰	4630		
9	销售1部	孙倩新	4798		
10	销售1部	杨淑霞	6911		

图 3-66

❷ 按 Enter 键，即可根据 C2:C10 区域中的数值计算出平均销量，如图 3-67 所示。

	A	B	C	D	E
1	所属部门	销售员	销量(件)		平均销量(件)
2	销售2部	何慧兰	4469		5640
3	销售1部	周云溪	5678		
4	销售2部	夏楚玉	4698		
5	销售1部	吴若晨	4840		
6	销售2部	周小琪	7953		
7	销售1部	韩佳欣	6790		
8	销售2部	吴思兰	4630		
9	销售1部	孙倩新	4798		
10	销售1部	杨淑霞	6911		

图 3-67

【公式解析】

=INT(AVERAGE(C2:C10))

将 AVERAGE 函数的返回值作为 INT 函数的参数，可见此参数可以是单元格的引用，也可以是其他函数的返回值

3. TRUNC（不考虑四舍五入对数字进行截断）

【函数功能】TRUNC 函数用于将数字的小数部分截去，返回整数。

【函数语法】TRUNC(number,[num_digits])

- number：必需，需要结尾取整的数字。
- num_digits：可选，用于指定取整精度的数字。Num_digits 的默认值为 0。

【用法解析】

$$= TRUNC（A2,2）$$

必需，表示要进行舍入的目标数据。可以是常数、单元格引用或公式返回值　　　可选，表示保留的小数位数，不考虑四舍五入，其他直接舍去

如图 3-68 所示，以 A 列中各值为参数 1，根据参数 2 的不同可返回不同的值。

无参数 2 时，表示直接舍去所有小数部分

	A	B	C
1	数值	公式	公式结果
2	2.546	=TRUNC(A2)	2
3	-2.146	=TRUNC(A3)	-2
4	2.915	=TRUNC(A4,1)	2.9
5	0.346	=TRUNC(A5,1)	0.3

有参数时，直接保留指定小数位

图 3-68

扫一扫，看视频

例：计算平均分数保留一位小数

如图 3-69 所示，表格中统计了学生各科目成绩，要求计算平均分，并且让平均分保留一位小数（不考虑四舍五入情况）。

	A	B	C	D	E
1	销售员	语文	数学	英语	平均分
2	何慧兰	82	88	92	87.3
3	吴若晨	88	89	88	88.3
4	何慧兰	87	95	68	83.3
5	周云溪	91	96	56	81
6	吴若晨	89	91	89	89.6
7	周云溪	85	87	85	85.6
8	夏楚玉	90	89	92	90.3
9	何慧兰	89	85	91	88.3
10	周云溪	92	92	96	93.3
11	夏楚玉	88	90	81	86.3

图 3-69

❶ 选中 E2 单元格，在编辑栏中输入公式（如图 3-70 所示）：
=TRUNC(AVERAGE(B2:D2),1)

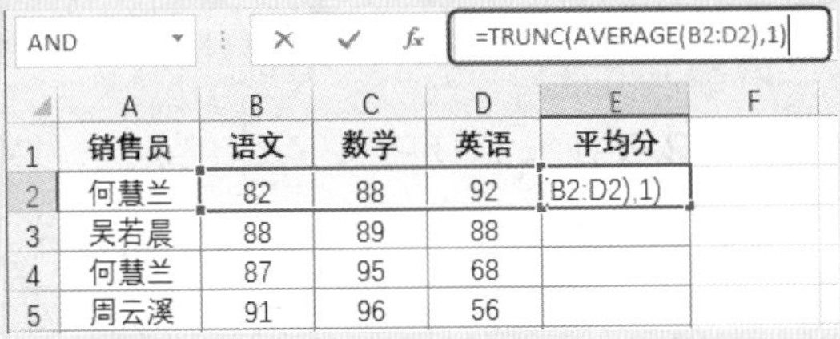

	A	B	C	D	E	F
					=TRUNC(AVERAGE(B2:D2),1)	
1	销售员	语文	数学	英语	平均分	
2	何慧兰	82	88	92	B2:D2),1)	
3	吴若晨	88	89	88		
4	何慧兰	87	95	68		
5	周云溪	91	96	56		

图 3-70

❷ 按 Enter 键，即可根据 B2:D2 区域中的数值计算出平均分并保留一位小数，如图 3-71 所示。将 E2 单元格的公式向下填充，可一次得到批量结果。

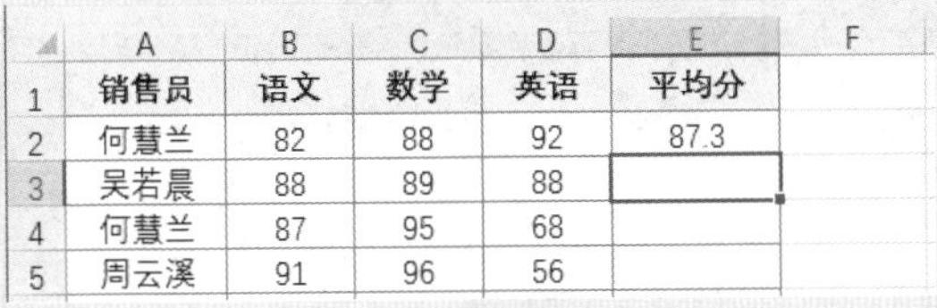

	A	B	C	D	E	F
1	销售员	语文	数学	英语	平均分	
2	何慧兰	82	88	92	87.3	
3	吴若晨	88	89	88		
4	何慧兰	87	95	68		
5	周云溪	91	96	56		

图 3-71

【公式解析】

=TRUNC(AVERAGE(B2:D2),1)

AVERAGE 函数计算出的平均值可能包含众多小数位，如 AVERAGE(B2:D2)计算出的平均值为 87.33333333，使用 TRUNC 将 87.33333333 保留 1 位小数

4. ROUNDUP（远离零值向上舍入数值）

【函数功能】ROUNDUP 函数用于朝着远离 0（零）的方向将数字进行向上舍入。

【函数语法】ROUNDUP(number,num_digits)

● number：必需，需要向上舍入的任意实数。

● num_digits：必需，要将数字舍入到的位数。

【用法解析】

必需，表示要进行舍入的目标数据，可以是常数、
单元格引用或公式返回值

= R O U N D U P （ A2 , 2 ）

必需，表示要舍入到的位数。

- 大于 0，则将数字向上舍入到指定的小数位
- 等于 0，则将数字向上舍入到最接近的整数
- 小于 0，则在小数点左侧向上进行舍入

如图 3-72 所示，以 A 列中各值为参数 1，参数 2 的设置不同时可返回不同的值。

当参数 2 为正数时，则按指定保留的小数位数总是向前进一位即可

| | A | B | C |
	数值	公式	公式返回值
2	20.246	=ROUNDUP(A2,0)	21
3	20.246	=ROUNDUP(A3,2)	20.25
4	-20.246	=ROUNDUP(A5,1)	-20.3
5	20.246	=ROUNDUP(A4,-1)	30

当参数 2 为负数时，则按远离 0 的方向向上舍入

图 3-72

例 1：计算材料长度（材料只能多不能少）

扫一扫，看视频

如图 3-73 所示，表格中统计了花圃半径，需要计算所需材料的长度，在计算周长时出现多位小数位（如图中 C 列显示），由于所需材料只能多不能少，则可以使用 ROUNDUP 函数向上舍入。

| | A | B | C | D |
	花圃编号	半径（米）	周长	需材料长度
2	01	10	31.415926	31.5
3	02	15	47.123889	47.2
4	03	18	56.5486668	56.6
5	04	20	62.831852	62.9
6	05	17	53.4070742	53.5

图 3-73

❶ 选中 D2 单元格，在编辑栏中输入公式（如图 3-74 所示）：
=ROUNDUP(C2,1)

AND		× ✓ fx	=ROUNDUP(C2,1)
	A	B	C	D
1	花圃编号	半径（米）	周长	需材料长度
2	01	10	31.415926	=ROUNDUP(C2,1)
3	02	15	47.123889	
4	03	18	56.5486668	

图 3-74

❷ 按 Enter 键，即可根据 C2 单元格中的值计算所需材料的长度，如图 3-75 所示。将 D2 单元格的公式向下填充，可一次得到批量结果。

	A	B	C	D
1	花圃编号	半径（米）	周长	需材料长度
2	01	10	31.415926	31.5
3	02	15	47.123889	
4	03	18	56.5486668	
5	04	20	62.831852	

图 3-75

【公式解析】

=ROUNDUP(C2,1)

保留一位小数，向上舍入。即只保留一位小数，无论什么情况都向前进一位

例 2：计算上网费用

如图 3-76 所示，表格中统计某网吧某一日各台电脑的使用情况，包括上、下机时间，需要根据时间计算上网费用，计费标准：每小时 8 元。超过半小时按 1 小时计算；不超过半小时按半小时计算。

	A	B	C	D
1	序号	上机时间	下机时间	应付款
2	A001	18:30:21	20:21:24	16
3	A002	19:24:57	20:26:39	12
4	A003	18:27:05	22:31:17	36
5	A004	19:24:16	21:02:13	16
6	A005	13:20:08	20:24:13	60
7	A006	8:24:27	14:10:58	48
8	A007	15:39:04	23:20:12	64
9	A008	9:18:21	12:30:28	28
10	A009	12:59:21	22:02:14	76

图 3-76

❶ 选中 D2 单元格，在编辑栏中输入公式（如图 3-77 所示）：

=ROUNDUP((HOUR(C2-B2)*60+MINUTE(C2-B2))/30,0)*4

IF	▼	:	✕ ✓ *fx*	=ROUNDUP((HOUR(C2-B2)*60+MINUTE(C2-B2))/30,0)*4			

	A	B	C	D	E	F	G
1	序号	上机时间	下机时间	应付款			
2	A001	18:30:21	20:21:24	2-B2))/30,0)*4			
3	A002	19:24:57	20:26:39				
4	A003	18:27:05	22:31:17				
5	A004	19:24:16	21:02:13				

图 3-77

❷ 按 Enter 键，即可根据 B2:B10 和 C2:C10 区域中的时间计算出上网费用，如图 3-78 所示。将 D2 单元格的公式向下填充，可一次得到批量结果。

	A	B	C	D
1	序号	上机时间	下机时间	应付款
2	A001	18:30:21	20:21:24	16
3	A002	19:24:57	20:26:39	
4	A003	18:27:05	22:31:17	
5	A004	19:24:16	21:02:13	

图 3-78

【公式解析】

① 判断 C2 单元格与 B2 单元格中两个时间相差的小时数，乘以 60 是将时间转换为分钟

② 判断 C2 单元格与 B2 单元格中两个时间相差的分钟数

=ROUNDUP((HOUR(C2-B2)*60+MINUTE(C2-B2))/30,0)*4

③ ①与②的和为上网的总分钟数，将总分钟数除以 30 表示将计算单位转换为 30 分，然后向上舍入（因为超过 30 分钟按 1 小时计算，不足 30 分按 30 分钟计算）

④ 由于计费单位已经被转换为 30 分钟，所以③的结果乘以 4 即可计算出总上网费用，而不是乘以 8

例 3：计算物品的快递费用

如图 3-79 所示，表格中统计当天所收每一件快递的物品重量，需要计算快递费用，收费规则：首重 1 公斤（注意是每公斤）为 8 元；续重每斤（注意是每斤）为 2 元。

扫一扫，看视频

▲	A	B	C	D
1	单号	物品重量	费用	
2	2017041201	5.23	26	
3	2017041202	8.31	38	
4	2017041203	13.64	60	
5	2017041204	85.18	346	
6	2017041205	12.01	54	
7	2017041206	8	36	
8	2017041207	1.27	10	
9	2017041208	3.69	20	
10	2017041209	10.41	46	

图 3-79

❶ 选中 C2 单元格，在编辑栏中输入公式（如图 3-80 所示）：
=IF(B2<=1,8,8+ROUNDUP((B2-1)*2,0)*2)

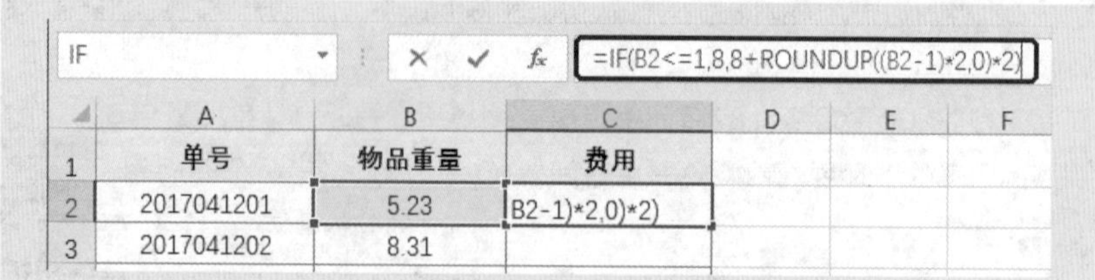

	A	B	C	D	E	F
1	单号	物品重量	费用			
2	2017041201	5.23	B2-1)*2,0)*2)			
3	2017041202	8.31				

图 3-80

❷ 按 Enter 键，即可根据 B2 单元格中的重量计算出费用，如图 3-81 所示，将 C2 单元格的公式向下填充，可一次得到批量结果。

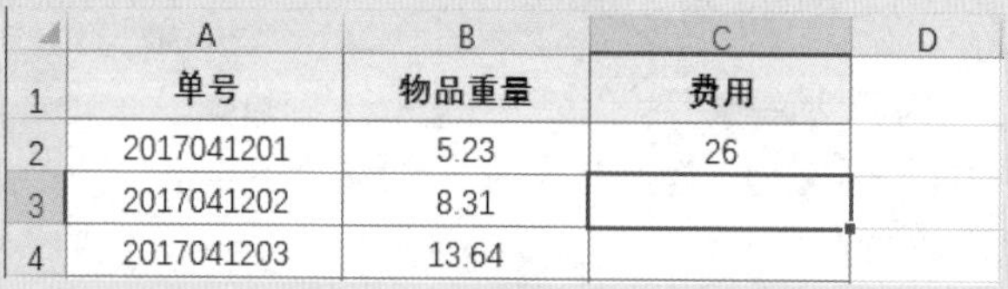

	A	B	C	D
1	单号	物品重量	费用	
2	2017041201	5.23	26	
3	2017041202	8.31		
4	2017041203	13.64		

图 3-81

【公式解析】

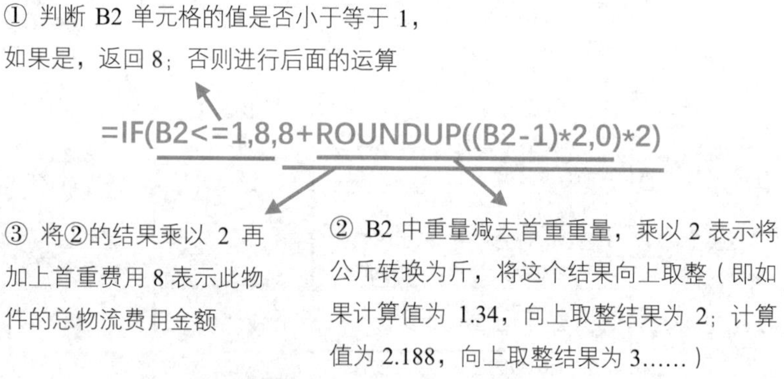

① 判断 B2 单元格的值是否小于等于 1，如果是，返回 8；否则进行后面的运算

=IF(B2<=1,8,8+ROUNDUP((B2-1)*2,0)*2)

③ 将②的结果乘以 2 再加上首重费用 8 表示此物件的总物流费用金额

② B2 中重量减去首重重量，乘以 2 表示将公斤转换为斤，将这个结果向上取整（即如果计算值为 1.34，向上取整结果为 2；计算值为 2.188，向上取整结果为 3……）

5. ROUNDDOWN（靠近零值向下舍入数值）

【函数功能】ROUNDDOWN 函数用于朝着零的方向将数字进行向下舍入。

【函数语法】ROUNDDOWN(number,num_digits)

● number：必需，需要向下入的任意实数。

- num_digits：必需，要将数字舍入到的位数。

【用法解析】

必需，表示要进行舍入的目标数据。可以是常数、单元格引用或公式返回值

$$=ROUNDDOWN（A2,2）$$

必需，表示要舍入到的位数。
- 大于 0，则将数字向下舍入到指定的小数位
- 等于 0，则将数字向下舍入到最接近的整数
- 小于 0，则在小数点左侧向下进行舍入

如图 3-82 所示，以 A 列中各值为参数 1，当参数 2 设置不同时可返回不同的结果。

当参数 2 为正数时，则按指定保留的小数位数总是直接截去后面部分

	A	B	C
1	数值	公式	公式返回值
2	20.256	=ROUNDDOWN(A2,0)	20
3	20.256	=ROUNDDOWN(A3,1)	20.2
4	-20.256	=ROUNDDOWN(A4,1)	-20.2
5	20.256	=ROUNDDOWN(A5,-1)	20
6			

当参数 2 为负数时，向下舍入到小数点左边的相应位数

图 3-82

例：购物金额舍尾取整

表格中在计算购物订单的金额时给出 0.88 折扣，计算折扣后出现小数（如图 3-83 所示），现在希望折后应收的金额能舍去小数金额。

扫一扫，看视频

	A	B	C	D
1	单号	金额	折扣金额	折后应收
2	2017041201	523	460.24	460
3	2017041202	831	731.28	731
4	2017041203	1364	1200.32	1200
5	2017041204	8518	7495.84	7495
6	2017041205	1201	1056.88	1056
7	2017041206	898	790.24	790
8	2017041207	1127	991.76	991
9	2017041208	369	324.72	324
10	2017041209	1841	1620.08	1620

图 3-83

❶ 选中 D2 单元格，在编辑栏中输入公式（如图 3-84 所示）：

=ROUNDDOWN(C2,0)

AND	▾	× ✓ *fx*	=ROUNDDOWN(C2,0)	
	A	B	C	D
1	单号	金额	折扣金额	折后应收
2	2017041201	523	460.24	DOWN(C2,0)
3	2017041202	831	731.28	
4	2017041203	1364	1200.32	
5	2017041204	8518	7495.84	

图 3-84

❷ 按 Enter 键，即可根据 C2 单元格中的数值计算出折后应收，如图 3-85 所示。将 D2 单元格的公式向下填充，可一次得到批量结果。

	A	B	C	D
1	单号	金额	折扣金额	折后应收
2	2017041201	523	460.24	460
3	2017041202	831	731.28	
4	2017041203	1364	1200.32	
5	2017041204	8518	7495.84	

图 3-85

6. CEILING.PRECISE（向上舍入到最接近指定数字的某个值的倍数值）

【函数功能】CEILING.PRECISE 函数可将参数 number 向上舍入（正向无穷大的方向）为最接近的 significance 的倍数。无论该数字的符号如何，该数字都向上舍入。但是，如果该数字或有效位为 0，则将返回 0。

【函数语法】CEILING.PRECISE(number, [significance])

- number：必需，要进行舍入计算的值。
- significance：可选，要将数字舍入的倍数。

【用法解析】

$$= CEILING.PRECISE（A2,2）$$

必需，表示要进行舍入的目标数据。可以是常数、单元格引用或公式返回值

必需，表示要舍入的倍数。省略时默认为 1

◀)) 注意：

由于使用倍数的绝对值，无论数字或指定基数的符号如何，所有返回值的符号和 number 的符号一致（即无论 significance 参数是正数还是负数，最终结果的符号都由 number 的符号决定），且返回值永远大于或等于 number 值。

CEILING.PRECISE 与 ROUNDUP 同为向上舍入函数，但二者是不同的。ROUNDUP 与 ROUND 一样是对数据按指定位数舍入，只是不考虑四舍五入情况总是向前进一位。而 CEILING.PRECISE 函数是将数据向上舍入（绝对值增大的方向）为最近基数的倍数。

下面通过基本公式及其返回值来具体看看 CEILING.PRECISE 是如何返回值的。如图 3-86 所示，在图中可以看到数值及指定不同的 significance 值时所返回的结果。

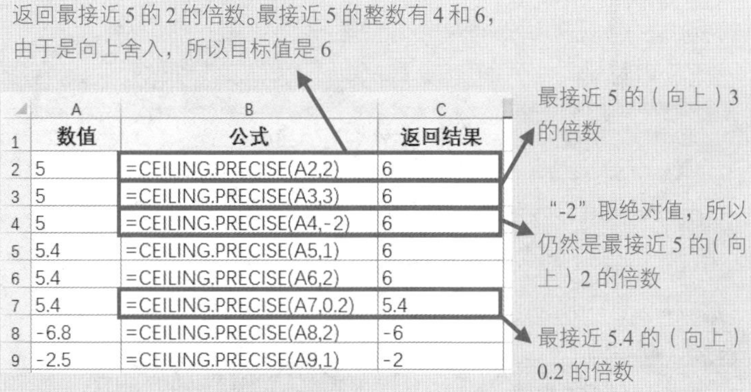

返回最接近 5 的 2 的倍数。最接近 5 的整数有 4 和 6，由于是向上舍入，所以目标值是 6

	A	B	C
1	数值	公式	返回结果
2	5	=CEILING.PRECISE(A2,2)	6
3	5	=CEILING.PRECISE(A3,3)	6
4	5	=CEILING.PRECISE(A4,-2)	6
5	5.4	=CEILING.PRECISE(A5,1)	6
6	5.4	=CEILING.PRECISE(A6,2)	6
7	5.4	=CEILING.PRECISE(A7,0.2)	5.4
8	-6.8	=CEILING.PRECISE(A8,2)	-6
9	-2.5	=CEILING.PRECISE(A9,1)	-2

最接近 5 的（向上）3 的倍数

"-2" 取绝对值，所以仍然是最接近 5 的（向上）2 的倍数

最接近 5.4 的（向上）0.2 的倍数

图 3-86

例如有一个实例要求根据停车分钟数来计算停车费用，停车 1 小时 4 元，不足 1 小时按 1 小时计算。使用 ROUNDUP 函数与 CEILING.PRECISE 函数均可以实现。

使用 CEILING.PRECISE 函数的公式为：= CEILING . PRECISE (B2/60,1)*4，如图 3-87 所示。

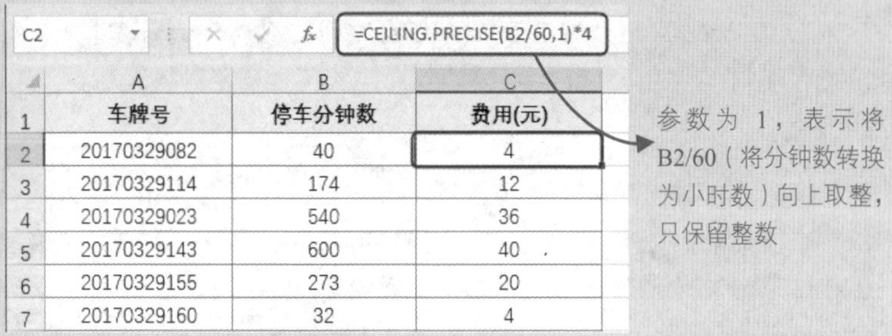

| C2 | | ▼ | : | × | ✓ | fx | =CEILING.PRECISE(B2/60,1)*4 |

	A	B	C
1	车牌号	停车分钟数	费用(元)
2	20170329082	40	4
3	20170329114	174	12
4	20170329023	540	36
5	20170329143	600	40
6	20170329155	273	20
7	20170329160	32	4

参数为 1，表示将 B2/60（将分钟数转换为小时数）向上取整，只保留整数

图 3-87

📢 注意：

CEILING.PRECISE 函数的参数为 1 时，当 number 为整数时，返回结果始终是 number；当 number 为小数时，始终是向整数上进一位并舍弃小数位。

使用 ROUNDUP 函数的公式为：=ROUNDUP(B2/60,0)*4，如图 3-88 所示。

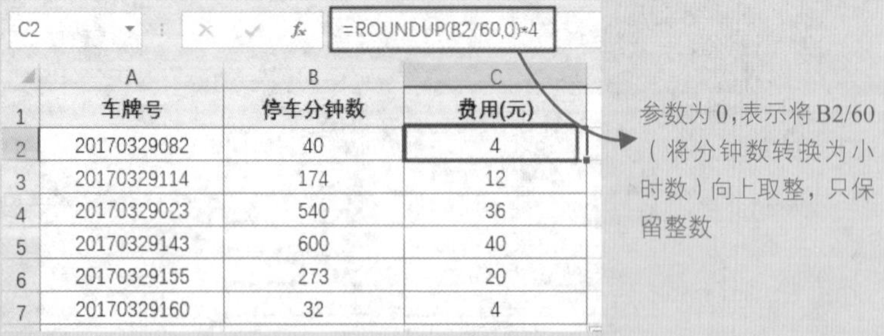

| C2 | | ▼ | : | × | ✓ | fx | =ROUNDUP(B2/60,0)*4 |

	A	B	C
1	车牌号	停车分钟数	费用(元)
2	20170329082	40	4
3	20170329114	174	12
4	20170329023	540	36
5	20170329143	600	40
6	20170329155	273	20
7	20170329160	32	4

参数为 0，表示将 B2/60（将分钟数转换为小时数）向上取整，只保留整数

图 3-88

例：按指定计价单位计算总话费

如图 3-89 所示，表格中统计了多项国际长途的通话时间，现在要计算通话费用，计价规则为：每 6 秒计价一次，不足 6 秒按 6 秒计算，第 6 秒费用为 0.07 元。

扫一扫，看视频

	A	B	C
1	电话编号	通话时长(秒)	费用
2	20170329082	640	7.49
3	20170329114	9874	115.22
4	20170329023	7540	87.99
5	20170329143	985	11.55
6	20170329155	273	3.22
7	20170329160	832	9.73

图 3-89

❶ 选中 C2 单元格，在编辑栏中输入公式（如图 3-90 所示）：
=CEILING.PRECISE(B2,6)/6*0.07

ASIN	▼	× ✓ fx	=CEILING.PRECISE(B2,6)/6*0.07	
	A	B	C	D
1	电话编号	通话时长(秒)	费用	
2	20170329082	640	2,6)/6*0.07	
3	20170329114	9874		
4	20170329023	7540		

图 3-90

❷ 按 Enter 键，即可根据 B2 单元格中的通话时间计算通话费用，如图 3-91 所示。将 C2 单元格的公式向下填充，可一次得到批量计算结果。

	A	B	C	D
1	电话编号	通话时长(秒)	费用	
2	20170329082	640	7.49	
3	20170329114	9874		
4	20170329023	7540		
5	20170329143	985		

图 3-91

【公式解析】

$$=CEILING.PRECISE(B2,6)/6*0.07$$

① 用 CEILING.PRECISE 函数向上舍入表示返回最接近通话秒数的 6 的倍数（向上舍入可以达到不足 6 秒按 6 秒计算的目的）。用结果除以 6 表示计算出共有多少个计价单位

② 用①的结果乘以每 6 秒的费用，得到总费用

7. FLOOR.PRECISE（向下舍入到最接近指定数字的某个值的倍数值）

【函数功能】FLOOR.PRECISE 函数可将参数 number 向下舍入（正向无穷大的方向）为最接近的 significance 的倍数。无论该数字的符号如何，该数字都向下舍入。但是，如果该数字或有效位为 0，则将返回 0。

【函数语法】FLOOR.PRECISE(number, [significance]）

● number：必需，要进行舍入计算的值。
● significance：可选，要将数字舍入的倍数。

【用法解析】

$$= FLOOR.PRECISE（A2,2）$$

必需，表示要进行舍入的目标数据。可以是常数、单元格引用或公式返回值

必需，表示要舍入的倍数。省略时默认为 1

📢 注意：

由于使用倍数的绝对值，无论数字或指定基数的符号如何，所有返回值的符号和 number 的符号一致（即无论 significance 参数是正数还是负数，最终结果的符号都由 number 的符号决定）且返回值永远大于或等于 number 值。

FLOOR.PRECISE 与 ROUNDDOWN 同为向下舍入函数，但二者是不同的。

ROUNDDOWN 是对数据按指定位数舍入，只是不考虑四舍五入情况总

是不向前进位，而只是直接将剩余的小数位截去。而 FLOOR.PRECISE 函数是将数据向下舍入（绝对值增大的方向）为最近基数的倍数。

下面通过基本公式及其返回值来具体看看 FLOOR.PRECISE 是如何返回值的。（学习这个函数可与上面的 CEILING.PRECISE 函数用法解析对比，如图 3-92 所示，图中使用的数值和 significance 参数的设置在 CEILING.PRECISE 函数中完全一样，但是通过对比可以看到返回值却不同）

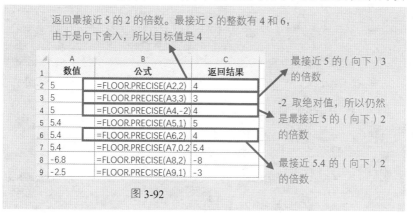

返回最接近 5 的 2 的倍数。最接近 5 的整数有 4 和 6，由于是向下舍入，所以目标值是 4

最接近 5 的（向下）3 的倍数

-2 取绝对值，所以仍然是最接近 5 的（向下）2 的倍数

最接近 5.4 的（向下）2 的倍数

图 3-92

例：计算计件工资中的奖金

如图 3-93 所示，表格中统计了车间工人 4 月份的产值，需要根据产值计算月奖金，奖金发放规则：生产件数小于 300 件无奖金；生产件数大于等于 300 件奖金为 300 元，并且每增加 10 件，奖金增加 50 元。

扫一扫，看视频

	A	B	C	D	E	F
1	所属车间	姓名	性别	职位	生产件数	奖金
2	一车间	何志新	男	高级技工	351	550
3	二车间	周志鹏	男	技术员	367	600
4	二车间	夏楚奇	男	初级技工	386	700
5	一车间	周金星	女	初级技工	291	0
6	二车间	张明宇	男	技术员	401	800
7	一车间	赵思飞	男	中级技工	305	300
8	二车间	韩佳人	女	高级技工	384	700
9	一车间	刘莉莉	女	初级技工	289	0
10	一车间	王淑芬	女	初级技工	347	500
11	二车间	郑嘉新	男	初级技工	290	0
12	一车间	张盼盼	女	技术员	450	1050
13	二车间	侯诗奇	男	初级技工	312	350

图 3-93

❶ 选中 F2 单元格，在编辑栏中输入公式（如图 3-94 所示）：

`=IF(E2<300,0,FLOOR.PRECISE(E2-300,10)/10*50+300)`

ASIN		▼	× ✓ f_x	=IF(E2<300,0,FLOOR.PRECISE(E2-300,10)/10*50+300)	
▲	A	B	C	D	E	F
1	所属车间	姓名	性别	职位	生产件数	奖金
2	一车间	何志新	男	高级技工	351	0)/10*50+300)
3	二车间	周志鹏	男	技术员	367	
4	二车间	夏楚奇	男	初级技工	386	
5	一车间	周金星	女	初级技工	291	

图 3-94

❷ 按 Enter 键，即可根据 E2 单元格中的数值计算奖金，如图 3-95 所示。将 F2 单元格的公式向下填充，可一次得到批量结果。

▲	A	B	C	D	E	F
1	所属车间	姓名	性别	职位	生产件数	奖金
2	一车间	何志新	男	高级技工	351	550
3	二车间	周志鹏	男	技术员	367	
4	二车间	夏楚奇	男	初级技工	386	
5	一车间	周金星	女	初级技工	291	

图 3-95

【公式解析】

① E2 小于 300 表示无奖金。如果大于 300 则进入后面的计算判断

② E2 减 300 为去除 300 后还剩的件数，使用 FLOOR.PRECISE 向下舍入表示返回最接近剩余件数的 10 的倍数。即满 10 件的计算在内，不满 10 件的舍去

=IF(E2<300,0,FLOOR.PRECISE(E2-300,10)/10*50+300)

③ 用②的结果除以 10 表示计算出共有几个 10 件。即能获得 50 元奖金的次数

④ 用③得到的可获得 50 元奖金的次数乘以 50 表示除 300 元外所获取的资金额

8. MROUND（舍入到最接近指定数字的某个值的倍数值）

【函数功能】MROUND 函数用于返回舍入到指定倍数最接近 number

的数字。

【函数语法】MROUND（number,multiple）

- number：必需，需要舍入的值。
- multiple：必需，要将数值 number 舍入到的倍数。

【用法解析】

$$= M R O U N D（A 2, 2）$$

必需，表示要进行舍入的目标数据。可以是常数、单元格引用或公式返回值

必需，表求要舍入到的倍数。如果省略此参数，则必须输入逗号占位

📢 注意：

> 参数 number 和 multiple 的正负符号必须一致，否则 MROUND 函数将返回 #NUM! 错误值。

如图 3-96 所示，以 A 列中各值为参数 1，参数 2 的设置不同时可返回不同的值。

表示返回最接近 10 的 3 的倍数，3 的 3 倍是 9，3 的 4 倍是 12，因此最接近 10 的是 9

	A	B	C
1	数值	公式	公式返回值
2	10	=MROUND(A2,3)	9
3	13.25	=MROUND(A3,3)	12
4	15	=MROUND(A4,2)	16
5	-3.5	=MROUND(A5,-2)	-4

图 3-96

例：计算商品运送车次

本例将根据运送商品总数量与每车可装箱数量来计算运送车次。具体规定如下：

- 每 45 箱商品装一辆车。
- 如果最后剩余商品数量大于半数（即 23 箱），可以再装一车运送一次，否则剩余商品不使用车辆运送。

扫一扫，看视频

❶ 选中 B4 单元格，在编辑栏中输入公式：

`=MROUND(B1,B2)`

按 Enter 键得出最接近 1000 的 45 的倍数，如图 3-97 所示。

图 3-97

❷ 选中 B5 单元格，在编辑栏中输入公式：

`=B4/B2`

按 Enter 键计算出需要运送的车次，如图 3-98 所示（运送 22 次后还乘 10 箱，所以不再运送一次）。

图 3-98

❸ 假如商品总箱数为 1020，运送车次变成了 23，因为运送 22 车后，还有 30 箱，所以需要再运送一次，即总运送车次为 23 次，如图 3-99 所示。

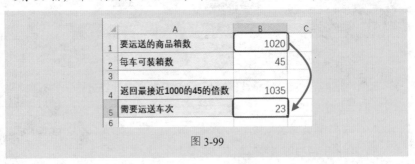

图 3-99

【公式解析】

$$= MROUND(B1,B2)$$

公式中 MROUND(B1,B2)这一部分的原理就是返回 45 的倍数，并且这个倍数的值最接近 B1 单元格中的值。"最接近"这 3 个字非常重要，它决定了不过半数少装一车，过半数就多装一车

9. EVEN（将数字向上舍入到最接近的偶数）

【函数功能】EVEN 函数用于返回沿绝对值增大方向取整后最接近的偶数。使用该函数可以处理那些成对出现的对象。

【函数语法】EVEN(number)

number：必需，要舍入的值。如果 number 为非数值参数，函数将返回错误值#VALUE!。

【用法解析】

$$= EVEN（A2）$$

不论 number 的正负号如何，函数都向远离零的方向舍入，如果 number 恰好是偶数，则无需进行任何舍入处理

例：将数字向上舍入到最接近的偶数

表格给出了一组数值，需要使用函数返回它们最接近的偶数（以绝对值向上的方向）。

扫一扫，看视频

❶ 选中 B2 单元格，在编辑栏中输入公式（如图 3-100 所示）：

= EVEN(A2)

	A	B	C
	AND ▼ ⋮ × ✓ fx	= EVEN(A2)	
1	数值	结果	
2	-7.5	= EVEN(A2)	
3	7		
4	0		

图 3-100

❷ 按 Enter 键，即可求出 A2 单元格中数据最接近的偶数。将 B2 单元格的公式向下填充，可一次得到批量结果，如图 3-101 所示。

	A	B	C
1	数值	结果	
2	-7.5	-8	
3	7	8	
4	0	0	
5	7.55	8	
6	8.5	10	

图 3-101

10. ODD（将数字向上舍入到最接近的奇数）

【函数功能】ODD 函数用于返回对指定数值进行向上舍入后的奇数。

【函数语法】ODD(number)

number：必需，需要舍入的值。如果 number 为非数值参数，函数将返回错误值#VALUE!。

【用法解析】

$$= ODD（\underline{A2}）$$

无论数字符号如何，都按远离 0 的方向向上舍入，如果 number 恰好是奇数，则不需进行任何舍入处理

例：将数字向上舍入到最接近的奇数

扫一扫，看视频

表格给出了一组数值，需要使用函数返回它们最接近的奇数（以绝对值向上的方向）。

❶ 选中 B2 单元格，在编辑栏中输入公式（如图 3-102 所示）：
= ODD(A2)

AND		× ✓	f_x	= ODD(A2)	
	A	B	C		
1	数值	结果			
2	-7.5	= ODD(A2)			
3	7				
4	0				

图 3-102

❷ 按 Enter 键，即可求出 A2 单元中数据最接近的奇数。将 B2 单元格的公式向下填充，可一次得到批量结果，如图 3-103 所示。

	A	B	C
1	数值	结果	
2	-7.5	-9	
3	7	7	
4	0	1	
5	7.55	9	
6	8.5	9	

图 3-103

11. QUOTIENT（返回商的整数部分）

【函数功能】QUOTIENT 函数用于返回商的整数部分，舍掉商的小数部分。

【函数语法】QUOTIENT(numerator,denominator)

- numerator：必需，被除数。
- denominator：必需，除数。

【用法解析】

$$= QUOTIENT（\underline{被除数},\underline{除数}）$$

必需　　　　　　　　必需

例：对人员分组时取整数

要将 586 个人按组平均分配，如果按 5、7、11、13 等奇数组来分配会出现小数，如图 3-104 所示。但是人数并不能是小数，所以可以直接使用 QUOTIENT 函数对求商结果取整数，即得到结果如图 3-105 所示。

扫一扫，看视频

	A	B	C
1	人数	分组	每组的人数
2	586	5	117.2
3	586	7	83.71428571
4	586	11	53.27272727
5	586	13	45.07692308

图 3-104

	A	B	C
1	人数	分组	每组的人数
2	586	5	117
3	586	7	83
4	586	11	53
5	586	13	45

图 3-105

❶ 选中 C2 单元格，在编辑栏中输入公式（如图 3-106 所示）：

```
=QUOTIENT(A2,B2)
```

	A	B	C	D	
	人数	分组	每组的人数		
1					
2	586	5	)TIENT(A2,B2)		
3	586	7			

图 3-106

❷ 按 Enter 键，即可根据 A2、B2 单元格中的数值返回一个整数，如图 3-107 所示。将 C2 单元格的公式向下填充，可一次得到批量结果。

	A	B	C
1	人数	分组	每组的人数
2	586	5	117
3	586	7	

图 3-107

3.3 其他数据学运算函数

1. ABS 函数（求绝对值）

【函数功能】ABS 函数用来返回参数的绝对值。

【函数语法】ABS(number)

number：必需，需要计算其绝对值的实数。

【用法解析】

$$= ABS（A2）$$

必需，需要计算其绝对值的实数

例：比较销售员上月与本月销售额

　　如图 3-108 所示，表格中统计了公司员工 1 月和 2 月的销售额，需要对这两个月的销售业绩进行比较，并将结果显示为"上升**"或"下降**"。

	A	B	C	D	E
1	所属部门	姓名	1月	2月	1、2月业绩比较
2	销售1部	何志新	12900	13850	上升950
3	销售1部	周志鹏	10780	9790	下降990
4	销售1部	夏楚奇	9800	11860	上升2060
5	销售2部	周金星	8870	9830	上升960
6	销售2部	张明宇	11860	10800	下降1060
7	销售2部	赵思飞	9790	11720	上升1930
8	销售3部	韩佳人	8820	9810	上升990

图 3-108

❶ 选中 E2 单元格, 在编辑栏中输入公式 (如图 3-109 所示):
=IF(D2-C2>0,"上升","下降")&ABS(D2-C2)

AND	▼	⋮	× ✓	f_x	=IF(D2-C2>0,"上升","下降")&ABS(D2-C2)	

	A	B	C	D	E	F
1	所属部门	姓名	1月	2月	1、2月业绩比较	
2	销售1部	何志新	12900	13850	")&ABS(D2-C2)	
3	销售1部	周志鹏	10780	9790		
4	销售1部	夏楚奇	9800	11860		
5	销售2部	周金星	8870	9830		

图 3-109

❷ 按 Enter 键, 即可依据 C2、D2 中的数值求出 "何志新" 2 月的销售业绩较 1 月 "上升 950", 如图 3-110 所示。将 E2 单元格的公式向下填充, 可一次得到批量计算结果。

	A	B	C	D	E
1	所属部门	姓名	1月	2月	1、2月业绩比较
2	销售1部	何志新	12900	13850	上升950
3	销售1部	周志鹏	10780	9790	
4	销售1部	夏楚奇	9800	11860	
5	销售2部	周金星	8870	9830	

图 3-110

【公式解析】

③ 将①和②的结果使用 "&" 进行连接，得到最终的文本与数字的结合效果

=IF(D2-C2>0,"上升","下降")&ABS(D2-C2)

① 判断 D2 与 C2 的差值是否大于 0，如果大于 0 返回 "上升"，如果不是返回 "下降"

② 使用 ABS 函数求解 "D2-C2" 的绝对值

2. SUMSQ（计算所有参数的平方和）

【函数功能】SUMSQ 用于返回所有参数的平方和。

【函数语法】SUMSQ(number,number2…)

number1, number2…：表示要进行计算的 1~255 个参数，可以是数值、区域或引用数组。其中 number1 是必需的。

【用法解析】

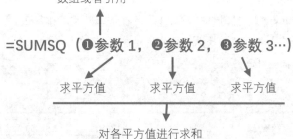

参数可以是数字或者是包含数字的名称、数组或者引用

=SUMSQ（❶参数 1，❷参数 2，❸参数 3…）

求平方值　　　求平方值　　　求平方值

对各平方值进行求和

例：计算平方和

扫一扫，看视频

　　如图 3-111 所示，表格给出了两组数值，需要使用函数返回它们的平方和。

	A	B	C	D
1	数值A	数值B	平方和	
2	2	8	68	
3	4	-5	41	
4	-6	3	45	
5	1.5	7	51.25	

图 3-111

❶ 选中 C2 单元格，在编辑栏中输入公式（如图 3-112 所示）：

```
=SUMSQ(A2,B2)
```

IF　　=SUMSQ(A2,B2)

	A	B	C	D
1	数值A	数值B	平方和	
2	2	8	SQ(A2,B2)	
3	4	-5		

图 3-112

❷ 按 Enter 键，即可根据 A2 和 B2 单元格中的数值返回它们的平方和，如图 3-113 所示。将 C2 单元格的公式向下填充，可一次得到批量结果。

	A	B	C
1	数值A	数值B	平方和
2	2	8	68
3	4	-5	

图 3-113

【公式解析】

=SUMSQ(A2,B2)

分别求 A2 与 B2 的平方值，对两个平方值结果求和

3. SUMXMY2（求两个数组中对应数值之差的平方和）

【函数功能】SUMXMY2 函数用于返回两数组中对应数值之差的平方和。

【函数语法】SUMXMY2(array_x,array_y)

- array_x：必需，第一个数组或数值区域。

● array_y：必需，第二个数组和数值区域。

如果 array_x 和 array_y 的元素数目不同，函数 sumxmy2 返回错误值 #N/A。

【用法解析】

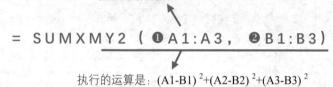

两个参数数组的数目必须相同，如果不同，函数
会返回错误值#N/A

= S U M X M Y 2（❶A1:A3，❷B1:B3）

执行的运算是：$(A1-B1)^2+(A2-B2)^2+(A3-B3)^2$

例：计算数值之差的平方和

扫一扫，看视频

表格给出了两组数值，需要使用函数返回数组 A 和数组 B 之差的平方和。

❶ 选中 D2 单元格，在编辑栏中输入公式（如图 3-114 所示）：
=SUMXMY2(A2:A4,B2:B4)

AND	▼	⋮	×	✓	fx	=SUMXMY2(A2:A4,B2:B4)	
▲	A		B		C	D	E
1	数组A		数组B			差的平方和	
2	2		1			=SUMXMY2(A2:A4,B2:B4)	
3	4		5				
4	9		3				
5							

图 3-114

❷ 按 Enter 键，即可根据 A 列和 B 列数据区域中的数值返回它们之差的平方和，如图 3-115 所示。

	A	B	C	D
1	数组A	数组B		差的平方和
2	2	1		38
3	4	5		
4	9	3		

图 3-115

【公式解析】

$$=SUMXMY2(A2:A4,B2:B4)$$

分别求出$(A2-B2)^2$、$(A3-B3)^2$、$(A4-B4)^2$，对得出的
值进行求和运算

4. SUMX2MY2（求两个数组中对应数值的平方差之和）

【函数功能】SUMX2MY2 函数用于返回两数组中对应数值的平方差
之和。

【函数语法】SUMX2MY2(array_x,array_y)

● array_x：必需，第一个数组或数值区域。

● array_y：必需，第二个数组或数值区域。

array_x 和 array_y 的元素数目不同，函数 sumxmy2 返回错误值#n/a。

【用法解析】

两个参数数组的数目必须相同，如果不同，函数
会返回错误值#N/A

$$= SUMX2MY2 （❶A1:A3, ❷B1:B3）$$

执行的运算是：$(A1^2-B1^2)+(A2^2-B2^2)+(A3^2-B3^2)$

例：计算数值的平方差之和

表格给出了两组数值，需要使用函数返回数组 A 和数组
B 之差的平方和。

扫一扫，看视频

❶ 选中 D2 单元格，在编辑栏中输入公式（如图 3-116 所示）：

`= SUMX2MY2(A2:A4,B2:B4)`

	A	B	C	D
				=SUMX2MY2(A2:A4,B2:B4)
1	数组A	数组B		平方差之和
2	2	1		2:A4,B2:B4)
3	4	5		
4	9	3		

图 3-116

❷ 按 Enter 键，即可根据 A 列和 B 列数据区域中的数值返回它们的平方差之和，如图 3-117 所示。

	A	B	C	D
1	数组A	数组B		平方差之和
2	2	1		66
3	4	5		
4	9	3		

图 3-117

【公式解析】

$$= \text{SUMX2MY2 (A2:A4,B2:B4)}$$

分别求出 $A2^2-B2^2$、$A3^2-B3^2$、$A4^2-B4^2$ 的值，再对得到的值进行求和运算

5. PRODUCT（求指定的多个数值的乘积）

【函数功能】PRODUCT 函数可计算用作参数的所有数字的乘积，然后返回乘积。

【函数语法】PRODUCT(number1,[number2],…

- number1：必需，需要相乘的第一个数字或者单元格区域。
- number2,…：可选，需要相乘的其他数字或单元格区域。最多可以使用 255 个参数。

【用法解析】

参数可以为不同形式：

$$= \text{PRODUCT (A2,B2,C2)}$$

执行的运算是：A2*B2*C2

$$= \text{PRODUCT (A1:A3,C1:C3)}$$

执行的运算是：=A1 * A2 * A3 * C1 * C2 * C3

例 1：求一批零件的体积

如图 3-118 所示，表格中统计了某一批零件的长、宽、高，现在想批量计算出这批零件中各零件的体积。

扫一扫，看视频

	A	B	C	D	E
1	零件编号	长(厘米)	宽(厘米)	高(厘米)	体积
2	APS_001	7.7	5.4	4.8	199.584
3	APS_002	6.7	5.7	4.9	187.131
4	APS_003	6.1	5.6	4.6	157.136
5	APS_004	5.7	4.3	2.5	61.275
6	APS_005	6.6	4.3	3.5	99.33
7	APS_006	6.9	4.1	3.2	90.528
8	APS_007	7.9	3.4	3.9	104.754
9	APS_008	8.2	5.5	4.5	202.95

图 3-118

❶ 选中 E2 单元格，在编辑栏中输入公式（如图 3-119 所示）：
=PRODUCT(B2,C2,D2)

AND		⁝	×	✓	f_x	=PRODUCT(B2,C2,D2)

	A	B	C	D	E
1	零件编号	长(厘米)	宽(厘米)	高(厘米)	体积
2	APS_001	7.7	5.4	4.8	=PRODUCT(B
3	APS_002	6.7	5.7	4.9	
4	APS_003	6.1	5.6	4.6	
5	APS_004	5.7	4.3	2.5	

图 3-119

❷ 按 Enter 键，即可根据 B2、C2、D2 单元格的值计算出体积，如图 3-120 所示。将 E2 单元格的公式向下填充，可一次性得到批量结果。

	A	B	C	D	E
1	零件编号	长(厘米)	宽(厘米)	高(厘米)	体积
2	APS_001	7.7	5.4	4.8	199.584
3	APS_002	6.7	5.7	4.9	
4	APS_003	6.1	5.6	4.6	
5	APS_004	5.7	4.3	2.5	

图 3-120

例2：计算指定数值的阶乘

表格中给出 1~6 的数据，可以使用 PRODUCT 函数求出 6 的阶乘。

❶ 选中 C2 单元格，在编辑栏中输入公式（如图 3-121 所示）：
=PRODUCT(A2:A7)

IF		× ✓ fx	=PRODUCT(A2:A7)		
	A	B	C	D	E	F
1	数组		6的阶乘			
2	1		)UCT(A2:A7)			
3	2					
4	3					
5	4					
6	5					
7	6					

图 3-121

❷ 按 Enter 键，即可根据 A 列数据区域中的数值返回 6 的阶乘，如图 3-122 所示。

	A	B	C	D	E
1	数组		6的阶乘		
2	1		720		
3	2				
4	3				
5	4				
6	5				
7	6				

图 3-122

📢 注意：

按照相同的方法可以求任意数据的阶乘。

6. MOD（求两个数值相除后的余数）

【函数功能】MOD 函数用于求两个数相除后的余数，其结果的正负号与除数相同。

【函数语法】MOD(number,divisor)

● number：必需，被除数。

- divisor：必需，除数。

【用法解析】

必需，用于指定被除数。可以是常量、引用或公式返回值

$$= \text{MOD}（❶被除数,❷除数）$$

必需，用于指定除数。可以是常量、引用或公式返回值

单纯地求余数好像并无多大实际应用意义。其实不然，很多时候 MOD 函数的返回值将作为其他函数的参数使用，可以辅助对满足条件数据的判断，下面通过实例来讲解。

例：汇总出奇偶行的数据

如图 3-123 所示，表格对每日的进出库数量进行了统计，其中的"出库"在偶数行，"入库"在奇数行，要求汇总出"入库"数量的合计值与"出库"数量的合计值。

扫一扫，看视频

	A	B	C	D	E	F
1	日期	类别	数量		汇总入库量	汇总出库量
2	2017/4/1	出库	79		644	610
3	2017/4/1	入库	91			
4	2017/4/2	出库	136			
5	2017/4/2	入库	125			
6	2017/4/3	出库	96			
7	2017/4/3	入库	110			
8	2017/4/4	出库	95			
9	2017/4/4	入库	86			
10	2017/4/5	出库	99			
11	2017/4/5	入库	120			
12	2017/4/6	出库	105			
13	2017/4/6	入库	112			

图 3-123

❶ 选中 E2 单元格，在编辑栏中输入公式（如图 3-124 所示）：
```
=SUMPRODUCT(MOD(ROW(2:13),2)*C2:C13)
```

图 3-124

❷ 按 Enter 键，即可根据 B 列的类别信息和 C 列的数量汇总入库量，如图 3-125 所示。

图 3-125

❸ 选中 F2 单元格，在编辑栏中输入公式（如图 3-126 所示）：

=SUMPRODUCT(MOD(ROW(2:13)+1,2)*C2:C13)

图 3-126

❹ 按 Enter 键，即可根据 B 列的类别信息和 C 列的数值汇总出库量，如图 3-127 所示。

	A	B	C	D	E	F
1	日期	类别	数量		汇总入库量	汇总出库量
2	2017/4/1	出库	79		644	610
3	2017/4/1	入库	91			
4	2017/4/2	出库	136			
5	2017/4/2	入库	125			
6	2017/4/3	出库	96			
7	2017/4/3	入库	110			
8	2017/4/4	出库	95			
9	2017/4/4	入库	86			
10	2017/4/5	出库	99			
11	2017/4/5	入库	120			
12	2017/4/6	出库	105			
13	2017/4/6	入库	112			

图 3-127

【公式解析】

① 用 ROW 函数返回 2~13 行的行号，返回的是 {2;3;4;5;6;7;8;9;10;11;12;13} 这样一个数组

ROW 函数用于返回引用的行号

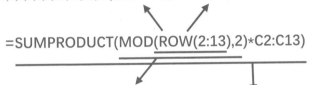

② 求①中数组与 2 相除的余数，能整除的返回 0，不能整除的返回 1，（偶数行返回 0，奇数行返回 1），返回的是一个数组

③ 将②数组中是 1 值的对应在 C2:C13 单元格中的值取出，并进行求和运算。因为入库在奇数行，所以求出的是入库总和

=SUMPRODUCT(MOD(ROW(2:13)+1,2)*C2:C13)

求出库总和时，需要提取的是偶数行的数据，偶数行的行号本身是可以被 2 整除的，因此进行加 1 处理就变成了不能被 2 整除，让其结果返回余数为 1，返回余数为 1 时，会将 C2:C13 单元格区域中对应的值取值，因此得到的是出库合计值

7. GCD（求两个或多个整数的最大公约数）

【函数功能】GCD 函数用于返回两个或多个整数的最大公约数，最大公约数是指能分别将 number1 和 number2 除尽的最大整数。

【函数语法】GCD(number1,[number2],…)

number1,number2,…：number1 是必需参数，后续参数是可选参数。数值的个数为 1~255 个。如果任意数值为非整数，则截尾取整。

【用法解析】

参数可以为不同形式：

$$= G C D (A 2, B 2, C 2)$$

求三个数的最大公约数

$$= G C D (A 1 : B 1 0)$$

求 A1:B10 单元格区域中所有数据的最大公约数

例：求两个或多个整数的最大公约数

扫一扫，看视频

表格给出了 3 组数据，要求快速求出所有数据的最大公约数。

❶ 选中 E2 单元格，在编辑栏中输入公式（如图 3-128 所示）：
=GCD(A2:C6)

IF		▼	:	× ✓	fx	=GCD(A2:C6)
▲	A	B	C	D		E
1		数值				最大公约数
2	168	180	120			=GCD(A2:C6)
3	48	156	24			
4	60	108	96			
5	132	120	168			
6	156	36	12			

图 3-128

❷ 按 Enter 键，即可根据 A2:C6 单元格区域中的数值返回它们的最大公约数，如图 3-129 所示。

Excel 函数与公式速查宝典

▲	A	B	C	D	E
1	数值				最大公约数
2	168	180	120		12
3	48	156	24		
4	60	108	96		
5	132	120	168		
6	156	36	12		

图 3-129

8. LCM（计算两个或多个整数的最小公倍数）

【函数功能】LCM 函数用于返回整数的最小公倍数。最小公倍数是所有整数参数 number1、number2 等的最小正整数倍数。用函数 LCM 可以将分母不同的分数相加。

【函数语法】LCM(number1，[number2],…)

number1,number2,…：number1 是必需的，后续数值是可选的。这些是要计算最小公倍数的 1~255 个数值。如果值不是整数，则结尾取整。

【用法解析】

参数可以为不同形式：

$$= L C M (A2,B2,C2)$$

求三个数的最小公倍数

$$= L C M (A1:B10)$$

求 A1:B10 单元格区域中所有数据的最小公倍数

例：计算两个或多个整数的最小公倍数

表格给出了 3 组数据，要求快速求出所有数据的最小公倍数。

❶ 选中 E2 单元格，在编辑栏中输入公式（如图 3-130 所示）：

```
=LCM(A2:C6)
```

| AND | ▼ | : | × | ✓ | fx | =LCM(A2:C6) |

⊿	A	B	C	D	E
1	数值				最小公倍数
2	8	2	11		=LCM(A2:C6)
3	4	5	3		
4	6	7	9.3		
5	12	12.4	9		
6	10	3.6	1.4		

图 3-130

❷ 按 Enter 键，即可根据 A2:C6 单元格区域中的数值返回它们的最小公倍数，如图 3-131 所示。

⊿	A	B	C	D	E
1	数值				最小公倍数
2	8	2	11		27720
3	4	5	3		
4	6	7	9.3		
5	12	12.4	9		
6	10	3.6	1.4		

图 3-131

9. SQRT（数据的算术平方根）

【函数功能】SQRT 函数用于返回正平方根。

【函数语法】SQRT(number)

number：必需，要计算平方根的数。

【用法解析】

$$= SQRT (\underline{A2})$$

↓

必需，要计算算术平方根的值

例：计算数据的算术平方根

表格给出了 1 组数据，要求快速求出各个数据的算术平方根。

扫一扫，看视频

❶ 选中 B2 单元格，在编辑栏中输入公式（如图 3-132 所示）：

=SQRT(A2)

❷ 按 Enter 键，即可求出 A2 单元格数据的算术平方根，然后向下复制

B2 单元格的公式可得到批量结果，如图 3-133 所示。

图 3-132

图 3-133

10. SQRTPI（计算指定正数值与 π 的乘积的平方根值）

【函数功能】SQRTPI 函数用于返回某数与 π 的乘积的平方根。

【函数语法】SQRTPI(number)

number：必需，与 π 相乘的数。

【用法解析】

$$= \text{SQRTPI（A2）}$$

必需，与 π 相乘的数

例：计算指定正数值与 π 的乘积的平方根值

表格给出了 1 组数据，要求快速求出各个数据与 π 的乘积的平方根值。

❶ 选中 B2 元格，在编辑栏中输入公式（如图 3-134 所示）：
=SQRTPI(A2)

❷ 按 Enter 键，即可求出 A2 单元格数据与 π 的乘积的平方根值，然后向下复制 B2 单元格的公式可得到批量结果，如图 3-135 所示。

图 3-134

图 3-135

11. SUBTOTAL（返回列表或数据库中的分类汇总）

【函数功能】SUBTOTAL 函数用于返回列表或数据库中的分类汇总。通常，使用 Excel 程序中"数据"选项卡"大纲"组中的"分类汇总"命令更便于创建带有分类汇总的列表。一旦创建了分类汇总列表，就可以通过编辑 SUBTOTAL 函数对该列表进行修改。通过参数的设置以指定使用何种函数在列表中进行分类汇总计算。

【函数语法】SUBTOTAL(function_num,ref1,[ref2],...])

- function_num：该参数代码的对应功能如表 3-1 所示，指定使用何种函数在列表中进行分类汇总计算。
- ref1,ref2,...：要进行分类汇总计算的 1~29 个区域或引用。

表 3-1

FUNCTION_NUM （包含隐藏值）	FUNCTION_NUM （忽略隐藏值）	函　数
1	101	AVERAGE
2	102	COUNT
3	103	COUNTA
4	104	MAX
5	105	MIN
6	106	PRODUCT
7	107	STDEV
8	108	STEDVP
9	109	SUM
10	110	VAR
11	111	SARP

【用法解析】

SUBTOTAL(❶指定进行什么计算, ❷进行分类汇总计算的区域)

用代码指定将执行什么运算，各代码代表的运算参见表 3-1

要执行运算的目标数据区域

例：对一类数据进行汇总、计数和平均值运算

SUBTOTAL 函数可以对一组数据进行求和汇总、计数统计、统计平均值、求取最大最小值等，实际它类似于我们进行各种不同计算类型的分类汇总统计。具体使用方法如下。

❶ 选中 G1 单元格，在编辑栏中输入公式（如图 3-136 所示）：

=SUBTOTAL(1,D2:D7)

	A	B	C	D	E	F	G
AND					fx	=SUBTOTAL(1,D2:D7)	
1	编号	姓名	所属部门	工资		销售部-平均值	(1,D2:D7)
2	NN003	韩要荣	销售部	14900		销售部-计数	
3	NN004	侯淑媛	销售部	6680		销售部-求和	
4	NN006	李平	销售部	15000		销售部-最大值	
5	NN008	张文涛	销售部	5200			
6	NN009	孙文胜	销售部	5800			
7	NN012	黄博	销售部	6000			
8	NN001	章丽	企划部	5565			
9	NN011	崔志飞	企划部	8000			
10	NN013	叶伊琳	企划部	2200			
11	NN002	刘玲燕	财务部	2800			
12	NN007	苏敏	财务部	4800			
13	NN005	孙丽萍	办公室	2200			
14	NN010	周保国	办公室	2280			

图 3-136

❷ 按 Enter 键，即可求出"销售部"平均工资，如图 3-137 所示。

	A	B	C	D	E	F	G
1	编号	姓名	所属部门	工资		销售部-平均值	8930
2	NN003	韩要荣	销售部	14900		销售部-计数	
3	NN004	侯淑媛	销售部	6680		销售部-求和	
4	NN006	李平	销售部	15000		销售部-最大值	
5	NN008	张文涛	销售部	5200			
6	NN009	孙文胜	销售部	5800			
7	NN012	黄博	销售部	6000			
8	NN001	章丽	企划部	5565			
9	NN011	崔志飞	企划部	8000			
10	NN013	叶伊琳	企划部	2200			
11	NN002	刘玲燕	财务部	2800			
12	NN007	苏敏	财务部	4800			
13	NN005	孙丽萍	办公室	2200			
14	NN010	周保国	办公室	2280			

图 3-137

❸ 选中 G2 单元格，在编辑栏中输入公式：

=SUBTOTAL(2,D2:D7)

按 Enter 键，即可求出"销售部"的记录条数，如图 3-138 所示。

	A	B	C	D	E	F	G
G2			f_x	=SUBTOTAL(2,D2:D7)			
1	编号	姓名	所属部门	工资		销售部-平均值	8930
2	NN003	韩要荣	销售部	14900		销售部-计数	6
3	NN004	侯淑媛	销售部	6680		销售部-求和	
4	NN006	李平	销售部	15000		销售部-最大值	
5	NN008	张文涛	销售部	5200			
6	NN009	孙文胜	销售部	5800			
7	NN012	黄博	销售部	6000			
8	NN001	章丽	企划部	5565			
9	NN011	崔志飞	企划部	8000			
10	NN013	叶伊琳	企划部	2200			
11	NN002	刘玲燕	财务部	2800			
12	NN007	苏敏	财务部	4800			
13	NN005	孙丽萍	办公室	2200			
14	NN010	周保国	办公室	2280			

图 3-138

❹ 选中 G3 单元格，在编辑栏中输入公式：

=SUBTOTAL(9,D2:D7)

按 Enter 键，即可求出"销售部"的工资合计值，如图 3-139 所示。

	A	B	C	D	E	F	G
G3			f_x	=SUBTOTAL(9,D2:D7)			
1	编号	姓名	所属部门	工资		销售部-平均值	8930
2	NN003	韩要荣	销售部	14900		销售部-计数	6
3	NN004	侯淑媛	销售部	6680		销售部-求和	53580
4	NN006	李平	销售部	15000		销售部-最大值	
5	NN008	张文涛	销售部	5200			
6	NN009	孙文胜	销售部	5800			
7	NN012	黄博	销售部	6000			
8	NN001	章丽	企划部	5565			
9	NN011	崔志飞	企划部	8000			
10	NN013	叶伊琳	企划部	2200			
11	NN002	刘玲燕	财务部	2800			
12	NN007	苏敏	财务部	4800			
13	NN005	孙丽萍	办公室	2200			
14	NN010	周保国	办公室	2280			

图 3-139

❺ 选中 G4 单元格，在编辑栏中输入公式：

=SUBTOTAL(4,D2:D7)

按 Enter 键，即可求出"销售部"的工资的最大值，如图 3-140 所示。

	G4	▼ : × ✓ fx	=SUBTOTAL(4,D2:D7)			

⊿	A	B	C	D	E	F	G
1	编号	姓名	所属部门	工资		销售部-平均值	8930
2	NN003	韩要荣	销售部	14900		销售部-计数	6
3	NN004	侯淑媛	销售部	6680		销售部-求和	53580
4	NN006	李平	销售部	15000		销售部-最大值	15000
5	NN008	张文涛	销售部	5200			
6	NN009	孙文胜	销售部	5800			
7	NN012	黄博	销售部	6000			
8	NN001	章丽	企划部	5565			
9	NN011	崔志飞	企划部	8000			
10	NN013	叶伊琳	企划部	2200			
11	NN002	刘玲燕	财务部	2800			
12	NN007	苏敏	财务部	4800			
13	NN005	孙丽萍	办公室	2200			
14	NN010	周保国	办公室	2280			

图 3-140

◀》注意:

SUBTOTAL 函数用第一个参数来指定进行哪种方式的汇总。在公式编辑栏中输入函数名称与左括号后,将光标定位于第一个参数处,此时会打开参数设置提示框(如图 3-141 所示),可以根据提示进行设置。

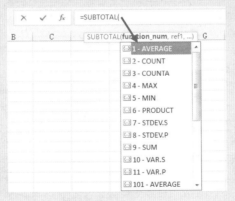

图 3-141

◀》注意:

通过示例的运算可以看到,使用 SUBTOTAL 函数可以代替 SUM、AVERAGE、COUNT、MAX 等 11 种函数(表格中列举的)。

1. FACT（计算指定正数值的阶乘）

【函数功能】FACT 函数用于返回某数的阶乘，一个数的阶乘等于 1*2*3*…*概数。

【函数语法】FACT(number)

number：必需，要计算其阶乘的非负数。如果 number 不是整数，则截尾取整。

【用法解析】

$$FACT(number)$$

必需，可以是常数、单元格引用

例：求任意数值的阶乘

扫一扫，看视频

表格给出了 1 组数据，要求快速求出每个数值的阶乘。

❶ 选中 B2 单元格，在编辑栏中输入公式（如图 3-142 所示）：

```
=FACT(A2)
```

❷ 按 Enter 键，即可求出 A2 单元格数据的阶乘。然后向下复制 B2 单元格的公式可得到批量结果，如图 3-143 所示。

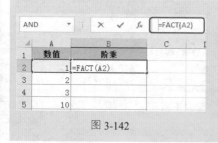

图 3-142　　　　　　　　　　图 3-143

2. FACTDOUBLE（返回数字的双倍阶乘）

【函数功能】FACTDOUBLE 函数用于返回数字的双倍阶乘。

【函数语法】FACTDOUBLE(number)

number：必需，要计算其双倍阶乘的数值。如果 number 不是整数，则截尾取整。

【用法解析】

F A C T D O U B L E (n u m b e r)

必需，可以是常数、单元格引用

例：求任意数值的双倍阶乘

表格给出了 3 组数据，要求快速求出所有数据的最大公约数。

❶ 选中 B2 单元格，在编辑栏中输入公式（如图 3-144 所示）：

```
=FACTDOUBLE(A2)
```

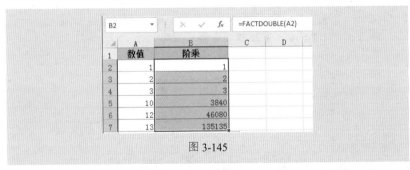

图 3-144

❷ 按 Enter 键，即可求出 A2 单元格数据的双倍阶乘，然后向下复制 B2 单元格的公式可得到批量结果，如图 3-145 所示。

图 3-145

3. MULTINOMIAL（返回参数和的阶乘与各参数阶乘乘积的比值）

【函数功能】MULTINOMIAL 函数用于返回参数和的阶乘与各参数阶乘乘积的比值。

【函数语法】MULTINOMIAL(number1,[number2],…)

number1,number2,……：是必需参数，后续参数是可选的。这些是用于进行 MULTINOMIAL 函数运算的 1~255 个数字。

【用法解析】

MULTINOMIAL (A2:B2)

执行的运算是：(A2+B2)的阶乘/A2 的阶乘*B2 的阶乘

例：求参数和的阶乘与各参数阶乘乘积的比值

表格给出了 3 组数据，要求快速求出所有数据的最大公约数。

❶ 选中 D2 单元格，在编辑栏中输入公式：

`=MULTINOMIAL(A2,B2)`

按 Enter 键，即可求出数值 1 和 2 之和的阶乘与 1 和 2 阶乘乘积的比值，如图 3-146 所示。

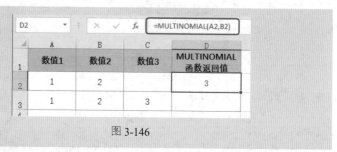

	A	B	C	D
D2			fx	=MULTINOMIAL(A2,B2)
1	数值1	数值2	数值3	MULTINOMIAL 函数返回值
2	1	2		3
3	1	2	3	

图 3-146

❷ 选中 D3 单元格，在编辑栏中输入公式：

`=MULTINOMIAL(A3,B3,C3)`

按 Enter 键，即可求出数值 1、2 和 3 之和的阶乘与 1、2 和 3 阶乘乘积的比值，如图 3-147 所示。

	A	B	C	D
D3			fx	=MULTINOMIAL(A3,B3,C3)
1	数值1	数值2	数值3	MULTINOMIAL 函数返回值
2	1	2		3
3	1	2	3	60

图 3-147

4. RAND（返回大于等于 0 小于 1 的随机数）

【函数功能】RAND 函数用于返回大于等于 0 小于 1 的均匀分布随机实数。每次计算工作表时都将返回一个新的随机实数。

【函数语法】RAND()

【用法解析】

没有任何参数。如果在某一单元格内应用公式 "=RAND()"，然后在编辑状态下按住 F9 键，将会产生一个变化的随机数

例：随机获取选手编号

在进行某项比赛时，为各位选手分配编号时自动生成随机编号，要求编号是 1~100 之间的整数。

❶ 选中 B2 单元格，在编辑栏中输入公式（如图 3-148 所示）：

`=ROUND(RAND()*100-1,0)`

图 3-148

❷ 按 Enter 键，即可随机自动生成 1~100 之间的整数（每次按 F9 键编号都随机生成），如图 3-149 所示。

图 3-149

❸ 向下复制 B2 单元格的公式可以随机获取所有人员的编号（每次按

F9 键编号都随机生成），如图 3-150 所示。

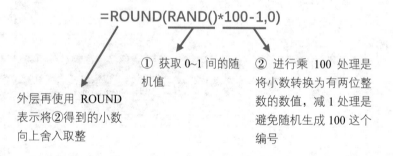

图 3-150

【公式解析】

$$=ROUND(RAND()*100-1,0)$$

① 获取 0~1 间的随机值

② 进行乘 100 处理是将小数转换为有两位整数的数值，减 1 处理是避免随机生成 100 这个编号

外层再使用 ROUND 表示将②得到的小数向上舍入取整

5. RANDBETWEEN（返回指定数值之间的随机数）

【函数功能】RANDBETWEEN 函数用于返回位于指定两个数之间的一个随机整数。每次计算工作表时都将返回一个新的随机整数。

【函数语法】RANDBETWEEN(bottom,top)

● bottom：必需，RANDBETWEEN 函数将返回最小整数。

● top：必需，RANDBETWEEN 函数将返回最大整数。

【用法解析】

RANDBETWEEN（10，100）

生成 10~100 之间的随机数

例：随机生成两个指定数之间的整数

在开展某项活动时，选手的编号需要随机生成，并且要求编号都是 3 位数。

❶ 选中 B2 单元格，在编辑栏中输入公式：

=RANDBETWEEN(100,1000)

按 Enter 键，即可随机自动生成 100~1000 之间的整数（每次按 F9 键编号都随机生成），如图 3-151 所示。

B2	▼	:	✕ ✓ fx	=RANDBETWEEN(100,1000)		
▲	A	B	C	D	E
1	姓名	生成编号				
2	韩要荣	738				
3	侯淑媛					
4	李平					
5	张文涛					
6	孙文胜					
7	黄博					
8	章丽					
9	崔志飞					
10	叶伊琳					
11	刘玲燕					

图 3-151

❷ 向下复制 B2 单元格的公式可以随机获取所有人员的编号（每次按 F9 键编号都随机生成），如图 3-152 所示。

	A	B	C
1	姓名	生成编号	
2	韩要荣	704	
3	侯淑媛	197	
4	李平	221	
5	张文涛	415	
6	孙文胜	574	
7	黄博	233	
8	章丽	814	
9	崔志飞	975	
10	叶伊琳	228	
11	刘玲燕	356	

图 3-152

6. MDETERM（返回一个数组的矩阵行列式的值）

【函数功能】MDETERM 函数用于返回一个数组的矩阵行列式的值。

【函数语法】MDETERM(array)

array：必需，行数和列数相等的数值数组。

【用法解析】

MDETERM（A1:B2）

执行的运算是：A1*B2-A2*B1

例：求一个数组的矩阵行列式的值

已知两组数据，要求出矩阵行列式的值。

选中 D2 单元格，在编辑栏中输入公式：

`=MDETERM(A2:B3)`

按 Enter 键，即可得出 A2:B3 矩阵行列式的值，如图 3-153 所示。

	A	B	C	D
	数据1	数据2		MDETERM返回值
1	8	12		-40
2	6	4		

D2 ▾ ： ✕ ✓ fx =MDETERM(A2:B3)

图 3-153

【公式解析】

=MDETERM(A2:B3)

执行 "8*4-6*12" 的操作

7. MINVERSE（返回数组矩阵的逆矩阵）

【函数功能】MINVERSE 函数用于返回数组中存储的矩阵的逆矩阵。

【函数语法】MINVERSE(array)

array：必需，行数和列数相等的数值数组，也可以是单元格区域。若数组中包含文字或空格的单元格，则函数 MINVERSE 返回错误值 #value!。

【用法解析】

MINVERSE（A1:B2）

行数与列数必须相等

例：求矩阵行列式的逆矩阵

当前表格中给出了一个矩阵行列式，现在要求出它的逆矩阵。

❶ 选中 E2:G4 单元格区域，在编辑栏中输入公式（如图 3-154 所示）：

扫一扫，看视频

```
=MINVERSE(A2:C4)
```

AND	▼	:	×	✓	fx	=MINVERSE(A2:C4)

▲	A	B	C	D	E	F	G
1	矩阵行列式				逆矩阵		
2	4	9	7		E(A2:C4)		
3	7	8	9				
4	7	5	5				
5							

图 3-154

❷ 按 Ctrl+Shift+Enter 组合键即可得出逆矩阵，如图 3-155 所示。

▲	A	B	C	D	E	F	G
1	矩阵行列式				逆矩阵		
2	4	9	7		−0.0588235	−0.1176471	0.29411765
3	7	8	9		0.32941176	−0.3411765	0.15294118
4	7	5	5		−0.2470588	0.50588235	−0.3647059
5							

图 3-155

8. MMULT（返回两个数组的矩阵乘积）

【函数功能】MMULT 函数用于返回两个数组的矩阵乘积，结果矩阵的行数与 array1 的行数相同，矩阵的列数与 array2 的列数相同。

【函数语法】MMULT(array1,array2)

● array1：必需，要进行矩阵乘法运算的数组。

● array2：必需，要进行矩阵乘法运算的数组。

【用法解析】

数组 1 的列数必须与数组 2 的行数相同，而且两个数组中都只能包含数值

MMULT（A1:C1,B5:B7）

执行的运算是：A1*B5+ B1*B6+ C1*B7

例：按评分标准与评分人数计算总分

扫一扫，看视频

表格中给出了某项测评的评分标准，同时也统计出了三位参加人员的打分人数，现在需要根据每项测评的打开人数计算出它的总分，如图 3-156 所示。

	A	B	C	D
1	**面试**	**笔试**	**实践**	
2	10	20	30	
3				
4		小A(打分人数)	小B(打分人数)	小C(打分人数)
5	面试	1	2	3
6	笔试	1	2	2
7	实践	2	1	1
8	总分	90	90	100
9				

图 3-156

❶ 选中 B8 单元格，在编辑栏中输入公式（如图 3-157 所示）：
=MMULT($A$2:$C$2,B5:B7)

AND	▼	× ✓ f_x	=MMULT($A$2:$C$2,B5:B7)	
	A	B	C	D
1	**面试**	**笔试**	**实践**	
2	10	20	30	
3				
4		小A(打分人数)	小B(打分人数)	小C(打分人数)
5	面试	1	2	3
6	笔试	1	2	2
7	实践	2	1	1
8	总分	=MMULT($A$2:$		

图 3-157

❷ 按 Enter 键，即可根据几项测评的分值与各项测评的打分人数得出小 A 的总分，如图 3-158 所示。

	A	B	C	D
1	**面试**	**笔试**	**实践**	
2	10	20	30	
3				
4		小A（打分人数）	小B（打分人数）	小C（打分人数）
5	面试	1	2	3
6	笔试	1	2	2
7	实践	2	1	1
8	总分	90		
9				

图 3-158

❸ 选中 B8 单元格，向右复制公式到 D8 单元格，可以得到每位人员的总分。

【公式解析】

$$=MMULT(\$A\$2:\$C\$2,B5:B7)$$

执行"A2*B5+ B2*B6+ C2*B7"的操作，即
计算出"10*1+ 20*1+ 30*2"的结果

📢 注意：

公式中对数组 1 使用了绝对引用，是为了便于将公式向右复制，因为用于显示评分标准的 A2:C2 单元格区域是始终不变的，所以使用了绝对引用。

3.5 指数、对数与幂计算

1. EXP（返回 e 为底数指定指数的幂值）

【函数功能】EXP 函数用于返回 e 的 n 次幂。常数 e 等于 3.718381838-45904，是自然对数的底数。

【函数语法】EXP(number)

number：必需，应用于底数 e 的指数。

例：返回 e 为底数指定指数的幂值

扫一扫，看视频

若要求解任意指数的幂值，可以使用 EXP 函数来实现。

❶ 选中 B2 单元格，在编辑栏中输入公式：
=EXP(A2)

按 Enter 键，即可求出以 e 为底数指数 -1 的幂值。

❷ 向下复制 B2 单元格的公式，可以查看到以 e 为底数其他指定指数的幂值，如图 3-159 所示。

	A	B	C
	指数	e为底数的幂值	
1			
2	-1	0.367879441	
3	0	1	
4	1	2.718281828	
5	5	148.4131591	

B2 | =EXP(A2)

图 3-159

2. LN（计算一个数的自然对数）

【函数功能】LN 函数用于计算一个数的自然对数。自然对数以常数项 e 为底数，e = 2.71828182845904。LN 函数是 EXP 函数的反函数。

【函数语法】LN(number)

number：必需，想要计算其自然对数的正实数。

例：求任意正数值的自然对数值

扫一扫，看视频

如果需要求解任意正数值的自然对数值，可以使用 LN 函数来设置公式。

❶ 选中 B2 单元格，在编辑栏中输入公式：
=LN(A2)

按 Enter 键，即可求出 "1" 的自然对数值。

❷ 向下复制 B2 单元格的公式，可以查看到其他数值的对数值，如图 3-160 所示。

图 3-160

3. LOG（计算指定底数的对数值）

【函数功能】LOG 函数用于计算以指定数字为底数的数的对数。

【函数语法】LOG(number,[base])

- number：必需，想要计算其对数的正实数。
- base：可选，对数的底数，如果省略底数，假定其值为 10。

例：求指定正数值和底数的对数值

如果需要求解表格中的任意正数值和底数的对数值，可以使用 LOG 函数来实现。

❶ 选中 C2 单元格，在编辑栏中输入公式：

=LOG(A2,B2)

按 Enter 键，即可求出以 2 为底数正数值为 2 的对数值。

❷ 向下复制 C2 单元格的公式，可以查看到其他指定正数值和底数的对数值，如图 3-161 所示。

	A	B	C	I
	正数值	底数	对数值	
2	2	2	1	
3	5	3	1.464973521	
4	10	6	1.285097209	

C2 ▾ ： × ✓ fx =LOG(A2,B2)

图 3-161

4. LOG10（计算以 10 为底数的对数值）

【函数功能】LOG10 函数用于返回以 10 为底数的对数。

【函数语法】LOG10(number)

number：必需，想要计算其常用对数的正实数。

例：求任意正数值以 10 为底数的对数值

若求任意正数值以 10 为底数的对数值，可以使用 LOG10 函数来实现。

❶ 选中 B2 单元格，在编辑栏中输入公式：

`=LOG10(A2)`

按 Enter 键，即可求出以 10 为底数、正数值为 2 的对数值。

❷ 向下复制 B2 单元格的公式，可以查看到以 10 为底数的其他正数值的对数值，如图 3-162 所示。

B2	▼	× ✓ fx	=LOG10(A2)
	A	B	C
1	正数值	对数值	
2	2	0.301029996	
3	5	0.698970004	
4	10	1	

图 3-162

5. POWER（返回给定数值的乘幂）

【函数功能】POWER 函数用于返回给定数值的乘幂。

【函数语法】POWER(number, power)

● number：必需，底数，可以为任意实数。

● power：必需，指数，底数按该指数次幂乘方。

例：求任意数值的 N 次或多次方根

若要求任意数值的 3 次或多次方根值，可以使用 POWER 函数来实现。

❶ 选中 C2 单元格，在编辑栏中输入公式：

`=POWER(A2,B2)`

按 Enter 键，即可计算出底数为 0.5，指数为 2 的方根值。

❷ 向下复制 C2 单元格的公式，可以查看到其他数值与指定 N 次的方根值，如图 3-163 所示。

C2	▼	: × ✓ fx	=POWER(A2,B2)
	A	B	C	D
1	底数	指数	方根值	
2	0.5	2	0.25	
3	2	6	64	
4	10	8	100000000	

图 3-163

3.6 三角函数计算

1. RADIANS（将角度转换为弧度）

【函数功能】RADIANS 函数用于将角度转换为弧度，通常嵌套在其他函数中使用。

【函数语法】RADIANS(angle)

angle：必需，要转换成弧度的角度。

例：将角度转换为弧度

如果需要将指定角度转换为弧度，可以使用 RADIANS 函数来设置公式。

❶ 选中 B2 单元格，在编辑栏中输入公式：

=RADIANS(A2)

按 Enter 键，即可计算出 A2 中角度的弧度。

❷ 向下复制 B2 单元格的公式，可以返回 A 列中其他角度所对应的弧度值，如图 3-164 所示。

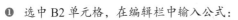

图 3-164

2. DEGREES（将弧度转换为角度）

【函数功能】DEGREES 函数用于将弧度转换为角度。

【函数语法】DEGREES (angle)

angle：以弧度表示的角度。

例：将指定弧度转换为角度

如果需要将指定弧度转换为角度，可以使用 DEGREES 函数来设置公式。

❶ 选中 B2 单元格，在编辑栏中输入公式：

=DEGREES(A2)

按 Enter 键，即可计算出 A2 中弧度的角度。

❷ 向下复制 B2 单元格的公式，可以返回 A 列中其他弧度所对应的角度值，如图 3-165 所示。

B2			×	✓	fx	=DEGREES(A2)
	A		B			C
1	弧度		角度			
2	0.5		28.64788976			
3	0.78448		44.94739311			
4	1.046		59.93138537			
5	2.092		119.8627707			

图 3-165

3. SIN（返回某一角度的正弦值）

【函数功能】SIN 函数用于返回给定角度的正弦值。

【函数语法】SIN(number)

number：必需，要求正弦的角度，以弧度表示。

【用法解析】

$$SIN（A1）$$

如果参数是度，则可以乘以 PI()/180 或者
用 RADIANS()函数转换为弧度

例：根据弧度或角度返回正弦值

扫一扫，看视频

若要计算指定角度对应的正弦值，可以使用 SIN 函数来实现。如果直接将角度转换为正弦值，可以嵌套 RADIANS 函数先将角度转换为弧度，然后再转换为正弦值。

❶ 选中 B2 单元格，在编辑栏中输入公式：

=SIN(RADIANS(A2))

按 Enter 键，即可计算出指定角度的正弦值。

❷ 向下复制 B2 单元格的公式，即可返回 A 列中其他角度对应的正弦值，如图 3-166 所示。

| B2 | ▼ | : | × | ✓ | fx | =SIN(RADIANS(A2)) |

▲	A	B	C	D
1	角度	正弦值		
2	30	0.5		
3	45	0.707106781		
4	60	0.866025404		
5	120	0.866025404		

图 3-166

【公式解析】

$$=SIN(RADIANS(A2))$$

先将角度转换为弧度，再求正弦值

4. COS（返回某一角度的余弦值）

【函数功能】COS 函数用于返回给定角度的余弦值。

【函数语法】COS(number)

number：必需，想要求余弦的角度，以弧度表示。

【用法解析】

$$COS（A1）$$

如果参数是度，则可以乘以 PI()/180 或者
用 RADIANS()函数转换为弧度

例：计算已知角度的余弦值

若要计算指定角度的余弦值，可以使用 COS 函数来实现。
如果直接将角度转换为余弦值，可以嵌套 RADIANS 函数先将
角度转换为弧度，然后再转换为余弦值。

❶ 选中 B2 单元格，在编辑栏中输入公式：

`=COS(RADIANS(A2))`

按 Enter 键，即可计算出角度为 30° 的余弦值。

❷ 向下复制 B2 单元格的公式，即可返回 A 列中其他角度对应的余弦
值，如图 3-167 所示。

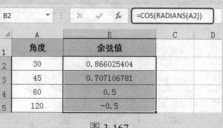

图 3-167

【公式解析】

$$=COS(RADIANS(A2))$$

先将角度转换为弧度再求余弦值

5. TAN（返回某一角度的正切值）

【函数功能】TAN 函数用于返回给定角度的正切值。

【函数语法】TAN(number)

number：必需，想要求正切的角度，以弧度表示。

【用法解析】

$$TAN（A1）$$

如果参数是度，则可以乘以 PI()/180 或者
用 RADIANS() 函数转换为弧度

例：计算已知角度的正切值

扫一扫，看视频

如果需要求解指定角度的正切值，可以使用 TAN 函数来实现。如果直接将角度转换为正切值，可以嵌套 RADIANS 函数先将角度转换为弧度，然后再转换为正切值。

❶ 选中 B2 单元格，在编辑栏中输入公式：

```
=TAN(RADIANS(A2))
```

按 Enter 键，即可计算出角度为 30° 的正切值。

❷ 向下复制 B2 单元格的公式，即可返回 A 列中其他角度对应的正切值，如图 3-168 所示。

| B2 | | × | ✓ | f_x | =TAN(RADIANS(A2)) | |

▲	A	B	C	D
1	角度	正切值		
2	30	0.577350269		
3	45	1		
4	60	1.732050808		
5	120	-1.732050808		

图 3-168

【公式解析】

$$=TAN(\underline{RADIANS(A2)})$$

先将角度转换为弧度再求正切值

6. ASIN（返回数值的反正弦值）

【函数功能】ASIN 函数用于返回数值的反正弦值。反正弦值是角度，该角度值以弧度表示，范围是 0~π。

【函数语法】ASIN(number)

number：必需，表示要计算反正弦值的数字，即角度的正弦值，取值范围在-1~1 之间。

例：计算一个数值的反正弦值

使用 ASIN 函数可以计算出一个数值的反正弦值，得到的反正弦值是弧度表示的，可以通过 DEGREES 函数转换为角度。

扫一扫，看视频

❶ 选中 B2 单元格，在编辑栏中输入公式：

`=ASIN(A2)`

按 Enter 键，即可计算出 A2 单元格中数值对应的反正弦值。向下复制 B2 单元格的公式，如图 3-169 所示。

| B2 | | × | ✓ | f_x | =ASIN(A2) | |

▲	A	B	C
1	正弦值	反正弦值(弧度值)	
2	-1	-1.570796327	
3	0	0	
4	0.25	0.252680255	
5	1	1.570796327	

图 3-169

❷ 选中 C2 单元格，在编辑栏中输入公式：

=DEGREES(B2)

按 Enter 键，即可计算出 B2 单元格中反正弦值对应的角度。向下复制 C2 单元格的公式，可以依次查看其他反正弦值对应的角度，如图 3-170 所示。

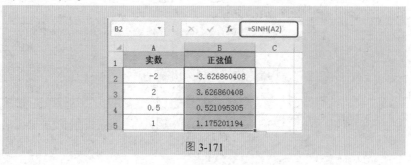

图 3-170

7. SINH（返回双曲正弦值）

【函数功能】SINH 函数用于返回某一数字的双曲正弦值。

【函数语法】SINH(number)。

number：必需，任意实数。

例：计算任意实数的双曲正弦值

扫一扫，看视频

若要计算任意实数的双曲正弦值，可以使用 SINH 函数来实现。

❶ 选中 B2 单元格，在编辑栏中输入公式：

=SINH(A2)

按 Enter 键，即可计算出实数-2 的双曲正弦值。

❷ 向下复制 B2 单元格的公式，即可返回其他实数的双曲正弦值，如图 3-171 所示。

	A	B	C
1	实数	正弦值	
2	-2	-3.626860408	
3	2	3.626860408	
4	0.5	0.521095305	
5	1	1.175201194	

图 3-171

8. ASINH（返回指定实数的反双曲正弦值）

【函数功能】ASINH 函数用于返回参数的反双曲正弦值。反双曲正弦值的双曲正弦即等于此函数的 number 参数值，即 ASINH(SINH(number))等于 number 这个参数值。

【函数语法】ASINH(number)

number：必需，任意实数。

例：计算实数的反双曲正弦值

若要计算任意实数的反双曲正弦值，可以使用 ASINH 函数来实现。

扫一扫，看视频

❶ 选中 B2 单元格，在编辑栏中输入公式：

```
=ASINH(A2)
```

按 Enter 键，即可计算出实数-2 的反双曲正弦值。

❷ 向下复制 B2 单元格的公式，即可返回其他实数的反双曲正弦值，如图 3-172 所示。

	A	B	C
1	实数	反双曲正弦值	
2	-2	-1.443635475	
3	0.5	0.481211825	
4	1	0.881373587	

B2 　：　× ✓ fx =ASINH(A2)

图 3-172

📢 注意：

反双曲正弦值的双曲正弦即等于此函数的number参数值。因此在C2单元中输入公式"=ASINH(SINH(A2))"，可以看到结果重新返回了 A2 单元格的值，如图 3-173 所示。

图 3-173

9. ACOS（返回数值的反余弦值）

【函数功能】ACOS 函数用于返回数值的反余弦值。反余弦值是角度，该角度值以弧度表示，范围是 0~π。

【函数语法】ACOS(number)

number：必需，表示要计算反正弦值的数值，即角度的正弦值，取值范围在−1~1 之间。

例：计算一个数值的反余弦值

使用 ACOS 函数可以计算出一个数值的反余弦值，得到的反余弦值是弧度表示的，可以通过 DEGREES 函数转换为角度。

❶ 选中 B2 单元格，在编辑栏中输入公式：

`=ACOS(A2)`

按 Enter 键，即可计算出 A2 单元格中数值对应的反余弦值。向下复制 B2 单元格的公式，如图 3-174 所示。

B2	▼ : × ✓ fx	=ACOS(A2)	
▲	A	B	C
1	余弦值	反余弦值(弧度值)	
2	−1	3.141592654	
3	0	1.570796327	
4	0.25	1.318116072	
5	1	0	

图 3-174

❷ 选中 C2 单元格，在编辑栏中输入公式：

`=DEGREES(B2)`

按 Enter 键，即可计算出 B2 单元格中反余弦值对应的角度。向下复制 C2 单元格的公式，可以依次查看其他反余弦值对应的角度，如图 3-175 所示。

C2	▼ : × ✓ fx	=DEGREES(B2)	
▲	A	B	C
1	余弦值	反余弦值(弧度值)	角度
2	−1	3.141592654	180
3	0	1.570796327	90
4	0.25	1.318116072	75.52248781
5	1	0	0

图 3-175

10. COSH（返回任意实数的双曲余弦值）

【函数功能】COSH 函数用于返回数值的双曲余弦值。

【函数语法】COSH(number)

number：必需，想要求双曲余弦的任意实数。

例：计算数值的双曲余弦值

若要计算指定实数的双曲余弦值，可以使用 COSH 函数来实现。

扫一扫，看视频

❶ 选中 B2 单元格，在编辑栏中输入公式：
=COSH(A2)
按 Enter 键，即可计算出实数-2 对应的双曲余弦值。

❷ 向下复制 B2 单元格的公式，即可查看到其他实数对应的双曲余弦值，如图 3-176 所示。

	A	B	C
	数值	双曲余弦值	
1			
2	-2	3.762195691	
3	0	1	
4	0.5	1.127625965	
5	2	3.762195691	

B2 ▾ : ✕ ✓ fx =COSH(A2)

图 3-176

11. ACOSH（返回指定实值的反双曲余弦值）

【函数功能】ACOSH 函数用于返回 number 参数的反双曲余弦值。参数必须大于或等于 1，反双曲余弦值的双曲余弦即为 number，即 ACOSH(COSH (number))等于 number 值。

【函数语法】ACOSH(number)

number：必需，大于等于 1 的任意实数。

例：计算实数的反双曲余弦值

若要计算任意大于 1 的实数的反双曲余弦值，可以使用 ACOSH 函数来实现。

扫一扫，看视频

❶ 选中 B2 单元格，在编辑栏中输入公式：
=ACOSH(A2)
按 Enter 键，即可计算出实数 1 对应的反双曲余弦值。

❷ 向下复制 B2 单元格的公式，即可返回其他实数的反双曲余弦值，如图 3-177 所示。

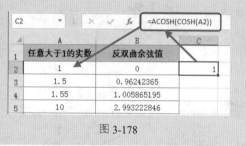

图 3-177

📢 注意：

反双曲余弦值的双曲余弦即等于此函数的 number 参数值。因此在 C2 单元中输入公式"ACOSH(COSH(A2))"，可以看到结果重新返回了 A2 单元格的值，如图 3-178 所示。

图 3-178

12. ATAN（返回数值的反正切值）

【函数功能】ATAN 函数用于返回数值的反正切值。反正切值为角度，其正切值即等于 number 参数值。返回的角度值将以弧度表示，范围为 $-\pi/2 \sim \pi/2$。

【函数语法】ATAN(number)

number：必需，所需的角度正切值。

例：计算数值的反正切值

扫一扫，看视频

使用 ATAN 函数可以计算出一个数值的反正切值，得到的反正切值是弧度表示的，可以通过 DEGREES 函数转换为角度。

❶ 选中 B2 单元格，在编辑栏中输入公式：

```
=ATAN(A2)
```

按 Enter 键，即可计算出 B2 单元格中数值对应的反正切值。向下复制 B2 单元格的公式，如图 3-179 所示。

B2		× ✓ fx	=ATAN(A2)

	A	B
1	正切值	反正切值（弧度值）
2	−1	−0.785398163
3	0.5	0.463647609
4	1	0.785398163

图 3-179

❷ 选中 C2 单元格，在编辑栏中输入公式：

=DEGREES(B2)

按 Enter 键，即可计算出 B2 单元格中反正切值对应的角度。向下复制 C2 单元格的公式，可以依次查看其他反正切值对应的角度，如图 3-180 所示。

C2		× ✓ fx	=DEGREES(B2)	

	A	B	C
1	正切值	反正切值（弧度值）	角度
2	−1	−0.785398163	−45
3	0.5	0.463647609	26.56505118
4	1	0.785398163	45

图 3-180

13. ATAN2（返回直角坐标系中给定 X 及 Y 的反正切值）

【函数功能】ATAN2 函数用于返回给定的 X 及 Y 坐标的反正切值。反正切的角度值等于 X 轴与通过原点和给定坐标点（x_num,y_mun）的直线之间的夹角。结果以弧度表示并介于-π~π 之间（不包括-π）。

【函数语法】ATAN2(x_num,y_num)

● x_num：必需，点的 X 坐标。

● y_num：必需，点的 Y 坐标。

若 x_num 和 y_num 都为 0，ATAN2 返回错误值#DIV/0!。

例：返回给定的 X 及 Y 坐标的反正切值

如果需要计算指定 X 坐标及 Y 坐标在-π~π 间任意实数的反正切值，可以使用 ATAN2 函数来实现。

扫一扫，看视频

❶ 选中 C2 单元格，在编辑栏中输入公式：

`=ATAN2(A2,B2)`

按 Enter 键，即可计算出 X 坐标为-2、Y 坐标为-1 的反正切值。

❷ 向下复制 C2 单元格的公式，即可计算出其他 X、Y 坐标对应的反正切值，如图 3-181 所示。

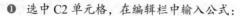

C2		:	× ✓ fx	=ATAN2(A2,B2)	
▲	A	B	C		D
1	x坐标	y坐标	反正切值		
2	-2	-1	-2.677945045		
3	-1	1	2.35619449		
4	1	0.5	0.463647609		

图 3-181

14. TANH（返回任意实数的双曲正切值）

【函数功能】TANH 函数用于返回某一实数的双曲正切值。

【函数语法】TANH(number)

number：必需，任意实数。

例：计算实数的双曲正切值

扫一扫，看视频

若要求解任意实数的双曲正切值，可以使用 TANH 函数来实现。

❶ 选中 B2 单元格，在编辑栏中输入公式：

`=TANH(A2)`

按 Enter 键，即可计算出实数-1 对应的双曲正切值。

❷ 向下复制 B2 单元格的公式，即可查看到其他实数对应的双曲正切值，如图 3-182 所示。

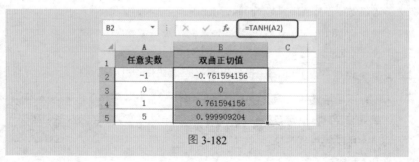

B2		:	× ✓ fx	=TANH(A2)	
▲	A		B		C
1	任意实数		双曲正切值		
2	-1		-0.761594156		
3	.0		0		
4	1		0.761594156		
5	5		0.999909204		

图 3-182

15. ATANH（返回参数的反双曲正切值）

【函数功能】ATANH 函数用于返回参数的反双曲正切值，参数必须介于-1~1 之间（不包括-1 和 1）。反双曲正切值得的双曲正切即为该函数的 number 参数值，因此 ATANH(TANH(number))等于 number。

【函数语法】ATANH(number)

number：必需，-1~1 之间的任意实数。

例：计算实数的反双曲正切值

若需要求出指定在-1~1 之间任意实数的反双曲正切值，可以使用 ATANH 函数来实现。

扫一扫，看视频

❶ 选中 B2 单元格，在编辑栏中输入公式：

`=ATANH(A2)`

按 Enter 键，即可计算出实数 0.2 的反双曲正切值。

❷ 向下复制 B2 单元格的公式，即可查看到其他实数的反双曲正切值，如图 3-183 所示。

图 3-183

🔊 注意：

反双曲余弦值的双曲正切即等于此函数的 number 参数值。因此在 C2 单元中输入公式"=ATANH(TANH(A2))"，可以看到结果重新返回了 A2 单元格的值，如图 3-184 所示。

图 3-184

16. PI（返回圆周率 π）

【函数功能】PI 函数用于返回 3.14159265358979，即数学常用的 π，精确到 14 位。

【函数语法】PI()

PI 函数是无参函数。

例：通过计算圆周率将角度转换为弧度

若将指定角度转换为弧度值，可以使用 PI 函数来实现。

❶ 选中 B2 单元格，在编辑栏中输入公式：

```
=A2*PI()/180
```

扫一扫，看视频

按 Enter 键，即可计算出指定角度的弧度值。

❷ 向下复制 B2 单元格的公式，即可查看到其他角度所对应的弧度值，如图 3-185 所示。

B2		: × ✓ fx	=A2*PI()/180	
	A	B	C	D
1	角度	弧度		
2	30	0.523598776		
3	45	0.785398163		
4	60	1.047197551		
5	120	2.094395102		

图 3-185

第4章 统计函数

对数据进行分析时经常要计算平均值。简单的求平均值运算包括对一组数据求平均值，如求某一时段的平均销售额、根据每月销售额求全年平均销售额、根据员工考核成绩求平均分、根据各店面的销售利润求平均利润、求指定班级的平均分等。求平均值的运算中常用的函数包括 AVERAGE 函数、AVERAGEA 函数、AVERAGEIF 函数以及 AVERAGEIFS 函数等。其中前两个是对给定的数据区域求平均值，无法进行条件判定，而 AVERAGEIF 和 AVERAGEIFS 函数则可以按条件求平均值。

1. AVERAGE（计算算术平均值）

【函数功能】AVERAGE 函数用于计算所有参数的算术平均值。

【函数语法】AVERAGE(number1,number2,...)

number1,number2,...：表示要计算平均值的 1~255 个参数。

【用法解析】

AVERAGE 函数参数的写法也有多种形式：

> 当前有 3 个参数，参数间用逗号分隔。参数个数最少是 1 个，最多只能设置 255 个。当前公式的计算结果等同于 "=(1+2+3)/3"

= A V E R A G E（1, 2, 3）

> 共 3 个参数，可以是不连续的区域。因为单元格区域是不连续的，所以必须分别使用各自的单元格区域，中间用逗号间隔

= AVERAGE (D2:D3,D9:D10,Sheet2!A1:A3)

> 也可引用其他工作表中的单元格区域

第 1 个参数是常量

除了单元格引用和数值，参数还可以是其他公式的计算结果

$$= AVERAGE\ (\underline{4},\underline{SUM(3,3)},A1)$$

第 3 个参数是单元格引用

📢 **注意：**

> 同 SUM 函数一样，AVERAGE 函数最多可以设置 255 个参数。并且如果参数是单元格引用，函数只对其中数值类型的数据进行运算，文本、逻辑值、空单元格都会被函数忽略。

值得注意的是，如果单元格包含零值则计算在内。如图 4-1 所示，图中求解 A1:A5 单元格区域值的平均值，结果为 "497"；如图 4-2 所示，图中求解 A1:A6 单元格区域值的平均值，结果为 "414.167"，表示 A3 单元格的 0 值也计算在内了；而如图 4-3 所示的图中求解 A1:A6 单元格区域值的平均值，结果为 "497"，表示 A3 单元格的空值不计算在内。

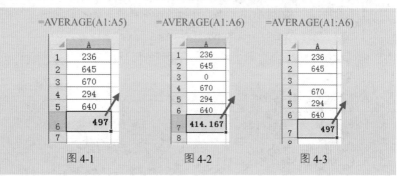

=AVERAGE(A1:A5)

	A
1	236
2	645
3	670
4	294
5	640
6	**497**
7	

图 4-1

=AVERAGE(A1:A6)

	A
1	236
2	645
3	0
4	670
5	294
6	640
7	**414.167**
8	

图 4-2

=AVERAGE(A1:A6)

	A
1	236
2	645
3	
4	670
5	294
6	640
7	**497**

图 4-3

例 1：计算月平均支出费用

扫一扫，看视频

表格中统计了公司全年每月的支出金额，需要统计出全年中月平均支出金额，可以使用 AVERAGE 函数来实现。

❶ 选中 D2 单元格，在 "公式" 选项卡的 "函数库" 选项组中单击 "自动求和" 按钮的下拉按钮，在打开的列表中单击 "平均值" 按钮，如图 4-4 所示。即可在 D2 单元格自动输入求平均值的公式，但默认的数据源区域并不正确，如图 4-5 所示。

图 4-4　　　　　　　　　　　图 4-5

❷ 重新选择 B2:B13 单元格区域作为参数，如图 4-6 所示。

❸ 按 Enter 键，即可得出求平均值的结果，如图 4-7 所示。

图 4-6　　　　　　　　　　　图 4-7

例 2：计算平均成绩（将空白单元格计算在内）

在计算均值时，空值不被计算在内，但如果计算平均值想包含空格，有如下两种方法可以实现。

一是补 0 法，即将所有空白单元格都补 0，但这种方法又影响视觉效果，往往在填表时，没有数量的都是空的。

扫一扫，看视频

二是使用求和再除以此条目数的方法，具体操作如下。

❶ 选中 E2 单元格，在编辑栏中输入公式（如图 4-8 所示）：

```
=SUM(C2:C11)/ROWS(A2:A11)
```

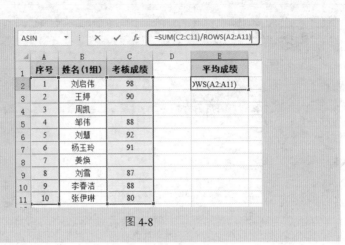

图 4-8

❷ 按 Enter 键，即可依据 C2:C11 单元格区域中的数值求出平均成绩，空值也被计算在内（如图 4-9 所示），对比空值不计算在内的结果如图 4-10所示。

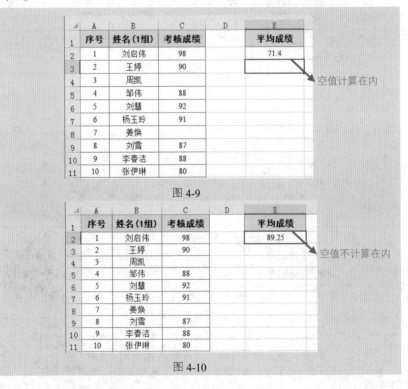

图 4-9

图 4-10

【公式解析】

① 对 C2:C11 区域的数据进行求和运算

ROWS 函数用于返回行数。不用去数有几行，只要看行号，利用这个函数就能返回当前数据共有多少条

$$=SUM(C2:C11)/ROWS(A2:A11)$$

② 返回 A2:A11 这个区域共有多少行，即返回当前的数据共有多少条

例 3：实现平均分数的动态计算

实现数据动态计算这一需求很多时候都需要应用到，例如销售记录随时添加时可以即时更新平均值、总和值等。下面的例子要求实现平均分数的动态计算，即有新条目添加时，平均值能自动重算。要实现平均分能动态计算，实际要借助"表格"功能，此功能相当于将数据转换为动态区域，具体操作如下。

扫一扫，看视频

❶ 在当前表格中选中任意单元格，在"插入"→"表格"选项组中单击"表格"按钮（如图 4-11 所示），弹出"创建表"对话框，勾选"表包含标题"复选框，单击"确定"按钮，如图 4-12 所示。

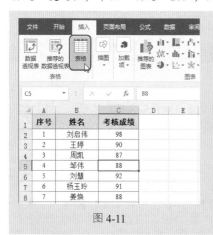

图 4-11

图 4-12

❷ 选中 E2 单元格，在编辑栏中输入公式：

```
=AVERAGE(C2:C11)
```

按 Enter 键计算出平均成绩，如图 4-13 所示。当添加了一行新数据时，平均成绩也自动计算，如图 4-14 所示。

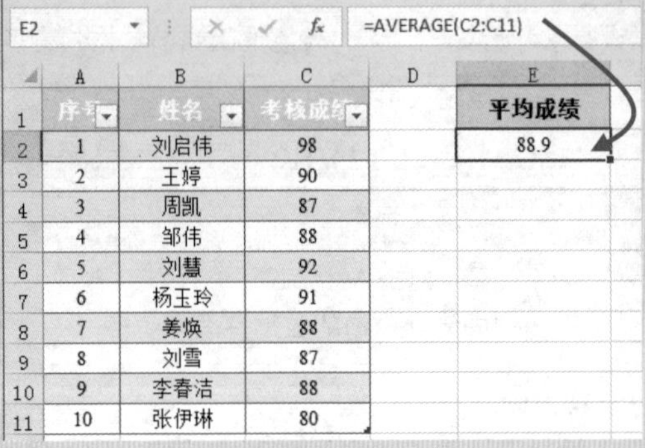

E2 =AVERAGE(C2:C11)

	A	B	C	D	E
1	序号	姓名	考核成绩		平均成绩
2	1	刘启伟	98		88.9
3	2	王婷	90		
4	3	周凯	87		
5	4	邹伟	88		
6	5	刘慧	92		
7	6	杨玉玲	91		
8	7	姜焕	88		
9	8	刘雪	87		
10	9	李春洁	88		
11	10	张伊琳	80		

图 4-13

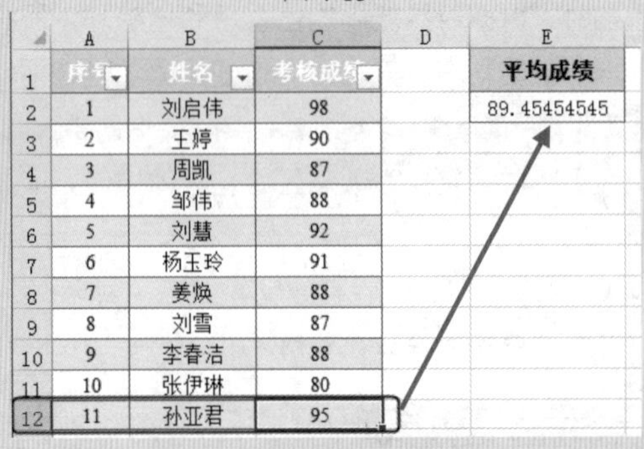

	A	B	C	D	E
1	序号	姓名	考核成绩		平均成绩
2	1	刘启伟	98		89.45454545
3	2	王婷	90		
4	3	周凯	87		
5	4	邹伟	88		
6	5	刘慧	92		
7	6	杨玉玲	91		
8	7	姜焕	88		
9	8	刘雪	87		
10	9	李春洁	88		
11	10	张伊琳	80		
12	11	孙亚君	95		

图 4-14

注意：

将数据区域转换为“表格”后，使用其他函数引用数据区域进行计算时都可以实现计算结果的自动更新，而并不只局限于本例中介绍的 AVERAGE 函数。

2. AVERAGEA（返回平均值）

【函数功能】AVERAGEA 函数用于返回其参数（包括数字、文本和逻辑值）的平均值。

【函数语法】AVERAGEA(value1,value2,...)

value1,value2,...：表示为需要计算平均值的 1~30 个单元格、单元格区域或数值。

【用法解析】

参数

= A V E R A G E A（A1:A5）

AVERAGEA 与 AVERAGE 的区别仅在于：AVERAGE 不计算文本值，如图 4-15 所示。

结果为 2（即 "(1+3)/2"），说明 A3 单元格的文本没有参与计算

图 4-15

AVERAGEA 的主要特点为：参数可以是逻辑值、文本，如图 4-16 所示。

逻辑值 "TRUE" 代表 1，文本 "上海" 代表 0。平均值为：(1+3+1+0)/4

图 4-16

例：计算全年平均销售额（将文本单元格计算在内）

企业约定各专卖店在全年销售中有一个月是调整整顿的时间，标注上 "调整中" 文字，而在计算月平均销售额时需要将全年 12 个月都计算在内，此时计算平均值需要使用 AVERAGEA 函数。

扫一扫，看视频

❶ 选中 B14 单元格，在编辑栏中输入公式（如图 4-17 所示）：

=AVERAGEA(B2:B13)

❷ 按 Enter 键，即可依据 B2:B13 单元格区域的数据计算平均值，如图 4-18 所示。

图 4-17　　　　　　　　　　　　图 4-18

❸ 可以使用公式 "=AVERAGE(B2:B13)" 对比查看计算结果（文本不计算在内时），如图 4-19 所示。

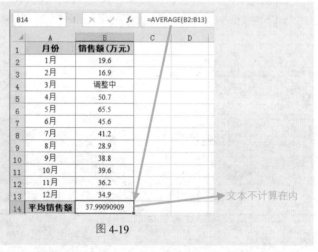

图 4-19

3. AVERAGEIF（返回满足条件的平均值）

【函数功能】AVERAGEIF 函数用于返回某个区域内满足给定条件的所有单元格的平均值（算术平均值）。

【函数语法】AVERAGEIF(range,criteria,average_range)

● range：是要计算平均值的一个或多个单元格，其中包括数字或包含数字的名称、数组或引用。

- criteria：是数字、表达式、单元格引用或文本形式的条件，用于定义要对哪些单元格计算平均值。例如：条件可以表示为 32、"32" ">32" "apples"或 b4。
- average_range：是要计算平均值的实际单元格集。如果忽略，则使用 range。

【用法解析】

第 1 个参数是用于条件判断的区域，必须是单元格引用

第 3 个参数是用于求和的区域。行、列数应与第 1 个参数相同

= AVERAGEIF ($A$2:$A$5,E2,$C$2:$C$5)

第 2 个参数是求和条件，可以是数字、文本、单元格引用或公式等。如果是文本，必须使用双引号

📢 注意：

在使用 AVERAGEIF 函数时，其参数的设置必须要按以下顺序输入。第 1 个参数和第 3 个参数中的数据是一一对应的关系，行数与列数必须保持相同。如果用于条件判断的区域（第 1 个参数）与用于求和的区域（第 3 个参数）是同一单元格区域，则可以省略第 3 个参数。

例1：统计指定车间职工的平均工资

如图 4-20 所示的表格对不同车间职工的工资进行了统计，现在想计算出"服装车间"的平均工资。

扫一扫，看视频

	A	B	C	D	E	F	G
1	职工工号	姓名	车间	性别	基本工资		服装车间平均工资
2	RCH001	张佳佳	服装车间	女	3500		3018.333333
3	RCH002	周传明	鞋包车间	男	2900		
4	RCH003	陈秀月	鞋包车间	女	2800		
5	RCH004	杨世奇	服装车间	男	3100		
6	RCH005	袁晓宇	鞋包车间	男	2900		
7	RCH006	夏甜甜	服装车间	女	2700		
8	RCH007	吴晶晶	服装车间	女	3850		
9	RCH008	蔡天放	服装车间	男	3050		
10	RCH009	朱小琴	鞋包车间	女	3120		
11	RCH010	袁庆元	鞋包车间	男	2780		
12	RCH011	张芯瑜	鞋包车间	女	3400		
13	RCH012	李慧珍	服装车间	女	2980		

图 4-20

❶ 选中 G2 单元格，在编辑栏中输入公式（如图 4-21 所示）：

= AVERAGEIF(C2:C13,"服装车间",E2:E13)

| ASIN | | × ✓ fx | =AVERAGEIF(C2:C13,"服装车间",E2:E13) | | | |

▲	A	B	C	D	E	F	G
1	职工工号	姓名	车间	性别	基本工资		服装车间平均工资
2	RCH001	张佳佳	服装车间	女	3500		3,"服装车间",E2:E13)
3	RCH002	周传明	鞋包车间	男	2900		
4	RCH003	陈秀月	鞋包车间	女	2800		
5	RCH004	杨世奇	服装车间	男	3100		
6	RCH005	袁晓宇	鞋包车间	男	2900		
7	RCH006	夏甜甜	服装车间	女	2700		
8	RCH007	吴晶晶	鞋包车间	女	3850		
9	RCH008	蔡天放	服装车间	男	3050		
10	RCH009	朱小琴	鞋包车间	女	3120		
11	RCH010	袁庆元	服装车间	男	2780		
12	RCH011	张芯瑜	鞋包车间	女	3400		
13	RCH012	李慧珍	服装车间	女	2980		

图 4-21

❷ 按 Enter 键，即可依据 C2:C13 和 E2:E13 单元格区域的数据计算出"服装车间"的平均工资。

【公式解析】

① 在条件区域 C2:C13 中查找"服装车间"

如果要求"鞋包车间"的平均工资，只要将此处条件更改为"鞋包车间"即可

= AVERAGEIF(C2:C13,"服装车间",E2:E13)

③ 对所取的值进行求平均值运算

② 将①中找到的满足条件的对应在 E2:E13 单元格区域上的值取出来，对所取的值进行求平均值运算

例 2：按班级统计平均分数

扫一扫，看视频

如图 4-22 所示的表格是某次竞赛的成绩统计表，其中包含三个班级，现在需要分别统计出各个班级的平均分。

	A	B	C	D	E	F	G
1	姓名	性别	班级	成绩		班级	平均分
2	张轶煊	男	二(1)班	95		二(1)班	84.6
3	王华均	男	二(2)班	76		二(2)班	81
4	李成杰	男	二(3)班	82		二(3)班	83
5	夏正霏	女	二(1)班	90			
6	万文锦	男	二(2)班	87			
7	刘岚轩	男	二(3)班	79			
8	孙悦	女	二(1)班	85			
9	徐梓瑞	男	二(2)班	80			
10	许宸浩	男	二(3)班	88			
11	王硕彦	男	二(1)班	75			
12	姜美	女	二(2)班	98			
13	蔡浩轩	男	二(3)班	88			
14	王晓蝶	女	二(1)班	78			
15	刘雨	女	二(2)班	87			
16	王佑琪	女	二(3)班	92			

图 4-22

❶ 选中 G2 单元格，在编辑栏中输入公式（如图 4-23 所示）：
=AVERAGEIF($C$2:$C$16,F2,$D$2:$D$16)

ASIN	▼	:	×	✓	fx	=AVERAGEIF($C$2:$C$16,F2,$D$2:$D$16)

AVERAGEIF(range, criteria, [average_range])

	A	B	C	D		F	G
1	姓名	性别	班级	成绩		班级	平均分
2	张轶煊	男	二(1)班	95		二(1)班	)$2:$D$16)
3	王华均	男	二(2)班	76		二(2)班	
4	李成杰	男	二(3)班	82		二(3)班	
5	夏正霏	女	二(1)班	90			
6	万文锦	男	二(2)班	87			
7	刘岚轩	男	二(3)班	79			
8	孙悦	女	二(1)班	85			
9	徐梓瑞	男	二(2)班	80			
10	许宸浩	男	二(3)班	88			
11	王硕彦	男	二(1)班	75			
12	姜美	女	二(2)班	98			
13	蔡浩轩	男	二(3)班	88			
14	王晓蝶	女	二(1)班	78			
15	刘雨	女	二(2)班	87			
16	王佑琪	女	二(3)班	92			

图 4-23

❷ 按 Enter 键，即可依据 C2:C16 和 D2:D16 单元格区域的数值计算出 F2 单元格中指定班级"二(1)班"的平均成绩，如图 4-24 所示。将 G2 单元格的公式向下填充，可一次得到每个班级的平均分。

▲	A	B	C	D	E	F	G
1	姓名	性别	班级	成绩		班级	平均分
2	张轶煊	男	二(1)班	95		二(1)班	84.6
3	王华均	男	二(2)班	76		二(2)班	
4	李成杰	男	二(3)班	82		二(3)班	
5	夏正霏	女	二(1)班	90			
6	万文锦	男	二(2)班	87			
7	刘岚轩	男	二(3)班	79			
8	孙悦	女	二(1)班	85			

图 4-24

【公式解析】

① 在条件区域 C2:C16 中找 F2 中指定班级所在的单元格

如果只是对某一个班级计算平均分,可以把此参数直接指定为文本,如"二(1)班"

=AVERAGEIF($C$2:$C$16,F2,$D$2:$D$16)

② 将①中找到的满足条件的对应在 D2:D16 单元格区域上的成绩进行求平均值运算

◀)) 注意:

在本例公式中,条件判断区域"$C$2:$C$16"和求和区域"$D$2:$D$16"使用了数据源的绝对引用,因为在公式填充过程中,这两部分需要保持不变;而判断条件区域"F2"则需要随着公式的填充做相应的变化,所以使用了数据源的相对引用。

如果只在单个单元格中应用公式,而不进行复制填充,数据源使用相对引用与绝对引用可返回相同的结果。

例 3: 计算平均值时排除 0 值

扫一扫,看视频

如图 4-25 所示的表格是一张面试成绩表,要求计算出此批面试人员的平均分数。其中成绩表中有两个是 0 分,计算平均值时需要排除这两个 0 值。

	A	B	C	D
1	序号	姓名	性别	面试成绩
2	1	周佳怡	女	86
3	2	韩志飞	男	79
4	3	陈夏云	女	0
5	4	杨冰冰	女	81
6	5	肖诗雨	女	86
7	6	田心贝	女	0
8	7	吴秀梅	女	78
9	8	蔡天茹	男	80
10	9	秦可昕	女	83
11	10	袁俊业	男	90

图 4-25

❶ 选中 G2 单元格，在编辑栏中输入公式（如图 4-26 所示）：

```
=AVERAGEIF(D2:D11,"<>0")
```

ASIN　=AVERAGEIF(D2:D11,"<>0")

	A	B	C	D	E	F	G
1	序号	姓名	性别	面试成绩		科目	平均分
2	1	周佳怡	女	86		面试成绩	11,"<>0")
3	2	韩志飞	男	79			
4	3	陈夏云	女	0			
5	4	杨冰冰	女	81			
6	5	肖诗雨	女	86			
7	6	田心贝	女	0			
8	7	吴秀梅	女	78			
9	8	蔡天茹	男	80			
10	9	秦可昕	女	83			
11	10	袁俊业	男	90			

图 4-26

❷ 按 Enter 键，即可排除 D2:D11 单元格区域的 0 值计算出平均值，如图 4-27 所示。

	A	B	C	D	E	F	G
1	序号	姓名	性别	面试成绩		科目	平均分
2	1	周佳怡	女	86		面试成绩	82.9
3	2	韩志飞	男	79			
4	3	陈夏云	女	0			
5	4	杨冰冰	女	81			
6	5	肖诗雨	女	86			
7	6	田心贝	女	0			
8	7	吴秀梅	女	78			
9	8	蔡天茹	男	80			
10	9	秦可昕	女	83			
11	10	袁俊业	男	90			

图 4-27

【公式解析】

① 用于条件判断的区域

此公式省略了第 3 个参数，因为此处用于条件判断的区域与用于求和的区域是同一区域，这种情况下则可以省略第三个参数

$$=AVERAGEIF(D2:D11,"<>0")$$

② 判断条件使用双引号

例4：使用通配符对某一类数据求平均值

如图 4-28 所示，表格统计了本月店铺各电器商品的销量数据，现在只想统计出电视类产品的平均销量。要找出电视类商品，其规则是只要商品名称中包含"电视"文字就为符合条件的数据，因此可以在设置判断条件时使用通配符，具体方法如下。

	A	B	C	D	E
1	商品名称	销量		电视的平均销量	
2	长虹电视机	35		28	
3	Haier电冰箱	29			
4	TCL平板电视机	28			
5	三星手机	31			
6	三星智能电视	29			
7	美的电饭锅	270			
8	创维电视机3D	30			
9	手机索尼SONY	104			
10	电冰箱长虹品牌	21			
11	海尔电视机57寸	17			

图 4-28

❶ 选中 D2 单元格，在编辑栏中输入公式（如图 4-29 所示）：

=AVERAGEIF(A2:A11,"*电视*",B2:B11)

| COUPDAY... ▾ | × ✓ fx | =AVERAGEIF(A2:A11,"*电视*",B2:B11) |

	A	B	C	D	E
1	商品名称	销量		电视的平均销量	
2	长虹电视机	35		*电视*",B2:B11)	
3	Haier电冰箱	29			
4	TCL平板电视机	28			
5	三星手机	31			
6	三星智能电视	29			
7	美的电饭锅	270			
8	创维电视机3D	30			
9	手机索尼SONY	104			
10	电冰箱长虹品牌	21			
11	海尔电视机57寸	17			

图 4-29

❷ 按 Enter 键,即可依据 A2:A11 和 B2:B11 单元格区域的商品名称和销量计算出电视类商品的平均销量。

【公式解析】

$$=AVERAGEIF(A2:A11,"*电视*",B2:B11)$$

公式的关键点是对第 2 个参数的设置,其中使用了"*"号通配符。"*"号可以代替任意字符,如"*电视*"即等同于"长虹电视机""海尔电视机 57 寸"等,它们都为满足条件的记录。除了"*"号是通配符以外,"?"号也是通配符,它用于代替任意单个字符,如"张?"即代表"张三""张四"和"张有"等,但不能代替"张有才",因为"有才"是两个字符

📢 注意:

在本例中,如果将 AVERAGEIF 更改为 SUMIF 函数,则可以实现求出任意某类商品的总销售量,这也是日常工作中很实用的一项操作。

例 5:排除部分数据计算平均值

如图 4-30 所示,某游乐城全年中有两个月是部分机器维护时间,因此只开放部分项目。现在想根据全年的利润额计算月平均利润,但要求除去维护机器的那两个月。可按如下方法设置公式。

扫一扫,看视频

	A	B	C	D
1	月份	利润(万元)		平均利润(维护)
2	1月	59.37		59.845
3	2月	50.21		
4	3月	48.25		
5	4月(维护)	12.8		
6	5月	45.32		
7	6月	63.5		
8	7月	78.09		
9	8月	82.45		
10	9月(维护)	6.21		
11	10月	47.3		
12	11月	68.54		
13	12月	55.42		

图 4-30

❶ 选中 D2 单元格,在编辑栏中输入公式(如图 4-31 所示):

=AVERAGEIF(A2:A13,"<>*(维护)",B2:B13)

	A	B	C	D	E
SUMIF		× ✓ fx	=AVERAGEIF(A2:A13,"<>*(维护)",B2:B13)		
1	月份	利润(万元)		平均利润（维护）	
2	1月	59.37		<>*(维护)",B2:B13)	
3	2月	50.21			
4	3月	48.25			
5	4月(维护)	12.8			
6	5月	45.32			
7	6月	63.5			
8	7月	78.09			
9	8月	82.45			
10	9月(维护)	6.21			
11	10月	47.3			
12	11月	68.54			
13	12月	55.42			

图 4-31

❷ 按 Enter 键，即可计算出排除维护的月份后的月平均利润。

【公式解析】

=AVERAGEIF(A2:A13,"<>*(维护)",B2:B13)

"*(维护)" 表示只要以"(维护)"结尾的记录，前面加上"<>"
表示要满足的条件是所有不以"(维护)"结尾的记录，把所有
找到的满足这个条件的对应在 B2:B13 单元格区域上的值取
下，然后对这些值求平均值

4. AVERAGEIFS（返回满足多重条件的平均值）

【函数功能】AVERAGEIFS 函数用于返回满足多重条件的所有单元格
的平均值（算术平均值）。

【函数语法】

AVERAGEIFS(average_range,criteria_range1,criteria1,criteria_range2,
criteria2,...)

- average_range：要计算平均值的一个或多个单元格，其中包括数
  字或包含数字的名称、数组或引用。
- criteria_range1,criteria_range2,…：表示用于进行条件判断的区域。
- criteria1,criteria2,…：表示判断条件。

【用法解析】

= AVERAGEIFS（❶用于求平均值的区域，❷用于条件判断的区域，❸条件，❹用于条件判断的区域，❺条件…）

条件可以是数字、文本、单元格引用或公式等。如果是文本，必须使用双引号，用于定义要对哪些单元格求平均值。例如，条件可以表示为 32、"32" ">32" "电视"或 B4。当条件是文本时一定要使用双引号

例 1：统计指定车间指定性别职工的平均成绩

沿用 AVERAGEIF 函数例 1 中所介绍的例子，当判断条件并不仅仅是车间，同时还需要对性别进行判断时，则使用 AVERAGEIF 函数就无法实现了，它需要使用 AVERAGEIFS 函数来设置公式。

扫一扫，看视频

❶ 选中 G2 单元格，在编辑栏中输入公式（如图 4-32 所示）：
= AVERAGEIFS(E2:E13,C2:C13,"服装车间",D2:D13,"女")

ASIN		× ✓ fx	=AVERAGEIFS(E2:E13,C2:C13,"服装车间",D2:D13,"女")				
▲	A	B	C	D	E	F	G	H
1	职工工号	姓名	车间	性别	基本工资		服装车间女性平均工资	
2	RCH001	张佳佳	服装车间	女	3500		装车间",D2:D13,"女")	
3	RCH002	周传明	鞋包车间	男	2900			
4	RCH003	陈秀月	鞋包车间	女	2800			
5	RCH004	杨世奇	服装车间	男	3100			
6	RCH005	袁晓宇	鞋包车间	男	2900			
7	RCH006	夏甜甜	服装车间	女	2700			
8	RCH007	吴晶晶	鞋包车间	女	3850			
9	RCH008	蔡天放	服装车间	男	3050			
10	RCH009	朱小琴	鞋包车间	女	3120			
11	RCH010	袁庆元	服装车间	男	2780			
12	RCH011	张芯瑜	鞋包车间	女	3400			
13	RCH012	李慧珍	服装车间	女	2980			

图 4-32

❷ 按 Enter 键，即可分别在 C2:C13 和 D2:D13 单元格区域中进行双条件判断，从而只对满足条件的数据进行求平均值，结果如图 4-33 所示。

	A	B	C	D	E	F	G
1	职工工号	姓名	车间	性别	基本工资		服装车间女性平均工资
2	RCH001	张佳佳	服装车间	女	3500		3060
3	RCH002	周传明	鞋包车间	男	2900		
4	RCH003	陈秀月	鞋包车间	女	2800		
5	RCH004	杨世奇	服装车间	男	3100		
6	RCH005	袁晓宇	鞋包车间	男	2900		
7	RCH006	夏甜甜	服装车间	女	2700		
8	RCH007	吴晶晶	鞋包车间	女	3850		
9	RCH008	蔡天放	服装车间	男	3050		
10	RCH009	朱小琴	鞋包车间	女	3120		
11	RCH010	袁庆元	服装车间	男	2780		
12	RCH011	张芯瑜	鞋包车间	女	3400		
13	RCH012	李慧珍	服装车间	女	2980		

图 4-33

【公式解析】

① 用于求平均值的区域

② 第一个判断条件的区域与判断条件

= AVERAGEIFS(E2:E13,C2:C13,"服装车间",D2:D13,"女")

④ 对同时满足两个条件的求平均值

③ 第二个判断条件的区域与判断条件

例2：计算指定班级指定科目的平均分

扫一扫，看视频

在某次竞赛中两个班级共选择 10 名学生参加，并同时有语文数学两门科目。表格统计方式如图 4-34 所示，要求能分别统计出各个班级各个科目的平均分。

	A	B	C	D	E	F	G	H	I
1	姓名	性别	班级	科目	成绩		班级	科目	平均分
2	张轶煊	男	二(1)班	语文	95		二(1)班	语文	87.25
3	张轶煊	男	二(1)班	数学	98		二(2)班	语文	81.25
4	王华均	男	二(2)班	语文	76		二(1)班	数学	89.5
5	王华均	男	二(2)班	数学	85		二(2)班	数学	88.25
6	李成杰	男	二(1)班	语文	82				
7	李成杰	男	二(1)班	数学	88				
8	夏正霏	女	二(2)班	语文	90				
9	夏正霏	女	二(2)班	数学	87				
10	万文锦	男	二(1)班	语文	87				
11	万文锦	男	二(1)班	数学	87				
12	刘岚轩	男	二(2)班	语文	79				
13	刘岚轩	男	二(2)班	数学	89				
14	孙悦	女	二(1)班	语文	85				
15	孙悦	女	二(1)班	数学	85				
16	徐梓瑞	男	二(2)班	语文	80				
17	徐梓瑞	男	二(2)班	数学	92				

图 4-34

❶ 选中 I2 单元格，在编辑栏中输入公式（如图 4-35 所示）：

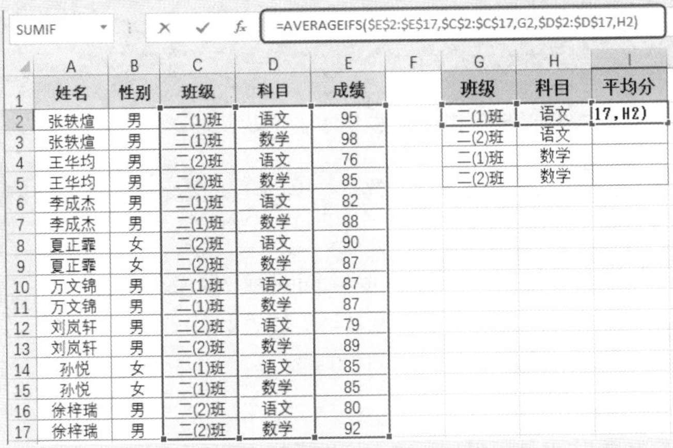

=AVERAGEIFS($E$2:$E$17,$C$2:$C$17,G2,$D$2:$D$17,H2)

图 4-35

❷ 按 Enter 键，即可同时判断班级与科目两个条件，对"二(1)班"的"语文"成绩计算平均分，如图 4-36 所示。将 I2 单元格的公式向下填充，可分别计算出各班级各科目的平均分。

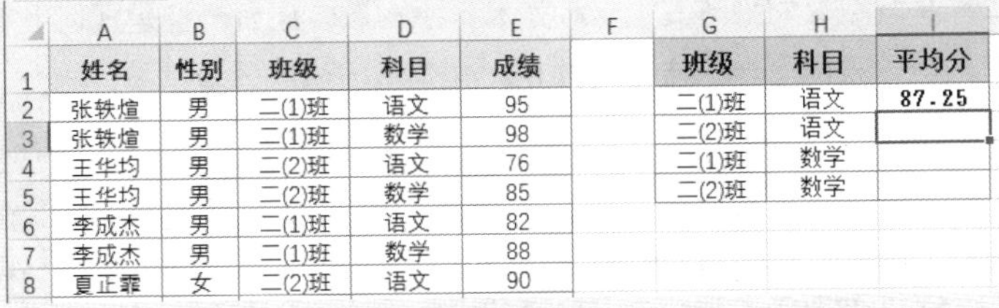

图 4-36

【公式解析】

① 用于求平均值的区域　　② 第一个判断条件的区域与判断条件

=AVERAGEIFS($E$2:$E$17,$C$2:$C$17,G2,$D$2:$D$17,H2)

④ 对同时满足两个条件的求平均值　　③ 第二个判断条件的区域与判断条件

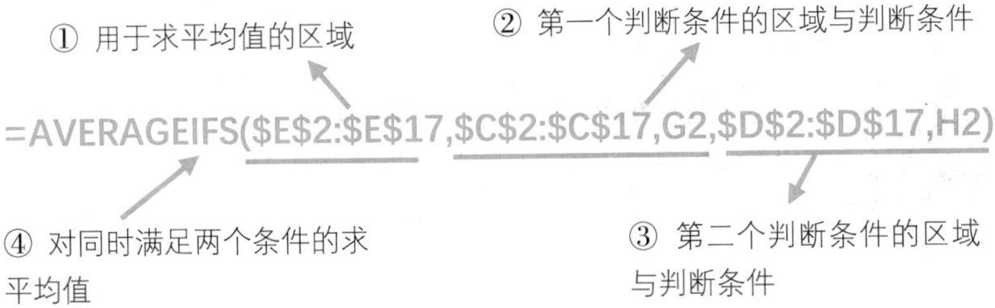

📢 **注意:**

由于对条件的判断都是采用引用单元格的方式，并且建立后的公式需要向下复制，所以公式中对条件的引用采用相对方式，而对其他用于计算的区域与条件判断区域则采用绝对引用方式。

5. GEOMEAN（返回几何平均值）

【函数功能】GEOMEAN 函数用于返回正数数组或数据区域的几何平均值。

【函数语法】GEOMEAN(number1,number2,...)

number1,number2,...：需要计算其平均值的 1~30 个参数。也可以不使用这种用逗号分隔参数的形式，而用单个数组或数组引用的形式。

【用法解析】

参数必须是数字且不能有任意一个为 0。其他类型的值都被该函数忽略不计

$$= GEOMEAN（A1:A5)$$

计算平均数有两种方式：一种是算术平均数，还有一种是几何平均数。算术平均数就是前面我们使用 AVERAGE 函数得到的计算结果，它的计算原理是：$(a+b+c+d+\cdots)/n$ 这种方式。这种计算方式下每个数据之间不具有相互影响关系，是独立存在的。

那么，什么是几何平均数呢？几何平均数是指 n 个观察值连续乘积的 n 次方根。它的计算原理是：$\sqrt[n]{X_1 \times X_2 \times X_3 \cdots X_n}$。计算几何平均数要求各观察值之间存在连乘积关系，它的主要用途是对比率、指数等进行平均，计算平均发展速度。

例：判断两组数据的稳定性

例如如图 4-37 所示的表格是对某两人 6 个月中工资的统计。利用求几何平均值的方法可以判断出谁的收入比较稳定。

	A	B	C
1	月份	小张	小李
2	1月	3980	4400
3	2月	7900	5000
4	3月	3600	4600
5	4月	3787	5000
6	5月	6400	5000
7	6月	4210	5100
8	合计	29877	29100

图 4-37

❶ 选中 E2 单元格，在编辑栏中输入公式：

```
= GEOMEAN(B2:B7)
```

按 Enter 键，即可得到“小张”的月工资几何平均值，如图 4-38 所示。

E2 | = GEOMEAN(B2:B7)

	A	B	C	D	E
1	月份	小张	小李		小张(几何平均值)
2	1月	3980	4400		4754.392219
3	2月	7900	5000		
4	3月	3600	4600		
5	4月	3787	5000		
6	5月	6400	5000		
7	6月	4210	5100		
8	合计	29877	29100		

图 4-38

❷ 选中 F2 单元格，在编辑栏中输入公式：

```
= GEOMEAN(C2:C7)
```

按 Enter 键，即可得到“小李”的月工资几何平均值，如图 4-39 所示。

F2 | = GEOMEAN(C2:C7)

	A	B	C	D	E	F
1	月份	小张	小李		小张(几何平均值)	小李(几何平均值)
2	1月	3980	4400		4754.392219	4843.007217
3	2月	7900	5000			
4	3月	3600	4600			
5	4月	3787	5000			
6	5月	6400	5000			
7	6月	4210	5100			
8	合计	29877	29100			

图 4-39

【公式解析】

从统计结果可以看到，小张的合计工资大于小李的合计工资，但小张的月工资几何平均值却小于小李的月工资几何平均值。几何平均值越大表示其值越稳定，因此小李的收入更加稳定。

6. HARMEAN（返回数据集的调和平均值）

【函数功能】HARMEAN 函数用于返回数据集合的调和平均值（调和平均值与倒数的算术平均值互为倒数）。

【函数语法】HARMEAN(number1,number2,...)

number1,number2,...：要计算其平均值的 1~30 个参数。

【用法解析】

> 参数必须是数字。其他类型值都是被该函数忽略不计。参数包含小于 0 的数字时，HARMEAN 函数将会返回#NUM!错误值

$$= HARMEAN（A1:A5)$$

计算原理是：$n/(1/a+1/b+1/c+\cdots)$，a、b、c 都要求大于 0。

调和平均数具有以下几个主要特点。

- 调和平均数易受极端值的影响，且受极小值的影响比受极大值的影响更大。
- 只要有一个标志值为 0，就不能计算调和平均数。

例：计算固定时间内几位学生的平均解题数

扫一扫，看视频

在实际应用中，往往由于缺乏总体单位数的资料而不能直接计算算术平均数，这时需要用调和平均法来求得平均数。例如 5 名学生分别在一个小时内完成的解题数分别为 4、4、5、7、6，要求计算出平均解题速度。我们可以使用公式"=5/(1/4+1/4+1/5+1/7+1/6)"计算出结果等于 4.95。但如果数据众多，使用这种公式显然是不方便的，因此可以使用 HARMEAN 函数快速求解。

❶ 选中 D2 单元格，在编辑栏中输入公式（如图 4-40 所示）：
=HARMEAN(B2:B6)

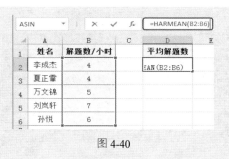

图 4-40

❷ 按 Enter 键，即可计算出平均解题数，如图 4-41 所示。

	A	B	C	D
1	姓名	解题数/小时		平均解题数
2	李成杰	4		4.952830189
3	夏正霏	4		
4	万文锦	5		
5	刘岚轩	7		
6	孙悦	6		

图 4-41

7. TRIMMEAN（截头尾返回数据集的平均值）

【函数功能】TRIMMEAN 函数用于返回数据集的内部平均值。先从数据集的头部和尾部除去一定百分比的数据点后，再求该数据集的平均值。当希望在分析中剔除一部分数据的计算时，可以使用此函数。

【函数语法】TRIMMEAN(array,percent)

- array：要进行整理并求平均值的数组或数据区域。
- percent：计算时所要除去的数据点的比例。当 percent=0.2，在 10 个数据中去除 2 个数据点（10*0.2=2）、在 20 个数据中去除 4 个数据点（20*0.2=4）。

【用法解析】

目标数据区域　　　要去除的数据点比例

= TRIMMEAN (A1:A30, 0.1)

将除去的数据点数目向下舍入为最接近的 2 的倍数。例如当前参数中 A1:A30 有 30 个数，30 个数据点的 10%等于 3 个数据点。TRIMMEAN 函数将对称地在数据集的头部和尾部各除去一个数据

例：通过 10 位评委打分计算选手的最后得分

扫一扫，看视频

如图 4-42 所示，在进行某技能比赛中，10 位评委分别为进入决赛的 3 名选手进行打分，通过 10 位的打分结果计算出 3 名选手的最后得分。要求是去掉最高分与最低分再求平均分，此时可以使用 TRIMMEAN 函数来求解。

	A	程伊琳	何萧阳	李家欣
1		程伊琳	何萧阳	李家欣
2	评委1	9.65	8.95	9.35
3	评委2	9.1	8.78	9.25
4	评委3	10	8.35	9.47
5	评委4	8.35	8.95	9.04
6	评委5	8.95	10	9.29
7	评委6	8.78	9.35	8.85
8	评委7	9.25	9.65	8.75
9	评委8	9.45	8.93	8.95
10	评委9	9.23	8.15	9.05
11	评委10	9.25	8.35	9.15
12				
13	最后得分	9.21	8.91	9.12

图 4-42

❶ 选中 B13 单元格，在编辑栏中输入公式（如图 4-43 所示）：
= TRIMMEAN (B2:B11,0.2)

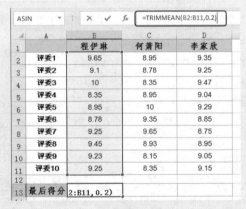

图 4-43

❷ 按 Enter 键，即可去除 B2:B11 单元格区域中的最大值与最小值并求出平均值，如图 4-44 所示。将 B13 单元格的公式向右填充，可得到其他选手的平均分。

	A	B	C	D
1		程伊琳	何萧阳	李家欣
2	评委1	9.65	8.95	9.35
3	评委2	9.1	8.78	9.25
4	评委3	10	8.35	9.47
5	评委4	8.35	8.95	9.04
6	评委5	8.95	10	9.29
7	评委6	8.78	9.35	8.85
8	评委7	9.25	9.65	8.75
9	评委8	9.45	8.93	8.95
10	评委9	9.23	8.15	9.05
11	评委10	9.25	8.35	9.15
12				
13	最后得分	9.21		
14				

图 4-44

【公式解析】

从 10 个数中提取 20%，即提取两个数，因此是去除首尾两个数再求平均值

=TRIMMEAN(B2:B11,0.2)

4.2 统计符合条件的数据条目数

在 Excel 中对数据处理的方式除了求和、求平均值等运算比较常用以外，计数统计也是经常进行的一项运算，即统计条目数或满足条件的条目数。例如，在进行员工学历分析时，可以统计各学历的人数、通过统计即将退休的人数制订人材编制计划；通过统计男女职工人数分析公司员工性别分布状况等都需要进行计数运算。

1. COUNT（统计含有数字的单元格个数）

【函数功能】COUNT 函数用于返回数字参数的个数，即统计数组或单元格区域中含有数字的单元格个数。

【函数语法】COUNT(value1,value2,...)

value1,value2,...：表示包含或引用各种类型数据的参数（1~30 个），其中只有数字类型的数据才能被统计。

【用法解析】

统计该区域中数字的个数。非数字不统计。
时间、日期也属于数字

=COUNT（A2:A10）

例1：统计出席会议的人数

扫一扫，看视频

如图 4-45 所示为某项会议的签到表，有签到时间的表示参与会议，没有签到时间的表示没有参与会议。在这张表格中可以使用 COUNT 函数统计出席会议的人数。

	A	B	C	D	E
1	姓名	签到时间	部门		出席人数
2	张佳佳		财务部		9
3	周传明	8:58:01	企划部		
4	陈秀月		财务部		
5	杨世奇	8:34:14	后勤部		
6	袁晓宇	8:50:26	企划部		
7	夏甜甜	8:47:21	后勤部		
8	吴晶晶		财务部		
9	蔡天放	8:29:58	财务部		
10	朱小琴	8:41:31	后勤部		
11	袁庆元	8:52:36	企划部		
12	周亚楠	8:43:20	人事部		
13	韩佳琪		企划部		
14	肖明远	8:47:49	人事部		

图 4-45

❶ 选中 E2 单元格，在编辑栏中输入公式（如图 4-46 所示）：
=COUNT(B2:B14)

IF		✕ ✓ fx	=COUNT(B2:B14)		
	A	B	C	D	E
1	姓名	签到时间	部门		出席人数
2	张佳佳		财务部		JT(B2:B14)
3	周传明	8:58:01	企划部		
4	陈秀月		财务部		
5	杨世奇	8:34:14	后勤部		
6	袁晓宇	8:50:26	企划部		
7	夏甜甜	8:47:21	后勤部		
8	吴晶晶		财务部		
9	蔡天放	8:29:58	财务部		
10	朱小琴	8:41:31	后勤部		
11	袁庆元	8:52:36	企划部		
12	周亚楠	8:43:20	人事部		
13	韩佳琪		企划部		
14	肖明远	8:47:49	人事部		

图 4-46

❷ 按 Enter 键，即可统计出 B2:B14 单元格区域中数字的个数。

例 2：统计一月份获取交通补助的总人数

如图 4-47 所示为"销售部"交通补贴统计表，如图 4-48 所示为"企划部"交通补贴统计表（相同格式的还有"售后部"），要求统计出获取交通补贴的总人数，具体操作方法如下。

扫一扫，看视频

◢	A	B	C	D
1	姓名	性别	交通补助	
2	刘菲	女	无	
3	李艳池	女	300	
4	王斌	男	600	
5	李慧慧	女	900	
6	张德海	男	无	
7	徐一鸣	男	无	
8	赵魁	男	100	
9	刘晨	男	200	
10				

销售部　企划部　售后部　统计表

图 4-47

◢	A	B	C	D
1	姓名	性别	交通补助	
2	张缓	女	700	
3	胡菲菲	女	无	
4	李欣	男	无	
5	刘强	女	400	
6	王婷	男	无	
7	周围	男	无	
8	柳柳	男	100	
9	梁惠娟	男	无	
10				

销售部　企划部　售后部　统计表

图 4-48

❶ 在"统计表"中选中要输入公式的单元格，首先输入前半部分公式 "=COUNT("，如图 4-49 所示。

图 4-49

❷ 在第一个统计表标签上单击鼠标选中，然后按住 Shift 键，在最后一个统计表标签上单击鼠标，即选中了所有要参加计算的工作表为"销售部：售后部"（3 张统计表）。

❸ 再用鼠标选中参与计算的单元格或单元格区域，此例为"C2:C9"，接着再输入右括号完成公式的输入，按 Enter 键得到统计结果，如图 4-50 所示。

| B1 | | : | × | ✓ | f_x | =COUNT(销售部:售后部!C2:C9) |

▲	A	B	C	D	E
1	获取交通补助的人数	11			
2					
3					
4					
5					
6					
7					
8					
9					
10					

销售部 | 企划部 | 售后部 | 统计表

图 4-50

【公式解析】

建立工作组，即这些工作表中的 C2:C9
单元格区域都是被统计的对象

=COUNT(销售部:售后部!C2:C9)

例 3：统计出某一项成绩为满分的人数

扫一扫，看视频

表格中统计了 11 位学生的成绩，要求得出的统计结果是某
一项成绩为满分的人数，即只要有一科为 100 分就被作为统计
对象，如图 4-51 所示。

▲	A	B	C	D	E
1	姓名	语文	数学		有一科得满分的人数
2	李成杰	78	65		4
3	夏正霏	88	54		
4	万文锦	100	98		
5	刘岚轩	93	90		
6	孙悦	78	65		
7	徐梓瑞	88	100		
8	许宸浩	100	58		
9	王硕彦	100	95		

图 4-51

❶ 选中 E2 单元格，在编辑栏中输入公式（如图 4-52 所示）：
=COUNT(0/((B2:B9=100)+(C2:C9=100)))

| ASIN | ▼ | : | ✕ | ✓ | fx | =COUNT(0/((B2:B9=100)+(C2:C9=100))) |

▲	A	B	C	D	COUNT(**value1**, [value2], ...)	F
1	姓名	语文	数学	有一科得满分的人数		
2	李成杰	78	65	:100)+(C2:C9=100)))		
3	夏正霖	88	54			
4	万文锦	100	98			
5	刘岚轩	93	90			
6	孙悦	78	65			
7	徐梓瑞	88	100			
8	许宸浩	100	58			
9	王硕彦	100	95			

图 4-52

❷ 按 Shift+Ctrl+Enter 组合键即可统计出 B2:C9 单元格区域中数值为 100 的个数。

【公式解析】

① 判断 B2:B9 单元格区域有哪些是等于 100 的，并返回一个数组。等于 100 的返回 TRUE，其余的返回 FALSE

② 判断 C2:C9 单元格区域有哪些是等于 100 的，并返回一个数组。等于 100 的返回 TRUE，其余的返回 FALSE

=COUNT(0/((B2:B9=100)+(C2:C9=100)))

④ 0 起到辅助的作用（也可以用 1 等其他数字），当③的返回值为 1 时除法得出一个数字；当③的返回值为 0 时，除法返回#DIV/0! 错误值（因为 0 作为被除数时都会返回错误值）

③ 将①的返回数组与②的返回数组相加，有一个为 TRUE 时，返回结果为 1，其他的返回结果为 0

最后使用 COUNT 统计④的数组中数字的个数。这个公式实际是一个 COUNT 函数灵活运用的例子

2. COUNTA（统计包括文本和逻辑值的单元格数目）

【函数功能】COUNTA 函数的功能是返回参数列表中非空的单元格个

数。数字、文本、逻辑值等只要单元格不是空的都被作为满足条件的统计对象。

【函数语法】COUNTA(value1,value2,...)

value1,value2,...：表示包含或引用各种类型数据的参数（1~30 个），其中参数可以是任何类型。

【用法解析】

统计该区域中非空单元格的个数。有任何内容（无论是什么值）都被统计。如果单元格中看似空的，实际有空格则也会被统计

=COUNTA（A2:A10）

COUNTA 与 COUNT 的区别是，COUNT 统计数字的个数（如图 4-53 所示），而 COUNTA 是统计除空值外的所有值的个数（如图 4-54 所示）。

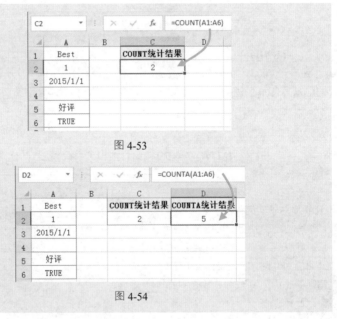

图 4-53

图 4-54

例 1：统计出有效的调查问卷

扫一扫，看视频

如图 4-55 所示是对某次问卷有效情况的记录表（实际工作中可能有更多数据条目），要统计出有效问卷的份数，靠手工去数肯定是不现实的，此时可以使用 COUNTA 函数轻松统计。

❶ 选中 D2 单元格，在编辑栏中输入公式（如图 4-56 所示）：

=COUNTA(B2:B25)

图 4-55

	A	B	C	D
1	问卷编号	是否有效		有效份数
2	PL001	✓		16
3	PL002			
4	PL003	✓		
5	PL004	✓		
6	PL005			
7	PL006	✓		
8	PL007	✓		
9	PL008	✓		
10	PL009	✓		
11	PL010			
12	PL011			
13	PL012	✓		
14	PL013			
15	PL014	✓		
16	PL015	✓		
17	PL016			
18	PL017	✓		
19	PL018			
20	PL019	✓		
21	PL020	✓		
22	PL021	✓		
23	PL022	✓		
24	PL023	✓		
25	PL024			

图 4-56

ASIN ▾ ✕ ✓ fx =COUNTA(B2:B25)

	A	B	C	D	E
1	问卷编号	是否有效		有效份数	
2	PL001	✓		A(B2:B25)	
3	PL002				
4	PL003	✓			
5	PL004	✓			
6	PL005				
7	PL006	✓			
8	PL007	✓			
9	PL008	✓			
10	PL009	✓			
11	PL010				
12	PL011				
13	PL012	✓			
14	PL013				
15	PL014	✓			
16	PL015	✓			
17	PL016				
18	PL017	✓			
19	PL018				
20	PL019	✓			
21	PL020	✓			
22	PL021	✓			
23	PL022	✓			
24	PL023	✓			
25	PL024				

❷ 按 Enter 键，即可统计出 B2:B25 单元格区域中有值的条目数。

例 2：统计出非正常出勤的人数

如图 4-57 所示的表格统计了各个部门人员的出勤情况，其中非正常出勤的有文字记录，如"病假""事假"等。要求通过用公式统计出非正常出勤的人数。

扫一扫，看视频

	A	B	C	D	E	F
1	姓名	性别	部门	出勤情况		非正常出勤人数
2	李成杰	男	销售部	病假		6
3	夏正霍	男	设计部	病假		
4	万文锦	女	财务部			
5	刘岚轩	女	销售部			
6	孙悦	男	财务部			
7	徐梓瑞	男	设计部	事假		
8	许宸浩	女	财务部			
9	王硕彦	男	销售部	早退		
10	李洁	男	设计部			
11	陈玉	男	销售部	病假		
12	吴丽丽	女	销售部			
13	何月兰	女	设计部			
14	郭恩惠	女	设计部	事假		

图 4-57

❶ 选中 F2 单元格，在编辑栏中输入公式（如图 4-58 所示）：

=COUNTA(D2:D14)

	A	B	C	D	E	F
	ASIN	▼	⋮ × ✓	f_x	=COUNTA(D2:D14)	
1	姓名	性别	部门	出勤情况		非正常出勤人数
2	李成杰	男	销售部	病假		=COUNTA(D2:D14)
3	夏正霖	男	设计部	病假		
4	万文锦	女	财务部			
5	刘岚轩	女	销售部			
6	孙悦	男	财务部			
7	徐梓瑞	男	设计部	事假		
8	许宸浩	女	财务部			
9	王硕彦	男	销售部	早退		
10	李洁	男	设计部			
11	陈玉	男	销售部	病假		
12	吴丽丽	女	销售部			
13	何月兰	女	设计部			
14	郭恩惠	女	设计部	事假		

图 4-58

❷ 按 Enter 键，即可统计出 D2:D14 单元格区域中显示文字的条目数。

3. COUNTIF（统计满足给定条件的单元格的个数）

【函数功能】COUNTIF 函数用于计算区域中满足给定条件的单元格的个数。

【函数语法】COUNTIF(range,criteria)

- range：要计算其中满足条件的单元格数目的单元格区域。
- criteria：确定哪些单元格将被计算在内的条件，其形式可以为数字、表达式或文本。

【用法解析】

形式可以为数字、表达式或文本，文本必须要使用双引号。也可以使用通配符

=COUNTIF（❶计数区域，❷计数条件）

与 COUNTIF 函数的区别为：COUNT 无法进行条件判断，COUNTIF 可以进行条件判断。不满足条件的不被统计

例 1：统计指定学历的人数

如图 4-59 所示的表格统计了公司员工的姓名、性别、部门、年龄及学历信息，需要统计本科学历员工的人数。

扫一扫，看视频

	A	B	C	D	E	F	G
1	姓名	性别	部门	年龄	学历		本科学历员工人数
2	张佳佳	女	财务部	29	本科		7
3	周传明	男	企划部	32	专科		
4	陈秀月	女	财务部	27	研究生		
5	杨世奇	男	后勤部	26	专科		
6	袁晓宇	男	企划部	30	本科		
7	夏甜甜	女	后勤部	27	本科		
8	吴晶晶	女	财务部	29	研究生		
9	蔡天放	男	财务部	35	专科		
10	朱小琴	女	后勤部	25	本科		
11	袁庆元	男	企划部	34	本科		
12	周亚楠	男	人事部	27	研究生		
13	韩佳琪	女	企划部	30	本科		
14	肖明远	男	人事部	28	本科		

图 4-59

❶ 选中 G2 单元格，在编辑栏中输入公式（如图 4-60 所示）：
=COUNTIF(E2:E14,"本科")

IF		:	✕ ✓	f_x	=COUNTIF(E2:E14,"本科")		
	A	B	C	D	E	F	G
1	姓名	性别	部门	年龄	学历		本科学历员工人数
2	张佳佳	女	财务部	29	本科		=COUNTIF(E2:E14,"本科")
3	周传明	男	企划部	32	专科		
4	陈秀月	女	财务部	27	研究生		
5	杨世奇	男	后勤部	26	专科		
6	袁晓宇	男	企划部	30	本科		
7	夏甜甜	女	后勤部	27	本科		
8	吴晶晶	女	财务部	29	研究生		
9	蔡天放	男	财务部	35	专科		
10	朱小琴	女	后勤部	25	本科		
11	袁庆元	男	企划部	34	本科		
12	周亚楠	男	人事部	27	研究生		
13	韩佳琪	女	企划部	30	本科		
14	肖明远	男	人事部	28	本科		

图 4-60

❷ 按 Enter 键，即可统计出 E2:E14 单元格区域中显示"本科"的人数。

【公式解析】

用于数据判断的区域　　　判断条件，文本使用双引号

=COUNTIF(E2:E14,"本科")

例2：统计加班超过指定时长的人数

如图 4-61 所示的图中统计了某段时间的加班时长，现在想统计出加班达到三小时及三小时以上的人数。

	A	B	C	D	E	F
1	姓名	开始时间	结果时间	加班时长		加班达到三小时的人数
2	崔志茗	12:00:00	14:30:00	2:30:00		3
3	陈春	17:00:00	20:00:00	3:00:00		
4	崔丽纯	10:00:00	16:00:00	6:00:00		
5	韦玲芳	14:30:00	18:00:00	3:30:00		
6	陈振涛	19:00:00	21:00:00	2:00:00		
7	张伊琳	20:00:00	22:30:00	2:30:00		
8	刘霜	19:00:00	21:00:00	2:00:00		
9	唐雨萱	19:00:00	21:00:00	2:00:00		
10	简佳	20:00:00	22:00:00	2:00:00		
11	王家洋	19:00:00	21:00:00	2:00:00		
12	刘楠楠	19:00:00	21:30:00	2:30:00		
13	林丽	20:00:00	22:00:00	2:00:00		

图 4-61

❶ 选中 F2 单元格，在编辑栏中输入公式（如图 4-62 所示）：
=COUNTIF(D2:D13,">=3:00:00")

图 4-62

❷ 按 Enter 键，即可统计出 D2:D13 单元格区域中值大于 "3:00:00" 的条目数。

【公式解析】

用于数据判断的区域

判断条件，是一个判断时间值的表达式

=COUNTIF(D2:D13,">=3:00:00")

例3：统计成绩表中分数大于90分的人数

如图4-63所示的表格是某次竞赛的成绩统计表，现在想统计出大于90分的人数。

扫一扫，看视频

	A	B	C	D	E	F
1	姓名	性别	班级	成绩		大于90分的人数
2	张轶煊	男	二(1)班	95		4
3	王华均	男	二(2)班	76		
4	李成杰	男	二(3)班	82		
5	夏正霏	女	二(1)班	90		
6	万文锦	男	二(2)班	87		
7	刘岚轩	男	二(3)班	79		
8	孙悦	女	二(1)班	92		
9	徐梓瑞	男	二(2)班	80		
10	许宸浩	男	二(3)班	88		
11	王硕彦	男	二(1)班	75		
12	姜美	女	二(2)班	98		
13	蔡浩轩	男	二(3)班	88		
14	王晓蝶	女	二(1)班	78		
15	刘雨	女	二(2)班	87		
16	王佑琪	女	二(3)班	92		

图 4-63

❶ 选中F2单元格，在编辑栏中输入公式（如图4-64所示）：

=COUNTIF(D2:D16,">90")

ASIN			×	✓	f_x	=COUNTIF(D2:D16,">90")	

	A	B	C	D	E	F
1	姓名	性别	班级	成绩		大于90分的人数
2	张轶煊	男	二(1)班	95		NTIF(D2:D16,">90")
3	王华均	男	二(2)班	76		
4	李成杰	男	二(3)班	82		
5	夏正霏	女	二(1)班	90		
6	万文锦	男	二(2)班	87		
7	刘岚轩	男	二(3)班	79		
8	孙悦	女	二(1)班	92		
9	徐梓瑞	男	二(2)班	80		
10	许宸浩	男	二(3)班	88		
11	王硕彦	男	二(1)班	75		
12	姜美	女	二(2)班	98		
13	蔡浩轩	男	二(3)班	88		
14	王晓蝶	女	二(1)班	78		
15	刘雨	女	二(2)班	87		
16	王佑琪	女	二(3)班	92		

图 4-64

❷ 按 Enter 键，即可统计出 D2:D16 单元格区域中值大于 90 时的条目数。

【公式解析】

用于数据判断的区域　　判断条件，是一个判断表达式

=COUNTIF(D2:D16,">90")

例 4：统计大于各指定分值的人数

　　　　如图 4-65 所示的表格是对销售部员工的考核成绩统计表，现在想分别统计出大于 90 分、大于 80 分和大于 70 分的人数。设置这个公式，可以直接如同例 3 一样将判断条件直接写入公式，但为了避免逐一设置公式的麻烦，也可以采用建立一个公式然后复制的办法。

	A	B	C	D	E	F
1	姓名	部门	考核成绩		分数界定	人数
2	姚雨露	销售1部	95		90	3
3	李成涵	销售1部	76		80	7
4	张源	销售1部	82		70	13
5	王昕宇	销售1部	90			
6	盛奕晨	销售1部	87			
7	陈程	销售2部	79			
8	李竞尧	销售2部	92			
9	张伊聆	销售2部	77			
10	纪雨希	销售2部	88			
11	傅文华	销售3部	75			
12	周文杰	销售3部	70			
13	陈紫	销售3部	88			
14	李明	销售3部	72			

图 4-65

❶ 选中 F2 单元格，在编辑栏中输入公式（如图 4-66 所示）：
=COUNTIF($C$2:$C$14,">="&E2)

| ASIN | | ▼ | : | × | ✓ | fx | =COUNTIF($C$2:$C$14,">="&E2) |

| | | | | | COUNTIF(range, **criteria**) | |

	A	B	C		E	F
1	姓名	部门	考核成绩		分数界定	人数
2	姚雨露	销售1部	95		90	>="&E2)
3	李成涵	销售1部	76		80	
4	张源	销售1部	82		70	
5	王昕宇	销售1部	90			
6	盛奕晨	销售1部	87			
7	陈程	销售2部	79			
8	李竞尧	销售2部	92			
9	张伊聆	销售2部	77			
10	纪雨希	销售2部	88			
11	傅文华	销售3部	75			
12	周文杰	销售3部	70			
13	陈紫	销售3部	88			
14	李明	销售3部	72			

图 4-66

❷ 按 Enter 键，即可统计出 C2:C14 单元格区域中值大于 90 分的条目数，如图 4-67 所示。复制 F2 单元格的公式到 F4 单元格，可以分别求出不同分数界定所对应的人数。

	A	B	C	D	E	F
1	姓名	部门	考核成绩		分数界定	人数
2	姚雨露	销售1部	95		90	3
3	李成涵	销售1部	76		80	
4	张源	销售1部	82		70	
5	王昕宇	销售1部	90			
6	盛奕晨	销售1部	87			
7	陈程	销售1部	79			
8	李竞兖	销售2部	92			
9	张伊聆	销售2部	77			
10	纪雨希	销售2部	88			
11	傅文华	销售3部	75			
12	周文杰	销售3部	70			
13	陈紫	销售3部	88			
14	李明	销售3部	72			

图 4-67

【公式解析】

此公式此处设置是关键，COUNTIF 函数中的参数条件要使用单元格地址时，要使用连接符 "&" 把关系符 ">=" 和单元格地址连接起来。这是公式设置的一个规则，需要读者记住

=COUNTIF($C$2:$C$14,">="&E2)

例 5：统计同时在两列数据中都出现的条目数

活用 COUNTIF 函数还可以对两列（或多列）中都出现的数据进行条目统计。例如公司中对各个月份的优秀员工给出了列表（如图 4-68 所示给出了两个月中优秀员工的列表），要求统计出在两个月（或多月）中都是优秀员工的人数。

扫一扫，看视频

	A	B	C	D
1	9月份优秀员工	10月份优秀员工		
2	刘文水	崔志茗		
3	郝志文	陈春		
4	徐瑶瑶	崔丽纯		
5	个梦玲	韦玲芳		
6	崔志茗	陈振涛		
7	简佳	张伊琳		
8	张伊琳	刘霜		
9	韦玲芳	唐雨萱		
10		简佳		
11		王家洋		
12		刘楠楠		

图 4-68

❶ 选中 D2 单元格，在编辑栏中输入公式（如图 4-69 所示）：

`=SUM(COUNTIF(A2:A12,B2:B12))`

| ASIN | ▾ | : | × | ✓ | fx | =SUM(COUNTIF(A2:A12,B2:B12)) |

▲	A	B	C	D	E
1	9月份优秀员工	10月份优秀员工		连续两月都是优秀员工的人数	
2	刘文水	崔志茗		A2:A12,B2:B12))	
3	郝志文	陈春			
4	徐瑶瑶	崔丽纯			
5	个梦玲	韦玲芳			
6	崔志茗	陈振涛			
7	简佳	张伊琳			
8	张伊琳	刘霜			
9	韦玲芳	唐雨萱			
10		简佳			
11		王家洋			
12		刘楠楠			

图 4-69

❷ 按 Ctrl+Shift+Enter 组合键，即可统计出在 A2:A12 和 B2:B12 区域中都出现的人数，如图 4-70 所示。

▲	A	B	C	D	E
1	9月份优秀员工	10月份优秀员工		连续两月都是优秀员工的人数	
2	刘文水	崔志茗		4	
3	郝志文	陈春			
4	徐瑶瑶	崔丽纯			
5	个梦玲	韦玲芳			
6	崔志茗	陈振涛			
7	简佳	张伊琳			
8	张伊琳	刘霜			
9	韦玲芳	唐雨萱			
10		简佳			
11		王家洋			
12		刘楠楠			

图 4-70

【公式解析】

① 公式是按 Ctrl+Shift+Enter 组合键结束，可见是一个数组公式。把 A2:A12 作为数据区域，依次把 B2、B3、B4…作为判断条件，出现重复的显示为 1，没有重复的显示为 0，返回的是一个数组

`=SUM(COUNTIF(A2:A12,B2:B12))`

② 将①返回的数组进行求和运算，即统计出共出现多少个 1

🔊 **注意：**

> 如果需要对更多列的数据进行判断，则为 COUNTIF 函数添加更多参数，各单元格区域使用逗号间隔即可。

4. COUNTIFS（统计同时满足多个条件的单元格的个数）

【函数功能】COUNTIFS 函数用于计算某个区域中满足多重条件的单元格数目。

【函数语法】COUNTIFS(range1, criteria1,range2, criteria2,…)

- range1,range2…表示计算关联条件的 1~127 个区域。每个区域中的单元格必须是数字或包含数字的名称、数组或引用。空值和文本值会被忽略。

- criteria1,criteria2,…：表示数字、表达式、单元格引用或文本形式的 1~127 个条件，用于定义要对哪些单元格进行计算。例如，条件可以表示为 32、"32" ">32" "apples"或 b4。

【用法解析】

> 参数的设置与 COUNTIF 函数的要求一样。只是 COUNTIFS 可以进行多层条件判断。依次按 "条件区域 1，条件 1，条件区域 2，条件 2" 的顺序写入参数即可

↗

=COUNTIFS（❶条件区域 1，条件 1，❷条件区域 2，条件 2…）

例 1：统计指定部门销量达标人数

如图 4-71 所示的表格中分部门对每位销售人员的季度销量进行了统计，现在需要统计出指定部门销量达标的人数。例如统计出一部销量大于 300 件（约定大于 300 件为达标）的人数。

扫一扫，看视频

❶ 选中 E2 单元格,在编辑栏中输入公式(如图 4-72 所示):
`=COUNTIFS(B2:B11,"一部",C2:C11,">300")`

❷ 按 Enter 键，即可统计出既满足 "一部" 条件又满足 ">300" 条件的记录条数。

▲	A	B	C	D	E
1	员工姓名	部门	季销量		一部销量达标的人数
2	陈波	一部	234		3
3	刘文水	一部	352		
4	郝志文	二部	226		
5	徐瑶瑶	一部	367		
6	个梦玲	二部	527		
7	崔大志	二部	109		
8	方刚名	一部	446		
9	刘楠楠	一部	135		
10	张宇	二部	537		
11	李想	一部	190		

图 4-71

ASIN	▼	:	× ✓	f_x	=COUNTIFS(B2:B11,"一部",C2:C11,">300")

▲	A	B	C	D	E	F
1	员工姓名	部门	季销量		一部销量达标的人数	
2	陈波	一部	234		2:C11,">300")	
3	刘文水	一部	352			
4	郝志文	二部	226			
5	徐瑶瑶	一部	367			
6	个梦玲	二部	527			
7	崔大志	二部	109			
8	方刚名	一部	446			
9	刘楠楠	一部	135			
10	张宇	二部	537			
11	李想	一部	190			

图 4-72

【公式解析】

第一个条件判断区域与判断条件　　第二个条件判断区域与判断条件

=COUNTIFS(B2:B11,"一部",C2:C11,">300")

例 2：统计指定产品每日的销售记录数

扫一扫，看视频

如图 4-73 所示的表格中按日期统计了销售记录（同一日期可能有多条销售记录），要求通过建立公式批量统计出每一天指定名称的商品的销售记录数。例如要统计"圆钢"这种产品的每日销售笔数。

图 4-73

❶ 在表格的空白区域建立分日显示的标识，选中 G2 单元格，在编辑栏中输入公式（如图 4-74 所示）：

```
=COUNTIFS(B$2:B$15,"圆钢",A$2:A$15,"2017/10/"&ROW(A1))
```

图 4-74

❷ 按 Enter 键，即可统计出"圆钢"在"17/10/1"这个日期中的记录条数，如图 4-75 所示。

图 4-75

③ 选中 G2 单元格，向下复制到 G8 单元格（根据实际工作中数据的不同，可能要统计的日期有更多，因此公式复制到哪个位置可根据实际情况而定），如图 4-76 所示。

	A	B	C	D	E	F	G	H
1	日期	名称	规格型号	金额		日期	销售记录条数	
2	17/10/1	圆钢	8㎜	3388		17/10/1	2	
3	17/10/1	圆钢	10㎜	2180		17/10/2	1	
4	17/10/1	角钢	40×40	1180		17/10/3	2	
5	17/10/2	角钢	40×41	4176		17/10/4	3	
6	17/10/2	圆钢	20㎜	1849		17/10/5	0	
7	17/10/3	角钢	40×43	4280		17/10/6	1	
8	17/10/3	角钢	40×40	1560		17/10/7	1	
9	17/10/3	圆钢	10㎜	1699				
10	17/10/3	圆钢	12㎜	2234				
11	17/10/4	圆钢	8㎜	3388				
12	17/10/4	圆钢	10㎜	2180				
13	17/10/4	圆钢	8㎜	3388				
14	17/10/6	圆钢	10㎜	1699				
15	17/10/7	圆钢	20㎜	1849				

图 4-76

【公式解析】

第一个条件判断区域与判断条件

ROW 函数属于查找函数类型，用于返回引用的行号

=COUNTIFS(B$2:B$15,"圆钢",A$2:A$15,"2017/10/"&ROW(A1))

返回 A1 单元格的行号，返回的值为 1。将这个返回值与"2017/10/"合并，得到"2017/10/1"这个日期。用这个日期作为第二个条件

注意：

这个公式中最重要的部分就是需要统计日期的自动返回，用"ROW(A1)"来指定，可以实现当公式复制到 G3 单元格时，可以自动返回日期"2017/10/2"；复制到 G4 单元格时，可以自动返回日期"2017/10/3"，以此类推。

5. COUNTBLANK（计算空白单元格的数目）

【函数功能】COUNTBLANK 函数用于计算某个单元格区域中空白单元格的数目。

【函数语法】COUNTBLANK(range)

range：需要计算其中空白单元格数目的区域。

【用法解析】

即使单元格中含有公式返回的空值（使用公式 "="""
就会返回空值），该单元格也会计算在内，但包含零值
的单元格不计算在内

$$= COUNTBLANK（A2:A10)$$

COUNTBLANK 与 COUNTA 的区别是，COUNTA 统计除空值外的所有值的个数，而 COUNTBLANK 是统计空单元格的个数

例：检查应聘者填写信息是否完整

在如图 4-77 所示的应聘人员信息汇总表中，由于统计时出现缺漏，有些数据未能完整填写，此时需要对各条信息进行检测，如果有缺漏就显示"未完善"文字。

扫一扫，看视频

	A	B	C	D	E	F	G	H	I
1	员工姓名	性别	年龄	学历	招聘渠道	招聘编号	应聘岗位	初试时间	是否完善
2	陈波	女	21	专科	招聘网站		销售专员	2016/12/13	未完善
3	刘文水	男	26	本科	现场招聘	R0050	销售专员	2016/12/13	
4	郝志文	男	27	高中	现场招聘	R0050	销售专员	2016/12/14	
5	徐瑶瑶	女	33	本科		R0050	销售专员	2016/12/14	未完善
6	个梦玲	女	33	本科	校园招聘	R0001	客服	2017/1/5	
7	崔大志	男	32		校园招聘	R0001	客服	2017/1/5	未完善
8	方刚名	男	27	专科	校园招聘	R0001	客服	2017/1/5	
9	刘楠楠	女	21	本科	招聘网站	R0002	助理	2017/2/15	
10	张宇		28	本科	招聘网站	R0002		2017/2/15	未完善
11	李想	男	31	硕士	猎头招聘	R0003	研究员	2017/3/8	
12	林成洁	女	29	本科	猎头招聘	R0003	研究员	2017/3/9	

图 4-77

❶ 选中 I2 单元格，在编辑栏中输入公式（如图 4-78 所示）：

`=IF(COUNTBLANK(A2:H2)=0,"","未完善")`

图 4-78

❷ 按 Enter 键，根据 A2:H2 单元格是否有空单元格来变向判断信息填写是否完善，如图 4-79 所示。向下复制 I3 单元格的公式可得出批量判断结果。

	A	B	C	D	E	F	G	H	I
1	员工姓名	性别	年龄	学历	招聘渠道	招聘编号	应聘岗位	初试时间	是否完善
2	陈波	女	21	专科	招聘网站		销售专员	2016/12/13	未完善
3	刘文水	男	26	本科	现场招聘	R0050	销售专员	2016/12/13	
4	郝志文	男	27	高中	现场招聘	R0050	销售专员	2016/12/14	
5	徐瑶瑶	女	33	本科		R0050	销售专员	2016/12/14	
6	个梦玲	女	33	本科	校园招聘	R0001	客服	2017/1/5	

图 4-79

【公式解析】

① 统计 A2:H2 单元格区域中空值的数量

=IF(COUNTBLANK(A2:H2)=0,"","未完善")

② 如果①的结果等于 0，表示没有空单元格，返回空白；如果①的结果不等于 0，表示有空单元格，返回"未完善"文字

4.3 最大最小值统计

求最大值与最小值是进行数据分析的一个重要方式。本例要讲解的用于求最大最小值的函数分别为 MAX、MIN、DMAX 等。在人事管理领域，它可以用于统计考核最高分和最低分，方便分析员工的业务水平；在财务领域，它们可以用于计算最高与最低利润额，从而掌握公司产品的市场价值。

1. MAX（返回数据集的最大值）

【函数功能】MAX 函数用于返回数据集中的最大数值。

【函数语法】MAX(number1,number2,...)

number1,number2,...：表示要找出最大数值的 1~30 个数值。

【用法解析】

返回这个数据区域中的最大值
$$=MAX（A2:B10）$$

例 1：返回最高销量

如图 4-80 所示的表格中统计了各个商品在本月的销售数量，要求统计出最高销量。

扫一扫，看视频

▲	A	B	C	D	E
1	序号	品名	销售量		最高销量
2	1	老百年	435		690
3	2	三星迎驾	427		
4	3	五粮春	589		
5	4	新月亮	243		
6	5	新地球	320		
7	6	四开国缘	690		
8	7	新品兰十	362		
9	8	珠江金小麦	391		
10	9	今世缘兰地球	383		
11	10	张裕赤霞珠	407		

图 4-80

❶ 选中 E2 单元格，在编辑栏中输入公式（如图 4-81 所示）：
=MAX(C2:C11)

ASIN	▼	⋮	×	✓	f_x	=MAX(C2:C11)	
▲	A	B	C	D	E		
1	序号	品名	销售量		最高销量		
2	1	老百年	435		=MAX(C2.C		
3	2	三星迎驾	427				
4	3	五粮春	589				
5	4	新月亮	243				
6	5	新地球	320				
7	6	四开国缘	690				
8	7	新品兰十	362				
9	8	珠江金小麦	391				
10	9	今世缘兰地球	383				
11	10	张裕赤霞珠	407				

图 4-81

❷ 按 Enter 键，即可统计出 C2:C11 单元格区域中的最大值。

例 2：求指定班级的最高分

　　如图 4-82 所示的表格是某次竞赛的成绩统计表，其中包含三个班级，现在需要分别统计出各个班级的最高分。

	A	B	C	D	E	F	G
1	姓名	性别	班级	成绩		班级	最高分
2	张轶煊	男	二(1)班	95		二(1)班	95
3	王华均	男	二(2)班	76		二(2)班	98
4	李成杰	男	二(3)班	82		二(3)班	92
5	夏正霖	女	二(1)班	90			
6	万文锦	男	二(2)班	87			
7	刘岚轩	男	二(3)班	79			
8	孙悦	女	二(1)班	85			
9	徐梓瑞	男	二(2)班	80			
10	许宸浩	男	二(3)班	88			
11	王硕彦	男	二(1)班	75			
12	姜美	女	二(2)班	98			
13	蔡浩轩	男	二(3)班	88			
14	王晓蝶	女	二(1)班	78			
15	刘雨	女	二(2)班	87			
16	王佑琪	女	二(3)班	92			

图 4-82

❶ 选中 G2 单元格，在编辑栏中输入公式（如图 4-83 所示）：
=MAX(IF($C$2:$C$16=F2,$D$2:$D$16))

ASIN		× ✓ fx	=MAX(IF($C$2:$C$16=F2,$D$2:$D$16))				
	A	B	C	D	E	F	G
1	姓名	性别	班级	成绩		班级	最高分
2	张轶煊	男	二(1)班	95		二(1)班	$2:$D$16))
3	王华均	男	二(2)班	76		二(2)班	
4	李成杰	男	二(3)班	82		二(3)班	
5	夏正霖	女	二(1)班	90			
6	万文锦	男	二(2)班	87			
7	刘岚轩	男	二(3)班	79			
8	孙悦	女	二(1)班	85			
9	徐梓瑞	男	二(2)班	80			
10	许宸浩	男	二(3)班	88			
11	王硕彦	男	二(1)班	75			
12	姜美	女	二(2)班	98			
13	蔡浩轩	男	二(3)班	88			
14	王晓蝶	女	二(1)班	78			
15	刘雨	女	二(2)班	87			
16	王佑琪	女	二(3)班	92			

图 4-83

❷ 按 Ctrl+Shift+Enter 组合键即可统计出 "二(1)班" 的最高分，如图 4-84 所示。将 G2 单元格的公式向下填充，可一次得到每个班级的最高分。

G2		:	×	✓	fx	{=MAX(IF($C$2:$C$16=F2,$D$2:$D$16))}	

▲	A	B	C	D	E	F	G
1	姓名	性别	班级	成绩		班级	最高分
2	张轶煊	男	二(1)班	95		二(1)班	95
3	王华均	男	二(2)班	76		二(2)班	
4	李成杰	男	二(3)班	82		二(3)班	
5	夏正霏	女	二(1)班	90			
6	万文锦	男	二(2)班	87			

图 4-84

【公式解析】

① 因为是数组公式，所以用 IF 函数依次判断 C2:C16 单元格区域中的各个值是否等于 F2 单元格的值，如果等于返回 TRUE，否则返回 FALSE。返回的是一个数组

=MAX(IF($C$2:$C$16=F2,$D$2:$D$16))

③ 对②返回的数组中的值取最大值

② 将①返回的数组依次对应 D2:D16 单元格区域取值，①返回的数组中为 TRUE 的返回其对应的值，①返回的数组中为 FALSE 的返回 FALSE。结果还是一个数组

📢 注意：

在本例公式中，MAX 函数本身不具备按条件判断的功能，因此要实现按条件判断则需要如同本例一样利用数组公式实现。条件判断区域"$C$2:$C$16"和最大值判断区域"$D$2:$D$16"使用了数据源的绝对引用，因为在公式填充过程中，这两部分需要保持不变；而判断条件"F2"则需要随着公式的填充做相应的变化，所以使用了数据源的相对引用。

例 3：计算出单日最高的销售额

如图 4-85 所示的表格中是按日期显示的销售记录，其中单日有多条销售记录，现在想达到的统计结果是对单日销售记录合并计算并返回单日最高销售额。要完成这一统计目的，使用 MAX 并配合 SUMIF 函数，并且需要使用数组公式。

扫一扫，看视频

图 4-85

❶ 选中 E2 单元格，在编辑栏中输入公式（如图 4-86 所示）：

=MAX(SUMIF(A2:A12,A2:A12,C2:C12))

❷ 按 Ctrl+Shift+Enter 组合键，即可对日期进行判断并统计出单日销售额合计值，最终返回最大值。

图 4-86

【公式解析】

① 因为是数组公式，所以 SUMIF 函数是依次将 A2:A12 单元格区域中的各个日期作为条件，将满足条件的对应在 C2:C12 单元格区域中的值进行求和运算，最终得到的是一个对各个日期进行了汇总计算后的数组

=MAX(SUMIF(A2:A12,A2:A12,C2:C12))

② 从①返回的数组中提取最大值

2. MIN（返回数据集的最小值）

【函数功能】MIN 函数用于返回数据集中的最小值。

【函数语法】MIN(number1,number2,...)

number1,number2,...：表示要找出最小数值的 1~30 个数值。

【用法解析】

返回这个数据区域中的最小值

$$=MIN（A2:B10）$$

基本用法与 MAX 一样，只是 MAX 是返回最大值，MIN 是返回最小值。如图 4-87 所示，在 F2 单元格中使用公式"=MIN(C2:C11)"可以得出 C2:C11单元格区域中的最小值。

	A	B	C	D	E	F
1	序号	品名	销售量		最高销量	最低销量
2	1	老百年	435		690	243
3	2	三星迎驾	427			
4	3	五粮春	589			
5	4	新月亮	243			
6	5	新地球	320			
7	6	四开国缘	690			
8	7	新品兰十	362			
9	8	珠江金小麦	391			
10	9	今世缘兰地球	383			
11	10	张裕赤霞珠	407			

F2 単元格 fx =MIN(C2:C11)

图 4-87

例 1：忽略 0 值求出最低分数

在求最小值时，如果数据区域中包括 0 值，那么 0 值将会是最小值，那么有没有办法实现忽略 0 值返回最小值呢？要达到这种统计结果需同时使用 MIN+IF 函数的数组公式实现。

扫一扫，看视频

❶ 选中 E2 单元格，在编辑栏中输入公式（如图 4-88 所示）：
```
=MIN(IF(C2:C12<>0,C2:C12))
```

❷ 按 Ctrl+Shift+Enter 组合键，即可忽略 0 值求出最小值，如图 4-89所示。

| ASIN | | ▾ | : | × | ✓ | fx | =MIN(IF(C2:C12<>0,C2:C12)) |

▲	A	B	C	D	E	F
1	班级	姓名	分数		最低分	
2	1	徐梓瑞	93		:2:C12))	
3	2	许宸浩	72			
4	1	王硕彦	87			
5	2	姜美	90			
6	1	蔡浩轩	61			
7	1	王晓蝶	88			
8	2	刘雨	99			
9	1	王佑琪	82			
10	1	黄永明	0			
11	2	简佳	89			
12	1	肖菲菲	89			

图 4-88

| E2 | | ▾ | : | × | ✓ | fx | {=MIN(IF(C2:C12<>0,C2:C12))} |

▲	A	B	C	D	E	F
1	班级	姓名	分数		最低分	
2	1	徐梓瑞	93		61	
3	2	许宸浩	72			
4	1	王硕彦	87			
5	2	姜美	90			
6	1	蔡浩轩	61			
7	1	王晓蝶	88			
8	2	刘雨	99			
9	1	王佑琪	82			
10	1	黄永明	0			
11	2	简佳	89			
12	1	肖菲菲	89			

图 4-89

【公式解析】

① 因为是数组公式，所以用 IF 函数依次判断 C2:C12 单元格区域中的各个值是否不等于 0，如果不等于 0 返回其值，等于 0 则返回 FALSE，返回的是一个数组

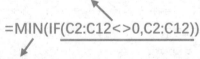

=MIN(IF(C2:C12<>0,C2:C12))

② 从①返回的数组中提取最小值

例2：返回多次测试中用时最短的次数编号

扫一扫，看视频

如图 4-90 所示的表格中统计了 200 米跑中 10 次测试的成绩，要求快速判断出哪一次的成绩最好（即用时最短的那一次）。

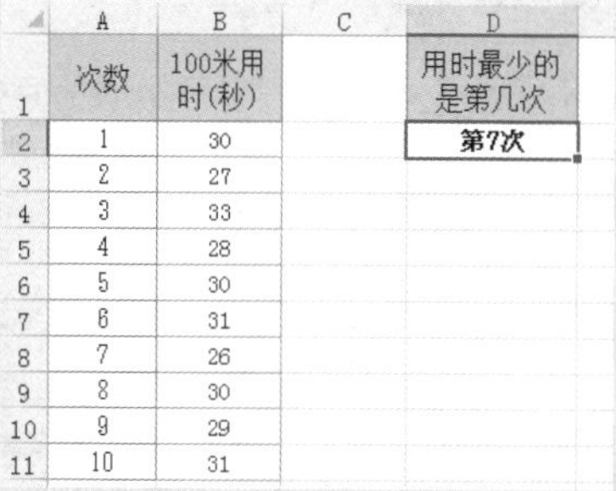

	A	B	C	D
1	次数	100米用时(秒)		用时最少的是第几次
2	1	30		第7次
3	2	27		
4	3	33		
5	4	28		
6	5	30		
7	6	31		
8	7	26		
9	8	30		
10	9	29		
11	10	31		

图 4-90

❶ 选中 D2 单元格，在编辑栏中输入公式（如图 4-91 所示）：

```
="第"&MATCH(MIN(B2:B11),B2:B11,0)&"次"
```

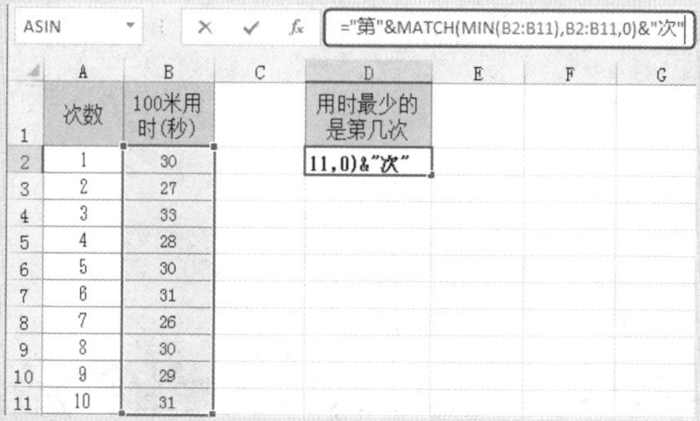

ASIN ="第"&MATCH(MIN(B2:B11),B2:B11,0)&"次"

	A	B	C	D	E	F	G
1	次数	100米用时(秒)		用时最少的是第几次			
2	1	30		11,0)&"次"			
3	2	27					
4	3	33					
5	4	28					
6	5	30					
7	6	31					
8	7	26					
9	8	30					
10	9	29					
11	10	31					

图 4-91

❷ 按 Enter 键，即可判断出哪一次的用时最短，并返回其对应的次数。

【公式解析】

MATCH 函数属于查找函数类型，用于返回在指定方式下与指定数值匹配的数组中元素的相应位置

① 在 B2:B11 单元格区域中取最小值

="第"&MATCH(MIN(B2:B11),B2:B11,0)&"次"

② 使用 MATCH 函数返回①中找到的最小值在 B2:B11 单元格区域中的位置

③ 最前面的“第”与最后的“次”起到与②返回的结果相连接的作用

3. MAXA（返回参数列表的最大值）

【函数功能】MAXA 函数用于返回参数列表（包括数字、文本和逻辑值）中的最大值。

【函数语法】MAXA(value1,value2,...)

value1,value2,...：要从中查找最大数值的 1~30 个参数。

【用法解析】

> MAXA 与 MAX 的区别在于，MAXA 求最大值将文本值和逻辑值（如 TRUE 和 FALSE）作为数字参与，而 MAX 只计算数字

$$=MAXA（A2:B10）$$

4. MINA（返回参数列表的最小值）

【函数功能】MINA 函数用于返回参数列表（包括数字、文本和逻辑值）中的最小值。

【函数语法】MINA(value1,value2,...)

value1,value2,...：要从中查找最小数值的 1~30 个参数。

【用法解析】

> MINA 与 MIN 的区别在于，MINA 求最小值，将文本值和逻辑值（如 TRUE 和 FALSE）作为数字参与。而 MIN 只计算数字

$$=MINA（A2:B10）$$

例：返回各店面的最低利润（包含文本）

扫一扫，看视频

表格中统计了各个分店本月的利润值，现在要统计最低利润，在 D2 单元格中使用公式"=MINA(B2:B11)"可以看到返回值是 0，这是因为 B2:B11 单元格区域中包含一个文本值"整顿"，这个文本值也参与公式的运算，文本值为"0"值，所以返回结果为 0，如图 4-92 所示。

如果在 D3 单元格中使用公式"=MIN(B2:B11)"可以看到返回值是"45.32"（如图 4-93 所示），因为文本不参与运算。

D2			f_x	=MINA(B2:B11)
	A	B	C	D
1	分店	1月利润(万元)		最低利润
2	市府广场店	108.37		0
3	舒城路店	整顿		
4	城隍庙店	98.25		
5	南七店	112.8		
6	太湖路店	45.32		
7	青阳南路店	163.5		
8	黄金广场店	98.09		
9	大润发店	102.45		
10	兴园小区店	56.21		
11	香雅小区店	77.3		

图 4-92

D3			f_x	=MIN(B2:B11)
	A	B	C	D
1	分店	1月利润(万元)		最低利润
2	市府广场店	108.37		0
3	舒城路店	整顿		45.32
4	城隍庙店	98.25		
5	南七店	112.8		
6	太湖路店	45.32		
7	青阳南路店	163.5		
8	黄金广场店	98.09		
9	大润发店	102.45		
10	兴园小区店	56.21		
11	香雅小区店	77.3		

图 4-93

5. LARGE（返回表格某数据集的某个最大值）

【函数功能】LARGE 函数用于返回某一数据集中的某个最大值。

【函数语法】LARGE(array,k)

● array：要从中查询第 k 个最大值的数组或数据区域。

● k：返回值在数组或数据区域里的位置，即名次。

【用法解析】

指定返回第几名的值(从大
到小)

可以为数组或单元格的引用

= L A R G E (A 2 : B 1 0 , 1)

📢 **注意：**

如果 LARGE 函数中的 array 参数为空，或参数 k 小于等于 0 或大于数组或区域中数据的个数，则该函数会返回#NUM!错误值。

例 1：返回排名前三的销售额

扫一扫，看视频

　　如图 4-94 所示的表格中统计了 1~6 月份中两个店铺的销售金额，现在需要查看排名前 3 位的销售金额分别为多少。

	A	B	C	D	E	F
1	月份	店铺1	店铺2		前3名	金额
2	1月	21061	31180		1	51849
3	2月	21169	41176		2	51180
4	3月	31080	51849		3	41176
5	4月	21299	31280			
6	5月	31388	11560			
7	6月	51180	8000			

图 4-94

❶ 选中 F2 单元格，在编辑栏中输入公式（如图 4-95 所示）：
=LARGE($B$2:$C$7,E2)

ASIN		✕ ✓ fx	=LARGE($B$2:$C$7,E2)		

	A	B	C	D	E	F
1	月份	店铺1	店铺2		前3名	金额
2	1月	21061	31180		1	$C$7,E2)
3	2月	21169	41176		2	
4	3月	31080	51849		3	
5	4月	21299	31280			
6	5月	31388	11560			
7	6月	51180	8000			
8						

图 4-95

❷ 按 Enter 键，即可统计出 B2:C7 单元格区域中的最大值，如图 4-96 所示。将 F2 单元格的公式向下复制到 F4 单元格，可依次返回第 2 名和第 3 名的金额。

	A	B	C	D	E	F
1	月份	店铺1	店铺2		前3名	金额
2	1月	21061	31180		1	51849
3	2月	21169	41176		2	
4	3月	31080	51849		3	
5	4月	21299	31280			
6	5月	31388	11560			
7	6月	51180	8000			

图 4-96

【公式解析】

指定返回第几位的参数使用的是单元格引用，当公式向下复制时，会依次变为 E3、E4，即依次返回第 2 名、第 3 名的金额

$$=LARGE(\$B\$2:\$C\$7,\underline{E2})$$

例2：分班级统计各班级的前三名成绩

要同时返回 1~3 名的成绩，就需要用到数组的部分操作。需要一次性选中要返回结果的 3 个单元格，然后配合 IF 函数对班级进行判断，具体公式设置如下。

扫一扫，看视频

❶ 选中 F2:F4 单元格区域，在编辑栏中输入公式（如图 4-97 所示）：

`=LARGE(IF($A$2:$A$12=F1,$C$2:$C$12),{1;2;3})`

	ASIN	▼	:	×	✓	f_x	=LARGE(IF($A$2:$A$12=F1,$C$2:$C$12),{1;2;3})	

	A	B	C	D	E	F	G	H
1	班级	姓名	成绩			1班	2班	
2	1班	林玲	85		第一名	,2,3})		
3	2班	郑芸云	90		第二名			
4	1班	黄嘉诚	95		第三名			
5	2班	林娅	82					
6	1班	江小白	85					
7	1班	陈汇聪	92					
8	2班	叶伊静	92					
9	2班	苏灿	77					
10	1班	陆军	87					
11	2班	李霞儿	94					
12	1班	李杰	91					

图 4-97

❷ 按 Ctrl+Shift+Enter 组合键即可对班级进行判断并返回对应班级前 3 名的成绩，如图 4-98 所示。

	F2	▼	:	×	✓	f_x	{=LARGE(IF($A$2:$A$12=F1,$C$2:$C$12),{1;2;3})}	

	A	B	C	D	E	F	G	H
1	班级	姓名	成绩			1班	2班	
2	1班	林玲	85		第一名	95		
3	2班	郑芸云	90		第二名	92		
4	1班	黄嘉诚	95		第三名	91		
5	2班	林娅	82					
6	1班	江小白	85					
7	1班	陈汇聪	92					
8	2班	叶伊静	92					
9	2班	苏灿	77					
10	1班	陆军	87					
11	2班	李霞儿	94					
12	1班	李杰	91					

图 4-98

❸ 选中 G2:G4 单元格区域，在编辑栏中输入公式（如图 4-99 所示）：
=LARGE(IF($A$2:$A$12=G1,$C$2:$C$12),{1;2;3})

	A	B	C	D	E	F	G	H
1	班级	姓名	成绩			1班	2班	
2	1班	林玲	85		第一名	95	94	
3	2班	郑芸云	90		第二名	92	92	
4	1班	黄嘉诚	95		第三名	91	90	
5	2班	林娅	82					
6	1班	江小白	85					
7	1班	陈汇聪	92					
8	2班	叶伊静	92					
9	2班	苏灿	77					
10	1班	陆军	87					
11	2班	李霞儿	94					
12	1班	李杰	91					

图 4-99

❹ 按 Ctrl+Shift+Enter 组合键即可对班级进行判断并返回对应班级前 3 名的成绩，如图 4-100 所示。

	A	B	C	D	E	F	G	H
1	班级	姓名	成绩			1班	2班	
2	1班	林玲	85		第一名	95	94	
3	2班	郑芸云	90		第二名	92	92	
4	1班	黄嘉诚	95		第三名	91	90	
5	2班	林娅	82					
6	1班	江小白	85					
7	1班	陈汇聪	92					
8	2班	叶伊静	92					
9	2班	苏灿	77					
10	1班	陆军	87					
11	2班	李霞儿	94					
12	1班	李杰	91					

图 4-100

【公式解析】

① 因为是数组公式，所以用 IF 函数依次判断 A2:A12 单元格区域中的各个值是否等于 F1 单元格的值，如果等于返回 TRUE，否则返回 FALSE。返回的是一个数组

要想一次性返回连续几名的数据，则需要将此参数写成这种数组形式

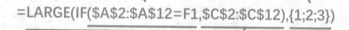

=LARGE(IF($A$2:$A$12=F1,$C$2:$C$12),{1;2;3})

③ 一次性从②返回的数组中提取前三名的值

② 将①返回的数组依次对应 C2:C12 单元格区域取值，①步数组中为 TRUE 的返回其对应的值，若为 FALSE 的返回 FALSE。结果还是一个数组

Excel 函数与公式速查宝典

6. SMALL（返回某数据集的某个最小值）

【函数功能】SMALL 函数用于返回某一数据集中的某个最小值。

【函数语法】SMALL (array,k)

● array：要从中查询第 k 个最小值的数组或数据区域。

● k：返回值在数组或数据单元格区域里的位置，即名次。

【用法解析】

指定返回第几名的值
（从小到大）

可以为数组或单元格的引用

$$= SMALL（A2:B10,1）$$

例：返回倒数第一名的成绩与对应姓名

SMALL 函数可以返回数据区域中的第几个最小值，因此可以从成绩表返回任意指定的第几个最小值，并且通过搭配其他函数使用，还可以返回这个指定最小值对应的姓名。下面来看具体的公式设计与分析。

扫一扫，看视频

❶ 选中 D2 单元格，在编辑栏中输入公式"=SMALL(B2:B12,1)"，可得出 B2:B12 单元格的最低分，如图 4-101 所示。

	A	B	C	D	E	F
	D2			f_x =SMALL(B2:B12,1)		
1	姓名	分数		最低分	姓名	
2	卢梦雨	93		61		
3	徐丽	72				
4	韦玲芳	87				
5	谭谢生	90				
6	柳丽晨	61				
7	谭谢生	88				
8	邹瑞宣	99				
9	刘璐璐	82				
10	黄永明	87				
11	简佳丽	89				
12	肖菲菲	89				

图 4-101

❷ 选中 E2 单元格，在编辑栏中输入公式"=INDEX(A2:A12,MATCH (SMALL(B2:B12,1),B2:B12,))"，可得出最低分对应的姓名，如图 4-102 所示。

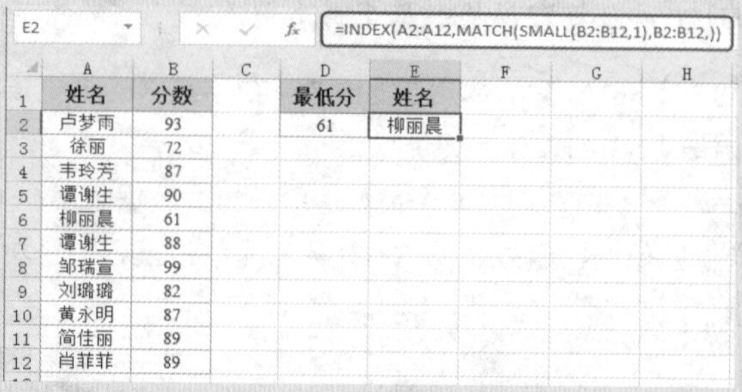

图 4-102

　　如果只是返回最低分对应的姓名，使用 MIN 函数也能代替 SMALL 函数使用，例如如图 4-103 所示，使用公式 "=INDEX(A2:A12,MATCH(MIN(B2:B12),B2:B12,))"。

图 4-103

　　但如果返回的不是最低分，而是要求返回倒数第 2 名、倒数第 3 名等则必须要使用 SMALL 函数，公式的修改也很简单，只需要将公式中 SMALL 函数的第 2 个参数重新指定一下即可，如图 4-104 所示。

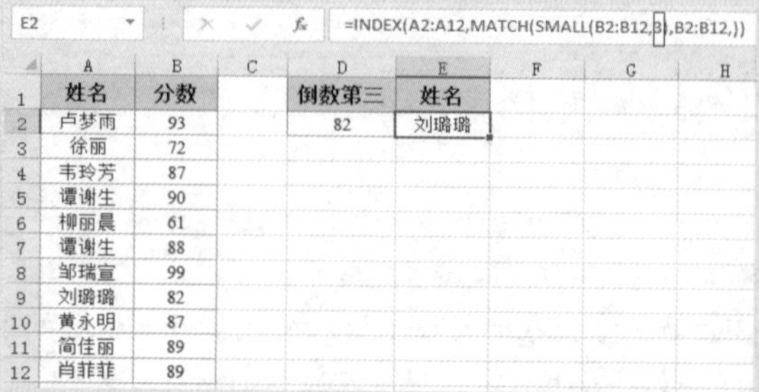

图 4-104

【用法解析】

这是一个多函数嵌套使用的例子，INDEX 与 MATCH 函数都属于查找函数的范畴。在后面的查找函数章节中会着重介绍这两个函数。下面对此公式进行解析。

返回表格或区域中指定
位置处的值。这个指定位
置是指行号列号

返回在指定方式下与指定
数值匹配的数组中元素的
相应位置

=INDEX(A2:A12,MATCH(SMALL(B2:B12,1),B2:B12,))

③ 返回 A2:A12 单元
格区域中②返回结果
所指定行处的值

① 返回 B2:B12 单元格
区域最小的一个值

② 返回①的返回值在
B2:B12 单元格区域中
的位置，如在第 5 行，
就返回数字"5"

4.4 排位统计

顾名思义，排位统计就是对数据进行排序，当然衍生的函数并非只对数据排名次，如返回一组数据的四分位数、返回一组数据的第 k 个百分点值、返回一组数据的百分比排位等。

在 Excel 2010 版本后，统计函数变化比较大，排位统计函数中 RANK、PERCENTILE、QUARTILE、PERCENTRANK 几个函数都做了改进，RANK 分出了 RANK.EQ(equal)，它等同于原来的 RANK 函数，另一个是 RANK.AVG(average)，PERCENTILE、QUARTILE、PERCENTRANK 这 3 个均分出了.INC(include) 和 .EXC(exclude)。在后面会具体介绍这些改进函数间的区别。

1. MEDIAN（返回中位数）

【函数功能】MEDIAN 函数用于返回给定数值的中值，中值是在一组数值中居于中间的数值。如果参数集合中包含偶数个数字，MEDIAN 函数将返回位于中间的两个数的平均值。

【函数语法】MEDIAN(number1,number2,...)

number1,number2,...：表示要找出中位数的 1~30 个数字参数。

【用法解析】

$$= MEDIAN（A2:B10)$$

- 参数可以是数字或者是包含数字的名称、数组或引用。
- 如果数组或引用参数包含文本、逻辑值或空白单元格，则这些值将被忽略；但包含零值的单元格将计算在内。
- 如果参数为错误值或为不能转换为数字的文本，将会导致错误。

MEDIAN 函数用于计算趋中性，趋中性是统计分布中一组数中间的位置。三种最常见的趋中性计算方法如下。

- 平均值。平均值是算术平均数，由一组数相加然后除以这些数的个数计算得出。例如，2、3、3、5、7 和 10 的平均数是 30 除以 6，结果是 5。
- 中值。中值是一组数中间位置的数；即一半数的值比中值大，另一半数的值比中值小。例如，2、3、3、5、7 和 10 的中值是 4。
- 众数。众数是一组数中最常出现的数。例如，2、3、3、5、7 和 10 的众数是 3。

对于对称分布的一组数来说，这三种趋中性计算方法是相同的。对于偏态分布的一组数来说，这三种趋中性计算方法可能不同。

例：返回一个数据序列的中间值

扫一扫，看视频

如图 4-105 所示的表格中给出了一组学生的身高，可求出这一组数据的中位数。

	A	B	C	D
1	姓名	身高		中位数
2	卢梦雨	1.45		1.53
3	徐丽	1.6		
4	韦玲芳	1.54		
5	谭谢生	1.44		
6	樟丽晨	1.48		
7	谭谢生	1.52		
8	邹瑞宣	1.53		
9	刘璐璐	1.55		
10	黄永明	1.58		
11	简佳丽	1.45		
12	肖菲	1.61		

图 4-105

❶ 选中 D2 单元格，在编辑栏中输入公式（如图 4-106 所示）：
=MEDIAN(B2:B12)

| ASIN | ▼ | : | × | ✓ | fx | =MEDIAN(B2:B12) |

▲	A	B	C	D	E
1	姓名	身高		中位数	
2	卢梦雨	1.45		B2:B12)	
3	徐丽	1.6			
4	韦玲芳	1.54			
5	谭谢生	1.44			
6	柳丽晨	1.48			
7	谭谢生	1.52			
8	邹瑞宣	1.53			
9	刘璐璐	1.55			
10	黄永明	1.58			
11	简佳丽	1.45			
12	肖菲	1.61			

图 4-106

❷ 按 Enter 键即可求出中位数。

2. RANK.EQ（返回数组的最高排位）

【函数功能】RANK.EQ 函数用于返回一个数字在数字列表中的排位，其大小相对于列表中的其他值。如果多个值具有相同的排位，则返回该组数值的最高排位。

【函数语法】RANK.EQ(number,ref,[order])

● number：表示要查找其排位的数字。

● ref：表示数字列表数组或对数字列表的引用。ref 中的非数值型值将被忽略。

● order：可选。一个指定数字的排位方式的数字。

【用法解析】

= R A N K . E Q（A 2， A 2 : A 1 2， 0）

当此参数为 0 时表示按降序排名，即最大的数值排名值为 1；当此参数为 1 时表示按升序排名，即最小的数值排名为值 1。此参数可省略，省略时默认为 0

例 1：对销售业绩进行排名

表格中给出了本月销售部员工的销售额统计数据，现在要求对销售额数据进行排名次，以直观查看每位员工的销售排名情况，如图 4-107 所示。

	A	B	C
1	姓名	销售额	名次
2	林晨洁	43000	**4**
3	刘美汐	15472	**10**
4	苏竟	25487	**6**
5	何阳	39806	**5**
6	杜云美	54600	**1**
7	李丽芳	45309	**3**
8	徐萍丽	45388	**2**
9	唐晓霞	19800	**9**
10	张鸣	21820	**8**
11	简佳	21890	**7**

图 4-107

❶ 选中 C2 单元格，在编辑栏中输入公式（如图 4-108 所示）：

`=RANK.EQ(B2,$B$2:$B$11,0)`

❷ 按 Enter 键即可返回 B2 单元格中数值在 B2:B11 单元格区域中的排名是多少，如图 4-109 所示。将 B2 单元格的公式向下填充，可分别统计出每位销售员的销售业绩在全体销售员中的排位情况。

ASIN	▼	:	×	✓	fx	=RANK.EQ(B2,$B$2:$B$11,0)

	A	B	C	D	E	F
1	姓名	销售额	名次			
2	林晨洁	43000	$B$11,0)			
3	刘美汐	15472				
4	苏竟	25487				
5	何阳	39806				
6	杜云美	54600				
7	李丽芳	45309				
8	徐萍丽	45388				
9	唐晓霞	19800				
10	张鸣	21820				
11	简佳	21890				

图 4-108

	A	B	C
1	姓名	销售额	名次
2	林晨洁	43000	**4**
3	刘美汐	15472	
4	苏竟	25487	
5	何阳	39806	
6	杜云美	54600	
7	李丽芳	45309	
8	徐萍丽	45388	
9	唐晓霞	19800	
10	张鸣	21820	
11	简佳	21890	

图 4-109

【公式解析】

① 用于判断其排位的目标值

=RANK.EQ(B2,$B$2:$B$11,0)

② 目标列表区域，即在这个区域中判断参数 1 指定值的排位。此单元格区域使用绝对引用是因为公式是需要向下复制的，当复制公式时，只有参数 1 发生变化，而用于判断的这个区域是始终不能发生改变的

例 2：对不连续的数据进行排名

表格中按月份统计了销售额，其中包括季度小计，如图 4-110 所示。要求通过公式返回指定季度的销售额在 4 个季度中的名次。

▲	A	B	C	D	E
1	月份	销售量		季度	排名
2	1月	482		2季度	3
3	2月	520			
4	3月	480			
5	1季度合计	1482			
6	4月	625			
7	5月	457			
8	6月	487			
9	2季度合计	1569			
10	7月	490			
11	8月	652			
12	9月	480			
13	3季度合计	1622			
14	10月	481			
15	11月	680			
16	12月	490			
17	4季度合计	1651			

图 4-110

❶ 选中 E2 单元格，在编辑栏中输入公式（如图 4-111 所示）：

=RANK.EQ(B9,(B5,B9,B13,B17))

ASIN		✕ ✓	f_x	=RANK.EQ(B9,(B5,B9,B13,B17))		
▲	A	B	C	D	E	F
1	月份	销售量		季度	排名	
2	1月	482		2季度	=RANK.E	
3	2月	520				
4	3月	480				
5	1季度合计	1482				
6	4月	625				
7	5月	457				
8	6月	487				
9	2季度合计	1569				
10	7月	490				
11	8月	652				
12	9月	480				
13	3季度合计	1622				
14	10月	481				
15	11月	680				
16	12月	490				
17	4季度合计	1651				

图 4-111

❷ 按 Enter 键即可在 B5、B9、B13、B17 这几个值中判断 B9 的名次。

【公式解析】

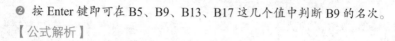

$$=RANK.EQ(B9,(B5,B9,B13,B17))$$

此参数不仅仅可以是一个数据区域，也可以写成这种形式，
注意要使用括号，并使用逗号间隔

3. RANK.AVG（返回数字列表中的排位）

【函数功能】RANK.AVG 函数用于返回一个数字在数字列表中的排位，其大小相对于列表中的其他值。如果多个值具有相同的排位，则将返回平均排位。

【函数语法】RANK.AVG(number,ref,[order])

● number：表示要查找其排位的数字。

● ref：表示数字列表数组或对数字列表的引用。ref 中的非数值型值将被忽略。

● order：可选，一个指定数字的排位方式的数字。

【用法解析】

$$= R A N K . A V G（A 2, A 2 : A 1 2, 0）$$

当此参数为 0 时表示按降序排名，即最大的数值排名值为 1；
当此参数为 1 时表示按升序排名，即最小的数值排名为值 1。
此参数可省略，省略时默认为 0

📢 注意：

RANK.AVG 函数是 Excel 2010 版本中的新增函数，属于 RANK 函数的分支函数。原 RANK 函数在 Excel 2010 版本中更新为 RANK.EQ，作用与用法都与 RANK 函数相同。RANK.AVG 函数的不同之处在于，对于数值相等的情况，返回该数值的平均排名。而作为对比，原 RANK 函数对于相等的数值返回其最高排名。如，A 列中有两个最大值数值同为 37，原有的 RANK 函数返回他们的最高排名同时为 1，而 RANK.AVG 函数则返回他们平均的排名，即 (1+2)/2=1.5。

例：对员工考核成绩排名次

表格中给出了员工某次考核的成绩表，现在要求对考核成绩进行排名次，如图 4-112 所示。注意名次出现 5.5，表示 90 分是第 5 名，且有两个 90 分，因此取平均排位。

	A	B	C	D
1	姓名	考核成绩	名次	
2	林晨洁	90	5.5	
3	刘美汐	72	10	
4	苏竞	94	3	
5	何阳	90	5.5	
6	杜云美	97	1	
7	李丽芳	88	8	
8	徐萍丽	87	9	
9	唐晓霞	89	7	
10	张鸣	95	2	
11	简佳	91	4	

图 4-112

❶ 选中 C2 单元格，在编辑栏中输入公式（如图 4-113 所示）：
=RANK.AVG(B2,$B$2:$B$11,0)

❷ 按 Enter 键，即可返回 B2 单元格中数值在 B2:B11 单元格区域中的排位名次是多少，如图 4-114 所示。将 C2 单元格的公式向下填充，可分别统计出每位员工的考核成绩在全体员工成绩中的排位情况。

ASIN		× ✓ fx	=RANK.AVG(B2,$B$2:$B$11,0)			
	A	B	C	D	E	F
1	姓名	考核成绩	名次			
2	林晨洁	90	$B$11,0)			
3	刘美汐	72				
4	苏竞	94				
5	何阳	90				
6	杜云美	97				
7	李丽芳	88				
8	徐萍丽	87				
9	唐晓霞	89				
10	张鸣	95				
11	简佳	91				

图 4-113

	A	B	C
1	姓名	考核成绩	名次
2	林晨洁	90	5.5
3	刘美汐	72	
4	苏竞	94	
5	何阳	90	
6	杜云美	97	
7	李丽芳	88	
8	徐萍丽	87	
9	唐晓霞	89	
10	张鸣	95	
11	简佳	91	

图 4-114

【公式解析】

① 用于判断其排位的目标值

=RANK.AVG(B2,$B$2:$B$11,0)

② 目标列表区域，即在这个区域中判断参数 1 指定值的排位

4. QUARTILE.INC（返回四分位数）

【函数功能】QUARTILE.INC 函数用于根据 0~1 之间的百分点值（包含 0 和 1）返回数据集的四分位数。

【函数语法】QUARTILE.INC(array,quart)

● array：表示需要求得四分位值的数组或数字引用区域。

● quart：表示决定返回哪一个四分位值。

【用法解析】

$$= QUARTILE.INC（A2:A12，1）$$

决定返回哪一个四分位值。有 5 个值可选择："0"表示最小值；"1"表示第 1 个四分位数（25%处）；"2"表示第 2 个四分位数（50%处）；"3"表示第 3 个四分位数（75%处）；"4"表示最大值

QUARTILE 函数在 Excel 2010 版本中分出了 .INC(include) 和 .EXC(exclude)。上面我们讲了 QUARTILE.INC 函数的作用，而 QUARTILE.EXC 与 QUARTILE.INC 的区别在于，前者无法返回边值，即无法返回最大值与最小值。

如图 4-115 所示使用 QUARTILE.INC 函数可以设置"quart"为"0"（返回最小值）和"4"（返回最大值），而 QUARTILE.EXC 函数无法使用这两个参数，如图 4-116 所示。

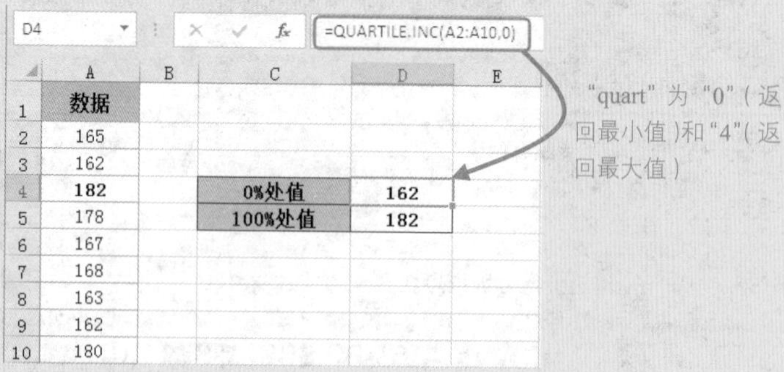

"quart"为"0"（返回最小值）和"4"（返回最大值）

图 4-115

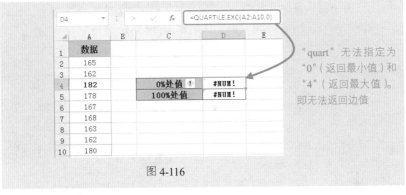

图 4-116

"quart" 无法指定为 "0"（返回最小值）和 "4"（返回最大值）。即无法返回边值

例：四分位数偏度系数

处于数据中间位置的观测值被称为中位数（Q2），而处于 25% 和 75% 位置的观测值分别被称为低四分位数（Q1）和高四分位数（Q3）。在统计分析中，通过计算出的中位数、低四分位数、高四分位数可以计算出四分位数偏度系数，四分位偏度系数也是度量偏度的一种方法。

扫一扫，看视频

❶ 选中 F6 单元格，在编辑栏中输入公式：

=QUARTILE.INC(C3:C14,1)

按 Enter 键即可统计出 C3:C14 单元格区域中 25% 处的值，如图 4-117 所示。

图 4-117

❷ 选中 F7 单元格，在编辑栏中输入公式：

=QUARTILE.INC(C3:C14,2)

按 Enter 键即可统计出 C3:C14 单元格区域中 50%处的值（等同于公式"= MEDIAN (C3:C14)"的返回值），如图 4-118 所示。

图 4-118

❸ 选中 F8 单元格，在编辑栏中输入公式：

`=QUARTILE.INC(C3:C14,3)`

按 Enter 键即可统计出 C3:C14 单元格区域中 75%处的值，如图 4-119 所示。

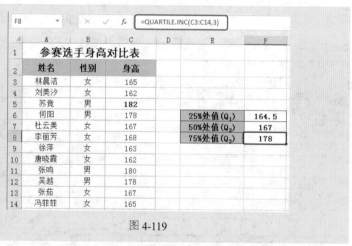

图 4-119

❹ 选中 C16 单元格，在编辑栏中输入公式：

`=(F8-(2*F7)+F6)/(F8-F6)`

按 Enter 键即可计算出四分位数的偏度系数，如图 4-120 所示。

	A	B	C	D	E	F
	参赛选手身高对比表					
1						
2	姓名	性别	身高			
3	林晨洁	女	165			
4	刘美汐	女	162			
5	苏竟	男	**182**			
6	何阳	男	178		25%处值（Q_1）	164.5
7	杜云美	女	167		50%处值（Q_2）	167
8	李丽芳	女	168		75%处值（Q_3）	178
9	徐萍	女	163			
10	唐晓霞	女	162			
11	张鸣	男	180			
12	吴越	男	178			
13	张茹	女	167			
14	冯菲菲	女	165			
15						
16	四分位数偏度系数		0.62962963			

C16 ｜ × ✓ fx =(F8-(2*F7)+F6)/(F8-F6)

图 4-120

📢 注意:

四分位数的偏度系数的计算公式为：

$$\frac{Q_3 - 2Q_2 + Q_1}{Q_3 - Q_1}$$

5. PERCENTILE.INC（返回第 k 个百分点值）

【函数功能】PERCENTILE.INC 函数用于返回区域中数值的第 k 个百分点的值，k 为 0~1 之间的百分点值，包含 0 和 1。

【函数语法】PERCENTILE.INC(array,k)

- array：表示用于定义相对位置的数组或数据区域。
- k：表示 0~1 之间的百分点值，包含 0 和 1。

【用法解析】

= P E R C E N T I L E . I N C（A 2 : A 1 2 , 0 . 5）

指定返回哪个百分点处的值，值为 0~1，参数为 "0" 时表示最小值，参数为 "1" 时表示最大值

◀》 **注意:**

PERCENTILE 函数在 Excel 2010 版本中分出了 .INC(include) 和 .EXC(exclude)。
PERCENTILE.INC 与 PERCENTILE .EXC 二者间的区别同 QUARTILE.INC 函数"用法解析"小节中的介绍。

例：返回一组数据 k 个百分点处的值

扫一扫，看视频

要求根据表格中给出的身高数据返回指定的 k 百分点处的值。

❶ 选中 F1 单元格，在编辑栏中输入公式：

`=PERCENTILE.INC(C2:C10,0)`

按 Enter 键即可统计出 C2:C10 单元格区域中的最低身高(等同于公式 "=MIN(C2:C10)" 的返回值)，如图 4-121 所示。

	F1		▼	:	×	✓	f_x	=PERCENTILE.INC(C2:C10,0)
▲	A	B	C	D		E		F
1	姓名	性别	身高			最低身高		159
2	林晨洁	女	161			最高身高		
3	刘美汐	女	159			80%处值		
4	苏竟	男	172					
5	何阳	男	179					
6	杜云美	女	165					
7	李丽芳	女	160					
8	徐萍	女	172					
9	唐晓霞	男	180					
10	张鸣	女	160					

图 4-121

❷ 选中 F2 单元格，在编辑栏中输入公式：

`=PERCENTILE.INC(C2:C10,1)`

按 Enter 键即可统计出 C2:C10 单元格区域中的最高身高（等同于公式 "=MAX(C2:C10)" 的返回值)，如图 4-122 所示。

	F2		▼		×	✓	f_x	=PERCENTILE.INC(C2:C10,1)
▲	A	B	C	D		E		F
1	姓名	性别	身高			最低身高		159
2	林晨洁	女	161			最高身高		180
3	刘美汐	女	159			80%处值		
4	苏竟	男	172					
5	何阳	男	179					
6	杜云美	女	165					
7	李丽芳	女	160					
8	徐萍	女	172					
9	唐晓霞	男	180					
10	张鸣	女	160					

图 4-122

❸ 选中 F3 单元格，在编辑栏中输入公式：

```
=PERCENTILE.INC(C2:C10,0.8)
```

按 Enter 键即可统计出 C2:C10 单元格区域中身高值的 80%处的值，如
图 4-123 所示。

▲	A	B	C	D	E	F
1	姓名	性别	身高		最低身高	159
2	林晨洁	女	161		最高身高	180
3	刘美汐	女	159		80%处值	174.8
4	苏竟	男	172			
5	何阳	男	179			
6	杜云美	女	165			
7	李丽芳	女	160			
8	徐萍	女	172			
9	唐晓霞	男	180			
10	张鸣	女	160			

F3 ▼ : × ✓ fx =PERCENTILE.INC(C2:C10,0.8)

图 4-123

6. PERCENTRANK.INC（返回百分比排位）

【函数功能】PERCENTRANK.INC 函数用于将某个数值在数据集中的
排位作为数据集的百分比值返回，此处的百分比值的范围为 0~1（含 0 和 1）。

【函数语法】PERCENTRANK.INC(array,x,[significance])

● array：表示定义相对位置的数组或数字区域。

● x：表示数组中需要得到其排位的值。

● significance：可选，表示返回的百分数值的有效位数。若省略，函
数保留 3 位小数。

【用法解析】

该参数可以是数组或单元格引用

= P E R C E N T R A N K . I N C （ A 2 : A 1 2 ， A 2 ）

如果此值不与参数 1 中任何值匹配，该函
数将插入值以返回正确的百分比排位

PERCENTRANK 函数在 Excel 2010 版本中分出了 .INC(include)
和 .EXC(exclude)。其中 PERCENTRANK.INC 函数返回的百分比值范围为
0~1（含 0 和 1）。PERCENTRANK.EXC 函数返回的百分比值范围为 0~1（不

含 0 和 1）。下面的例子中将给出使用此二种函数时对结果值的影响对比。

例：将各月销售利润按百分比排位

扫一扫，看视频

当前数据为全年销售利润统计表，要求对此数据进行百分比排位。

❶ 选中 C2 单元格，在编辑栏中输入公式（如图 4-124 所示）：

=PERCENTRANK.INC($B$2:$B$13,B2)

	A	B	C	D	E	F
1	姓名	利润(万元)	百分比排位			
2	1月	35.25	2:$B$13,B2)			
3	2月	51.5				
4	3月	75.81				
5	4月	62.22				
6	5月	55.51				
7	6月	32.2				
8	7月	60.45				
9	8月	77.9				
10	9月	41.55				
11	10月	55.51				
12	11月	65				
13	12月	34.55				

ASIN ╳ ✓ fx =PERCENTRANK.INC($B$2:$B$13,B2)

图 4-124

❷ 按 Enter 键即可返回 B2 单元格中数值在 B2:B13 单元格区域中的百分比排位，如图 4-125 所示。

❸ 将 C2 单元格的公式向下填充，可分别统计出各个月份利润额在全年利润列表中的百分比排位情况，如图 4-126 所示。

	A	B	C
1	姓名	利润(万元)	百分比排位
2	1月	35.25	18.1%
3	2月	51.5	
4	3月	75.81	
5	4月	62.22	
6	5月	55.51	
7	6月	32.2	
8	7月	60.45	
9	8月	77.9	
10	9月	41.55	
11	10月	55.51	
12	11月	65	
13	12月	34.55	

图 4-125

	A	B	C
1	姓名	利润(万元)	百分比排位
2	1月	35.25	18.1%
3	2月	51.5	36.3%
4	3月	75.81	90.9%
5	4月	62.22	72.7%
6	5月	55.51	45.4%
7	6月	32.2	0.0%
8	7月	60.45	63.6%
9	8月	77.9	100.0%
10	9月	41.55	27.2%
11	10月	55.51	45.4%
12	11月	65	81.8%
13	12月	34.55	9.0%

图 4-126

如果使用 PERCENTRANK.EXC 函数来返回统计值，可以看到取消了 0
值与 1 值，如图 4-127 所示。在使用 PERCENTRANK.INC 函数时，0 值表
示最小值，1 值表示最大值。

C2		✕ ✓ fx	=PERCENTRANK.EXC($B$2:$B$13,B2)				
	A	B	C	D	E	F	
1	姓名	利润(万元)	百分比排位				
2	1月	35.25	23.0%				
3	2月	51.5	38.4%				
4	3月	75.81	84.6%				
5	4月	62.22	69.2%				
6	5月	55.51	46.1%				
7	6月	32.2	7.6%				
8	7月	60.45	61.5%				
9	8月	77.9	92.3%				
10	9月	41.55	30.7%				
11	10月	55.51	46.1%				
12	11月	65	76.9%				
13	12月	34.55	15.3%				

图 4-127

4.5 方差、协方差与偏差

方差和标准差是测度数据变异程度的最重要、最常用的指标，用来描述
一维数据的波动性（集中还是分散）。方差是各个数据与其算术平均数的离
差平方和的平均数，通常以 σ^2 表示。方差的计量单位和量纲不便于从经济
意义上进行解释，所以实际统计工作中多用方差的算术平方根——标准差来
测度统计数据的差异程度。标准差又称均方差、标准偏差，一般用 σ 表示。
方差值越小表示数据越稳定。另外，在概率论和统计学中，标准差和方差一
般是用来描述一维数据的；当遇到含有多维数据的数据集时，协方差用于衡
量两个变量的总体误差。

在 Excel 中提供了一些方差统计函数，VAR.S 与 VARA（含文本）是计
算样本方差，VAR.P、VARPA（含文本）是计算样本总体方差，STDEV.S、
STDEVA（含文本）是计算样本标准偏差、STDEV.P、STDEVPA（含文本）
是计算样本总体标准偏差，COVARIANCE.S 是计算样本协方差、
COVARIANCE.P 是计算总体协方差。

1. VAR.S（计算基于样本的方差）

【函数功能】VAR.S 函数用于估算基于样本的方差（忽略样本中的逻辑值和文本）。

【函数语法】VAR.S(number1,[number2],...])

- number1：表示对应于样本总体的第一个数值参数。
- number2, ...：可选，对应于样本总体的 2~254 个数值参数。

【用法解析】

$$= V A R . S （ A 2 : A 1 2 ）$$

计算出的方差值越小，数据越稳定，表示数据间差别小

如果该函数的参数为单元格引用，则该函数只会计算数字，其他类型的值（文本、逻辑值、文本格式的数字等）都会忽略不计。
如果该函数的参数为直接输入参数的值，则该函数将会计算数字、文本格式数字、逻辑值

例：估算产品质量的方差

扫一扫，看视频

例如要考察一台机器的生产能力，利用抽样程序来检验生产出来的产品质量，假设提取 14 个值。根据行业通用法则：如果一个样本中的 14 个数据项的方差大于 0.005，则该机器必须关闭待修。

❶ 选中 B2 单元格，在编辑栏中输入公式：

=VAR.S(A2:A15)

❷ 按 Enter 键即可计算出方差为"0.0025478"，如图 4-128 所示。此值小于 0.005，则此机器工作正常。

B2		▼	:	×	✓	fx	=VAR.S(A2:A15)	
	A			B			C	
1	产品质量的14个数据			方差				
2	3.52			0.0025478				
3	3.49							
4	3.38							
5	3.45							
6	3.47							
7	3.45							
8	3.48							
9	3.49							
10	3.5							
11	3.45							
12	3.38							
13	3.51							
14	3.55							
15	3.41							

图 4-128

2. VARA（计算基于样本的方差）

【函数功能】VARA 函数用来估算给定样本的方差，它与 VAR.S 函数的区别在于文本和逻辑值（TRUE 和 FALSE）也将参与计算。

【函数语法】VARA(value1,value2,...)

value1,value2,...：表示作为总体的一个样本的 1~30 个参数。

【用法解析】

$$= VARA（A2:A12）$$

作用与 VAR.S 函数相同，区别在于，使用 VARA 函数时文本和逻辑值（TRUE 和 FALSE）也将参与计算

例：估算产品质量的方差（含机器检测情况）

例如要考察一台机器的生产能力，利用抽样程序来检验生产出来的产品质量，假设提取的 14 个值中有"机器检测"情况。要求使用此数据估算产品质量的方差。

扫一扫，看视频

❶ 选中 B2 单元格，在编辑栏中输入公式：

=VARA(A2:A15)

❷ 按 Enter 键即可计算出方差为"1.59427"（包含文本），如图 4-129所示。

	A	B	C
	产品质量的14个数据	方差	
1			
2	3.52	1.59427473	
3	3.49		
4	3.38		
5	3.45		
6	3.47		
7	机器检测		
8	3.48		
9	3.49		
10	3.5		
11	3.45		
12	机器检测		
13	3.51		
14	3.55		
15	3.41		

B2 ▼ : × ✓ fx =VARA(A2:A15)

图 4-129

3. VAR.P（计算基于样本总体的方差）

【函数功能】VAR.P 函数用于计算基于样本总体的方差（忽略逻辑值和文本）。

【函数语法】VAR.P(number1,[number2],...)

● number1：表示对应于样本总体的第一个数值参数。

● number2, ...：可选，对应于样本总体的 2~254 个数值参数。

【用法解析】

$$= VAR.P（A2:A12）$$

如果该函数的参数为单元格引用，则该函数只会计算数字，其他类型的值（文本、逻辑值、文本格式的数字等）都会忽略不计

假设总体数量是 100，样本数量是 20，当要计算 20 个样本的方差时使用 VAR.S，但如果要根据 20 个样本值估算总体 100 的方差则使用 VAR.P。

例：以样本值估算总体的方差

扫一扫，看视频

例如要考察一台机器的生产能力，利用抽样程序来检验生产出来的产品质量，假设提取 14 个值。想通过这个样本数据估计总体的方差。

❶ 选中 B2 单元格，在编辑栏中输入公式：

`=VAR.P(A2:A15)`

❷ 按 Enter 键即可计算出基于样本总体的方差为"0.00236582"，如图 4-130 所示。

B2		▼	:	✕ ✓ ƒx	=VAR.P(A2:A15)	
▲	A			B		C
1	产品质量的14个数据			方差		
2	3.52			0.00236582		
3	3.49					
4	3.38					
5	3.45					
6	3.47					
7	3.45					
8	3.48					
9	3.49					
10	3.5					
11	3.45					
12	3.38					
13	3.51					
14	3.55					
15	3.41					

图 4-130

4. VARPA（计算基于样本总体的方差）

【函数功能】VARPA 函数用于计算样本总体的方差，它与 VARP 函数的区别在于文本和逻辑值（TRUE 和 FALSE）也将参与计算。

【函数语法】VARPA(value1,value2,...)

value1,value2,...：表示作为样本总体的 1~30 个参数。

【用法解析】

$$= VARPA（A2:A12）$$

作用与 VAR.P 函数相同，区别在于，使用 VARPA 函数时文本和逻辑值（TRUE 和 FALSE）也将参与计算

例：以样本值估算总体的方差（含文本）

例如要考察一台机器的生产能力，利用抽样程序来检验生产出来的产品质量，假设提取 14 个值（其中包含有"机器检测"情况）。要求通过这个样本数据估计总体的方差。

扫一扫，看视频

❶ 选中 B2 单元格，在编辑栏中输入公式：

=VARPA(A2:A15)

❷ 按 Enter 键，即可计算出基于样本总体的方差为"1.48039796"，如图 4-131 所示。

B2	▼	⋮	×	✓	f_x	=VARPA(A2:A15)

◢	A	B	C	D
1	产品质量的14个数据	方差		
2	3.52	1.48039796		
3	3.49			
4	3.38			
5	3.45			
6	3.47			
7	机器检测			
8	3.48			
9	3.49			
10	3.5			
11	3.45			
12	机器检测			
13	3.51			
14	3.55			
15	3.41			

图 4-131

5. STDEV.S（计算基于样本估算标准偏差）

【函数功能】STDEV.S 函数用于计算基于样本估算标准偏差（忽略样本中的逻辑值和文本）。

【函数语法】STDEV.S(number1,[number2],...)

- number1：表示对应于总体样本的第一个数值参数。也可以用单一数组或对某个数组的引用来代替用逗号分隔的参数。
- number2,...：可选，对应于总体样本的 2~254 个数值参数。也可以用单一数组或对某个数组的引用来代替用逗号分隔的参数。

【用法解析】

$$= STDEV.S（A2:A12）$$

如果该函数的参数为单元格引用，则该函数只会计算数字，其他类型的值（文本、逻辑值、文本格式的数字等）都会忽略不计。

如果该函数的参数为直接输入参数的值，则该函数将会计算数字、文本格式数字、逻辑值

📢 注意：

标准差又称为均方差、标准偏差，标准差反映数值相对于平均值的离散程度。标准差与均值的量纲（单位）是一致的，在描述一个波动范围时标准差更方便。比如一个班的男生的平均身高是170cm，标准差是10cm，方差则是102，可以简便描述为本班男生的身高分布在 170±10cm。

例：估算入伍军人身高的标准偏差

扫一扫，看视频

例如要考察一批入伍军人的身高情况，抽样抽取 14 人的身高数据，要求基本于此样本估算标准偏差。

❶ 选中 B2 单元格，在编辑栏中输入公式：

`=AVERAGE(A2:A15)`

按 Enter 键，即可计算出身高平均值，如图 4-132 所示。

❷ 选中 C2 单元格，在编辑栏中输入公式：

`=STDEV.S(A2:A15)`

按 Enter 键，即可基于此样本估算出标准偏差，如图 4-133 所示。

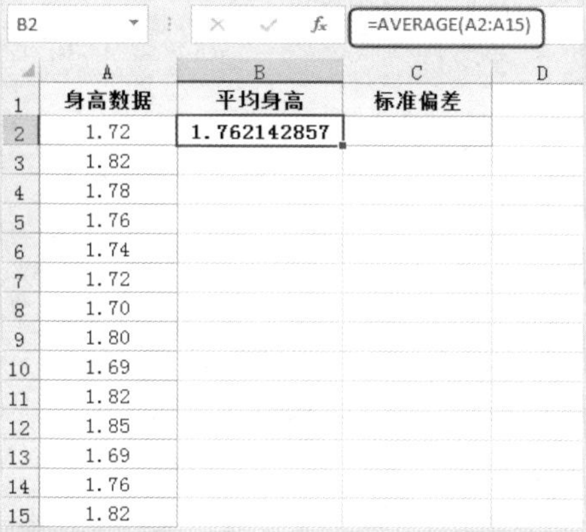

图 4-132

图 4-133

【公式解析】

$$=STDEV.S(A2:A15)$$

通过计算结果可以得出结论：本次入伍军人的身高分布
在 1.7621±0.0539 m 区间

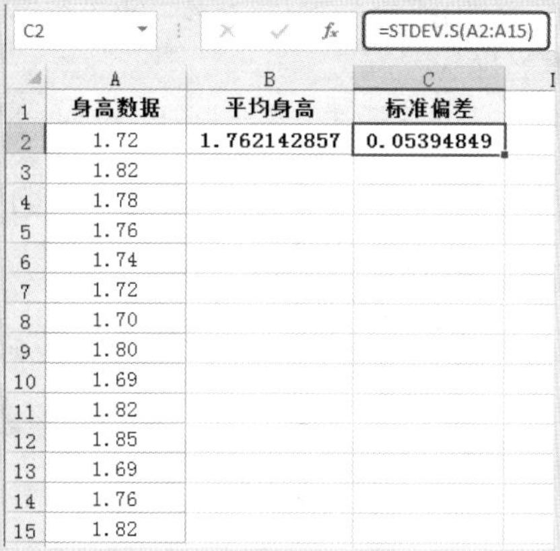

6. STDEVA（计算基于给定样本的标准偏差）

【函数功能】STDEVA 函数用于计算基于给定样本的标准偏差，它与
STDEV 函数的区别是文本值和逻辑值（TRUE 或 FALSE）也将参与计算。

【函数语法】STDEVA(value1,value2,...)

value1,value2,...：表示作为总体的一个样本的 1~30 个参数。

【用法解析】

$$=STDEVA（A2:A12）$$

作用与 STDEV.S 函数相同，区别在于，使用 STDEVA 函数时文本和逻辑值（TRUE 和 FALSE）也将参与计算

例：计算基于给定样本的标准偏差（含文本）

扫一扫，看视频

例如要考察一批入伍军人的身高情况，抽样抽取 14 人的身高数据（其中包含一项"无效检测"），要求基本于此样本估算标准偏差。

❶ 选中 B2 单元格，在编辑栏中输入公式：

=STDEVA(A2:A15)

❷ 按 Enter 键，即可基于此样本估算出标准偏差，如图 4-134 所示。

B2	▼	:	× ✓ fx	=STDEVA(A2:A15)		
▲	A	B	C	D		
1	身高数据	标准偏差				
2	1.72	0.474738216				
3	1.82					
4	1.78					
5	1.76					
6	1.74					
7	无效测量					
8	1.70					
9	1.80					
10	1.69					
11	1.82					
12	1.85					
13	1.69					
14	1.76					
15	1.82					

图 4-134

7. STDEV.P（计算样本总体的标准偏差）

【函数功能】STDEV.P 函数用于计算样本总体的标准偏差（忽略逻辑值和文本）。

【函数语法】STDEV.P(number1,[number2],...)

● number1：表示对应于样本总体的第一个数值参数。

● number2, ...：可选，对应于样本总体的 2~254 个数值参数。

【用法解析】

$$= STDEV.P (A2:A12)$$

如果该函数的参数为单元格引用，则该函数只会计算数字，其他
类型的值（文本、逻辑值、文本格式的数字等）都会忽略不计

假设总体数量是 100，样本数量是 20，当要计算 20 个样本的标准偏差
时使用 STDEV.S，但如果要根据 20 个样本值估算总体 100 的标准偏差则使
用 STDEV.P。

📢 注意：

对于大样本来说，STDEV.S 与 STDEV.P 的计算结果大致相等，但对于小样
本来说，二者计算结果差别会很大。

例：以样本值估算总体的标准偏差

例如要考察一批入伍军人的身高情况，抽样抽取 14 人的身
高数据，要求基于此样本估算总体的标准偏差。

❶ 选中 B2 单元格，在编辑栏中输入公式：
=STDEV.P(A2:A15)

❷ 按 Enter 键，即可基于此样本估算出总体的标准偏差，如图 4-135 所示。

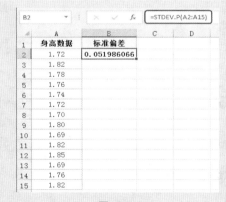

图 4-135

8. STDEVPA（计算样本总体的标准偏差）

【函数功能】STDEVPA 函数用于计算样本总体的标准偏差，它与

STDEV.P 函数的区别是文本值和逻辑值（TRUE 或 FALSE）参与计算。

【函数语法】STDEVPA(value1,value2,...)

value1,value2,...：表示作为总体的一个样本的 1~30 个参数。

【用法解析】

$$= STDEVPA（A2:A12）$$

作用与 STDEV.P 函数相同，区别在于，使用 STDEVPA 函数时
文本和逻辑值（TRUE 和 FALSE）也将参与计算

例：以样本值估算总体的标准偏差（含文本）

扫一扫，看视频

例如要考察一批入伍军人的身高情况，抽样抽取 14 人的身
高数据（包含有一个无效测试），要求基于此样本估算总体的标
准偏差。

❶ 选中 B2 单元格，在编辑栏中输入公式：

`=STDEVPA(A2:A15)`

❷ 按 Enter 键，即可基于此样本估算出总体的标准偏差，如图 4-136 所示。

	A	B	C	D
B2		fx	=STDEVPA(A2:A15)	
1	身高数据	标准偏差		
2	1.72	0.457469192		
3	1.82			
4	1.78			
5	1.76			
6	1.74			
7	无效测量			
8	1.70			
9	1.80			
10	1.69			
11	1.82			
12	1.85			
13	1.69			
14	1.76			
15	1.82			

图 4-136

9. COVARIANCE.S（返回样本协方差）

【函数功能】COVARIANCE.S 函数用于返回样本协方差，即两个数据
集中每对数据点的偏差乘积的平均值。

【函数语法】COVARIANCE.S(array1,array2)

● array1：表示第一个所含数据为整数的单元格区域。

- array2：表示第二个所含数据为整数的单元格区域。

【用法解析】

$$= COVARIANCE.S (A2:A12，B2:B12)$$

参数必须是数字，或者是包含数字的名称、数组或引用。文本、逻辑值被忽略，但包含零值的单元格将计算在内。如果 array1 和 array2 具有不同数量的数据点，则返回错误值#N/A

当遇到含有多维数据的数据集时，需要引入协方差的概念，如判断施肥量与亩产的相关性、判断甲状腺与碘食用量的相关性等。协方差的结果有什么意义呢？如果结果为正值，则说明两者是正相关的；结果为负值就说明是负相关的；如果为 0，也就是统计上说的"相互独立"。

例：计算甲状腺与碘食用量的协方差

例如以 16 个调查地点的地方性甲状腺肿患病量与其食品、水中含碘量的调查数据，现在通过计算协方差可判断甲状腺肿与含碘量是否存在显著关系。

❶ 选中 E2 单元格，在编辑栏中输入公式：

=COVARIANCE.S(B2:B17,C2:C17)

❷ 按 Enter 键，即可返回协方差为"-114.88"，如图 4-137 所示。

	A	B	C	D	E	F
					fx	=COVARIANCE.S(B2:B17,C2:C17)

	A	B	C	D	E	F
1	序号	患病量	含碘量		协方差	
2	1	300	0.1		-114.8803	
3	2	310	0.05			
4	3	98	1.8			
5	4	285	0.2			
6	5	126	1.19			
7	6	80	2.1			
8	7	155	0.8			
9	8	50	3.2			
10	9	220	0.28			
11	10	120	1.25			
12	11	40	3.45			
13	12	210	0.32			
14	13	180	0.6			
15	14	56	2.9			
16	15	145	1.1			
17	16	35	4.65			

图 4-137

通过计算结果可以得出结论为：甲状腺肿患病量与碘食用量有负相关，即含碘量越少，甲状腺肿患病率越高。

【公式解析】

$$=COVARIANCE.S\underline{(B2:B17,C2:C17)}$$

返回对应在 B2:B17 和 C2:C17 单元格区域两个数据集中每对数据点的偏差乘积的平均数。

10. COVARIANCE.P（返回总体协方差）

【函数功能】COVARIANCE.P 函数用于返回总体协方差，即两个数据集中每对数据点的偏差乘积的平均数。

【函数语法】COVARIANCE.P(array1,array2)

- array1：表示第一个所含数据为整数的单元格区域。
- array2：表示第二个所含数据为整数的单元格区域。

【用法解析】

$$=COVARIANCE.P（A2:A12，B2:B12）$$

参数必须是数字，或者是包含数字的名称、数组或引用。文本、逻辑值被忽略，但包含零值的单元格将计算在内。如果 array1 和 array2 具有不同数量的数据点，则返回错误值 #N/A

假设总体数量是 100，样本数量是 20，当要计算 20 个样本的协方差时使用 COVARIANCE.S，但如果要根据 20 个样本值估算总体 100 的协方差则使用 COVARIANCE.P。

例：以样本值估算总体的协方差

扫一扫，看视频

例如以 16 个调查地点的地方性甲状腺肿患病率与其食品、水中含碘量的调查数据，现在要求基于此样本估算总体的协方差。

❶ 选中 E2 单元格，在编辑栏中输入公式：

`=COVARIANCE.P(B2:B17,C2:C17)`

❷ 按 Enter 键，即可返回总体协方差为"-107.7"，如图 4-138 所示。

	A	B	C	D	E	F
	序号	患病量	含碘量		协方差	
1						
2	1	300	0.1		-107.7002	
3	2	310	0.05			
4	3	98	1.8			
5	4	285	0.2			
6	5	126	1.19			
7	6	80	2.1			
8	7	155	0.8			
9	8	50	3.2			
10	9	220	0.28			
11	10	120	1.25			
12	11	40	3.45			
13	12	210	0.32			
14	13	180	0.6			
15	14	56	2.9			
16	15	145	1.1			
17	16	35	4.65			

E2 的编辑栏公式：=COVARIANCE.P(B2:B17,C2:C17)

图 4-138

11. DEVSQ（返回平均值偏差的平方和）

【函数功能】DEVSQ 函数用于返回数据点与各自样本平均值的偏差的平方和。

【函数语法】DEVSQ(number1,number2,...)

number1,number2,...：表示用于计算偏差平方和的 1~30 个参数。

【用法解析】

$$= DEVSQ（A2:A12）$$

计算结果以 Q 值表示。Q 值越大，表示测定值之间的差异越大

如果 DEVSQ 函数使用单元格引用，该函数只会计算参数中的数字，其他类型的值将会被忽略不计。

如果 DEVSQ 函数直接输入参数的值，该函数将会计算参数中数字、文本格式的数字或逻辑值。

如果参数值中包含文本，则返回错误值

例：计算零件质量系数的偏差平方和

本例数据表中为零件的质量系数，使用函数可以返回其偏差平方和。计算结果以 Q 值表示，Q 值越大，表示测定值之间的差异越大。

扫一扫，看视频

❶ 选中 D2 单元格，在编辑栏中输入公式：

=DEVSQ(B2:B9)

❷ 按 Enter 键，即可求出零件质量系数的偏差平方和，如图 4-139 所示。

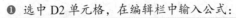

	A	B	C	D
1	编号	零件质量系数		偏差平方和
2	1	75		42
3	2	72		
4	3	76		
5	4	70		
6	5	69		
7	6	71		
8	7	73		
9	8	74		

图 4-139

12. AVEDEV 函数（计算数值的平均绝对偏差）

【函数功能】AVEDEV 函数用于返回数值的平均绝对偏差。偏差表示每个数值与平均值之间的差，平均偏差表示每个偏差绝对值的平均值。该函数可以评测数据的离散度。

【函数语法】AVEDEV(number1,number2,...)

number1,number2,...：表示用来计算绝对偏差平均值的一组参数，其个数可以在 1~30 个之间。

【用法解析】

$$= AVEDEV（A2:A12）$$

计算结果值越大，表示测定值之间的差异越大

参数可以是数字、数字的数组、名称或引用。在计算过程中函数将忽略空白单元格、包含逻辑值和文本的单元格，但包含 0 值的单元格不会被忽略

例：计算一批货物重量的平均绝对偏差

扫一扫，看视频

某公司要求对一批货物的重量保持大致在 500 克左右，选择其中的 10 件进行测试，记录各货物的重量，现在需要计算平均绝对偏差。

❶ 选中 C2 单元格，在编辑栏中输入公式：

=AVEDEV(B2:B11)

❷ 按 Enter 键，即可求出这一组货物重量的平均绝对偏差，如图 4-140 所示。

	A	B	C	D
	编号	重量	偏差平方和	
1				
2	1	500	5.12	
3	2	492		
4	3	496		
5	4	507		
6	5	499		
7	6	498		
8	7	493		
9	8	504		
10	9	507		
11	10	510		

C2 = AVEDEV(B2:B11)

图 4-140

4.6 数据预测

Excel 提供了关于估计线性模型参数和指数模型参数的几个预测函数。

1. LINEST（对已知数据进行最佳直线拟合）

【函数功能】LINEST 函数使用最小二乘法对已知数据进行最佳直线拟合，并返回描述此直线的数组。

【函数语法】LINEST(known_y's,known_x's,const,stats)

- known_y's：表示表达式 y=mx+b 中已知的 y 值集合。
- known_x's：表示关系表达式 y=mx+b 中已知的可选 x 值集合。
- const：一逻辑值，指明是否强制使常数 b 为 0。若 const 为 TRUE 或省略，b 将参与正常计算；若 const 为 FALSE，b 将被设为 0，并同时调整 m 值，使得 y=mx。
- stats：一逻辑值，指明是否返回附加回归统计值。若 stats 为 TRUE，则函数返回附加回归统计值；若 stats 为 FALSE 或省略，则函数返回系数 m 和常数项 b。

例：根据生产数量预测产品的单个成本

LINEST 函数是我们在做销售、成本预测分析时使用比较多的函数。下面的表格中 A 列为产品数量，B 列是对应的单个产品成本。要求预测：当生产 40 个产品时，相对应的成本是多少？

❶ 选中 D2:E2 单元格区域，在编辑栏中输入公式：

=LINEST($B$2:$B$8,$A$2:$A$8)

按 Ctrl+Shift+Enter 组合键，即可根据两组数据直接取得 a 和 b 的值，如图 4-141 所示。

	A	B	C	D	E	F
				{=LINEST($B$2:$B$8,$A$2:$A$8)}		
1	生产数量	单个成本(元)		a值	b值	
2	1	45		-0.2045	41.46288	
3	5	42				
4	10	37				
5	15	36				
6	30	34				
7	70	27				
8	100	22				

图 4-141

❷ A 列和 B 列对应的线性关系式为：y=ax+b。因此选中 B11 单元格，在编辑栏中输入公式：

=A11*D2+E2

按 Enter 键，即可预测出生产数量为 40 件时的单个成本值，如图 4-142 所示。

	A	B	C	D	E
				=A11*D2+E2	
1	生产数量	单个成本(元)		a值	b值
2	1	45		-0.2045	41.46288
3	5	42			
4	10	37			
5	15	36			
6	30	34			
7	70	27			
8	100	22			
9					
10		单个成本预测			
11	40	33.28276601			

图 4-142

❸ 更改 A11 单元格的生产数量，可以预测出相应的单个成本的金额，如图 4-143 所示。

图 4-143

2. TREND（构造线性回归直线方程）

【函数功能】TREND 函数用于返回一条线性回归拟合线的值。即找到适合已知数组 known_y's 和 known_x's 的直线（用最小二乘法），并返回指定数组 new_x's 在直线上对应的 y 值。

【函数语法】TREND(known_y's,known_x's,new_x's,const)

● known_y's：表示已知关系 y=mx+b 中的 y 值集合。

● known_x's：表示已知关系 y=mx+b 中可选的 x 值的集合。

● new_x's：表示需要函数 TREND 返回对应 y 值的新 x 值。

● const：一逻辑值，指明是否将常量 b 强制为 0。

例：根据上半年各月销售额预测后期销售额

在 Excel 中，如果根据趋势需要预测下个月的销售额，可以使用 TREND 函数。

❶ 选中 B10:B11 单元格区域，在编辑栏中输入公式：
=TREND(B2:B7,A2:A7,A10:A11)

❷ 按 Enter 键，即可得到七、八月份销售额的预测值，如图 4-144 所示。

图 4-144

3. LOGEST（回归拟合曲线返回该曲线的数值）

【函数功能】LOGEST 函数用于在回归分析中，计算最符合观测数据组的指数回归拟合曲线，并返回描述该曲线的数值数组。因为此函数返回数值数组，所以必须以数组公式的形式输入。

【函数语法】LOGEST(known_y's,known_x's,const,stats)

- known_y's：表示一组符合 y=b*m^x 函数关系的 y 值的集合。
- known_x's：表示一组符合 y=b*m^x 运算关系的可选 x 值集合。
- const：一逻辑值，指明是否强制使常数 b 为 0。若 const 为 TRUE 或省略，b 将参与正常计算；若 const 为 FALSE，b 将被设为 0，并同时调整 m 值使得 y=mx。
- stats：一逻辑值，指明是否返回附加回归统计值。若 stats 为 TRUE，则函数返回附加回归统计值；若 stats 为 FALSE 或省略，则函数返回系数 m 和常数项 b。

例：预测网站专题的点击量

如果网站中某专题的点击量呈指数增长趋势，则可以使用 LOGEST 函数来对后期点击量进行预测。

❶ 选中 D2:E2 单元格区域，在编辑栏中输入公式：

`=LOGEST(B2:B7,A2:A7,TRUE,FALSE)`

按 Ctrl+Shift+Enter 组合键，即可根据两组数据，直接取得 m 和 b 的值，如图 4-145 所示。

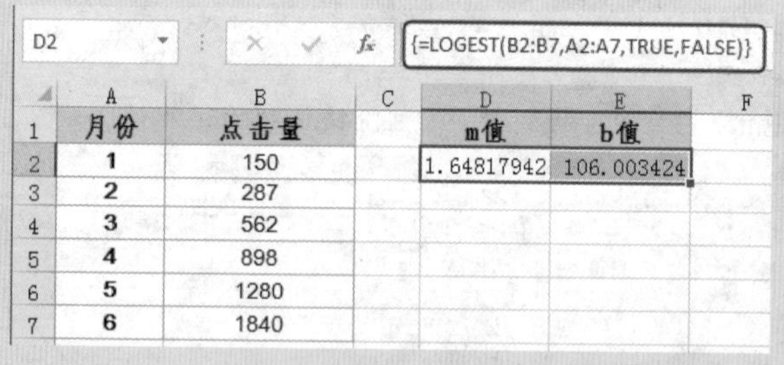

	A	B	C	D	E	F
	月份	点击量		m值	b值	
1	1	150		1.64817942	106.003424	
2	2	287				
3	3	562				
4	4	898				
5	5	1280				
6	6	1840				

D2 `{=LOGEST(B2:B7,A2:A7,TRUE,FALSE)}`

图 4-145

❷ A 列和 B 列对应的线性关系式为：y=b*m^x。因此选中 B10 单元格，在编辑栏中输入公式：

`=E2*POWER(D2,A10)`

按 Enter 键，即可预测出 7 月的点击量，如图 4-146 所示。

B10				f_x	=E2*POWER(D2,A10)	
	A	B	C	D	E	
1	月份	点击量		m值	b值	
2	1	150		1.64817942	106.003424	
3	2	287				
4	3	562				
5	4	898				
6	5	1280				
7	6	1840				
8						
9		预测7月				
10	7	3502.283564				

图 4-146

4．GROWTH（对给定的数据预测指数增长值）

【函数功能】GROWTH 函数用于对给定的数据预测指数增长值。根据现有的 x 值和 y 值，GROWTH 函数返回一组新的 x 值对应的 y 值。可以使用 GROWTH 工作表函数来拟合满足现有 x 值和 y 值的指数曲线。

【函数语法】GROWTH(known_y's,known_x's,new_x's,const)

- known_y's：表示满足指数回归拟合曲线的一组已知的 y 值。
- known_x's：表示满足指数回归拟合曲线的一组已知的 x 值。
- new_x's：表示一组新的 x 值，可通过 GROWTH 函数返回各自对应的 y 值。
- const：一逻辑值，指明是否将系数 b 强制设为 1。若 const 为 TRUE 或省略，则 b 将参与正常计算；若 const 为 FALSE，则 b 将被设为 1。

例：预测销售量

本例报表统计了 9 个月的销量，通过 9 个月产品销售量可以预算出 10、11、12 月的产品销售量。

❶ 选中 E2:E4 单元格区域，在编辑栏中输入公式：
=GROWTH(B2:B10,A2:A10,D2:D4)

❷ 按 Ctrl+Shift+Enter 组合键，即可预测出 10、11、12 月产品的销售量，如图 4-147 所示。

図 4-147

5. FORECAST（根据已有的数值计算或预测未来值）

【函数功能】FORECAST 函数用于根据已有的数值计算或预测未来值。此预测值为基于给定的 x 值推导出的 y 值。已知的数值为已有的 x 值和 y 值，再利用线性回归对新值进行预测。可以使用该函数对未来销售额、库存需求或消费趋势进行预测。

【函数语法】FORECAST(x,known_y's,known_x's)

- x：需要进行预测的数据点。
- known_y's：因变量数组或数据区域。
- known_x's：自变量数组或数据区域。

例：预测未来值

扫一扫，看视频

通过 1~11 月的库存需求量，预测第 12 月的库存需求量。

❶ 选中 D2 单元格，在编辑栏中输入公式：

=FORECAST(8,B2:B12,A2:A12)

❷ 按 Enter 键，即可预测出第 12 月的库存需求量，如图 4-148 所示。

图 4-148

📢 **注意：**

> FORECAST 函数与 TREND 函数都是根据已知的两列数据，得到线性回归方程，并根据给定的新的 X 值，得到相应的预测值。但在设置公式时，二者有如下区别。
>
> （1）两者输入参数的顺序不同。如本例中使用公式"=TREND(B2:B12, A2:A12,D2)"可以得到相同的统计结果。
>
> （2）两者参数个数不同。TREND 函数有 4 个参数，第 4 个参数用于控制回归公式 y=ax+b 中 b 是否为 0。第 4 个参数为 1、TRUE 或省略时，与 FORECAST 函数得到的结果相同。当第 4 个参数为 0 时，会强制回归公式的 b 值为 0，此时两公式得到的结果就不一样了。

6. SLOPE（求一元线性回归的斜率）

【函数功能】SLOPE 函数用于返回根据 known_y's 和 known_x's 中的数据点拟合的线性回归直线的斜率。斜率为直线上任意两点的垂直距离与水平距离的比值，也就是回归直线的变化率。

【函数语法】SLOPE(known_y's,known_x's)

● known_y's：数字型因变量数据点数组或单元格区域。

● known_x's：自变量数据点集合。

例：求拟合的线性回归直线的斜率

❶ 选中 E1 单元格，在编辑栏中输入公式：
=SLOPE(B2:B7,A2:A7)

扫一扫，看视频

❷ 按 Enter 键，即可返回两组数据的线性回归直线的斜率值，如图 4-149 所示。

E1	▾	✕ ✓	fx	=SLOPE(B2:B7,A2:A7)	
▲	A	B	C	D	E
1	完成时间（时）	奖金（元）		一元线性回归的斜率	36.0655738
2	18	500			
3	22	880			
4	30	1050			
5	24	980			
6	36	1250			
7	28	1000			

图 4-149

7. INTERCEPT（求一元线性回归的截距）

【函数功能】INTERCEPT 函数用于计算函数图形与坐标轴交点到原点的距离，分为 X-intercept（函数图形与 X 轴交点到原点的距离）和 Y-intercept（函数图形与 Y 轴交点到原点距离）。

【函数语法】INTERCEPT(known_y's,known_x's)

- known_y's：表示因变量的观察值或数据集合。
- known_x's：表示自变量的观察值或数据集合。

例：计算直线与 Y 轴的截距

扫一扫，看视频

❶ 选中 E2 单元格，在编辑栏中输入公式：
=INTERCEPT(B2:B7,A2:A7)

❷ 按 Enter 键，即可返回两组数据的线性回归直线的截距值，如图 4-150 所示。

	A	B	C	D	E
				fx	=INTERCEPT(B2:B7,A2:A7)
1	完成时间（时）	奖金（元）		一元线性回归的斜率	36.0655738
2	18	500		一元线性回归的截距	-6.3934426
3	22	880			
4	30	1050			
5	24	980			
6	36	1250			
7	28	1000			

图 4-150

8. CORREL（求一元线性回归的相关系数）

【函数功能】CORREL 函数用于返回两个不同事物之间的相关系数。使用相关系数可以确定两种属性之间的关系。例如，可以检测某地的平均温度和空调使用情况之间的关系。

【函数语法】CORREL(array1,array2)

- array1：表示第一组数值单元格区域。
- array2：表示第二组数值单元格区域。

例：返回两个不同事物之间的相关系数

不同的项目之间可以根据完成时间和奖金总额，返回两者之间的相关系数。

❶ 选中 E3 单元格，在编辑栏中输入公式：

=CORREL(A2:A7,B2:B7)

❷ 按 Enter 键，即可返回完成时间与奖金的相关系数，如图 4-151 所示。

E3		▼	:	×	✓	fx	=CORREL(A2:A7,B2:B7)	
▲	A		B		C	D		E
1	完成时间(时)		奖金(元)			一元线性回归的斜率		36.065574
2	18		500			一元线性回归的截距		-6.393443
3	22		880			一元线性回归的相关系数		0.9228753
4	30		1050					
5	24		980					
6	36		1250					
7	28		1000					

图 4-151

📢 注意：

计算出的相关系数值越接近 1，表示二者的相关性越强。

9. STEYX（返回预测值时产生的标准误差）

【函数功能】STEYX 函数用于返回通过线性回归法计算每个 x 的 y 预测值时所产生的标准误差，标准误差用来度量根据单个 x 变量计算出的 y 预测值的误差量。

【函数语法】STEYX(known_y's,known_x's)

● known_y's：表示因变量数据点数组或区域。

● known_x's：表示自变量数据点数组或区域。

例：返回预测值时产生的标准误差

例如 A 列为原始数据，B 列为预测数据，根据这两列数据可以计算出在预测 B 列值时所产生的标准误差。

❶ 选中 B12 单元格，在编辑栏中输入公式：

=STEYX(A2:A10,B2:B10)

❷ 按 Enter 键，即可得出数据预测时产生的标准误差，如图 4-152 所示。

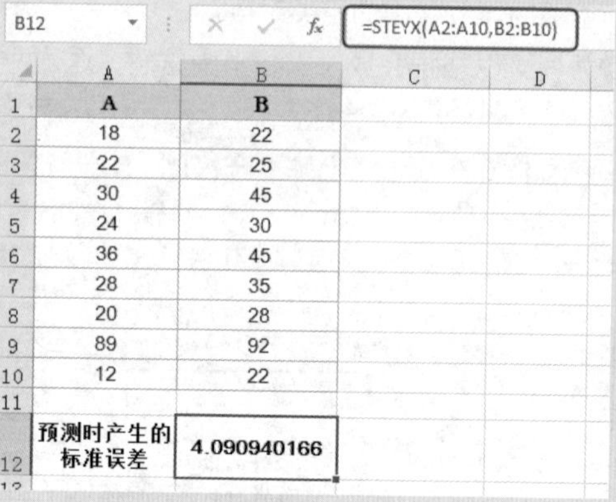

B12 =STEYX(A2:A10,B2:B10)

	A	B	C	D
1	A	B		
2	18	22		
3	22	25		
4	30	45		
5	24	30		
6	36	45		
7	28	35		
8	20	28		
9	89	92		
10	12	22		
11				
12	预测时产生的标准误差	4.090940166		

图 4-152

4.7 假设检验

1. Z.TEST（返回 z 检验的单尾 P 值）

【函数功能】Z.TEST 函数用于返回 z 检验的单尾 P 值。当样本容量 n>30 的正态分布或非正态分布的样本的均值检验。当 n<30 的正态分布样本的均值检验要用 t 检验。

【函数语法】Z.TEST(array,x,[sigma])

- array：必需，用来检验 x 的数组或数据区域。
- x：必需，要测试的值。
- sigma：可选，总体（已知）标准偏差。如果省略，则使用样本标准偏差。

注意：

Z 检验是一般用于大样本（即样本容量大于 30）平均值差异性检验的方法。它是用标准正态分布的理论来推断差异发生的概率，从而比较两个平均数的差异是否显著。

当样本 n>30 时，z 检验和 t 检验结果是一致的；当 n<30 时，若样本是服从正态分布的，则要用 t 检验。

例：返回 z 检验的单尾 P 值

假设对 10 人进行了智力测试，表格中显示测试结果数据。测试的总体平均值为 74.5。希望检测在样本和总体平均之间是否有统计上的显著差异（显著水平为 95%）。

扫一扫，看视频

❶ 选中 D2 单元格，在编辑栏中输入公式：

`=Z.TEST(A2:A11,C2)`

❷ 按 Enter 键，即可返回单尾概率值为 0.42647，如图 4-153 所示。

	D2	▼	✕ ✓ fx	=Z.TEST(A2:A11,C2)
▲	A	B	C	D
1	智力测试数据		总体平均值	单尾概率值
2	65		74.5	0.426475278
3	78			
4	88			
5	55			
6	78			
7	95			
8	66			
9	67			
10	79			
11	81			

图 4-153

【公式解析】

$$=Z.TEST(A2:A11,C2)$$

这里的单尾概率值为 0.42647，其值远大于 alpha=0.05 的临界。于是我们论断样本的平均与总体平均显著不同

2. T.TEST（返回 t 检验的双尾 P 值）

【函数功能】T.TEST 函数用于返回与学生 t 检验相关的概率。使用函数 T.TEST 确定两个样本是否可能来自两个具有相同平均值的基础总体。

【函数语法】T.TEST(array1,array2,tails,type)

● array1：必需，第一个数据集。

● array2：必需，第二个数据集。

● tails：必需，指定分布尾数。如果 tails=1，则 T.TEST 使用单尾分布。如果 tails=2，则 T.TEST 使用双尾分布。

- type：必需，要执行的 t 检验的类型。

例：判断培训后对员工业绩是否具有显著影响

扫一扫，看视频

为了验证某培训是否有效，从接受培训员工中抽取 15 个员工，查看他们培训前后业绩比较，判断培训后是否具有显著效果。如图 4-154 所示为员工培训前后业绩比较数据。

▲	A	B	C
1	培训前业绩（元）	培训后业绩（元）	
2	14750	22320	
3	11220	13660	
4	10670	12660	
5	11990	14100	
6	11110	13990	
7	10340	12210	
8	9680	12980	
9	11110	12210	
10	10890	12000	
11	11220	13770	
12	11440	12100	
13	10890	11990	
14	11440	12430	
15	11660	12980	
16	11110	13200	

图 4-154

❶ 选中 D2 单元格，在编辑栏中输入公式：

`=T.TEST(A2:A16,B2:B16,2,1)`

❷ 按 Enter 键，即可返回 t 检验的概率（双尾分布），如图 4-155 所示。

D2			⨯ ✓ f_x	=T.TEST(A2:A16,B2:B16,2,1)	
▲	A	B	C	D	
1	培训前业绩（元）	培训后业绩（元）		t 检验的概率（双尾分布）	
2	14750	22320		0.000158115	
3	11220	13660			
4	10670	12660			
5	11990	14100			
6	11110	13990			
7	10340	12210			
8	9680	12980			
9	11110	12210			
10	10890	12000			
11	11220	13770			
12	11440	12100			
13	10890	11990			
14	11440	12430			
15	11660	12980			
16	11110	13200			

图 4-155

【公式解析】

=T.TEST(A2:A16,B2:B16,2,1)

t 检验的概率值等于 0.000158，其值远远小于 alpha=0.05 的临界。于是我们论断培训后对业绩有显著影响

3. F.TEST（返回 f 检验的结果）

【函数功能】F.TEST 函数用于返回 f 检验的结果，即当 array1 和 array2 的方差无明显差异时的双尾概率。

【函数语法】F.TEST(array1,array2)

- array1：必需，第一个数组或数据区域。
- array2：必需，第二个数组或数据区域。

例：返回 f 检验的结果

例如给定公立和私立学校的测试成绩表，可以检验各学校间测试成绩的差别程度。

❶ 选中 D2 单元格，在编辑栏中输入公式：
=F.TEST(A2:A13,B2:B13)

❷ 按 Enter 键，即可返回 f 检验结果，如图 4-156 所示。

	A	B	C	D
	公立学校	私立学校		F检验结果
1				
2	80	98		0.911807755
3	85	82		
4	87	88		
5	95	82		
6	90	88		
7	88	89		
8	78	98		
9	95	88		
10	88	95		
11	87	92		
12	80	90		
13	85	92		

D2　｜　×　✓　fx　=F.TEST(A2:A13,B2:B13)

图 4-156

扫一扫，看视频

第 4 章 统计函数

269

【公式解析】

$$=F.TEST(A2:A13,B2:B13)$$

f 检验结果值等于 0.9118，此值越接近 1，表示两组数据的差异越小，因此可以断定二组测试成绩差异不是太明显

4.8 概率分布函数

利用 Excel 中的统计函数可以计算二项分布、泊松分布、正态分布等常用概率分布的概率值、累积（分布）概率等。

4.8.1 二项式分布概率

1. BINOM.DIST（返回一元二项式分布的概率）

【函数功能】BINOM.DIST 函数用于返回一元二项式分布的概率。BINOM.DIST 用于处理固定次数的试验或实验问题，前提是任意试验的结果 d 仅为成功或失败两种情况，实验是独立实验，且在整个试验过程中成功的概率固定不变。

【函数语法】BINOM.DIST(number_s,trials,probability_s,cumulative)

- number_s：必需，试验的成功次数。
- trials：必需，独立试验次数。
- probability_s：必需，每次试验成功的概率。
- cumulative：必需，决定函数形式的逻辑值。如果 cumulative 为 TRUE，则 BINOM.DIST 返回累积分布函数，即最多存在 number_s 次成功的概率；如果为 FALSE，则返回概率密度函数，即存在 number_s 次成功的概率。

例：计算产品合格个数的概率

扫一扫，看视频

在日常工作中，除了需要了解二项分布的概率外，有时还需要通过二项分布的概率反推某种事件发生的概率。

假设从某工厂生产 A 级产品的概率为 0.25，现从中抽样 20 个产品，需要使用 Excel 计算包含 k 个 A 级产品的概率。

❶ 选中 B6 单元格，在编辑栏中输入公式：

=BINOM.DIST(A6,$B$1,$B$2,0)

按 Enter 键，即可计算出 A 级产品个数为 1 个的概率，如图 4-157 所示。

	A	B	C	D
	B6	fx =BINOM.DIST(A6,$B$1,$B$2,0)		
1	抽取样本总数	20		
2	A级产品概率	0.25		
3				
4				
5	A级产品个数	概率		
6	1	0.02114		
7	2			

图 4-157

❷ 将光标移动到 B6 单元格右下角，拖动鼠标向下复制公式，即可计算出包含各个 A 级产品个数的概率，如图 4-158 所示。

	A	B	C	D
	B6	fx =BINOM.DIST(A6,$B$1,$B$2,0)		
1	抽取样本总数	20		
2	A级产品概率	0.25		
3				
4				
5	A级产品个数	概率		
6	1	0.02114		
7	2	0.06695		
8	3	0.13390		
9	4	0.18969		
10	5	0.20233		

图 4-158

2. BINOM.INV（返回使累积二项式分布大于等于临界值的最小值）

【函数功能】BINOM.INV 函数用于返回使累积二项式分布大于等于临界值的最小值。

【函数语法】BINOM.INV(trials,probability_s,alpha)

● trials：表示伯努利试验次数。

● alpha：表示临界值。

● probability_s：表示每次试验中成功的概率。

例：通过二项分布的概率反推某种事件发生的概率

假设某工厂生产 A 级产品的概率为 0.65，从产品中随机抽取 50 个样本，需要使用 Excel 计算出各个概率下应包含的 A 级产品个数。

❶ 选中 B6 单元格，在编辑栏中输入公式：

```
=BINOM.INV($B$1,$B$2,A6)
```

按 Enter 键，即可计算出在 0.45 概率下 A 级产品的个数，如图 4-159 所示。

图 4-159

❷ 将光标移动到 B6 单元格右下角，拖动鼠标向下复制公式，即可计算出包含各个概率下 A 级产品的个数，如图 4-160 所示。

图 4-160

3. BINOM.DIST.RANGE 函数（返回试验结果的概率）

【函数功能】BINOM.DIST.RANGE 函数使用二项式分布返回试验结果的概率。

【函数语法】BINOM.DIST.RANGE(trials,probability_s,number_s,[number_s2])

- trials：必需，独立试验次数，必须大于或等于 0。
- probability_s：必需，每次试验成功的概率，必须大于或等于 0 并小于或等于 1。
- number_s：必需，试验成功的次数，必须大于或等于 0 并小于或等于 trials。

- number_s2：可选，如提供，则返回试验成功的次数将介于 number_s 和 number_s2 之间的概率。必须大于或等于 number_s 并小于或等于 trials。

例：返回实验结果的概率

实验次数为 50 次，实验成功率为 0.7，成功次数为 35，求实验成功的概率。

❶ 选中 D2 单元格，在编辑栏中输入公式：

= BINOM.DIST.RANGE (A2,B2,C2)

❷ 按 Enter 键，即可返回此试验结果成功的概率为 12.23%，如图 4-161 所示。

| D2 | ▼ | ⁝ | × | ✓ | fx | =BINOM.DIST.RANGE(A2,B2,C2) |

	A	B	C	D
1	试验次数	成功率	成功次数	试验结果概率
2	50	0.7	35	12.23%

图 4-161

4. NEGBINOM.DIST（返回负二项式分布）

【函数功能】NEGBINOM.DIST 函数用于返回负二项式分布，即当成功概率为 probability_s 时，在 number_s 次成功之前出现 number_f 次失败的概率。

【函数语法】NEGBINOM.DIST(number_f,number_s,probability_s,cumulative)

- number_f：表示失败的次数。
- number_s：表示成功的极限次数。
- probability_s：表示成功的概率。
- cumulative：表示决定函数形式的逻辑值。如果 cumulative 为 TRUE，NEGBINOM.DIST 返回累积分布函数；如果为 FALSE，则返回概率密度函数。

例：返回负二项式分布

❶ 选中 D2 单元格，在编辑栏中输入公式：

=NEGBINOM.DIST(A2,B2,C2,FALSE)

❷ 按 Enter 键，即可计算出在给定条件下的概率负二项式分布值为 0.04582，如图 4-162 所示。

图 4-162

4.8.2 正态分布概率

1. NORM.DIST（返回指定平均值和标准偏差的正态分布函数）

【函数功能】NORM.DIST 函数用于返回指定平均值和标准偏差的正态分布函数。此函数在统计方面应用范围广泛（包括假设检验）。

【函数语法】NORM.DIST(x,mean,standard_dev,cumulative)

- x：必需，需要计算其分布的数值。
- mean：必需，分布的算术平均值。
- standard_dev：必需，分布的标准偏差。
- cumulative：必需，决定函数形式的逻辑值。如果 cumulative 为 TRUE，则 NORM.DIST 返回累积分布函数；如果为 FALSE，则返回概率密度函数。

例：返回指定平均值和标准偏差的正态分布函数

扫一扫，看视频

假设某公司产品月销售量服从平均值为 300，标准差为 45 的正态分布。根据这个历史数据，使用正态分布函数推测销售量是 280 的概率。

❶ 选中 C4 单元格，在编辑栏中输入公式：
=NORM.DIST(280,B1,B2,TRUE)

❷ 按 Enter 键，即可计算出销量是 280 的概率，如图 4-163 所示。

图 4-163

2. NORM.INV（返回正态累积分布的反函数值）

【函数功能】NORM.INV 函数用于返回指定平均值和标准偏差的正态累积分布函数的反函数值。

【函数语法】NORM.INV(probability,mean,standard_dev)

- probability：必需，对应于正态分布的概率。
- mean：必需，分布的算术平均值。
- standard_dev：必需，分布的标准偏差。

例：返回正态累积分布的反函数

NORMINV 函数是返回指定平均值和标准偏差的正态累积分布函数的反函数值。当已知二项分布的概率时可以推算出某种事件发生的概率。

❶ 选中 C4 单元格，在编辑栏中输入公式：
`=NORM.INV(0.99,B1,B2)`

❷ 按 Enter 键，即可计算出 99% 概率下对应的销量数值，如图 4-164所示。

C4	: × ✓ fx	=NORM.INV(0.99,B1,B2)		
	A	B	C	D
1	平均销量	300		
2	标准差	45		
3				
4	99%概率下对应的销量数值		405	
5				

图 4-164

3. NORM.S.DIST（返回标准正态分布的累积函数）

【函数功能】NORM.S.DIST 函数用于返回标准正态分布函数（该分布的平均值为 0，标准偏差为 1）。

【函数语法】NORM.S.DIST(z,cumulative)

- z：表示需要计算其分布的数值。
- cumulative：一个决定函数形式的逻辑值。如果 cumulative 为 TRUE，NORMS.DIST 返回累积分布函数；如果为 FALSE，则返回概率密度函数。

例：返回标准正态分布的累积函数

❶ 选中 B2 单元格，在编辑栏中输入公式：
`=NORM.S.DIST(A2,TRUE)`

❷ 按 Enter 键，即可返回数值"1"的标准正态分布的累积函数值。选中 B2 单元格，向下复制公式，即可得到数值 0.5 和 2 的标准正态分布的累积概率，如图 4-165 所示。

	A	B	C
	数值	正态分布累积概率	
1			
2	1	0.841344746	
3	0.5	0.691462461	
4	2	0.977249868	

B2 单元格公式：=NORM.S.DIST(A2,TRUE)

图 4-165

4. NORM.S.INV（返回标准正态分布反函数值）

【函数功能】NORM.S.INV 函数用于返回标准正态累积分布函数的反函数值（该分布的平均值为 0，标准偏差为 1）。

【函数语法】NORM.S.INV(probability)

probability：必需，对应于正态分布的概率。

例：返回标准正态累积分布函数的反函数

❶ 选中 B2 单元格，在编辑栏中输入公式：

`=NORM.S.INV(A2)`

❷ 按 Enter 键，即可返回正态分布概率为 0.841344746 的标准正态累积分布函数的反函数值。选中 B2 单元格，向下复制公式，结果如图 4-166 所示（结果可与 NORM.S.DIST 函数的返回值相比较）。

扫一扫，看视频

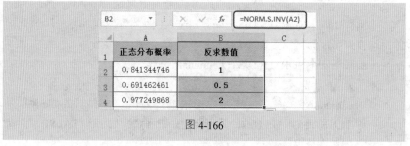

	A	B	C
	正态分布概率	反求数值	
1			
2	0.841344746	1	
3	0.691462461	0.5	
4	0.977249868	2	

B2 单元格公式：=NORM.S.INV(A2)

图 4-166

5. LOGNORM.DIST（返回 x 的对数累积分布函数）

【函数功能】LOGNORM.DIST 函数用于返回 x 的对数分布函数，此处的 ln(x) 是含有 mean 与 standard_dev 参数的正态分布。

【函数语法】LOGNORM.DIST(x,mean,standard_dev,cumulative)

● x：表示用来进行函数计算的值。

● mean：表示 ln(x) 的平均值。

● standard_dev：表示 ln(x) 的标准偏差。

● cumulative：表示决定函数形式的逻辑值。如果 cumulative 为 TRUE，LOGNORM.DIST 返回累积分布函数；如果为 FALSE，则返回概率密度函数。

例：返回 x 的对数累积分布函数

❶ 选中 D2 单元格，在编辑栏中输入公式：

`=LOGNORM.DIST(A2,B2,C2,TRUE)`

❷ 按 Enter 键，即可返回数值 3、平均值 2.5 和标准偏差 0.45 的 x 的对数累积分布函数值为 0.000922238，向下复制公式返回另一组数值的累积分布函数，如图 4-167 所示。

扫一扫，看视频

D2			f_x	=LOGNORM.DIST(A2,B2,C2,TRUE)	
	A	B	C	D	
1	数值	平均值	标准偏差	x的对数累积分布函数值	
2	3	2.5	0.45	0.000922238	
3	10	6	1.25	0.001548553	

图 4-167

6. LOGNORM.INV（返回 x 的对数累积分布函数的反函数值）

【函数功能】LOGNORM.INV 函数用于返回 x 的对数累积分布函数的反函数值，此处的 ln(x) 是含有 mean 与 standard_dev 参数的正态分布。

【函数语法】LOGNORM.INV(probability, mean, standard_dev)

● probability：表示与对数分布相关的概率。

● mean：表示 ln(x) 的平均值。

● standard_dev：表示 ln(x) 的标准偏差。

例：返回 x 的对数累积分布函数的反函数

❶ 选中 D2 单元格，在编辑栏中输入公式：

`=LOGNORM.INV(A2,B2,C2)`

❷ 按 Enter 键，即可得到当对数分布概率为 0.000922238、平均值为 2.5 和标准偏差为 0.45 时，x 的对数累积分布函数的反

扫一扫，看视频

函数值为 3，向下复制公式返回另一组对数的反函数，如图 4-168 所示（结果可与 LOGNORM.DIST 函数相比较）。

	A	B	C	D
	对数分布概率	平均值	标准偏差	x的对数累积分布函数的反函数
1				
2	0.000922238	2.5	0.45	3
3	0.001548553	6	1.25	10

D2 =LOGNORM.INV(A2,B2,C2)

图 4-168

4.8.3 X² 分布概率

1. CHISQ.DIST （返回 X² 分布）

【函数功能】CHISQ.DIST 函数用于返回 X^2 分布。X^2 分布通常用于研究样本中某些事物变化的百分比，例如人们一天中用来看电视的时间所占的比例。

【函数语法】CHISQ.DIST (x,deg_freedom,cumulative)

- x：表示用来计算分布的数值。如果 x 为负数，则 CHISQ.DIST 返回 #NUM! 错误值。
- deg_freedom：表示自由度数。若 deg_freedom 不是整数，则将被截尾取整；若 deg_freedom < 1 或 deg_freedom > 10^10，则函数 CHISQ.DIST 返回 #NUM 错误值。
- cumulative：表示决定函数形式的逻辑值。如果 cumulative 为 TRUE，则函数 CHISQ.DIST 返回累积分布函数；如果为 FALSE，则返回概率密度函数。

例：返回 X^2 分布的左尾概率

扫一扫，看视频

❶ 选中 B3 单元格，在编辑栏中输入公式：
`=CHISQ.DIST(B1,B2,TRUE)`
❷ 按 Enter 键，即可返回数值 1.5 和自由度 2 的 X^2 分布的左尾概率值为 0.52763，如图 4-169 所示。

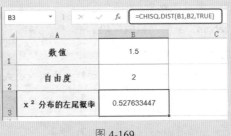

图 4-169

2. CHISQ.INV（返回 X^2 分布的左尾概率的反函数）

【函数功能】CHISQ.INV 函数用于返回 X^2 分布的左尾概率的反函数。

【函数语法】CHISQ.INV (probability,deg_freedom)

● probability：表示与 X^2 分布相关的概率。

● deg_freedom：表示自由度数。

例：返回 X^2 分布的左尾概率的反函数

❶ 选中 B3 单元格，在编辑栏中输入公式：

=CHISQ.INV(B1,B2)

❷ 按 Enter 键，即可返回 X^2 分布的概率 0.527633447 和自由度 2 的 X^2 分布的左尾概率的反函数值为 1.5，如图 4-170 所示（结果可与 CHISQ.DIST 函数的返回值相比较）。

扫一扫，看视频

图 4-170

3. CHISQ.DIST.RT（返回 X^2 分布的右尾概率）

【函数功能】CHISQ.DIST.RT 函数用于返回 X^2 分布的右尾概率。X^2 分布与 X^2 测试相关联。使用 X^2 测试可比较观察值和预期值。通过使用该函数比较观察结果和理论值，可以确定初始假设是否有效。

【函数语法】CHISQ.DIST.RT(x,deg_freedom)

- x：必需，用来计算分布的数值。
- deg_freedom：必需，自由度数。

例：返回 X^2 分布的右尾概率

❶ 选中 B3 单元格，在编辑栏中输入公式：
`=CHISQ.DIST.RT(B1,B2)`

❷ 按 Enter 键，即可返回数值 8 和自由度 2 的 X^2 分布的右尾概率值为 0.01831，如图 4-171 所示。

B3		×	✓	fx	=CHISQ.DIST.RT(B1,B2)	
	A			B		C
1	数值			8		
2	自由度			2		
3	x^2 分布的右尾概率			0.018315639		

图 4-171

4. CHISQ.INV.RT（返回 X^2 分布的右尾概率的反函数）

【函数功能】CHISQ.INV.RT 函数用于返回 X^2 分布的右尾概率的反函数。

【函数语法】CHISQ.INV.RT(probability,deg_freedom)

- probability：表示与 X^2 分布相关的概率。
- deg_freedom：表示自由度的数值。

例：返回 X^2 分布的右尾概率的反函数

❶ 选中 B3 单元格，在编辑栏中输入公式：
`=CHISQ.INV.RT(B1,B2)`

❷ 按 Enter 键，即可返回 X^2 分布的概率 0.018315639 和自由度 2 的 X^2 分布的单尾概率的反函数值为 8，如图 4-172 所示（结果可与 CHISQ.DIST.RT 函数的返回值相比较）。

B3		×	✓	fx	=CHISQ.INV.RT(B1,B2)	
	A			B		C
1	x^2 分布的右尾概率			0.018315639		
2	自由度			2		
3	x^2 分布的右尾概率的反函数			8		

图 4-172

4.8.4　t分布概率

1. T.DIST（返回学生的左尾t分布）

【函数功能】T.DIST 函数用于返回学生的左尾t分布。t分布用于小型样本数据集的假设检验。

【函数语法】T.DIST(x,deg_freedom, cumulative)

- x：表示用于计算分布的数值。
- deg_freedom：表示自由度数的整数。
- cumulative：表示决定函数形式的逻辑值。如果 cumulative 为 TRUE，则 T.DIST 返回累积分布函数；如果为 FALSE，则返回概率密度函数。

例：返回学生t分布的百分点

❶ 选中 C4 单元格，在编辑栏中输入公式：

`=T.DIST(A2,B2,TRUE)`

按 Enter 键，即可返回数值 1.25675 在自由度为 45 时，t分布的累积分布函数为 0.892336，如图 4-173 所示。

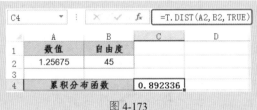

图 4-173

❷ 选中 C5 单元格，在编辑栏中输入公式：

`=T.DIST(A2,B2,FALSE)`

按 Enter 键，即可返回数值 1.25675 在自由度为 45 时，t分布的概率密度函数为 0.179441，如图 4-174 所示。

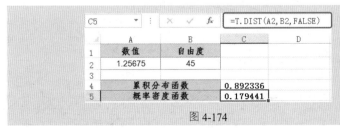

图 4-174

2. T.DIST.RT（返回学生的右尾 t 分布）

【函数功能】T.DIST.RT 函数用于返回学生的右尾 t 分布。

【函数语法】T.DIST.RT(x,deg_freedom)

- x：表示用于计算分布的数值。
- deg_freedom：一个表示自由度数的整数。

例：返回学生的右尾 t 分布

❶ 选中 C4 单元格，在编辑栏中输入公式：

=T.DIST.RT(A2,B2)

❷ 按 Enter 键，即可返回数值 1.25675 在自由度为 45 时，右尾 t 分布值为 0.107664354，如图 4-175 所示。

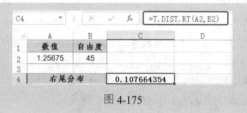

图 4-175

3. T.DIST.2T（返回学生的双尾 t 分布）

【函数功能】T.DIST.2T 函数用于返回学生的双尾 t 分布。

【函数语法】T.DIST.2T(x,deg_freedom)

- x：表示用于计算分布的数值。
- deg_freedom：一个表示自由度数的整数。

例：返回学生的双尾 t 分布

❶ 选中 C4 单元格，在编辑栏中输入公式：

=T.DIST.2T(A2,B2)

❷ 按 Enter 键，即可返回数值 1.25675 在自由度 45 时，双尾 t 分布值为 0.215329，如图 4-176 所示。

图 4-176

4. T.INV（返回学生 t 分布的左尾反函数）

【函数功能】T.INV 函数用于返回学生 t 分布的左尾反函数。

【函数语法】T.INV(probability,deg_freedom)

- probability：表示与学生 t 分布相关的概率。
- deg_freedom：表示分布的自由度数。

例：返回学生 t 分布的左尾反函数

❶ 选中 C2 单元格，在编辑栏中输入公式：

=T.INV(A2,B2)

❷ 按 Enter 键，即可返回双尾 t 分布概率 1.25% 和自由度 20 时，t 分布的 t 值为-2.42311654，如图 4-177 所示。

C2		▼	:	×	✓	fx	=T.INV(A2,B2)

	A	B	C
1	左尾学生t分布的概率	自由度	t值
2	1.25%	20	-2.42311654

图 4-177

5. T.INV.2T（返回学生 t 分布的双尾反函数）

【函数功能】T.INV.2T 函数用于返回学生 t 分布的双尾反函数。

【函数语法】T.INV.2T(probability,deg_freedom)

- probability：表示与学生 t 分布相关的概率。
- deg_freedom：表示代表分布的自由度数。

例：返回学生 t 分布的双尾反函数

❶ 选中 C2 单元格，在编辑栏中输入公式：

=T.INV.2T(A2,B2)

❷ 按 Enter 键，即可返回双尾 t 分布概率为 0.015 和自由度 为 30 时，t 分布的 t 值为 2.580583233，如图 4-178 所示。

C2		▼	:	×	✓	fx	=T.INV.2T(A2,B2)

	A	B	C
1	双尾学生t分布的概率	自由度	t值
2	0.015	30	2.580583233

图 4-178

4.8.5　F 概率分布

1. F.DIST（返回两个数据集的（左尾）F 概率分布）

【函数功能】F.DIST 函数用于返回两个数据集的（左尾）F 概率分布（变化程度）。使用此函数可以确定两组数据是否存在变化程度上的不同。

【函数语法】F.DIST (x,deg_freedom1,deg_freedom2,cumulative)

- x：表示用来计算函数的值。
- deg_freedom1：表示分子自由度。
- deg_freedom2：表示分母自由度。
- cumulative：表示决定函数形式的逻辑值。如果 cumulative 为 TRUE，则 F.DIST 返回累积分布函数；如果为 FALSE，则返回概率密度函数。

例：返回 F 概率分布函数值（左尾）

扫一扫，看视频

❶ 选中 D4 单元格，在编辑栏中输入公式：

=F.DIST(A2,B2,C2,TRUE)

按 Enter 键，即可得出使用累积分布函数计算的 F 概率分布函数值为 0.9，如图 4-179 所示。

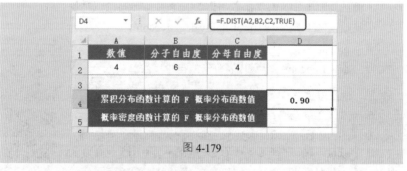

D4	▼	：	× ✓	f_x	=F.DIST(A2,B2,C2,TRUE)

▲	A	B	C	D
1	数值	分子自由度	分母自由度	
2	4	6	4	
3				
4	累积分布函数计算的 F 概率分布函数值			0.90
5	概率密度函数计算的 F 概率分布函数值			

图 4-179

❷ 选中 D5 单元格，在编辑栏中输入公式：

=F.DIST(A2,B2,C2, FALSE)

按 Enter 键，即得出使用概率密度函数计算的 F 概率分布函数值为 0.038555364，如图 4-180 所示。

图 4-180

2. F.DIST.RT（返回两个数据集的（右尾）F 概率分布）

【函数功能】F.DIST.RT 函数用于返回两个数据集的（右尾）F 概率分布（变化程度）。

【函数语法】F.DIST.RT(x,deg_freedom1,deg_freedom2)

● x：表示用来进行函数计算的值。

● deg_freedom1：表示分子的自由度。

● deg_freedom2：表示分母的自由度。

● cumulative：表示决定函数形式的逻辑值。如果 cumulative 为 TRUE，则 F.DIST 返回累积分布函数；如果为 FALSE，则返回概率密度函数。

例：返回 F 概率分布函数值（右尾）

❶ 选中 D2 单元格，在编辑栏中输入公式：

=F.DIST.RT(A2,B2,C2)

❷ 按 Enter 键，即可计算出数值为 6、分子自由度为 2 和分母自由度为 3 时，F 概率分布值为 0.089442719，如图 4-181 所示。

扫一扫，看视频

图 4-181

3. F.INV（返回（左尾）F 概率分布函数的反函数）

【函数功能】F.INV 函数返回（左尾）F 概率分布函数的反函数值。如果 p = F.DIST(x,...)，则 F.INV(p,...) = x。在 F 检验中，可以使用 F 概率分布比较两组数据中的变化程度。例如，可以分析美国和加拿大的收入分布，判断两个国家/地区是否有相似的收入变化程度。

【函数语法】F.INV(probability,deg_freedom1,deg_freedom2)

- probability：必需，F 累积分布的概率值。
- deg_freedom1：必需，分子自由度。
- deg_freedom2：必需，分母自由度。

例：返回 F 概率分布的反函数值

❶ 选中 D4 单元格，在编辑栏中输入公式：

`=F.INV(A2,B2,C2)`

❷ 按 Enter 键，即可计算出 F 概率（左尾）分布函数的反函数值为 4.01，如图 4-182 所示（结果可与 F.DIST 函数对比）。

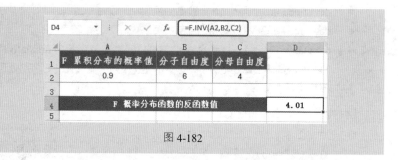

图 4-182

4．F.INV.RT（返回（右尾）F 概率分布的反函数值）

【函数功能】F.INV.RT 函数用于返回（右尾）F 概率分布的反函数值。

【函数语法】F.INV.RT(probability,deg_freedom1,deg_freedom2)

- probability：表示与 F 累积分布相关的概率。
- deg_freedom1：表示分子的自由度。
- deg_freedom2：表示分母的自由度。

例：返回 F 概率分布的反函数值

❶ 选中 D2 单元格，在编辑栏中输入公式：

`=F.INV.RT(A2,B2,C2)`

❷ 按 Enter 键，即可计算出 F 概率分布值为 0.089442719、

分子自由度为 2 和分母自由度为 3 时，F 概率分布的反函数值为 6.000000006，如图 4-183 所示（结果可与 F.DIST.RT 函数对比）。

图 4-183

4.8.6 Beta 分布概率

1. BETA.DIST（返回 Beta 分布）

【函数功能】BETA.DIST 函数用于返回 Beta 分布累积函数的函数值。

【函数语法】BETA.DIST(x,alpha,beta,cumulative,[a],[b])

- x：表示介于 a 和 b 之间用来进行函数计算的值。
- alpha：表示分布参数。
- beta：表示分布参数。
- cumulative：表示决定函数形式的逻辑值。如果 cumulative 为 TRUE，BETA.DIST 返回累积分布函数；如果为 FALSE，则返回概率密度函数。
- a：可选。x 所属区间的下界。
- b：可选。x 所属区间的上界。

例：返回累积 Beta 分布的概率密度函数值

本例已知数值为 8，给定 alpha 分布参数 3、bate 分布参数 4.5，下界 1 和上界 10，利用 BETA.DIST 函数可以返回累积分布函数值。

扫一扫，看视频

❶ 选中 D4 单元格，在编辑栏中输入公式：

=BETA.DIST(A2,B2,C2,TRUE,D2,E2)

❷ 按 Enter 键，即可返回累积分布函数值 0.986220864，如图 4-184 所示。

图 4-184

【公式解析】

逻辑值参数为 TRUE，返回累积分布函数。如果为 FALSE，则返回概率密度函数

=BETA.DIST(A2,B2,C2,<u>TRUE</u>,D2,E2)

2. BETA.INV（返回 Beta 累积概率密度函数的反函数值）

【函数功能】BETA.INV 函数用于返回 Beta 累积概率密度函数(BETA. DIST)的反函数。

【函数语法】BETA.INV(probability,alpha,beta,[a],[b])

- probability：必需，与 Beta 分布相关的概率。
- alpha：必需，分布参数。
- beta：必需，分布参数。
- a：可选，x 所属区间的下界。
- b：可选，x 所属区间的上界。

例：返回指定 Beta 累积概率密度函数的反函数值

扫一扫，看视频

❶ 选中 D4 单元格，在编辑栏中输入公式：
=BETA.INV(A2,B2,C2,D2,E2)

❷ 按 Enter 键，即可返回当概率值为 0.685470581，分布参数为 8 和 10，下界和上界分别为 1 和 3 时，Beta 累积概率密度函数的反函数为 2，如图 4-185 所示。

图 4-185

4.9 其他函数

1. PERMUT（返回排列数）

【函数功能】PERMUT 函数用于返回从给定数目的对象集合中选取的若干对象的排列数。排列为有内部顺序的对象或事件的任意集合或子集。此函数可用于概率计算。

【函数语法】PERMUT(number,number_chosen)

● number：表示元素总数。

● number_chosen：表示每个排列中的元素数目。

【用法解析】

$$= PERMUT（4，2）$$

表示从 5 个数中提取两个数时，共有多少种排列方式

例：计算出中奖率

本例规定中奖规则为：从 1~6 六个数字中，随机抽取 4 个数字组合为一个 4 位数，作为中奖号码。

扫一扫，看视频

❶ 选中 B3 单元格，在编辑栏中输入公式：
`=1/PERMUT(B1,B2)`

❷ 按 Enter 键，即可得出中奖率，如图 4-186 所示。

	B3	▼ : × ✓ fx	=1/PERMUT(B1,B2)		
	A	B	C	D
1	数字个数	6		
2	中奖号码位数	4		
3	中奖率	0.28%		

图 4-186

【公式解析】

① 返回值为：在 6 个数字中，每个排列由 4
个数字组成，共有多少种排列方式

$$=1/PERMUT(B1,B2)$$

② 用 1 除以①的返回结果，得出中奖率

2. PERMUTATIONA 函数（允许重复的情况下返回排列数）

【函数功能】PERMUTATIONA 函数用于返回可从对象总数中选择的给定数目对象（含重复）的排列数。

【函数语法】PERMUTATIONA(number, number_chosen)

- number：必需，表示对象总数的整数。
- number_chosen：必需，表示每个排列中对象数目的整数。

【用法解析】

$$= PERMUTATIONA (4 , 2)$$

与 PERMUT 函数的区别在于，PERMUTATIONA 返回
的排列数允许重复

例：返回排列数

扫一扫，看视频

❶ 选中 B3 单元格，在编辑栏中输入公式：

`=PERMUTATIONA(B1,B2)`

❷ 按 Enter 键，即可得出排列数为 16，如图 4-187 所示。

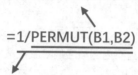

B3		× ✓ fx	=PERMUTATIONA(B1,B2)		
	A	B	C	D
1	数字总数	4		
2	提取个数	2		
3	共有多少种排列方式	16		

图 4-187

【公式解析】

使用公式 "=PERMUT(B1,B2)" 公式，可以看到返回值为 12（如图 4-188 所示）。

图 4-188

假设数字是 "1、2、3、4"，PERMUT 函数的返回结果可以是：12、13、14、23、24、34、43、42、41、32、31、21。而 PERMUTATIONA 函数的返回结果可以是：12、13、14、23、24、34、43、42、41、32、31、21、11、22、33、44。

3. MODE.SNGL（返回数组中的众数）

【函数功能】MODE.SNGL 函数用于返回在某一数组或数据区域中出现频率最多的数值。

【函数语法】MODE.SNGL (number1,[number2],...)

● number1：表示要计算其众数的第一个参数。

● number2, ...：可选，表示要计算其众数的 2~254 个参数。

【用法解析】

$$=MODE.SNGL（A1:B10）$$

如果参数中不包含重复的数值，则 MODE.SNGL 返回#N/A 错误值。

参数可以是单一数组，也可以是多个数组，多个数组时使用逗号间隔。

例：返回最高气温中的众数（即出现频率最高的数）

表格中给出的是 7 月份前半月的最高气温统计列表，要求统计出最高气温的众数。

扫一扫，看视频

❶ 选中 D2 单元格，在编辑栏中输入公式：

= MODE.SNGL(B2:B16)

❷ 按 Enter 键，即可返回该数组中的众数为 36，如图 4-189 所示。

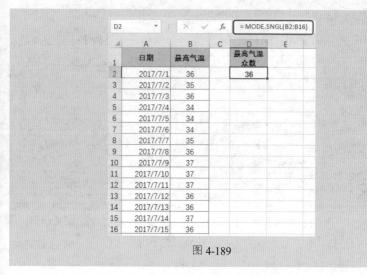

图 4-189

4. MODE.MULT（返回一组数据集中出现频率最高的数值）

【函数功能】MODE.MULT 函数用于返回一组数据或数据区域中出现频率最高或重复出现的数值的垂直数组。对于水平数组，则使用：TRANSPOSE(MODE.MULT(number1,number2,...))。

【函数语法】MODE.MULT(number1,[number2],...)

- number1：表示要计算其众数的第一个数值参数（参数可以是数字或者是包含数字的名称、数组或引用）。
- number2, ...：可选，表示要计算其众数的 2~254 个数值参数。也可以用单一数组或对某个数组的引用来代替用逗号分隔的参数。如果数组或引用参数包含文本、逻辑值或空白单元格，则这些值将被忽略；但包含 0 值的单元格将计算在内。

【用法解析】

$$= MODE.MULT（A1:B10）$$

与 MODE.SNGL 函数的区别是，MODE.MULT 函数可以返回众数数组，即同时有多个众数时都会被一次性返回

如果参数中不包含重复的数值，则 MODE.MULT 返回#N/A 错误值。参数可以用单一数组，也可以是多个数组，多个数组时使用逗号间隔

例：统计被投诉次数最多的工号

表格中统计了本月被投诉的工号列表，可以使用 MODE.MULT 函数统计出被投诉次数最多的工号。被投诉相同次数的工号可能不是只有一个，如同时被投诉两次的可能有三个，使用 MODE.MULT 函数可以一次性返回。

扫一扫，看视频

❶ 选中 C2:C4 单元格区域，在编辑栏中输入公式（如图 4-190 所示）：
=MODE.MULT(A2:A14)

❷ 按 Ctrl+Shift+Enter 组合键，即可返回该数据集中出现频率最高的数值列表，即 1085 和 1015 工号被投诉次数最多，如图 4-191 所示。

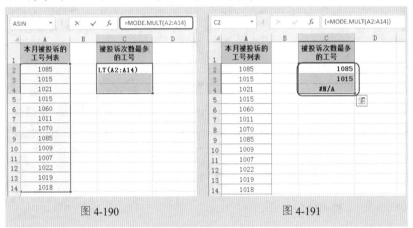

图 4-190　　　　　　　　图 4-191

【公式解析】

=MODE.MULT(A2:A14)

因为返回的是众数列表，因此使用的是数组公式。在输入公式前选择的单元格个数根据情况而定，但要保证大于当前数据列表中的众数个数

5. FREQUENCY（频数分布统计）

【函数功能】FREQUENCY 函数用于计算数值在某个区域内的出现频率，然后返回一个垂直数组。例如，使用 FREQUENCY 函数可以在分数区域内计算测验分数的个数。由于 FREQUENCY 函数返回一个数组，所以它必须以数组公式的形式输入。

【函数语法】FREQUENCY(data_array,bins_array)

- data_array：一个数组或对一组数值的引用，要为它计算频率。
- bins_array：一个区间数组或对区间的引用，该区间用于对 data_array 中的数值进行分组。

【用法解析】

$$= FREQUENCY（B2:E26， G11:G14）$$

目标数据区域　　使用该区域的数据进行分组，如果 bins_array 中不包含任何数值，返回的值与 data_array 中的元素个数相等

例：统计考试分数的分布区间

扫一扫，看视频

当前表格中统计某次驾校考试中 80 名学员的考试成绩，现在需要统计出各个分数段的人数，可以使用 FREQUENCY 函数。

❶ 给数据分好组限并写好其代表的区间，一般组限间采用相同的组距，选中 H3:H6 单元格区域，在编辑栏中输入公式：

`=FREQUENCY(A2:D21, F3:F6)`

❷ 同时按下 Ctrl+Shift+Enter 组合键，即可一次性统计出各个分数区间的人数，如图 4-192 所示。

H3		▼		× ✓ fx	{=FREQUENCY(A2:D21, F3:F6)}		
◢	A	B	C	D	E	F	G	H
1	驾校考试成绩表					分组结果		
2	82	99	99	98		组限	区间	频数
3	97	100	96	96		65	<=65	4
4	100	95	95	96		77	65-77	7
5	73	97	100	66		89	77-89	10
6	99	97	97	68		101	89-100	59
7	96	99	99	98				
8	54	98	95	98				
9	99	96	72	65				
10	99	100	98	98				
11	96	55	95	69				
12	81	96	95	97				
13	98	96	84	88				
14	97	97	77	100				
15	88	58	99	98				
16	71	100	96	99				
17	78	97	97	100				
18	96	78	95	78				
19	99	95	96	96				
20	79	97	88	100				
21	96	97	96	100				

图 4-192

【公式解析】

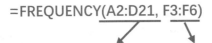

=FREQUENCY(A2:D21, F3:F6)

想统计的数据区间，先按
自己的要求分好组

数据整体

6. PROB（返回数值落在指定区间内的概率）

【函数功能】PROB 函数用于返回区域中的数值落在指定区间内的概率。

【函数语法】PROB(x_range,prob_range,lower_limit,upper_limit)

- x_range：表示具有各自相应概率值的 x 数值区域。
- prob_range：表示与 x_range 中的数值相对应的一组概率值，并且一组概率值的和为 1。
- lower_limit：表示用于概率求和计算的数值下界。
- upper_limit：表示用于概率求和计算的数值可选上界。

例：计算出中奖概率

本例 A2:A7 单元格区域为奖项的编号，并设置了对应的奖项类别，C 列为中奖率统计。

扫一扫，看视频

❶ 选中 E2 单元格，在编辑栏中输入公式：

=PROB(A2:A7,C2:C7,1,2)

❷ 按 Enter 键，即可返回中特等奖或一等奖的概率（默认是小数值），如图 4-193 所示。

E2		f_x	=PROB(A2:A7,C2:C7,1,2)	
	A	B	C	D	E
1	编号	奖项类别	中奖率		中特等奖或一等奖的概率
2	1	特等奖	0.85%		0.0185
3	2	一等奖	1.00%		
4	3	二等奖	4.45%		
5	4	三等奖	4.55%		
6	5	四等奖	7.25%		
7	6	参与奖	81.90%		

图 4-193

❸ 选中 E2 单元格，将数据更改为包含两位小数的百分比值，效果如图 4-194 所示。

	A	B	C	D	E
1	编号	奖项类别	中奖率		中特等奖或一等奖的概率
2	1	特等奖	0.85%		1.85%
3	2	一等奖	1.00%		
4	3	二等奖	4.45%		
5	4	三等奖	4.55%		
6	5	四等奖	7.25%		
7	6	参与奖	81.90%		

图 4-194

7. HYPGEOM.DIST（返回超几何分布）

【函数功能】HYPGEOM.DIST 函数用于返回超几何分布。如果已知样本量、总体成功次数和总体大小，则 HYPGEOM.DIST 返回样本取得已知成功次数的概率。使用 HYPGEOM.DIST 函数用于处理以下的有限总体问题，在该有限总体中，每次观察结果或为成功或为失败，并且已知样本量的每个子集的选取是等可能的。

【函数语法】

HYPGEOM.DIST(sample_s, number_sample, population_s, number_pop, cumulative)

- sample_s：表示样本中成功的次数。
- number_sample：表示样本容量。
- population_s：表示样本总体中成功的次数。
- number_pop：表示样本总体的容量。
- cumulative：表示决定函数形式的逻辑值。

例：返回超几何分布

扫一扫，看视频

员工总人数为 225 人，其中女员工 79 人，选出 35 名员工参加技术比赛。计算在选出的 9 名员工中，恰好选出 6 名女性员工的概率为多少。

❶ 选中 E2 单元格，在编辑栏中输入公式：

```
=HYPGEOM.DIST(D2,C2,B2,A2,FALSE)
```

❷ 按 Enter 键，即可返回选出 6 名女员工的概率为 0.071197693，如图 4-195 所示。

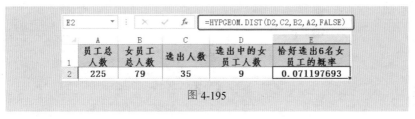

图 4-195

8. KURT（返回数据集的峰值）

【函数功能】KURT 函数用于返回一组数据的峰值。峰值反映与正态分布相比某一分布的相对尖锐度或平坦度，正峰值表示相对尖锐的分布，负峰值表示相对平坦的分布。

【函数语法】KURT(number1,number2, ...)

number1,number2,...：表示需要计算其峰值的 1~30 个参数。可以使用逗号分隔参数的形式，还可使用单一数组，即对数组单元格的引用。

【用法解析】

$$= KURT（B2:B26）$$

如果数组或引用参数里包含文本、逻辑值或空白单元格，这些值将被忽略。但包含零值的单元格将计算在内。
如果数据点少于 4 个，或样本标准偏差等于 0，返回#DIV/0!错误值

例：计算商品在一段时期内价格的峰值

表格中为随机抽取一段时间内各城市大米的价格，要计算这组数据的峰值，检验大米价格分布的尖锐还是平坦。

扫一扫，看视频

❶ 选中 G1 单元格，在编辑栏中输入公式：
=KURT(A2:D7)

❷ 按 Enter 键，即可返回 A2:D7 单元格区域数据集的峰值，如图 4-196 所示。

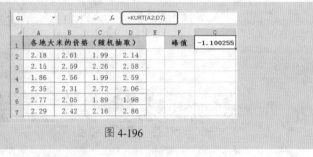

图 4-196

9. SKEW（返回分布的偏斜度）

【函数功能】SKEW 函数用于返回分布的不对称度。不对称度体现了某一分布相对于其平均值的不对称程度。正不对称度表明分布的不对称尾部趋向于正值；负不对称度表明分布的不对称尾部更多趋向于负值。

【函数语法】SKEW(number1,number2,...)

number1,number2,...：表示需要计算偏斜度的 1~30 个参数。

【用法解析】

$$= SKEW（B2:B26）$$

参数必须为数字，其他类型的值都会被忽略。

如果 SKEW 函数参数中的数据点个数少于 3 个，或样本标准差为 0，则该函数将会返回错误值#DIV/0!

例：计算商品在一段时期内价格的不对称度

根据表格中各地大米的销售单价可以计算其价格的不对称度。

❶ 选中 G1 单元格，在编辑栏中输入公式：

=SKEW(A2:D7)

扫一扫，看视频

❷ 按 Enter 键，即可返回 A2:D7 单元格区域数据集的不对称度，如图 4-197 所示。

图 4-197

10. CONFIDENCE.T（学生 t 分布返回总体平均值的置信区间）

【函数功能】CONFIDENCE.T 函数用于使用学生的 t 分布返回总体平均值的置信区间，它是样本平均值任意一侧的区域。

【函数语法】CONFIDENCE.T(alpha,standard_dev,size)

- alpha：必需，用于计算置信度的显著性水平。置信度等于 100×(1-alpha)%，也就是说，如果 alpha 为 0.05，则置信度为 95%。
- standard_dev：必需，数据区域的总体标准偏差，假设为已知。
- size：必需，样本大小。

例：使用 t 分布返回总体平均值的置信区间

例如假设样本取自 50 名学生的考试成绩，他们的平均分为 70 分，总体标准偏差为 5 分，置信度 95%。可以使用 CONFIDENCE.T 计算总体平均值的置信区间。

扫一扫，看视频

❶ 选中 B5 单元格，在编辑栏中输入公式：

`=CONFIDENCE.T(B3,B2,B1)`

❷ 按 Enter 键，返回结果为 1.42，即此次考试总体平均值的置信区间为 70±1.42 分，如图 4-198 所示。

B5		:	× ✓	fx	=CONFIDENCE.T(B3,B2,B1)	
▲	A	B	C	D	E	
1	总人数	50				
2	总体标准偏差	5				
3	置信度	0.05				
4						
5	置信区间	1.42098428				
6						

图 4-198

11. CONFIDENCE.NORM（正态分布返回总体平均值的置信区间）

【函数功能】CONFIDENCE.NORM 函数用于使用正态分布返回总体平均值的置信区间，它是样本平均值任意一侧的区域。

【函数语法】CONFIDENCE.NORM(alpha,standard_dev,size)

- alpha：必需，用于计算置信度的显著性水平。置信度等于 100×(1-alpha)%，也就是说，如果 alpha 为 0.05，则置信度为 95%。
- standard_dev：必需，数据区域的总体标准偏差，假设为已知。
- size：必需，样本大小。

例：使用正态分布返回总体平均值的置信区间

扫一扫，看视频

例如假设样本取自 100 名工人完成某项工作的平均时间为 30 分钟，总体标准偏差为 4 分钟，置信度为 95%。可以使用 CONFIDENCE.NORM 计算总体平均值的置信区间。

❶ 选中 B5 单元格，在编辑栏中输入公式：

=CONFIDENCE.NORM(B3,B2,B1)

❷ 按 Enter 键，返回结果为 0.78，即此次测试总体平均值的置信区间为 30±0.78 分，如图 4-199 所示。

	A	B	C	D	E
	B5	fx	=CONFIDENCE.NORM(B3,B2,B1)		
1	总人数	100			
2	总体标准偏差	4			
3	置信度	0.05			
4					
5	置信区间	0.78398559			

图 4-199

12. PEARSON（返回皮尔生（Pearson）乘积矩相关系数）

【函数功能】PEARSON 函数用于返回皮尔生（Pearson）乘积矩相关系数 r，这是一个范围在-1.0~1.0 之间（包括-1.0 和 1.0 在内）的无量纲指数，反映了两个数据集合之间的线性相关程度。

【函数语法】PEARSON(array1,array2)

- array1：自变量集合。
- array2：因变量集合。

例：返回两个数值集合之间的线性相关程度

扫一扫，看视频

❶ 选中 C9 单元格，在编辑栏中输入公式：

=PEARSON(B2:B7,C2:C7)

❷ 按 Enter 键，即可返回两类产品测试结果的线性相关程度值为-0.163940858，如图 4-200 所示。

	A	B	C
	C9	fx	=PEARSON(B2:B7,C2:C7)
1	测试次数	I 类产品测试结果	II 类产品测试结果
2	1	75	85
3	2	95	85
4	3	78	70
5	4	61	85
6	5	85	81
7	6	71	89
8			
9	测试结果的线性相关程度		-0.163940858

图 4-200

13. RSQ（返回皮尔生乘积矩相关系数的平方）

【函数功能】RSQ 函数通过 known_y's 和 known_x's 中的数据点返回皮尔生（Pearson）乘积矩相关系数的平方。

【函数语法】RSQ(known_y's,known_x's)

- known_y's：数组或数据点区域。
- known_x's：数组或数据点区域。

例：返回 Pearson 乘积矩相关系数的平方

❶ 选中 C9 单元格，在编辑栏中输入公式：
=RSQ(B2:B7,C2:C7)

❷ 按 Enter 键，即可返回两类产品测试结果的皮尔生（Pearson）乘积矩相关系数的平方值，如图 4-201 所示。

扫一扫，看视频

	C9	: × ✓ fx	=RSQ(B2:B7,C2:C7)
	A	B	C
1	测试次数	I 类产品测试结果	II 类产品测试结果
2	1	75	85
3	2	95	85
4	3	78	70
5	4	61	85
6	5	85	81
7	6	71	89
8			
9	测试结果乘积矩相关系数的平方值		0.026876605

图 4-201

14. GAMMA.DIST（返回伽玛分布函数的函数值）

【函数功能】GAMMA.DIST 函数用于返回伽玛分布函数的函数值。可以使用此函数来研究呈斜分布的变量。伽玛分布通常用于排队分析。

【函数语法】GAMMA.DIST(x,alpha,beta,cumulative)

- x：必需，用来计算分布的数值。
- alpha：必需，分布参数。
- beta：必需，分布参数。如果 beta=1，则 GAMMA.DIST 返回标准伽玛分布。
- cumulative：必需，决定函数形式的逻辑值。如果 cumulative 为 TRUE，则 GAMMA.DIST 返回累积分布函数；如果为 FALSE，则返回概率密度函数。

例：返回伽玛分布函数的函数值

扫一扫，看视频

❶ 选中 B4 单元格，在编辑栏中输入公式：

=GAMMA.DIST(A2,B2,C2,FALSE)

按 Enter 键，即可返回概率密度值，如图 4-202 所示。

B4		✕ ✓ fx	=GAMMA.DIST(A2,B2,C2,FALSE)	
	A	B	C	D
1	数值	Alpha 分布参数	Beta分布参数	
2	10.00001131	9	2	
3				
4	概率密度	0.03263913		

图 4-202

❷ 选中 B5 单元格，在编辑栏中输入公式：
=GAMMA.DIST(A2,B2,C2,TRUE)

按 Enter 键，即可返回累积分布值，如图 4-203 所示。

B5		✕ ✓ fx	=GAMMA.DIST(A2,B2,C2,TRUE)	
	A	B	C	D
1	数值	Alpha 分布参数	Beta分布参数	
2	10.00001131	9	2	
3				
4	概率密度	0.03263913		
5	累积分布	0.068094004		

图 4-203

15. GAMMA.INV（返回伽玛累积分布函数的反函数值）

【函数功能】GAMMA.INV 函数用于返回伽玛累积分布函数的反函数值。如果 p = GAMMA.DIST(x,...)，则 GAMMA.INV(p,...) = x。使用此函数可以研究有可能呈斜分布的变量。

【函数语法】GAMMA.INV(probability,alpha,beta)

- probability：必需，伽玛分布相关的概率。
- alpha：必需，分布参数。
- beta：必需，分布参数。如果 beta = 1，则返回标准伽玛分布。

例：返回伽玛累积分布函数的反函数值

扫一扫，看视频

❶ 选中 C4 单元格，在编辑栏中输入公式：
=GAMMA.INV(A2,B2,C2)

❷ 按 Enter 键，即可返回给定条件的伽玛累积分布函数的

反函数值，如图 4-204 所示。

图 4-204

16. GAMMALN（返回伽玛函数的自然对数）

【函数功能】GAMMALN 函数用于返回伽玛函数的自然对数。

【函数语法】GAMMALN(x)

x：表示要计算 GAMMALN 函数的数值（x>0）。

例：返回伽玛函数的自然对数

❶ 选中 B2 单元格，在编辑栏中输入公式：
=GAMMALN(A2)

❷ 按 Enter 键，即可返回数值 0.55 的伽码函数的自然对数，如图 4-205 所示。

图 4-205

17. GAMMALN.PRECISE（返回伽玛函数的自然对数）

【函数功能】GAMMALN.PRECISE 函数用于返回伽玛函数的自然对数，$\Gamma(x)r$。

【函数语法】GAMMALN.PRECISE (x)

x：表示要计算其 GAMMALN.PRECISE 的数值。若 x 为非数值型，则 GAMMALN.PRECISE 函数返回错误值#VALUE!；若 x≤0，则 GAMMALN. PRECISE 函数返回错误值 #NUM!。

例：返回 4 的伽玛函数的自然对数

扫一扫，看视频

❶ 选中 B2 单元格，在编辑栏中输入公式：

```
= GAMMALN.PRECISE (A2)
```

❷ 按 Enter 键，即可返回 4 的伽玛函数的自然对数为 1.791759469，如图 4-206 所示。

图 4-206

第5章 文本函数

5.1 文本合并、长度统计、文本比较函数

在处理文本数据时经常要进行文本合并、长度统计及精确比较等操作，其返回结果可以作为单一的统计结果使用，也可以辅助其他文本函数进行更加灵活的文本数据处理。例如，LEN函数就经常配合其他函数使用。

1. CONCATENATE（合并两个或多个文本字符串）

【函数功能】CONCATENATE函数可将最多255个文本字符串连接成一个文本字符串。

【函数语法】CONCATENATE(text1, [text2], ...)

- text1：必需，要连接的第一个文本项。
- text2,…：可选，其他文本项，最多为255项。项与项之间必须用逗号隔开。

【用法解析】

$$=CONCATENATE("销售","-",B1)$$

连接项可以是文本、数字、单元格引用或这些项的组合。文本、符号等要使用双引号

📢 注意：

> 与CONCATENATE函数用法相似的还有"&"符号，如使用"="销售"&"-"&B1"可以得到与"=CONCATENATE("销售","-",B1)"相同的效果。

例1：将分散两列的数据合并为一列

在图5-1所示的表格中，"班级"与"年级"是分列显示的，现在需要将这两列数据合并。

扫一扫，看视频

	A	B	C	D	E	F
1	姓名	性别	班级	年级	成绩	合并值
2	张铁煊	男	二	(1)班	95	二(1)班
3	王华均	男	二	(2)班	76	二(2)班
4	李成杰	男	二	(3)班	82	二(3)班
5	夏正霏	女	二	(1)班	90	二(1)班
6	万文锦	男	二	(2)班	87	二(2)班
7	刘岚轩	男	二	(3)班	79	二(3)班
8	孙悦	女	二	(1)班	85	二(1)班
9	徐梓瑞	男	二	(2)班	80	二(2)班
10	许宸浩	男	二	(3)班	88	二(3)班
11	王硕彦	男	二	(1)班	75	二(1)班
12	姜美	女	二	(2)班	98	二(2)班
13	蔡浩轩	男	二	(3)班	88	二(3)班

图 5-1

❶ 选中 F2 单元格，在编辑栏中输入公式（如图 5-2 所示）：

```
=CONCATENATE(C2,D2)
```

=CONCATENATE(C2,D2)

	A	B	C	D	E	F
1	姓名	性别	班级	年级	成绩	合并值
2	张铁煊	男	二	(1)班	95	E(C2, D2)
3	王华均	男	二	(2)班	76	
4	李成杰	男	二	(3)班	82	
5	夏正霏	女	二	(1)班	90	
6	万文锦	男	二	(2)班	87	

图 5-2

❷ 按 Enter 键，即可将 C2 与 D2 单元格中的数据合并，得到新的数据，如图 5-3 所示。将 F2 单元格的公式向下填充，可一次性得到合并后的数据。

	A	B	C	D	E	F
1	姓名	性别	班级	年级	成绩	合并值
2	张铁煊	男	二	(1)班	95	二(1)班
3	王华均	男	二	(2)班	76	
4	李成杰	男	二	(3)班	82	
5	夏正霏	女	二	(1)班	90	
6	万文锦	男	二	(2)班	87	

图 5-3

例 2：在数据前统一加上相同文字

在图 5-4 所示的表格中，要在“部门”列的前面统一添加“凌华分公司”文字。此时可以使用 CONCATENATE 函数来建立公式。

	A	B	C	D
1	姓名	部门	销售额(万元)	完整部门
2	王华均	1部	5.62	凌华分公司1部
3	李成杰	1部	8.91	凌华分公司1部
4	夏正霏	2部	5.61	凌华分公司2部
5	万文锦	3部	5.72	凌华分公司3部
6	刘岚轩	1部	5.55	凌华分公司1部
7	孙悦	2部	4.68	凌华分公司2部
8	徐梓瑞	1部	4.25	凌华分公司1部
9	许宸浩	3部	5.97	凌华分公司3部
10	王硕彦	2部	8.82	凌华分公司2部
11	姜美	3部	3.64	凌华分公司3部

图 5-4

❶ 选中 D2 单元格，在编辑栏中输入公式（如图 5-5 所示）：

=CONCATENATE("凌华分公司",B2)

T.TEST	▼	:	×	✓	fx	=CONCATENATE("凌华分公司",B2)	

	A	B	C	D	E
1	姓名	部门	销售额(万元)	完整部门	
2	王华均	1部	5.62	=CONCATENAT	
3	李成杰	1部	8.91		
4	夏正霏	2部	5.61		
5	万文锦	3部	5.72		

图 5-5

❷ 按 Enter 键，即可将"凌华分公司"文字与 B2 单元格中的数据相连接，如图 5-6 所示。将 D2 单元格的公式向下填充，可一次性得到合并后的完整部门。

	A	B	C	D
1	姓名	部门	销售额(万元)	完整部门
2	王华均	1部	5.62	凌华分公司1部
3	李成杰	1部	8.91	
4	夏正霏	2部	5.61	
5	万文锦	3部	5.72	
6	刘岚轩	1部	5.55	

图 5-6

【公式解析】

=CONCATENATE("凌华分公司",B2)

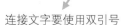

连接文字要使用双引号

例 3：合并面试人员的总分数与录取情况

扫一扫，看视频

CONCATENATE 函数不仅能合并单元格引用的数据、文字等，还可以将函数的返回结果进行连接。例如，在图 5-7 所示的表格中，可以对成绩进行判断（这里规定面试成绩和笔试成绩合计达到 120 分及以上的人员将予以录取），并将总分数与录取情况合并。

	A	B	C	D
1	姓名	面试成绩	笔试成绩	是否录取
2	徐梓瑞	60	60	120/录取
3	许宸浩	50	60	110/未录取
4	王硕彦	69	78	147/录取
5	姜美	55	66	121/录取
6	陈义	32	60	92/未录取
7	李祥	80	50	130/录取

图 5-7

❶ 选中 D2 单元格，在编辑栏中输入公式（如图 5-8 所示）：
=CONCATENATE(SUM(B2:C2),"/",IF(SUM(B2:C2)>=120,"录取",
"未录取"))

| T.TEST | ▼ | : | × | ✓ | fx | =CONCATENATE(SUM(B2:C2),"/",IF(SUM(B2:C2)>=120, "录取","未录取")) |

	A	B	C	D	E	F	G
1	姓名	面试成绩	笔试成绩	是否录取			
2	徐梓瑞	60	60	"未录取"))			
3	许宸浩	50	60				
4	王硕彦	69	78				

图 5-8

❷ 按 Enter 键，即可得出第一位面试人员总成绩与录取结果的合并项，如图 5-9 所示。将 D2 单元格的公式向下填充，即可将其他面试人员的合计分数与录取情况进行合并。

	A	B	C	D
1	姓名	面试成绩	笔试成绩	是否录取
2	徐梓瑞	60	60	120/录取
3	许宸浩	50	60	
4	王硕彦	69	78	
5	姜美	55	66	

图 5-9

【公式解析】

① 对 B2:C2 单元格区域中的各项
成绩进行求和运算

=CONCATENATE(SUM(B2:C2),"/",IF(SUM(B2:C2)>=120,
"录取","未录取"))

③ 将①的返回值与②的返回
值在 D 列单元格中用"/"连接
符连接

② 判断①的总分，如果总分>=120 则返回
"录取"，否则返回"未录取"

2. LEN（返回文本字符串的字符数）

【函数功能】LEN 函数用于返回文本字符串中的字符数。

【函数语法】LEN(text)

text：必需，要计算其长度的文本。空格将作为字符进行计数。

【用法解析】

=LEN(B1)

参数为任何有效的字符串表达式

例：检测身份证号码位数是否正确

身份证号码都是 18 位的，因此可以利用 LEN 函数检查表
格中的身份证号码位数是否符合要求，如果位数正确则返回空
格，否则返回文字"错误"，如图 5-10 所示。

	A	B	C
1	姓名	身份证号码	位数
2	孙悦	34010319856912	错误
3	徐梓瑞	342622196111232368	
4	许宸浩	342622198709154658	
5	王硕彦	3426221960120618	错误
6	姜美	342622198908021	错误
7	蔡浩轩	342513198009112351	
8	王晓蝶	342521198807018921	

图 5-10

❶ 选中 C2 单元格，在编辑栏中输入公式（如图 5-11 所示）：

=IF(LEN(B2)=18,"","错误")

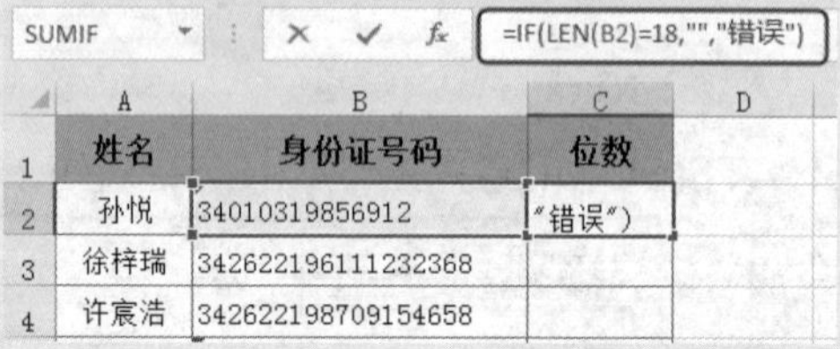

图 5-11

❷ 按 Enter 键，即可查出第一个人的身份证号码位数是否正确，如图 5-12 所示。将 C2 单元格的公式向下填充，即可判断其他身份证号码的位数是否正确。

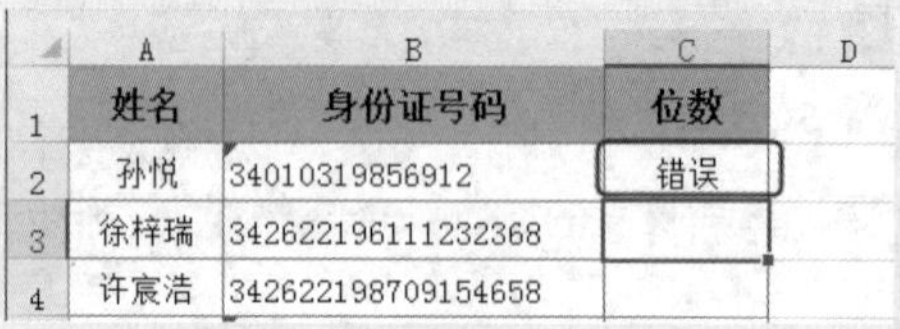

图 5-12

【公式解析】

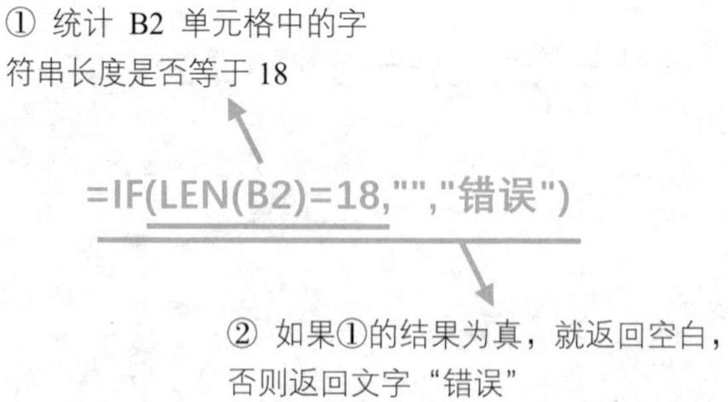

① 统计 B2 单元格中的字符串长度是否等于 18

=IF(LEN(B2)=18,"","错误")

② 如果①的结果为真，就返回空白，否则返回文字"错误"

📢 注意：

LEN 函数常用于配合其他函数使用，在后面介绍 MID 函数、FIND 函数、LEFT 函数时会介绍此函数嵌套在其他函数中使用的例子。

3. LENB（返回文本字符串的字节数）

【函数功能】LENB 函数用于返回文本字符串中的字节数。

【函数语法】LENB(text)

text：必需，要计算其长度的文本。空格将作为字符进行计数。

【用法解析】

$$=LENB(B1)$$

LEN 是按字符数计算的，LENB 是按字节数计算的。数字、字母、英文、标点符号（半角状态下输入的）都是按 1 计算的；汉字、全角状态下的标点符号，每个字符按 2 计算

例：返回文本字符串的字节数

在图 5-13 所示的表格中，针对 A 列中的字符串，分别使用 C 列中对应的公式进行计算，得出的字节数如 B 列所示。

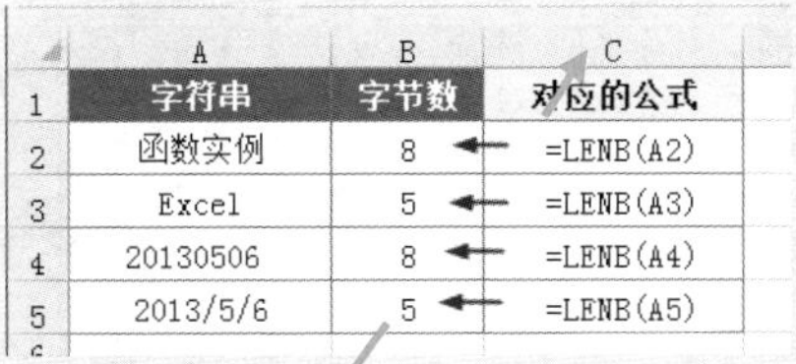

	A	B	C
1	字符串	字节数	对应的公式
2	函数实例	8 ←	=LENB(A2)
3	Excel	5 ←	=LENB(A3)
4	20130506	8 ←	=LENB(A4)
5	2013/5/6	5 ←	=LENB(A5)

日期值返回的字节数为 5，是因为日期对应的是 5 位数的数据序列

图 5-13

4. EXACT（比较两个文本字符串是否完全相同）

【函数功能】EXACT 函数用于比较两个字符串，如果它们完全相同，则返回 TRUE；否则，返回 FALSE。

【函数语法】EXACT(text1, text2)

● text1：必需，第一个文本字符串。

● text2：必需，第二个文本字符串。

【用法解析】

$$= EXACT \ (text1, \ text2)$$

EXACT 要求必须是两个字符串完全一样，包括内容中是否有空格、大小写是否区分等，即必须完全一致才判断为 TRUE，否则就是 FALSE。不过要注意的是，格式上的差异会被忽略

例：比较两次测试数据是否完全一致

扫一扫，看视频

　　图 5-14 所示表格统计了两次抗压测试的结果，想快速判断两次抗压测试的结果是否一样，可以使用 EXACT 函数来完成。

抗压测试	一次测试	二次测试	测试结果	
1	125	125	TRUE	
2	128	125	FALSE	
3	120	120	TRUE	
4	119	119	TRUE	
5	120	120	TRUE	
6	128	125	FALSE	
7	120	120	TRUE	
8	119	119	TRUE	
9	122	122	TRUE	
10	120	120	TRUE	
11	119	119	TRUE	
12	120	120	TRUE	

图 5-14

❶ 选中 D2 单元格，在编辑栏中输入公式（如图 5-15 所示）：
=EXACT(B2,C2)

| T.TEST | × ✓ fx | =EXACT(B2,C2) |

抗压测试	一次测试	二次测试	测试结果
1	125	125	ACT(B2,C2)
2	128	125	
3	120	120	
4	119	119	

图 5-15

❷ 按 Enter 键，即可得出第一条测试的对比结果，如图 5-16 所示。将

D2 单元格的公式向下填充，即可一次性得到其他测试结果的对比。

	A	B	C	D
1	抗压测试	一次测试	二次测试	测试结果
2	1	125	125	TRUE
3	2	128	125	
4	3	120	120	
5	4	119	119	
6	5	120	120	

图 5-16

【公式解析】

=EXACT(B2,C2)

二者相等时返回 TRUE，不等时返回 FALSE。如果在公式外层嵌套一个 IF 函数，则可以返回更为直观的文字结果，如"相同""不同"。使用 IF 函数可将公式优化为"=IF(EXACT(B2,C2),"相同","不同")"

5. REPT（按照给定的次数重复文本）

【函数功能】按照给定的次数重复显示文本。

【函数语法】REPT(text, number_times)

● text：表示需要重复显示的文本。

● number_times：表示用于指定文本重复次数的正数。

【用法解析】

=REPT("★",5)

表示在目标单元格显示 5 个★号

例：快速输入身份证号码填写框

身份证有固定的 18 位号码，手工逐个插入对应的方框符号比较浪费时间，此时使用 REPT 函数就可以实现一次性输入指定数量的方框。

❶ 选中 B3 单元格，在编辑栏中输入公式（如图 5-17 所示）：
=REPT("□",18)

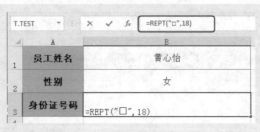

图 5-17

❷ 按 Enter 键，即可一次性填充 18 个空白方框，如图 5-18 所示。

图 5-18

6. TRIM（删除文本中的多余空格）

【函数功能】TRIM 函数用来删除字符串前后的空格，但是会在字符串中间保留一个用于连接。

【函数语法】TRIM(text)

text：必需，需要删除其中空格的文本。

【用法解析】

$$=TRIM(A1)$$

仅可去除字符串首尾空格，且中间会保留一个空格

例：删除产品名称中多余的空格

扫一扫，看视频

在下面的表格中，B 列的产品名称前后及克数前有多个空格，使用 TRIM 函数可一次性删除前后空格且在克数的前面保留一个空格作为间隔。

❶ 选中 C2 单元格，在编辑栏中输入公式（如图 5-19 所示）：

```
=TRIM(B2)
```

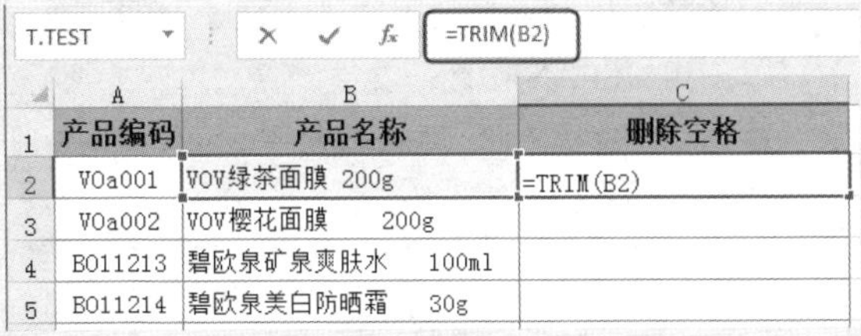

T.TEST | =TRIM(B2)

	A	B	C
1	产品编码	产品名称	删除空格
2	VOa001	VOV绿茶面膜 200g	=TRIM(B2)
3	VOa002	VOV樱花面膜 200g	
4	BO11213	碧欧泉矿泉爽肤水 100ml	
5	BO11214	碧欧泉美白防晒霜 30g	

图 5-19

❷ 按 Enter 键，然后将 C2 单元格的公式向下复制，可以看到 C 列中返回的是对 B 列数据优化后的效果，如图 5-20 所示。

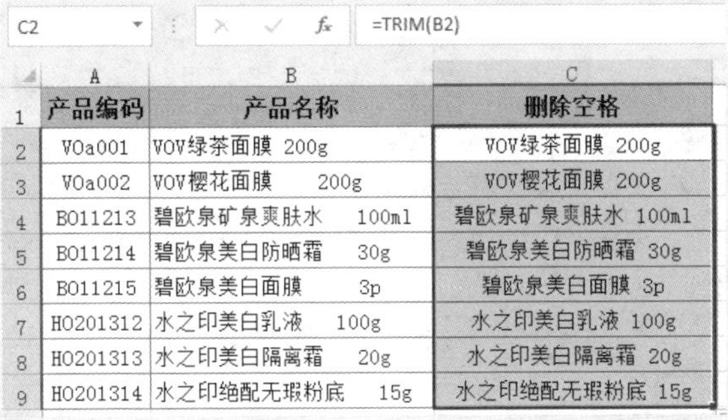

C2 | =TRIM(B2)

	A	B	C
1	产品编码	产品名称	删除空格
2	VOa001	VOV绿茶面膜 200g	VOV绿茶面膜 200g
3	VOa002	VOV樱花面膜 200g	VOV樱花面膜 200g
4	BO11213	碧欧泉矿泉爽肤水 100ml	碧欧泉矿泉爽肤水 100ml
5	BO11214	碧欧泉美白防晒霜 30g	碧欧泉美白防晒霜 30g
6	BO11215	碧欧泉美白面膜 3p	碧欧泉美白面膜 3p
7	HO201312	水之印美白乳液 100g	水之印美白乳液 100g
8	HO201313	水之印美白隔离霜 20g	水之印美白隔离霜 20g
9	HO201314	水之印绝配无瑕粉底 15g	水之印绝配无瑕粉底 15g

图 5-20

7. CLEAN（删除文本中不能打印的字符）

【函数功能】CLEAN 函数用于删除文本中不能打印的字符，即删除文本中的换行符。

【函数语法】CLEAN(text)

text：必需，需要删除非打印字符的文本。

【用法解析】

= CLEAN (A1)

TRIM 函数用于删除单词或字符间多余的空格，仅保留一个空格。CLEAN 函数则用于删除文本中的换行符。两个函数都是用于规范文本书写的函数，可对单元格中的数据文本进行格式的修正

例：删除产品名称中的换行符

扫一扫，看视频

如果数据中存在换行符，则不利于后期对数据的分析。此时可以使用 CLEAN 函数一次性删除文本中的换行符。

❶ 选中 C2 单元格，在编辑栏中输入公式（如图 5-21 所示）：

= CLEAN(B2)

图 5-21

❷ 按 Enter 键，然后将 C2 单元格的公式向下复制，可以看到 C 列中返回的是删除 B 列数据中换行符后的结果，如图 5-22 所示。

图 5-22

5.2 查找字符在字符串中的位置

查找字符在字符串中的位置一般用于辅助对数据的提取，即只有先确定了字符的所在位置才能实现准确提取，因此具备该功能的函数常配合提取文本的函数使用。

1. FIND（查找指定字符中在字符串中的位置）

【函数功能】函数 FIND 用于查找指定字符串在一个字符串中第一次出现的位置。该函数总是从指定位置开始，返回找到的第一个匹配字符串的位置，而不管其后是否还有相匹配的字符串。

【函数语法】FIND(find_text, within_text, [start_num])

- find_text：必需，要查找的文本。
- within_text：必需，包含要查找文本的文本。
- start_num：可选，指定要从哪个位置开始搜索。

【用法解析】

$$=FIND("怎么",A1,5)$$

在 A1 单元格中查找"怎么"，并返回其在 A1 单元格中的起始位置。如果在文本中找不到指定字符串，返回#VALUE!错误值

可以用这个参数指定从哪个位置开始查找。一般会省略，省略时表示从头开始查找

例 1：找出指定文本所在位置

FIND 函数用于返回一个字符串在另一个字符串中的起始位置，通过下面的例子可以更清晰地了解其用法。

❶ 选中 C2 单元格，在编辑栏中输入公式（如图 5-23 所示）：
=FIND(":",A2)

T.TEST		✕ ✓ f_x	=FIND(":",A2)
◢	A	B	C
1	姓名	测试成绩	":"号位置
2	Jinan:徐梓瑞	95	=FIND(":",A2)
3	Jinan:许宸浩	76	
4	Jinan:王硕彦	82	
5	Qingdao:姜美	90	

图 5-23

❷ 按 Enter 键，即可返回 A2 单元格中":"的起始位置。将 C2 单元格的公式向下填充，即可依次返回 A 列各单元格中":"的起始位置，如图 5-24所示。

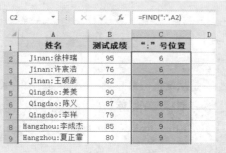

图 5-24

例 2：查找位置是为了辅助提取（从公司名称中提取姓名）

扫一扫，看视频

　　FIND 函数用于返回一个字符串在另一个字符串中的起始位置，可以辅助其他函数，但只返回位置并不能辅助对文本的整理或格式修正。换句话说，更多的时候使用该函数查找位置是为了辅助文本提取。例如，在图 5-25 所示的表格中，要从"公司名称与姓名"列中提取姓名。由于姓名有 3 个字的，也有 2 个字的，因此无法直接使用 LEFT 函数提取。此时需要结合使用 LEFT 与 FIND 函数来提取。

图 5-25

❶ 选中 C2 单元格，在编辑栏中输入公式（如图 5-26 所示）：
=LEFT(A2,FIND(":",A2)-1)

图 5-26

❷ 按 Enter 键，即可从 A2 单元格中提取姓名，如图 5-27 所示。将 C2
单元格的公式向下填充，即可依次从 A 列提取姓名。

	A	B	C
1	公司名称与姓名	测试成绩	提取姓名
2	徐梓瑞:Jinan	95	徐梓瑞
3	许宸浩:Jinan	76	
4	王硕彦:Jinan	82	
5	姜美:Qingdao	90	
6	陈义:Qingdao	87	

图 5-27

【公式解析】

LEFT 函数用于返回从文本左
侧开始指定个数的字符

① 返回 ":" 号在 A2
单元格中的位置

=LEFT(A2,FIND(":",A2)-1)

② 从 A2 单元格中字符串的最左侧开始提取，提取的字符数是①返
回结果减 1。因为①返回结果是 ":" 号的位置，而要提取的字符数
是 ":" 号前的字符数，所以进行减 1 处理

例 3：查找位置是为了辅助提取（从产品名称中提取规格）

例如，在图 5-28 所示的表格中，"产品名称" 列中包含规
格信息，想从产品名称中提取规格数据。

扫一扫，看视频

	A	B	C
1	产品编码	产品名称	规格
2	VOa001	VOV绿茶面膜-200g	200g
3	VOa002	VOV樱花面膜-200g	200g
4	BO11213	碧欧泉矿泉爽肤水-100ml	100ml
5	BO11214	碧欧泉美白防晒霜-30g	30g
6	BO11215	碧欧泉美白面膜-3p	3p
7	HO201312	水之印美白乳液-100g	100g
8	HO201313	水之印美白隔离霜-20g	20g
9	HO201314	水之印绝配无瑕粉底-15g	15g

图 5-28

❶ 选中 C2 单元格，在编辑栏中输入公式（如图 5-29 所示）：

=RIGHT(B2,LEN(B2)-FIND("-",B2))

T.TEST	▼	× ✓ fx	=RIGHT(B2,LEN(B2)-FIND("-",B2))	
	A	B	C	D	E
1	产品编码	产品名称	规格		
2	VOa001	VOV绿茶面膜-200g	-",B2))		
3	VOa002	VOV樱花面膜-200g			
4	B011213	碧欧泉矿泉爽肤水-100ml			
5	B011214	碧欧泉美白防晒霜-30g			

图 5-29

❷ 按 Enter 键，即可从 A2 单元中提取规格，如图 5-30 所示。将 C2 单元格的公式向下填充，即可依次从 B 列中提取规格。

	A	B	C
1	产品编码	产品名称	规格
2	VOa001	VOV绿茶面膜-200g	200g
3	VOa002	VOV樱花面膜-200g	
4	B011213	碧欧泉矿泉爽肤水-100ml	
5	B011214	碧欧泉美白防晒霜-30g	

图 5-30

【公式解析】

RIGHT 函数用于返回从文本右侧开始指定个数的字符

① 统计 B2 单元格中字符串的长度

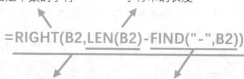

=RIGHT(B2,LEN(B2)-FIND("-",B2))

③ 从 B2 单元格的右侧开始提取，提取字符数为①减去②的值

② 在 B2 单元格中返回"-"的位置。①减去②的值作为 RIGHT 函数的第二个参数

2. FINDB（查找指定字符串在字符串中的位置（按字节算））

【函数功能】FINDB 函数用于查找指定字符串在一个字符串中第一次出现的位置，返回结果按字节计算。

【函数语法】FINDB(find_text,within_text,start_num)

- find_text：要查找的文本。
- within_text：包含要查找文本的文本。
- start_num：指定要从哪个位置开始搜索。

【用法解析】

=FINDB(";",A1)

FINDB 与 FIND 用法类似，不同的是 FIND 是按字符数计算的，FINDB 是按字节数计算的。如果在文本中找不到指定字符串，则和 FIND 函数一样，FINDB 也会返回#VALUE!错误值

例：返回字符串中指定字符串的位置

FINDB 函数以字节为单位返回一个字符串在另一个字符串中的起始位置。

❶ 选中 C2 单元格，在编辑栏中输入公式（如图 5-31 所示）：

```
=FINDB(":",A2)
```

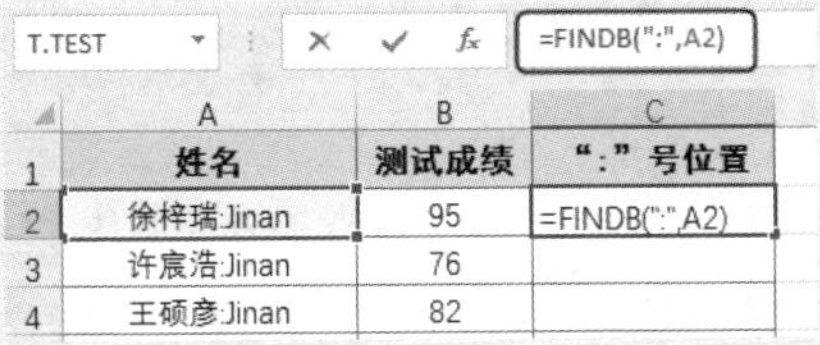

T.TEST =FINDB(":",A2)

	A	B	C
1	姓名	测试成绩	“:”号位置
2	徐梓瑞:Jinan	95	=FINDB(":",A2)
3	许宸浩:Jinan	76	
4	王硕彦:Jinan	82	

图 5-31

❷ 按 Enter 键，然后将 C2 单元格的公式向下复制，可以看到即可依次返回 A 列各字符串中“:”的位置，如图 5-32 所示。

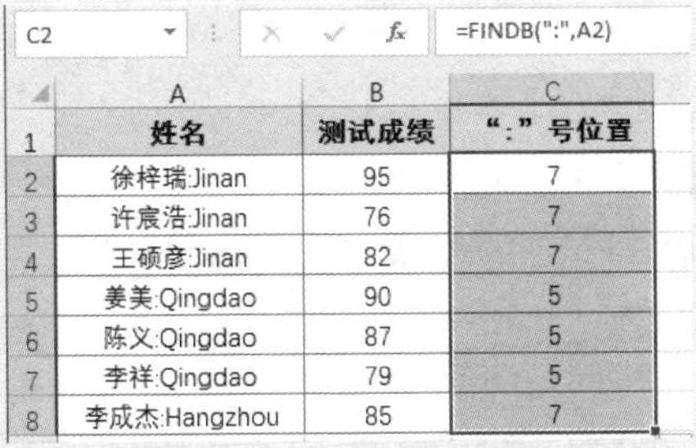

C2 =FINDB(":",A2)

	A	B	C
1	姓名	测试成绩	“:”号位置
2	徐梓瑞:Jinan	95	7
3	许宸浩:Jinan	76	7
4	王硕彦:Jinan	82	7
5	姜美:Qingdao	90	5
6	陈义:Qingdao	87	5
7	李祥:Qingdao	79	5
8	李成杰:Hangzhou	85	7

图 5-32

3. SEARCH（查找字符串的起始位置）

【函数功能】SEARCH 函数返回指定字符串在原始字符串中首次出现的位置，从左到右查找，忽略英文字母的大小写。

【函数语法】SEARCH(find_text,within_text,[start_num])

- find_text：必需，要查找的文本。
- within_text：必需，要在其中搜索 find_text 参数的值的文本。
- start_num：可选，指定在 within_text 参数中从哪个位置开始搜索。

【用法解析】

$$= SEARCH\ ("VO",A1)$$

在 A1 单元格中查找"VO"，并返回其在 A1 单元格中的起始位置。如果在文本中找不到指定字符串，返回#VALUE!错误值

📣 **注意：**

SEARCH 和 FIND 函数的区别主要有以下两点。

（1）FIND 函数区分大小写，而 SEARCH 函数不区分大小写（如图 5-33 所示）。

（2）SEARCH 函数支持通配符，而 FIND 函数不支持（如图 5-34 所示）。例如公式"=SEARCH("VO?",A2)"，返回的是以"VO"开头的 3 个字符组成的字符串第一次出现的位置。

	A	B	C
1	文本	使用公式	返回值
2	JINAN:徐梓瑞	=SEARCH("n",A2)	3
3		=FIND("n",A2)	#VALUE!
4			

查找的是小写的"n"，SEARCH 函数不区分大小写，而 FIND 函数区分，所以找不到

图 5-33

	A	B	C
1	文本	使用公式	返回值
2	JINAN:徐梓瑞	=SEARCH("n?",A2)	3
3		=FIND("n?",A2)	#VALUE!
4			

查找对象中使用了通配符，SEARCH 函数可以包含，FIND 函数不能包含

图 5-34

例：从产品名称中提取品牌名称

产品名称中包含品牌，要求将品牌批量提取出来。

❶ 选中 D2 单元格，在编辑栏中输入公式（如图 5-35 所示）：

```
=MID(B2,SEARCH("vov",B2),3)
```

	A	B	C	D	E
1	产品编码	产品名称	销量	品牌	
2	VOa001	绿茶VOV面膜-200g	545	",B2),3)	
3	VOa002	樱花VOV面膜-200g	457		
4	VOa003	玫瑰VOV面膜-200g	800		

T.TEST · × ✓ fx =MID(B2,SEARCH("vov",B2),3)

图 5-35

❷ 按 Enter 键，然后将 D2 单元格的公式向下复制，可以得到如图 5-36 所示的提取效果。

	A	B	C	D	E
1	产品编码	产品名称	销量	品牌	
2	VOa001	绿茶VOV面膜-200g	545	VOV	
3	VOa002	樱花VOV面膜-200g	457	VOV	
4	VOa003	玫瑰VOV面膜-200g	800	VOV	
5	VOa004	芦荟VOV面膜-200g	474	VOV	
6	VOa005	火山泥VOV面膜-200g	780	VOV	
7	VOa006	红景天VOV面膜-200g	550	VOV	
8	VOa007	珍珠VOV面膜-200g	545	VOV	

D2 · × ✓ fx =MID(B2,SEARCH("vov",B2),3)

图 5-36

【公式解析】

MID 函数返回文本字符串中从指定位置开始的特定数目的字符

① 查找 "VOV" 在 B2 单元格字符串中的位置

=MID(B2,SEARCH("VOV",B2),3)

② 使用 MID 函数从 B2 单元格中提取字符串，从①返回值处开始提取，提取长度为 3 个字符

4. SEARCHB（查找字符串的起始位置（按字节算））

【函数功能】

SEARCHB 函数返回指定字符串在原始字符串中首次出现的位置，返回结果按字节计算。

【函数语法】SEARCHB(find_text,within_text,start_num)

- find_text：要查找的文本。
- within_text：要在其中搜索 find_text 的文本。
- start_num：指定在 within_text 参数中从哪个位置开始搜索。

【用法解析】

$$=SEARCHB(";",A1)$$

SEARCHB 与 SEARCH 用法类似，不同的是 SEARCH 是按字符数计算的，SEARCHB 是按字节数计算的

例：返回指定字符串在文本字符串中的位置

在图 5-37 所示的表格中，针对 A 列中的字符串，分别使用 B 列中对应的公式，得出的字节数如 C 列所示。

	A	B	C
1	产品名称	公式	位置
2	绿茶面膜	=SEARCHB("面膜",A2) →	5
3	芦荟面膜	=SEARCHB("面膜",A3) →	5
4	火山泥面膜	=SEARCHB("面膜",A4) →	7
5	传明酸美白保湿面膜	=SEARCHB("面膜",A5) →	15

每个文字代表两个字节

图 5-37

5.3 提取文本

提取文本是指从文本字符串中提取部分文本。例如，可以用 LEFT 函数从左侧提取，使用 RIGHT 函数从右侧提取，使用 MID 函数从任意指定位置提取等。无论哪种方式的提取，如果要实现批量提取，都要找寻字符串中的相关规律，从而准确地提取有用数据。

1. LEFT（按指定字符数从最左侧提取字符）

【函数功能】LEFT 函数用于从字符串左侧开始提取指定个数的字符。

【函数语法】LEFT(text, [num_chars])

- text：必需，包含要提取的字符的文本字符串。
- num_chars：可选，指定要由 LEFT 提取的字符的数量。

【用法解析】

表示要提取字符的文本　　　　表示要提取多少个字符（从
字符串　　　　　　　　　　　最左侧开始）

例 1：提取分部名称

如果要提取的字符串在左侧，并且要提取的字符宽度一致，可以直接使用 LEFT 函数提取。如图 5-38 所示为从 B 列中提取分部名称。

	A	B	C	D
1	姓名	部门	销售额（万元）	分部名称
2	王华均	凌华分公司1部	5.62	凌华分公司
3	李成杰	凌华分公司1部	8.91	凌华分公司
4	夏正霏	凌华分公司2部	5.61	凌华分公司
5	万文锦	凌华分公司2部	5.72	凌华分公司
6	刘岚轩	枣庄分公司1部	5.55	枣庄分公司
7	孙悦	枣庄分公司1部	4.68	枣庄分公司
8	徐梓瑞	枣庄分公司2部	4.25	枣庄分公司
9	许宸浩	枣庄分公司2部	5.97	枣庄分公司
10	王硕彦	花冲分公司1部	8.82	花冲分公司
11	姜美	花冲分公司2部	3.64	花冲分公司

图 5-38

❶ 选中 D2 单元格，在编辑栏中输入公式（如图 5-39 所示）：
=LEFT(B2,5)

T.TEST		× ✓	fx	=LEFT(B2,5)	
	A	B	C	D	
1	姓名	部门	销售额（万元）	分部名称	
2	王华均	凌华分公司1部	5.62	=LEFT(B2,5)	
3	李成杰	凌华分公司1部	8.91		
4	夏正霏	凌华分公司2部	5.61		
5	万文锦	凌华分公司2部	5.72		

图 5-39

❷ 按 Enter 键，即可提取 B2 单元格中字符串的前 5 个字符，如图 5-40 所示。然后将 D2 单元格的公式向下复制，可以实现批量提取。

	A	B	C	D
1	姓名	部门	销售额(万元)	分部名称
2	王华均	凌华分公司1部	5.62	凌华分公司
3	李成杰	凌华分公司1部	8.91	
4	夏正军	凌华分公司2部	5.61	
5	万文锦	凌华分公司2部	5.72	

图 5-40

例2：从商品全称中提取产地

如果要提取的字符串虽然是从最左侧开始，但长度不一，则无法直接使用 LEFT 函数提取，需要配合 FIND 函数从字符串中寻找统一规律，利用 FIND 的返回值来确定提取的字符串的长度。在图 5-41 所示的数据表中，商品全称中包含产地信息，但产地有 3 个字的，也有 4 个字的，所以可以利用 FIND 函数先找"产"字的位置，然后将此值作为 LEFT 函数的第二个参数。

	A	B	C	D
1	商品编码	商品全称	库存数量	产地
2	TM0241	印度产紫檀	15	印度
3	HHL0475	海南产黄花梨	25	海南
4	HHT02453	东非产黑黄檀	10	东非
5	HHT02476	巴西产黑黄檀	17	巴西
6	HT02491	南美洲产黄檀	15	南美洲
7	YDM0342	非洲产崖豆木	26	非洲
8	WM0014	菲律宾产乌木	24	菲律宾

图 5-41

❶ 选中 D2 单元格，在编辑栏中输入公式（如图 5-42 所示）：
= LEFT(B2,FIND("产",B2)-1)

T.TEST	▼	：	✕ ✔	fx	=LEFT(B2,FIND("产",B2)-1)

	A	B	C	D
1	商品编码	商品全称	库存数量	产地
2	TM0241	印度产紫檀	15	产",B2)-1)
3	HHL0475	海南产黄花梨	25	
4	HHT02453	东非产黑黄檀	10	

图 5-42

❷ 按 Enter 键，可提取 B2 单元格字符串中"产"字前的字符，如图 5-43 所示。然后将 D2 单元格的公式向下复制，可以实现批量提取。

	A	B	C	D
1	商品编码	商品全称	库存数量	产地
2	TM0241	印度产紫檀	15	印度
3	HHL0475	海南产黄花梨	25	
4	HHT02453	东非产黑黄檀	10	
5	HHT02476	巴西产黑黄檀	17	

图 5-43

【公式解析】

① 返回"产"字在 B2 单元格中的位置，然后进行减 1 处理。因为要提取的字符串是"产"字之前的所有字符串，因此要进行减 1 处理

=LEFT(B2,FIND("产",B2)-1)

② 从 B2 单元格中字符串的最左侧开始提取，提取的字符数是①返回结果

例 3：根据商品的名称进行一次性调价

在图 5-44 所示的表格中统计了公司各种产品的价格，需要将打印机的价格都上调 200 元，其他产品统一上调 100 元。

扫一扫，看视频

	A	B	C	D
1	产品名称	颜色	原价	调价
2	打印机TM0241	黑色	998	1198
3	传真机HHL0475	白色	1080	1180
4	扫描仪HHT02453	白色	900	1000
5	打印机HHT02476	黑色	500	700
6	打印机HT02491	黑色	2590	2790
7	传真机YDM0342	白色	500	600
8	扫描仪WM0014	黑色	400	500

图 5-44

❶ 选中 D2 单元格，在编辑栏中输入公式（如图 5-45 所示）：
=IF(LEFT(A2,3)="打印机",C2+200,C2+100)

| T.TEST | ▼ | ⋮ | × | ✓ | fx | =IF(LEFT(A2,3)="打印机",C2+200,C2+100) |

	A	B	C	D	E	F
1	产品名称	颜色	原价	调价		
2	打印机TM0241	黑色	998	0, C2+100)		
3	传真机HHL0475	白色	1080			
4	扫描仪HHT02453	白色	900			
5	打印机HHT02476	黑色	500			

图 5-45

❷ 按 Enter 键，即可判断 A1 单元格中的产品名称是否是打印机，然后按指定规则进行调价，如图 5-46 所示。将 D2 单元格的公式向下复制，可以实现批量判断并进行调价。

	A	B	C	D
1	产品名称	颜色	原价	调价
2	打印机TM0241	黑色	998	1198
3	传真机HHL0475	白色	1080	
4	扫描仪HHT02453	白色	900	
5	打印机HHT02476	黑色	500	

图 5-46

【公式解析】

① 从 A2 单元格的左侧提取，共提取 3 个字符

$$=IF(\underline{LEFT(A2,3)="打印机"},C2+200,C2+100)$$

② 如果①返回结果是 TRUE，返回"C2+200"；否则返回"C2+100"

例 4：统计各个地区参会的人数合计

扫一扫，看视频

表格的 A 列中为公司名称和所属地区，并使用了"-"符号将地区和分公司相连接；B 列中为参加会议的人数统计。利用 LEFT 函数配合 SUM 函数可以统计出各地区分公司参加会议的总人数。

❶ 在表格空白处建立各地址列表，然后选中 E2 单元格，在编辑栏中输入公式：

```
=SUM((LEFT($A$2:$A$8,2)=D2)*$B$2:$B$8)
```

按 Ctrl+Shift+Enter 组合键，可统计出"安徽"地区参会的总人数，如

图 5-47 所示。

	A	B	C	D	E	F
					E2	
			fx	{=SUM((LEFT($A$2:$A$8,2)=D2)*$B$2:$B$8)}		
1	地区-分公司	参会人数		地址	总人数	
2	安徽-云凯置业	10		安徽	45	
3	北京-千惠广业	5		上海		
4	安徽-朗文置业	13		北京		
5	上海-骏捷广业	3				
6	北京-富源置业	9				
7	北京-景泰广业	11				
8	安徽-群发广业	22				

图 5-47

❷ 选中 E2 单元格，向下复制公式到 E4 单元格，可以看到分别统计出
"上海"地区和"北京"地区参会的总人数，如图 5-48 所示。

	A	B	C	D	E	F
					E2	
			fx	{=SUM((LEFT($A$2:$A$8,2)=D2)*$B$2:$B$8)}		
1	地区-分公司	参会人数		地址	总人数	
2	安徽-云凯置业	10		安徽	45	
3	北京-千惠广业	5		上海	3	
4	安徽-朗文置业	13		北京	25	
5	上海-骏捷广业	3				
6	北京-富源置业	9				
7	北京-景泰广业	11				
8	安徽-群发广业	22				

图 5-48

【公式解析】

① 将 A2:A8 单元格区域中各值从左侧提取，共提取 2 个字符。
然后判断其是否等于 D2 中的"安徽"，如果等于返回 TRUE，
否则返回 FALSE。返回的是一个数组

=SUM((LEFT($A$2:$A$8,2)=D2)*$B$2:$B$8)

③ 使用 SUM 函数对②
数组求和

② 如果①返回结果是 TRUE，返回其在 B
列中的对应值；结果为 FALSE，则返回 0
值。返回的也是一个数组

2. LEFTB（按指定字节数从最左侧提取字符）

【函数功能】LEFTB 函数用于从字符串左侧开始提取指定个数的字符（按字节计算）。

【函数语法】LEFTB(text,num_chars)

- text：包含要提取的字符的文本字符串。
- num_chars：指定要由 LEFTB 提取的字符的数量。num_chars 必须大于或等于 0。如果 num_chars 大于文本长度，则 LEFTB 返回全部文本；如果省略 num_chars，则假设其值为 1。

【用法解析】

$$=LEFTB(B1，4)$$

LEFTB 用法与 LEFT 类似，只是 LEFT 是按字符数计算的，LEFTB 是按字节数计算的。数字、字母、英文、标点符号（半角状态下输入的）都是按 1 字节计算的；汉字、全角状态下的标点符号，每个字符按 2 字节计算

例：按字节数从左侧提取字符

扫一扫，看视频

在图 5-49 所示的表格中，针对 A 列中的字符串，分别使用 C 列中对应的公式，提取字符如 B 列所示。

	A	B	C
1	地区-分公司	地区	公式
2	安徽-云凯置业	安徽	← =LEFTB(A2,4)
3	北京市-千惠广业	北京市	← =LEFTB(A3,6)
4			

每个文字占 2 字节

图 5-49

3. RIGHT（按指定字符数从最右侧提取字符）

【函数功能】RIGHT 函数用于从字符串右侧开始提取指定个数的字符。

【函数语法】RIGHT(text,[num_chars])

- text：必需，包含要提取的字符的文本字符串。
- num_chars：可选，指定要由 RIGHT 提取的字符的数量。

【用法解析】

$$=RIGHT(A1,3)$$

表示要提取字符的文本字符串　　　表示要提取多少个字符（从最右侧开始）

例 1：提取商品的产地

如果要提取的字符串在右侧，并且要提取的字符宽度一致，可以直接使用 RIGHT 函数提取。例如，在下面的表格中要从商品全称中提取产地。

扫一扫，看视频

❶ 选中 D2 单元格，在编辑栏中输入公式（如图 5-50 所示）：
=RIGHT(B2,4)

	A	B	C	D
T.TEST	× ✓	fx	=RIGHT(B2,4)	
1	商品编码	商品全称	库存数量	产地
2	TM0241	紫檀（印度）		=RIGHT(B2,4)
3	HHL0475	黄花梨（海南）	45	
4	HHT02453	黑黄檀（东非）	24	
5	HHT02476	黑黄檀（巴西）	27	

图 5-50

❷ 按 Enter 键，即可提取 B2 单元格中字符串的最后 4 个字符，即产地信息，如图 5-51 所示。然后将 D2 单元格的公式向下复制，可以实现批量提取。

	A	B	C	D
D2		fx	=RIGHT(B2,4)	
1	商品编码	商品全称	库存数量	产地
2	TM0241	紫檀（印度）	23	（印度）
3	HHL0475	黄花梨（海南）	45	（海南）
4	HHT02453	黑黄檀（东非）	24	（东非）
5	HHT02476	黑黄檀（巴西）	27	（巴西）
6	HT02491	黄檀（非洲）	41	（非洲）

图 5-51

如果要提取的字符串虽然是从最右侧开始，但长度不一，则无法直接使用 RIGHT 函数提取，此时需要配合其他的函数来确定提取的长度。在图 5-52 所示的表格中，由于"燃油附加费"填写方式不规则，导致无法计算总费用。此时可以使用 RIGHT 函数配合其他函数实现对燃油附加费金额的提取。

	A	B	C	D
1	城市	配送费	燃油附加费	总费用
2	北京	500	燃油附加费45.5	545.5
3	上海	420	燃油附加费29.8	449.8
4	青岛	400	燃油附加费30	430
5	南京	380	燃油附加费32	412
6	杭州	380	燃油附加费42.5	422.5
7	福州	440	燃油附加费32	472
8	芜湖	350	燃油附加费38.8	388.8

图 5-52

❶ 选中 D2 单元格，在编辑栏中输入公式（如图 5-53 所示）：

`=B2+RIGHT(C2,LEN(C2)-5)`

T.TEST		✕ ✓ fx	=B2+RIGHT(C2,LEN(C2)-5)	
	A	B	C	D	E
1	城市	配送费	燃油附加费	总费用	
2	北京	500	燃油附加费45.5	=B2+RIGHT(C2	
3	上海	420	燃油附加费29.8		
4	青岛	400	燃油附加费30		
5	南京	380	燃油附加费32		

图 5-53

❷ 按 Enter 键，即可提取 C2 单元格中的金额数据，并实现总费用的计算，如图 5-54 所示。然后将 D2 单元格的公式向下复制，可以实现批量计算。

	A	B	C	D
1	城市	配送费	燃油附加费	总费用
2	北京	500	燃油附加费45.5	545.5
3	上海	420	燃油附加费29.8	
4	青岛	400	燃油附加费30	
5	南京	380	燃油附加费32	
6	杭州	380	燃油附加费42.5	

图 5-54

【公式解析】

① 求取 C2 单元格中字符串的总长度，减 5 处理是
因为"燃油附加费"共 5 个字符，减去后的值为去
除"燃油附加费"文字后剩下的字符数

$$=B2+RIGHT(C2,LEN(C2)-5)$$

② 从 C2 单元格中字符串的最右侧开始提取，
提取的字符数是①返回结果

4. RIGHTB（按指定字节数从最右侧提取字符）

【函数功能】RIGHTB 函数用于从字符串右侧开始提取指定个数的字符（按字节计算）。

【函数语法】RIGHTB(text,num_bytes)

- text：包含要提取的字符的文本字符串。
- num_bytes：按字节指定要由 RIGHTB 提取的字符的数量。num_bytes 必须大于或等于 0。如果 num_bytes 大于文本长度，则 RIGHTB 返回所有文本；如果省略 num_bytes，则假设其值为 1。

【用法解析】

$$=RIGHTB(A1,3)$$

RIGHTB 与 RIGHT 用法类似，不同的是 RIGHT 是按字符数
计算的，而 RIGHTB 是按字节数计算的

例：返回文本字符串中最后指定的字符

在图 5-55 所示的表格中，针对 A 列中的字符串，分别使用
C 列中对应的公式，提取字符如 B 列所示。

扫一扫，看视频

	A	B	C
1	公司名称	地市	公式
2	达尔利精密电子有限公司-南京	南京	=RIGHTB(A2,4)
3	达尔利精密电子有限公司-哈尔滨	哈尔滨	=RIGHTB(A3,6)

每个文字占 2 字节

图 5-55

5. MID（从任意位置提取指定数量的字符）

【函数功能】MID 函数用于从一个字符串中的指定位置开始提取指定数量的字符。

【函数语法】MID(text, start_num, num_chars)

- text：必需，包含要提取的字符的文本字符串。
- start_num：必需，文本中要提取的第一个字符的位置。文本中第一个字符的 start_num 为 1，以此类推。
- num_chars：必需，指定希望 MID 从文本中返回字符的个数。

【用法解析】

$$=MID(❶在哪里提取，❷指定提取位置，$$
$$❸提取的字符数量)$$

MID 函数的应用范围比 LEFT 和 RIGHT 函数要大。它可从任意位置开始提取，并且通常会嵌套 LEN、FIND 函数辅助提取

例 1：从产品名称中提取货号

扫一扫，看视频

　　如果要提取的字符串在原字符串中的起始位置相同，且想提取的长度也相同，可以直接使用 MID 函数进行提取。在图 5-56 所示的数据表中，"产品名称"列中从第二位开始的共 10 位数字表示货号，想将货号提取出来。

	A	B	C	D
1	货号	产品名称	品牌	库存数量
2	2017030119	W2017030119-JT	伊美堂	305
3	2017030702	D2017030702-TY	美佳宜	158
4	2017031003	Q2017031003-UR	兰馨	298
5	2017031456	Y2017031456-GF	伊美堂	105
6	2017031894	R2017031894-BP	兰馨	164
7	2017032135	X2017032135-JA	伊美堂	209
8	2017032617	N2017032617-VD	美佳宜	233

图 5-56

❶ 选中 A2 单元格，在编辑栏中输入公式（如图 5-57 所示）：

```
=MID(B2,2,10)
```

Excel 函数与公式速查宝典

T.TEST	:	× ✓ fx	=MID(B2,2,10)	

	A	B	C	D
1	货号	产品名称	品牌	库存数量
2	D(B2,2,10)	W2017030119-JT	伊美堂	305
3		D2017030702-TY	美佳宜	158
4		Q2017031003-UR	兰馨	298
5		Y2017031456-GF	伊美堂	105

图 5-57

❷ 按 Enter 键，可从 B2 单元格中字符串的第二位开始提取，共提取 10 个字符，如图 5-58 所示。然后将 A2 单元格的公式向下复制，可以实现批量提取。

	A	B	C	D
1	货号	产品名称	品牌	库存数量
2	2017030119	W2017030119-JT	伊美堂	305
3		D2017030702-TY	美佳宜	158
4		Q2017031003-UR	兰馨	298
5		Y2017031456-GF	伊美堂	105

图 5-58

例 2：提取括号内的字符串

如果要提取的字符串在原字符串中的起始位置不固定，则无法直接使用 MID 函数提取。在图 5-59 所示的数据表中，要提取公司名称中括号内的文本（括号位置不固定），可以利用 FIND 函数先找到"（"的位置，然后将此值作为 MID 函数的第二个参数。

扫一扫，看视频

	A	B	C
1	公司名称	订购数量	地市
2	达尔利精密电子（南京）有限公司	2200	南京
3	达尔利精密电子（济南）有限公司	3350	济南
4	信瑞精密电子（德州）有限公司	2670	德州
5	信华科技集团精密电子分公司（杭州）	2000	杭州
6	亚东科技机械有限责任公司（台州）	1900	台州

图 5-59

❶ 选中 C2 单元格，在编辑栏中输入公式（如图 5-60 所示）：
=MID(A2,FIND("（",A2)+1,2)

| T.TEST | ▼ | ⋮ | × | ✓ | fx | =MID(A2,FIND(" (",A2)+1,2) |

⊿	A	B	C
1	公司名称	订购数量	地市
2	达尔利精密电子（南京）有限公司	2200	",A2)+1,2)
3	达尔利精密电子（济南）有限公司	3350	
4	信瑞精密电子（德州）有限公司	2670	

图 5-60

❷ 按 Enter 键，可提取 A2 单元格中字符串括号内的字符，如图 5-61 所示。然后将 C2 单元格的公式向下复制，可以实现批量提取。

⊿	A	B	C
1	公司名称	订购数量	地市
2	达尔利精密电子（南京）有限公司	2200	南京
3	达尔利精密电子（济南）有限公司	3350	
4	信瑞精密电子（德州）有限公司	2670	

图 5-61

【公式解析】

① 返回"（"在 A2 单元格中的位置，然后进行加 1 处理。因为要提取的始位置在"（"之后，因此要进行加 1 处理

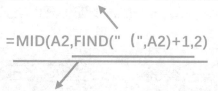

=MID(A2,FIND("（",A2)+1,2)

② 以①返回值为起始，在 A2 单元格字符串中共提取 2 个字符

例 3：从身份证号码中提取出生年份

如图 5-62 所示表格 B 列中记录了公司员工的身份证号码，由于员工身份证号码的 7 到 11 位是表示持证人的出生年份，所以可以使用 MID 函数快速提出每位员工的出生年份。

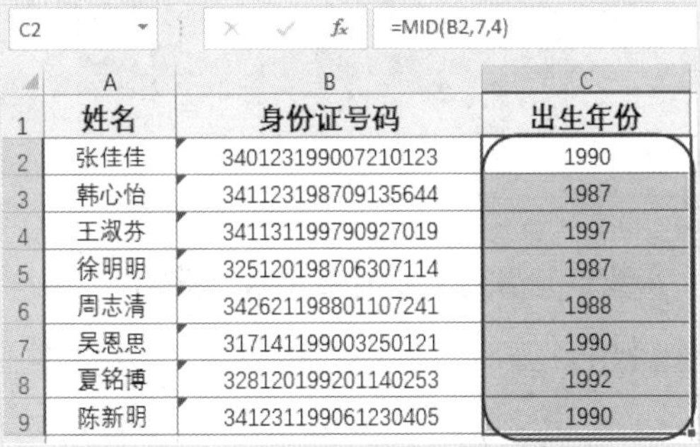

C2 | =MID(B2,7,4)

	A	B	C
1	姓名	身份证号码	出生年份
2	张佳佳	340123199007210123	1990
3	韩心怡	341123198709135644	1987
4	王淑芬	341131199790927019	1997
5	徐明明	325120198706307114	1987
6	周志清	342621198801107241	1988
7	吴恩思	317141199003250121	1990
8	夏铭博	328120199201140253	1992
9	陈新明	341231199061230405	1990

图 5-62

❶ 选中 C2 单元格，在编辑栏中输入公式（如图 5-63 所示）：

```
=MID(B2,7,4)
```

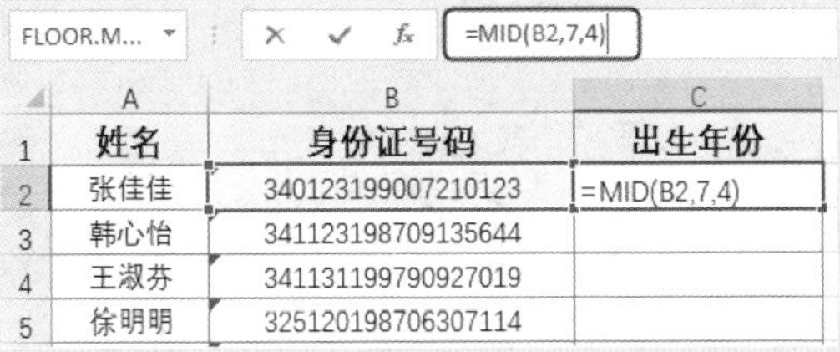

FLOOR.M... | =MID(B2,7,4)

	A	B	C
1	姓名	身份证号码	出生年份
2	张佳佳	340123199007210123	=MID(B2,7,4)
3	韩心怡	341123198709135644	
4	王淑芬	341131199790927019	
5	徐明明	325120198706307114	

图 5-63

❷ 按“Enter”键，即可返回“张佳佳”的出生年份为“1990”年，如图 5-64 所示。然后将 C2 单元格的公式向下复制，可以实现批量提取。

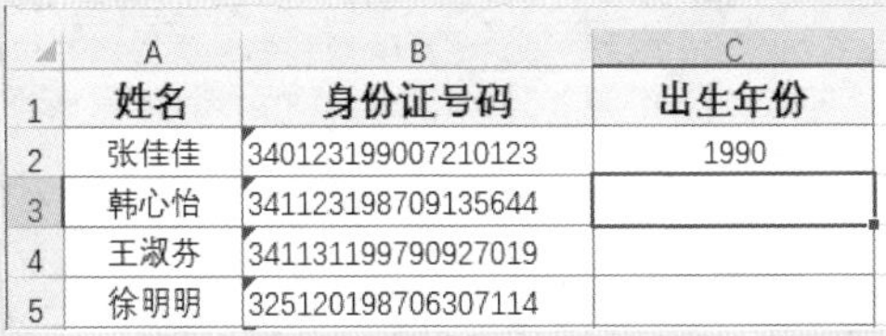

	A	B	C
1	姓名	身份证号码	出生年份
2	张佳佳	340123199007210123	1990
3	韩心怡	341123198709135644	
4	王淑芬	341131199790927019	
5	徐明明	325120198706307114	

图 5-64

【公式解析】

从 B2 单元格的第 7 位开始提取，共提取 4 个字符。

=MID(B2,7,4)

◁》 **注意：**

> 因为 18 位身份证号码中，第 7~10 位代表的是出生年份信息；而在 15 位身份证号码中，第 7~8 位是出生年份信息，即省略了 "19"，所以要使用连接符 "&" 在前面连接 "19"。

6. MIDB（从任意位置提取指定字节数的字符）

【函数功能】MIDB 函数用于从一个字符串中的指定位置开始提取指定字节数的字符。

【函数语法】MIDB(text,start_num,num_bytes)

- text：包含要提取的字符的文本字符串。
- start_num：文本中要提取的第一个字符的位置。文本中第一个字符的 start_num 为 1，以此类推。
- num_bytes：指定希望 MIDB 从文本中返回字符的个数（按字节）。

【用法解析】

MIDB
↙

MIDB 与 MID 用法类似，不同的是 MID 是按字符数计算的，
MIDB 是按字节数计算的

例：从文本字符串中提取指定位置的文本信息

扫一扫，看视频

在图 5-65 所示表格中，针对 A 列中的字符串，分别使用 C 列中对应的公式，提取字符如 B 列所示。

	A	B	C
1	公司名称	地市	公式
2	达尔利精密电子(南京)有限公司	(南京) ←	=MIDB(A2,15,6)
3	达尔利精密电子(哈尔滨)有限公司	(哈尔滨) ←	=MIDB(A3,15,8)

每个文字占 2 字节。括号是
半角的，占 1 字节

图 5-65

5.4 文本新旧替换

文本新旧替换是指使用新文本替换旧文本。通过文本新旧替换函数，可

以实现数据的批量更改。但要找寻数据规律，实现批量更改，很多时候都需要配合多个函数来确定替换位置。

1. REPLACE（用指定的字符和字符数替换文本字符串中的部分文本）

【函数功能】REPLACE 函数使用其他文本字符串并根据所指定的字符数替换某文本字符串中的部分文本。

【函数语法】REPLACE(old_text, start_num, num_chars, new_text)

- old_text：必需，要替换其部分字符的文本。
- start_num：必需，要用 new_text 替换的 old_text 中字符的位置。
- num_chars：必需，希望 replace 使用 new_text 替换 old_text 中字符的个数。
- new_text：必需，将用于替换 old_text 中字符的文本。

【用法解析】

=REPLACE（❶要替换的字符串，❷开始位置，
❸替换个数，❹新文本）

如果是文本，要加上引号。此参数可以只保留前面的逗号，
后面保持空白不设置，其意义是用空白来替换旧文本

例：对产品名称批量更改

在图 5-66 所示的表格中，需要将"产品名称"中的"水之印"文本都替换为"水 Z 印"。对此，可以使用 REPLACE 函数一次性替换。

	A	B	C
1	产品编码	产品名称	更名
2	HO201312	水之印矿泉爽肤水 100ml	水 Z 印矿泉爽肤水 100ml
3	HO201313	水之印美白防晒霜 30g	水 Z 印美白防晒霜 30g
4	HO201314	水之印美白面膜 3p	水 Z 印美白面膜 3p
5	HO201315	水之印美白乳液 100g	水 Z 印美白乳液 100g
6	HO201316	水之印美白隔离霜 20g	水 Z 印美白隔离霜 20g
7	HO201317	水之印无瑕粉底 15g	水 Z 印无瑕粉底 15g

图 5-66

❶ 选中 C2 单元格，在编辑栏中输入公式（如图 5-67 所示）：
=REPLACE(B2,1,3,"水 Z 印")

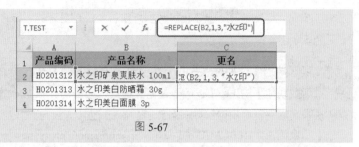

图 5-67

❷ 按 Enter 键，可提取 B2 单元格中指定位置处的字符，替换为指定的新字符，如图 5-68 所示。然后将 C2 单元格的公式向下复制，可以实现批量替换。

	A	B	C
1	产品编码	产品名称	更名
2	HO201312	水之印矿泉爽肤水 100ml	水Z印矿泉爽肤水 100ml
3	HO201313	水之印美白防晒霜 30g	
4	HO201314	水之印美白面膜 3p	
5	HO201315	水之印美白乳液 100g	

图 5-68

【公式解析】

=REPLACE(B2,1,3,"水 Z 印")

使用新文本"水 Z 印"替换 B2 单元格中从第一个字符开始的 3 个字符

2. REPLACEB（用指定的字符和字节数替换文本字符串中的部分文本）

【函数功能】REPLACEB 函数是使用其他文本字符串并根据所指定的字节数替换某文本字符串中的部分文本。

【函数语法】REPLACEB(old_text,start_num,num_bytes,new_text)

● old_text：要替换其部分字符的文本。

● start_num：要用 new_text 替换的 old_text 中字符的位置。

● num_bytes：希望使用 new_text 替换 old_text 中字节数。

● new_text：将用于替换 old_text 中字符的文本。

【公式解析】

REPLACEB

REPLACEB 与 REPLACE 用法类似，不同的是，REPLACE 是按字符数计算的，REPLACEB 是按字节数计算的

扫一扫，看视频

例：快速更改产品名称的格式

如图 5-69 所示，"品名规格"列的格式中使用了下划线，现在想批量替换为"*"号，即得到 C 列的显示结果。

	A	B	C
1	品名规格	总金额	品名规格
2	1945_70黄塑纸	¥ 20,654.00	1945*70黄塑纸
3	1945_80白塑纸	¥ 30,850.00	1945*80白塑纸
4	1160_45牛硅纸	¥ 50,010.00	1160*45牛硅纸
5	1300_70武汉黄纸	¥ 45,600.00	1300*70武汉黄纸
6	1300_80赤壁白纸	¥ 29,458.00	1300*80赤壁白纸
7	1940_80白硅纸	¥ 30,750.00	1940*80白硅纸

图 5-69

❶ 选中 C2 单元格，在编辑栏中输入公式：

=REPLACEB(A2,5,2,"*")

❷ 按 Enter 键，即可得到需要的显示格式，如图 5-70 所示。然后向下复制 C2 单元格的公式，即可实现格式的批量转换。

图 5-70

【公式解析】

=REPLACEB(A2,5,2,"*")

由于原"品名规格"列中的"_"是全角格式的，一个全角字符占 2 字节，所以当使用 REPLACEB 函数替换时需要将此参数设置为 2，即从第五位开始替换，共替换 2 字节

341

3. SUBSTITUTE（替换旧文本）

【函数功能】SUBSTITUTE 函数用于在文本字符串中用指定的新文本替代旧文本。

【函数语法】SUBSTITUTE(text,old_text,new_text,instance_num)

- text：表示需要替换其中字符的文本，或对含有文本的单元格的引用。
- old_text：表示需要替换的旧文本。
- new_text：用于替换 old_text 的新文本。
- instance_num：可选，用来指定要以 new_text 替换第几次出现的 old_text。

【用法解析】

=SUBSTITUTE（❶要替换的文本，❷旧文本，
❸新文本，❹第 N 个旧文本）

> 可选。如果省略，会将 text 中出现的每一处 old_text 都更改为 new_text。如果指定了，则只有指定的第几次出现的 old_text 才被替换

例 1：快速批量删除文本中的多余空格

扫一扫，看视频

在图 5-71 所示表格中，由于数据输入不规范或是由复制得来，因此存在很多空格。通过 SUBSTITUTE 函数可以一次性删除空格。

❶ 选中 B2 单元格，在编辑栏中输入公式（如图 5-71 所示）：
`=SUBSTITUTE(A2," ","")`

B2	▾	:	×	✓	fx	=SUBSTITUTE(A2," ","")	

	A	B
1	考核期内应严格遵守以下规则：	
2	①不 得　无 故旷工	①不得无故旷工
3	② 不得无请　假	
4	③不得　盗取公司任何文件、资料	
5	④不得上　班时 间 观看视频 、影视	
6	⑤……	
7	⑥……	

图 5-71

❷ 按 Enter 键，即可得到删除 A2 单元格中空格后的数据，如图 5-72 所示。然后将 B2 单元格的公式向下复制，可以实现批量删除空格。

图 5-72

【公式解析】

$$=SUBSTITUTE(A2,"\ ","")$$

第一个双引号中有一个空格，第二个双引号中无空格，即用无空格替换空格，以达到删除空格的目的

例 2：规范参会人员名称填写格式

在图 5-73 所示的表格中，想将 A 列数据格式更改为如 B 列所示，即删除第一个 "-" 符号，将第二个 "-" 符号替换为 ":"（这是一个 SUBSTITUTE 与 REPLACE 嵌套的例子，读者可查看对其中公式的解析）。

	A	B	C
1	地区-公司-代表	参会代表	
2	安徽-云凯置业-曲云	安徽云凯置业：曲云	
3	北京-千惠广业-乔娜	北京千惠广业：乔娜	
4	安徽-朗文置业-胡明云	安徽朗文置业：胡明云	
5	上海-骏捷广业-李钦娜	上海骏捷广业：李钦娜	
6	北京-富源置业-杨倩	北京富源置业：杨倩	
7	北京-景泰广业-谢凯志	北京景泰广业：谢凯志	
8	安徽-群发广业-刘媛	安徽群发广业：刘媛	

图 5-73

❶ 选中 B2 单元格，在编辑栏中输入公式（如图 5-74 所示）：
=SUBSTITUTE(REPLACE(A2,3,1,""),"-",":")

| T.TEST | ▾ | : | × | ✓ | *fx* | =SUBSTITUTE(REPLACE(A2,3,1,""),"-",":") |

	A	B	C	D
1	**地区-公司-代表**	**参会代表**		
2	安徽-云凯置业-曲云	},1,""),"-",":")		
3	北京-千惠广业-乔娜			
4	安徽-朗文置业-胡明云			

图 5-74

❷ 按 Enter 键，即可得到更改格式后的数据，如图 5-75 所示。然后将 B2 单元格的公式向下复制，可以实现批量更改格式。

	A	B	C
1	**地区-公司-代表**	**参会代表**	
2	安徽-云凯置业-曲云	安徽云凯置业:曲云	
3	北京-千惠广业-乔娜		
4	安徽-朗文置业-胡明云		
5	上海-骏捷广业-李钦娜		

图 5-75

【公式解析】

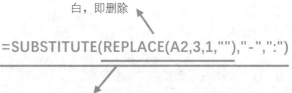

① 将 A2 单元格字符串中的第三个字符替换为空白，即删除

=SUBSTITUTE(REPLACE(A2,3,1,""),"-",":")

② 将①返回值作为目标字符串，然后使用 SUBSTITUTE 函数将其中的 "-" 替换为 ":"

例 3：根据报名学员统计人数

扫一扫，看视频

如图 5-76 所示的表格统计了各门课程报名的学员姓名（在日常工作中很多人会使用这种统计方式），现要求将实际人数统计出来，即根据 C 列数据得到 D 列数据。

	A	B	C	D
1	课程	满员人数	报名学员	已报人数
2	少儿中国舞	12	何晴洁,夏雨菲,朱芊,李春琳,苏萌萌,林夏,秦雯,高珊珊	8
3	少儿围棋（初）	8	刘瑞轩,方嘉禾,徐瑞,曾浩煊,李杰	5
4	少儿硬笔书法	12	周伊伊,周正洋,龚梦莹,侯娜	4
5	少儿卡漫	8	崔小蝶,毛少林,黄中洋,刘瑞	4

图 5-76

❶ 选中 D2 单元格，在编辑栏中输入公式（如图 5-77 所示）：

```
=LEN(C2)-LEN(SUBSTITUTE(C2,",",""))+1
```

T.TEST　=LEN(C2)-LEN(SUBSTITUTE(C2,",",""))+1

	A	B	C	D
1	课程	满员人数	报名学员	已报人数
2	少儿中国舞	12	何晴洁,夏雨菲,朱芊,李春琳,苏萌萌,林夏,秦雯,高珊珊	=LEN(C2)-LE
3	少儿围棋（初）	8	刘瑞轩,方嘉禾,徐瑞,曾浩煊,李杰	

图 5-77

❷ 按 Enter 键，即可统计出 C2 单元格中的学员人数，如图 5-78 所示。然后将 D2 单元格的公式向下复制，可以实现对其他课程报名人数的统计。

	A	B	C	D
1	课程	满员人数	报名学员	已报人数
2	少儿中国舞	12	何晴洁,夏雨菲,朱芊,李春琳,苏萌萌,林夏,秦雯,高珊珊	8
3	少儿围棋（初）	8	刘瑞轩,方嘉禾,徐瑞,曾浩煊,李杰	
4	少儿硬笔书法	12	周伊伊,周正洋,龚梦莹,侯娜	

图 5-78

① 统计 C2 单元格中字符串的长度   ② 将 C2 单元格中的逗号替换为空

$$=LEN(C2)-LEN(SUBSTITUTE(C2,",",""))+1$$

④ 将①字符串的总长度减去③的统   ③ 统计取消了逗号后 C2 单元格中字
计结果，得到的就是逗号数量，逗号   符串的长度
数量加 1 为姓名的数量

例 4：查找特定文本且将第一次出现的删除，其他保留

扫一扫，看视频

当前数据表如图 5-79 所示，要求将 B 列中的第一个 "-" 删
除，而第二个 "-" 保留。此时使用 SUBSTITUTE 函数需要指定
第四个参数。

	A	B	C
1	名称	类别	类别
2	武汉黄纸	CM-111114-04	CM111114-04
3	武汉黄纸	CM-111114-19	CM111114-19
4	赤壁白纸	CMPQ-111107-42	CMPQ111107-42
5	赤壁白纸	CM-111107-44	CM111107-44
6	黄塑纸	CAPS-111116-05	CAPS111116-05
7	牛硅纸	SB-111123-07	SB111123-07
8	白硅纸	CBA-11112-03	CBA11112-03
9	黄硅纸	SBA-111120-01	SBA111120-01

图 5-79

❶ 选中 C2 单元格，在编辑栏中输入公式：
=SUBSTITUTE(B2,"-",,1)

❷ 按 Enter 键，即可返回对 B2 单元格字符串中的 "-" 进行替换后的字
符串，如图 5-80 所示。然后将 C2 单元格的公式向下复制，可以实现对其他
字符串的批量替换。

图 5-80

【公式解析】

$$=SUBSTITUTE(B2,"-",,1)$$

指定此数，表示只替换第一个"-"，其他的不替换

🔊 注意：

> 如果需要在某一文本字符串中替换指定位置处的任意文本，使用函数 REPLACE。如果需要在某一文本字符串中替换指定的文本，使用函数 SUBSTITUTE。是按位置还是按指定字符替换，这是 REPLACE 函数与 SUBSTITUTE 函数的区别。

5.5 文本格式转换

文本格式转换函数用于更改文本字符串的显示方式，如显示\$格式、英文字符大小写转换、全半角转换等。其中最常用的是 TEXT 函数，它可以通过设置数字格式改变其显示外观。

1. TEXT（设置数字格式并将其转换为文本）

【函数功能】TEXT 函数用于将数值转换为以指定数字格式表示的文本。

【函数语法】TEXT(value,format_text)

- value：表示数值、计算结果为数值的公式，或对包含数值的单元格的引用。

- format_text：用引号括起来的文本字符串的数字格式。format_text 不能包含"*"（星号）。

【用法解析】

=TEXT（❶数据，❷想更改为的文本格式）

第二个参数是格式代码，用来告诉 TEXT 函数，应该将第一个参数的数据更改成什么样子。多数自定义格式的代码都可以直接用在 TEXT 函数中。如果不知道怎样给 TEXT 函数设置格式代码，可以打开"设置单元格格式"对话框，在"分类"列表框中选择"自定义"，在右侧的"类型"列表框中选择 Excel 提供的数字格式代码，如图 5-81 所示

图 5-81

例如，在图 5-82 所示的表格中，使用公式 "=TEXT(A2,"0 年 00 月 00 日")" 可以将 A2 单元格的数据转换为 C2 单元格所示样式。

图 5-82

又如，在图 5-83 所示的表格中，使用公式 "=TEXT(A2,"上午/下午 h 时 mm 分")" 可以将 A2 单元格中的数据转换为 C2 单元格所示样式。

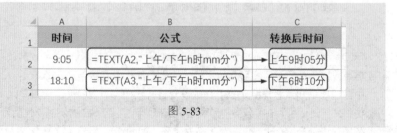

图 5-83

例 1：返回值班日期对应的星期数

如图 5-84 所示员工值班表显示了每位员工的值班日期，为了方便查看，需要显示出各日期对应的星期数。

	值班日期	星期数	值班人员	
1	值班日期	星期数	值班人员	
2	2017/12/1	星期五	丁洪英	
3	2017/12/2	星期六	丁德波	
4	2017/12/3	星期日	马丹	
5	2017/12/4	星期一	马娅瑞	
6	2017/12/5	星期二	罗昊	
7	2017/12/6	星期三	冯仿华	
8	2017/12/7	星期四	杨雄涛	
9	2017/12/8	星期五	陈安祥	
10	2017/12/9	星期六	王家连	
11	2017/12/10	星期日	韩启云	
12	2017/12/11	星期一	孙祥鹏	

图 5-84

❶ 选中 B2 单元格，在编辑栏中输入公式（如图 5-85 所示）：
=TEXT(A2,"AAAA")

T.TEST		× ✓ fx	=TEXT(A2,"AAAA")	
	A	B	C	D
1	值班日期	星期数	值班人员	
2	2017/12/1	=TEXT(A2,"AAA	丁洪英	
3	2017/12/2		丁德波	
4	2017/12/3		马丹	
5	2017/12/4		马娅瑞	

图 5-85

❷ 按 Enter 键，即可返回 A2 单元格中日期对应的星期数，如图 5-86 所示。然后将 B2 单元格的公式向下复制，可以实现一次性返回各值班日期对应的星期数。

	A	B	C	D
1	值班日期	星期数	值班人员	
2	2017/12/1	星期五	丁洪英	
3	2017/12/2		丁德波	
4	2017/12/3		马丹	
5	2017/12/4		马娅瑞	

图 5-86

【公式解析】

$$=TEXT(A2,"AAAA")$$

中文星期对应的格式代码

例 2：让计算的加班时长显示为"*小时*分"形式

扫一扫，看视频

在计算时间差值时，默认会得到如图 5-87 所示的效果。

E2			f_x	=D2-C2	
	A	B	C	D	E
1	姓名	部门	签到时间	签退时间	加班时长
2	张佳佳	财务部	18:58:01	20:35:19	1:37:18
3	周传明	企划部	18:15:03	20:15:00	
4	陈秀月	财务部	19:23:17	21:27:19	
5	杨世奇	后勤部	18:34:14	21:34:12	

图 5-87

如果想让计算结果显示为"*小时*分"的形式（如图 5-88 所示 E 列数据），则可以使用 TEXT 函数来设置公式。具体操作步骤如下：

	A	B	C	D	E
1	姓名	部门	签到时间	签退时间	加班时长
2	张佳佳	财务部	18:58:01	20:35:19	1小时37分
3	周传明	企划部	18:15:03	20:15:00	1小时59分
4	陈秀月	财务部	19:23:17	21:27:19	2小时4分
5	杨世奇	后勤部	18:34:14	21:34:12	2小时59分
6	袁晓宇	企划部	18:50:26	20:21:18	1小时30分
7	夏甜甜	后勤部	18:47:21	21:27:09	2小时39分
8	吴晶晶	财务部	19:18:29	22:31:28	3小时12分
9	蔡天放	财务部	18:29:58	19:23:20	0小时53分
10	朱小琴	后勤部	18:41:31	20:14:06	1小时32分
11	袁庆元	企划部	18:52:36	21:29:10	2小时36分

图 5-88

❶ 选中 E2 单元格，在编辑栏中输入公式（如图 5-89 所示）：
=TEXT(D2-C2,"h 小时 m 分")

❷ 按 Enter 键，即可将"D2-C2"的值转换为"*小时*分"的形式，如图 5-90 所示。然后将 E2 单元格的公式向下复制，可以实现时间差值的计算并转换为"*小时*分"的形式。

T.TEST	▼	:	×	✓	fx	=TEXT(D2-C2,"h小时m分")

▲	A	B	C	D	E
1	姓名	部门	签到时间	签退时间	加班时长
2	张佳佳	财务部	18:58:01	20:35:19	=TEXT(D2-C2,
3	周传明	企划部	18:15:03	20:15:00	
4	陈秀月	财务部	19:23:17	21:27:19	
5	杨世奇	后勤部	18:34:14	21:34:12	

图 5-89

▲	A	B	C	D	E
1	姓名	部门	签到时间	签退时间	加班时长
2	张佳佳	财务部	18:58:01	20:35:19	1小时37分
3	周传明	企划部	18:15:03	20:15:00	
4	陈秀月	财务部	19:23:17	21:27:19	
5	杨世奇	后勤部	18:34:14	21:34:12	

图 5-90

【公式解析】

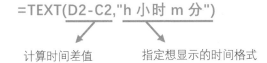

=TEXT(D2-C2,"h 小时 m 分")

计算时间差值　　　　指定想显示的时间格式

例 3：解决日期计算返回日期序列号问题

在进行日期数据的计算时，默认会显示为日期对应的序列号值，如图 5-91 所示。常规的处理办法是，重新设置单元格的格式为日期格式，以正确显示标准日期。

E2	▼	:	×	✓	fx	=EDATE(C2,D2)

▲	A	B	C	D	E
1	产品编码	产品名称	生产日期	保质期(月)	到期日期
2	WQQI98-JT	保湿水	2017/1/18	30	43664
3	DHIA02-TY	保湿面霜	2017/1/24	18	
4	QWP03-UR	美白面膜	2017/2/9	12	

图 5-91

除此之外，还可以使用 TEXT 函数将计算结果一次性转换为标准日期，即得到如图 5-92 所示 E 列中的数据。

	A	B	C	D	E
1	产品编码	产品名称	生产日期	保质期（月）	到期日期
2	WQQI98-JT	保湿水	2017/1/18	30	2019-07-18
3	DHIA02-TY	保湿面霜	2017/1/24	18	2018-07-24
4	QWP03-UR	美白面膜	2017/2/9	12	2018-02-09
5	YWEA56-GF	抗皱日霜	2017/2/16	24	2019-02-16
6	RYIW94-BP	抗皱晚霜	2017/2/23	6	2017-08-23
7	XCHD35-JA	保湿洁面乳	2017/3/4	18	2018-09-04
8	NCIS17-VD	美白乳液	2017/3/10	36	2020-03-10

图 5-92

❶ 选中 E2 单元格，在编辑栏中输入公式（如图 5-93 所示）：

=TEXT(EDATE(C2,D2),"yyyy-mm-dd")

T.TEST		× ✓ fx	=TEXT(EDATE(C2,D2),"yyyy-mm-dd")	

	A	B	C	D	E
1	产品编码	产品名称	生产日期	保质期（月）	到期日期
2	WQQI98-JT	保湿水	2017/1/18	30	/-mm-dd")
3	DHIA02-TY	保湿面霜	2017/1/24	18	
4	QWP03-UR	美白面膜	2017/2/9	12	
5	YWEA56-GF	抗皱日霜	2017/2/16	24	

图 5-93

❷ 按 Enter 键，即可进行日期计算并将计算结果转换为标准日期格式，如图 5-94 所示。然后将 E2 单元格的公式向下复制，即可实现批量计算日期并转换。

	A	B	C	D	E
1	产品编码	产品名称	生产日期	保质期（月）	到期日期
2	WQQI98-JT	保湿水	2017/1/18	30	2019-07-18
3	DHIA02-TY	保湿面霜	2017/1/24	18	
4	QWP03-UR	美白面膜	2017/2/9	12	
5	YWEA56-GF	抗皱日霜	2017/2/16	24	

图 5-94

【公式解析】

=TEXT(EDATE(C2,D2),"yyyy-mm-dd")

① EDATE 函数用于计算所指定月数之前或之后的日期。此步是根据产品的生产日期与保质期（月数）计算出到期日期，但返回结果是日期序列号

② 将①结果转换为标准的日期格式

例 4：让数据显示统一的位数

利用 TEXT 函数可以实现将长短不一数据显示为固定的位数，例如下图中在进行编码整理时希望将编码都显示为 6 位数（原编码长短不一），不足 6 位的前面用 0 补齐，即把 A 列中的编码转换成 B 列中的形式，如图 5-95 所示。

	A	B	C	D
1	学员编号	整理后编码	姓名	
2	101	000101	张佳佳	
3	5	000005	韩心怡	
4	1004	001004	王淑芬	
5	40	000040	徐明明	
6	110	000110	周志清	
7	115	000115	吴恩思	
8	58	000058	夏铭博	
9	8	000008	陈新明	
10	10	000010	李成	

图 5-95

❶ 选中 B2 单元格，在编辑栏中输入公式：
=TEXT(A2,"000000")

❷ 按 "Enter" 键即可将 A2 单元格中的编码转换为 6 位数。然后将 B2 单元格中的公式向下复制，可以得到批量转换结果，如图 5-96 所示。

FLOOR.M...	▼	:	×	✓	fx	=TEXT(A2,"000000")

	A	B	C	D
1	学员编号	整理后编码	姓名	
2	101	=TEXT(A2,"0	张佳佳	
3	5		韩心怡	
4	1004		王淑芬	
5	40		徐明明	
6	110		周志清	
7	115		吴恩思	
8	58		夏铭博	
9	8		陈新明	
10	10		李成	

图 5-96

【公式解析】

$$=\text{TEXT}(A2,"000000")$$

"000000"为数字设置格式的格式代码

2. DOLLAR（四舍五入数值，并添加千分位符号和$符号）

【函数功能】DOLLAR 函数是依照货币格式将小数四舍五入到指定的位数并转换成美元货币格式文本。采用的格式为：($#,##0.00_) 或 ($#,##0.00)。

【函数语法】DOLLAR (number,decimals)

- number：表示数字、对包含数字的单元格的引用，或是计算结果为数字的公式。
- decimals：表示十进制数的小数位数。如果 decimals 为负数，则 number 在小数点左侧进行舍入。如果省略 decimals，则假设其值为 2。

【用法解析】

$$= \text{DOLLAR} (A1,2)$$

可省略，省略时默认保留两位小数

扫一扫，看视频

例：将金额转换为美元格式

如图 5-97 所示，要求将 B 列中的销售金额都转换为 C 列中带美元符号的格式。

	A	B	C
1	姓名	销售额	转换为$（美元）货币形式
2	周志成	4598.6593	$4,598.66
3	江晓丽	3630.652	$3,630.65
4	叶文静	4108.4	$4,108.40
5	刘霜	2989.23	$2,989.23
6	邓晓兰	3217	$3,217.00
7	陈浩	4532.263	$4,532.26

图 5-97

❶ 选中 C2 单元格，在编辑栏中输入公式：

`=DOLLAR(B2,2)`

❷ 按 Enter 键，即可将 B2 单元格的金额转换为美元，如图 5-98 所示。然后向下复制 C2 单元格的公式，即可实现批量转换。

	A	B	C
	C2 ▼ : × ✓ *fx* =DOLLAR(B2,2)		
1	姓名	销售额	转换为$（美元）货币形式
2	周志成	4598.6593	$4,598.66
3	江晓丽	3630.652	
4	叶文静	4108.4	

图 5-98

3. RMB（四舍五入数值，并添加千分位符号和￥符号）

【函数功能】RMB 函数是依照货币格式将小数四舍五入到指定的位数并转换成人民币货币格式文本。采用的格式为：（￥#,##0.00_）或（￥#,##0.00）。

【函数语法】RMB(number, [decimals])

- number：必需，表示数字、对包含数字的单元格的引用，或是计算结果为数字的公式。
- decimals：可选，小数点右边的位数。如果 decimals 为负数，则 number 从小数点往左按相应位数四舍五入。如果省略 decimals，则假设其值为 2。

【用法解析】

$$= RMB\ (A1,2)$$

可省略，省略时默认保留两位小数

例：将金额转换为人民币格式

如图 5-99 所示，要求将 B 列中的销售金额都转换为 C 列中带人民币符号的格式。

扫一扫，看视频

图 5-99

❶ 选中 C2 单元格，在编辑栏中输入公式：

=RMB(B2,2)

❷ 按 Enter 键，即可将 B2 单元格的金额转换为带人民币符号的格式，如图 5-100 所示。然后向下复制 C2 单元格的公式，即可实现批量转换。

图 5-100

4. FIXED（将数字显示为千分位格式并转换为文本）

【函数功能】FIXED 函数是将数字按指定的小数位数进行取整，利用句号和逗号，以小数格式对该数进行格式设置，并以文本形式返回结果。

【函数语法】FIXED(number,decimals,no_commas)

● number：要进行舍入并转换为文本的数字。

● decimals：表示十进制数的小数位数。

● no_commas：表示一个逻辑值，如果为 TRUE，则会禁止 FIXED 在返回的文本中包含逗号。

例 1：将数据转换为千分位格式的整数

针对图 5-101 所示表格 B 列中的数据，想通过格式化处理让其显示千分位符号且舍去小数，即得到 C 列的数据。

扫一扫，看视频

▲	A	B	C	D
1	月份	支出金额	支出金额	
2	1月	21068.488	21,068	
3	2月	19347.662	19,348	
4	3月	22341.508	22,342	
5	4月	21598.416	21,598	
6	5月	31317.871	31,318	
7	6月	21028.632	21,029	

图 5-101

❶ 选中 C2 单元格，在编辑栏中输入公式：

=FIXED(B2,0)

❷ 按 Enter 键，即可将 B2 单元格的金额转换为显示千分位符号且舍去小数的整数，如图 5-102 所示。然后向下复制 C2 单元格的公式，即可实现批量转换。

C2		：	✕	✓	fx	=FIXED(B2,0)

▲	A	B	C	D
1	月份	支出金额	支出金额	
2	1月	21068.488	21,068	
3	2月	19347.662		
4	3月	22341.508		

图 5-102

📢》注意：

这种格式的转换也可以在选中原数据后，打开"设置单元格格式"对话框进行设置。两者格式化数字的重要区别在于，使用此函数转换会将数字转换成文本，而使用"设置单元格格式"对话框只是对数字进行格式化输出，其原始数据并未改变。

例2：修正以科学记数形式显示的身份证号码

在单元格中输入超过 11 位的数字时会自动显示为科学记数形式，因此当输入身份证号码时无法正常查看。此时可以使用 FIXED 函数进行修正。

扫一扫，看视频

❶ 选中 C2 单元格，在编辑栏中输入公式（如图 5-103 所示）：

=FIXED(B2,0,TRUE)

| T.TEST | ▼ | : | × | ✓ | fx | =FIXED(B2,0,TRUE) |

	A	B	C
1	姓名	身份证号	修正身份证号
2	张佳佳	3.40124E+14	=FIXED(B2,0,TRUE)
3	韩心怡	3.41124E+14	
4	王淑芬	3.41132E+14	
5	徐明明	3.25121E+14	

图 5-103

❷ 按 Enter 键，即可正确显示出身份证号码；然后向下复制 C2 单元格的公式，即可实现批量获取完整显示的身份证号码，如图 5-104 所示。

	A	B	C
1	姓名	身份证号	修正身份证号
2	张佳佳	3.40124E+14	340123900721951
3	韩心怡	3.41124E+14	341123870913580
4	王淑芬	3.41132E+14	341131979092709
5	徐明明	3.25121E+14	325120870630789
6	周志清	3.42622E+14	342621980110724
7	吴恩思	3.17142E+14	317141900325841

图 5-104

【公式解析】

=FIXED(B2,0,TRUE)

此公式的原理在于将数字转换为文本，所以长数字串以文本形式就能完整显示了

参数 0 表示不保留小数位，参数 TRUE 表示不显示千分位符号（即逗号）

5. UPPER（将文本转换为大写形式）

【函数功能】UPPER 函数用于将文本转换成大写形式。

【函数语法】UPPER(text)

text：必需，需要转换成大写形式的文本。text 可以为引用或文本字符串。

例：将文本转换为大写形式

要求将 A 列的小写英文文本转换为大写形式，即得到 B 列的显示效果，如图 5-105 所示。

	A	B	C	D
1	月份	月份	销售额	
2	january	JANUARY	10560.6592	
3	february	FEBRUARY	12500.652	
4	march	MARCH	8500.2	
5	april	APRIL	8800.24	
6	may	MAY	9000	
7	june	JUNE	10400.265	

图 5-105

❶ 选中 B2 单元格，在编辑栏中输入公式：

=UPPER(A2)

❷ 按 Enter 键，即可将 A2 单元格的小写英文转换为大写英文，如图 5-106 所示。然后向下复制 B2 单元格的公式，即可实现批量转换。

B2		×	✓	fx	=UPPER(A2)

	A	B	C	D
1	月份	月份	销售额	
2	january	JANUARY	10560.6592	
3	february		12500.652	
4	march		8500.2	

图 5-106

6. LOWER（将文本转换为小写形式）

【函数功能】LOWER 函数用于将一个文本字符串中的所有大写字母转换为小写字母。

【函数语法】LOWER(text)

text：必需，要转换为小写字母的文本。函数 LOWER 不改变文本中非字母的字符。

例：将文本转换为小写形式

要求将 A 列中的英文字母转换为小写字母，即得到 B 列的显示效果，如图 5-107 所示。

扫一扫，看视频

图 5-107

❶ 选中 B1 单元格，在编辑栏中输入公式：

=LOWER(A1)

❷ 按 Enter 键，即可将 A1 单元格中的英文文本转换为全部小写形式，如图 5-108 所示。然后向下复制 B1 单元格的公式，即可实现批量转换。

	A	B	C
1	舞种（DANCE）	舞种（dance）	报名人数
2	中国舞（Chinese Dance）		12
3	芭蕾舞（Ballet）		10

B1   =LOWER(A1)

图 5-108

7. PROPER（将文本字符串的首字母转换成大写）

【函数功能】PROPER 函数用于将文本字符串的首字母及任何非字母字符之后的首字母转换成大写，并将其余的字母转换成小写。

【函数语法】PROPER(text)

text：必需，用引号括起来的文本、返回文本值的公式或是对包含文本（要进行部分大写转换）的单元格的引用。

例：将单词的首字母转换为大写

扫一扫，看视频

如图 5-109 所示，A 列中的英文字母只有首字母是大写，通过使用 PROPER 函数可以实现一次性将每个单词的首字母都转换为大写，即得到 B 列的数据。

	A	B	C	D
1	Item	转换后正确Item	onglyAg	Agree
2	Store locations are convenient	Store Locations Are Convenient	12%	14%
3	Store hours are convenient	Store Hours Are Convenient	15%	18%
4	Stores are well-maintained	Stores Are Well-Maintained	9%	11%
5	I like your web site	I Like Your Web Site	18%	32%
6	Employees are friendly	Employees Are Friendly	2%	6%
7	Employees are helpful	Employees Are Helpful	3%	4%
8	Pricing is competitive	Pricing Is Competitive	38%	24%

图 5-109

❶ 选中 B2 单元格，在编辑栏中输入公式：

= PROPER（A2）

❷ 按 Enter 键，即可将 A2 单元格中英文文本每个单词的首字母转换为大写，如图 5-110 所示。然后向下复制 B2 单元格的公式，即可实现批量转换。

| B2 | ▼ | : | × | ✓ | fx | =PROPER(A2) |

	A	B	C	D
1	Item	转换后正确Item	onglyAg	Agree
2	Store locations are convenient	Store Locations Are Convenient	12%	14%
3	Store hours are convenient		15%	18%
4	Stores are well-maintained		9%	11%

图 5-110

8. VALUE（将文本型数字转换成数值）

【函数功能】VALUE 函数用于将代表数字的文本字符串转换成数值。

【函数语法】VALUE(text)

text：必需，带引号的文本，或对包含要转换文本的单元格的引用。

例：将文本型数字转换为可计算的数值

在表格中计算总金额时，由于单元格的格式被设置成文本，从而导致总金额无法计算，如图 5-111 所示。

扫一扫，看视频

	A	B	C
1	品名规格	总金额	
2	黄塑纸945*70	20654	
3	白塑纸945*80	30850	
4	牛硅纸1160*45	50010	
5	武汉黄纸1300*70	45600	
6	赤壁白纸1300*80	29458	
7	白硅纸940*80	30750	
8		0	

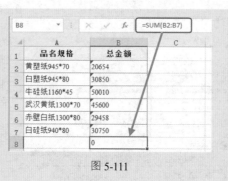

图 5-111

❶ 选中 C2 单元格，在编辑栏中输入公式：

```
=VALUE(B2)
```

按 Enter 键，即可将 B2 单元格中的文本型数字转换为数值；然后向下复制 C2 单元格的公式，即可实现批量转换，如图 5-112 所示。

	A	B	C
1	品名规格	总金额	
2	黄塑纸945*70	20654	20654
3	白塑纸945*80	30850	30850
4	牛硅纸1160*45	50010	50010
5	武汉黄纸1300*70	45600	45600
6	赤壁白纸1300*80	29458	29458
7	白硅纸940*80	30750	30750
8		0	

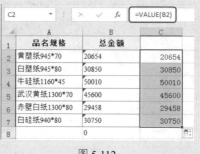

图 5-112

❷ 转换后可以看到，若在 C8 单元格中使用公式进行求和运算即可得到正确结果了，如图 5-113 所示。

	A	B	C
1	品名规格	总金额	
2	黄塑纸945*70	20654	20654
3	白塑纸945*80	30850	30850
4	牛硅纸1160*45	50010	50010
5	武汉黄纸1300*70	45600	45600
6	赤壁白纸1300*80	29458	29458
7	白硅纸940*80	30750	30750
8		0	207322

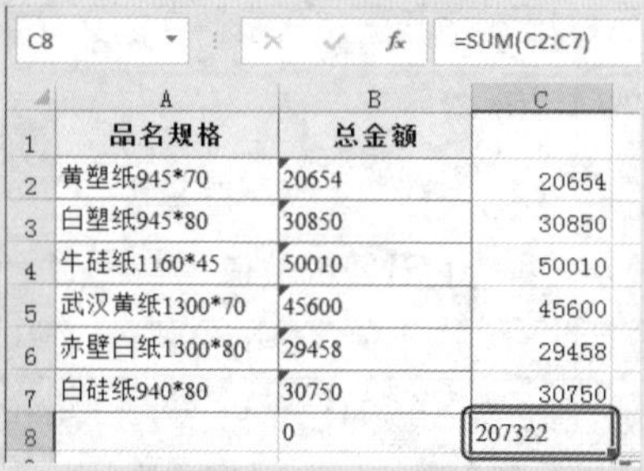

图 5-113

9. ASC（将全角字符转换为半角字符）

【函数功能】ASC 函数用于将全角（双字节）字符转换成半角（单字节）字符。

【函数语法】ASC(text)

text：表示文本或对包含文本的单元格引用。如果文本中不包含任何全角字符，则文本不会更改。

例：修正全半角字符不统一导致数据无法统计问题

在图 5-114 所示的表格中，可以看到"中国舞"报名人数有 2 条记录，但使用 SUMIF 函数（关于 SUMIF 函数的应用详见第 2 章）统计时只统计出报名总人数为 2。

扫一扫，看视频

图 5-114

出现这种情况是因为 SUMIF 函数以"中国舞(Chinese Dance)"为查找对象，这其中的英文与字符是半角状态的，而 B 列中的英文与字符有半角的，也有全角的，这就造成了当格式不匹配时就找不到了，所以不被作为统计对象。这时就可以使用 ASC 函数先一次性将数据源中的字符格式统一起来，然后再进行数据统计。

❶ 选中 D2 单元格，在编辑栏中输入公式:

=ASC(B2)

按 Enter 键，然后向下复制 D2 单元格的公式进行批量转换，如图 5-115所示。

	A	B	C	D
1	报名日期	舞种（DANCE）	报名人数	
2	2017/10/1	中国舞（Chinese Dance）	4	中国舞(Chinese Dance)
3	2017/10/1	芭蕾舞（Ballet）	2	芭蕾舞(Ballet)
4	2017/10/2	爵士舞（Jazz）	1	爵士舞(Jazz)
5	2017/10/3	中国舞(Chinese Dance)	2	中国舞(Chinese Dance)

图 5-115

❷ 选中 D 列中转换后的数据，按 Ctrl+C 组合键复制，然后选中 B2 单元格，在"开始"选项卡的"剪贴板"组中单击"粘贴"下拉按钮，在弹出的下拉列表中单击"值"按钮，实现数据的覆盖粘贴，如图 5-116 所示。

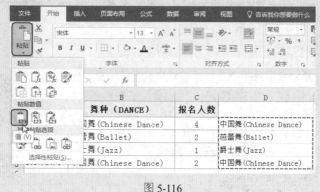

图 5-116

❸ 完成数据格式的重新修正后，可以看到 E2 单元格中可以得到正确的计算结果了，如图 5-117 所示。

图 5-117

10. WIDECHAR（将半角字符转换为全角字符）

【函数功能】WIDECHAR 函数用于将字符串中的半角（单字节）字符转换为全角（双字节）字符。

【函数语法】WIDECHAR(text)

text：必需，文本或对包含要更改文本的单元格的引用。如果文本中不包含任何半角英文字母，则文本不会更改。

例：将半角字符转换为全角字符

此函数与 ASC 函数的功能相反，用于将半角字符转换为全角字符。如果当前数据中的英文字母或字符全、半角格式不一，为了方便查找与后期的数据分析，也可以事先一次性更改为全角格式，如图 5-118 所示。具体应用环境与 ASC 函数相同。

	A	B	C	D
1	报名日期	舞种（DANCE）	报名人数	
2	2017/10/1	中国舞（Chinese Dance）	4	中国舞（Ｃｈｉｎｅｓｅ　Ｄａｎｃｅ）
3	2017/10/1	芭蕾舞（Ballet）	2	芭蕾舞（Ｂａｌｌｅｔ）
4	2017/10/2	爵士舞（Jazz）	1	爵士舞（Ｊａｚｚ）
5	2017/10/3	中国舞(Chinese Dance)	2	中国舞（Ｃｈｉｎｅｓｅ　Ｄａｎｃｅ）

D2 单元格公式：=WIDECHAR(B2)

图 5-118

11. CODE（返回文本字符串中第一个字符的数字代码）

【函数功能】CODE 函数用于返回文本字符串中第一个字符的数字代码。返回的代码对应于计算机当前使用的字符集。

【函数语法】CODE(text)

text：必需，需要得到其第一个字符代码的文本。

例：返回字符代码对应的数字

使用 CODE 函数可以返回任意字符的数字代码（数字代码范围为 1~255）。

❶ 选中 B2 单元格，在编辑栏中输入公式：

=CODE(A2)

❷ 按 Enter 键，即可返回 A2 单元格中字符对应的字符代码。然后向下复制 B2 单元格的公式，即可实现批量查看，如图 5-119 所示。

B2 单元格公式：=CODE(A2)

	A	B	C	D
1	字符	字符编码		
2	A	65		
3	B	66		
4	C	67		
5	D	68		
6	a	97		
7	b	98		
8	c	99		

图 5-119

12. CHAR（返回对应于数字代码的字符）

【函数功能】CHAR 函数用于返回对应于数字代码的字符。函数 CHAR 可将其他类型计算机文件中的代码转换为字符。

【函数语法】CHAR(number)

number：必需，介于 1~255 之间，用于指定所需字符的数字。字符是用户计算机所用字符集中的字符。

例：返回数字代码对应的字符

若要返回任意数字代码对应的字符，可以使用 CHAR 函数来实现。

❶ 选中 B2 单元格，在编辑栏中输入公式：

=CHAR(A2)

❷ 按 Enter 键，即可返回 A2 单元格中字符编码对应的字符。然后向下复制 B2 单元格的公式，即可实现批量查看，如图 5-120 所示。

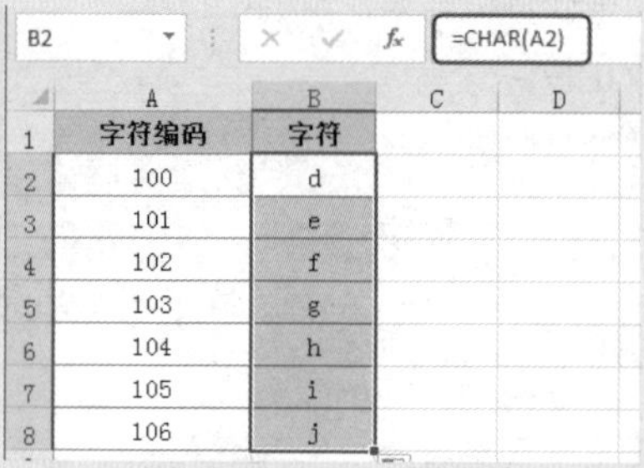

图 5-120

13. BAHTTEXT 函数（将数字转换为泰语文本）

【函数功能】BAHTTEXT 函数用于将数字转换为泰语文本并添加后缀"泰铢"。

【函数语法】BAHTTEXT(number)

number：表示要转换成文本的数字、对包含数字的单元格的引用，或结果为数字的公式。

例：将总金额转换为 ß（铢）货币格式文本

使用 BAHTTEXT 函数可以将表格中的数字转换为 ß（铢）货币格式文本。如图 5-121 所示是将 B 列金额转换为 C 列样式。

	A	B	C
1	品名规格	总金额	转换为ß(铢)货币格式
2	黄塑纸945*70	¥ 20,654.00	สองหมื่นหกร้อยห้าสิบสี่บาทถ้วน
3	白塑纸945*80	¥ 30,850.00	สามหมื่นแปดร้อยห้าสิบบาทถ้วน
4	牛硅纸1160*45	¥ 50,010.00	ห้าหมื่นสิบบาทถ้วน
5	武汉黄纸1300*70	¥ 45,600.00	สี่หมื่นห้าพันหกร้อยบาทถ้วน
6	赤壁白纸1300*80	¥ 29,450.00	สองหมื่นเก้าพันสี่ร้อยห้าสิบบาทถ้วน
7	白硅纸940*80	¥ 30,750.00	สามหมื่นเจ็ดร้อยห้าสิบบาทถ้วน

图 5-121

❶ 选中 C2 单元格，在编辑栏中输入公式：

```
=BAHTTEXT(B2)
```

❷ 按 Enter 键，即可将总金额“20654”转换为 ß（铢）货币格式，如图 5-122 所示。然后向下复制 C2 单元格的公式，即可将其他数字格式的总金额转换为 ß（铢）货币格式。

C2 | fx =BAHTTEXT(B2)

	A	B	C
1	品名规格	总金额	转换为ß(铢)货币格式
2	黄塑纸945*70	¥ 20,654.00	สองหมื่นหกร้อยห้าสิบสี่บาทถ้วน
3	白塑纸945*80	¥ 30,850.00	
4	牛硅纸1160*45	¥ 50,010.00	

图 5-122

14. T（判断给定的值是否是文本）

【函数功能】T 函数用于检测给定的值是否为文本，如果是返回文本本身，否则返回空字符。

【函数语法】T(value)

value：必需，需要进行测试的数值。

例：判断给定的值是否是文本

如图 5-123 所示，在 B2 单元格中输入公式“=T(A2)”，按 Enter 键后，再向下复制 B2 单元格的公式，可以看到返回值的情况。

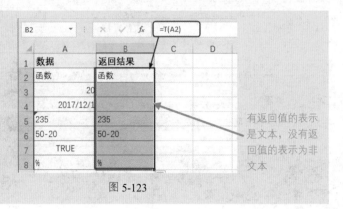

图 5-123

第6章 日期与时间函数

6.1 返回当前日期

Excel 中用于返回日期的函数有两个，一个是 NOW 函数，一个是 DATE 函数。NOW 函数返回的结果由日期和时间两部分组成，而 TODAY 函数只返回不包含时间的当前系统日期。从某种程度上说，NOW 函数可以代替 TODAY 函数。

1. NOW（返回当前日期与时间）

【函数功能】NOW 函数用于返回计算机设置的当前日期和时间的序列号。

【函数语法】NOW()

NOW 函数没有参数。

【用法解析】

=NOW()

无参数。NOW 函数的返回值与当前电脑设置的日期和时间一致。所以只有当前电脑的日期和时间设置正确，NOW 函数才返回正确的日期和时间

例：计算活动剩余时间

NOW 函数可以返回当前的日期与时间值，因此利用此函数可以用于对活动精确的倒计时统计。

扫一扫，看视频

❶ 选中 B2 单元格，在编辑栏中输入公式：

```
=TEXT(B1-NOW(),"h:mm:ss")
```

按 Enter 键，即可计算出 B1 单元格时间与当前时间的差值，并使用 TEXT 函数将时间转换为正确的格式，如图 6-1 所示。

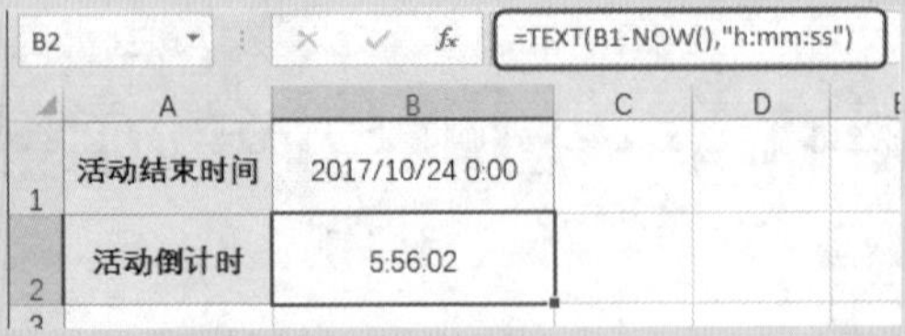

图 6-1

❷ 由于当前时间是即时更新的，因此通过按键盘上的 F9 键即可实现
倒计时的重新更新，如图 6-2 所示。

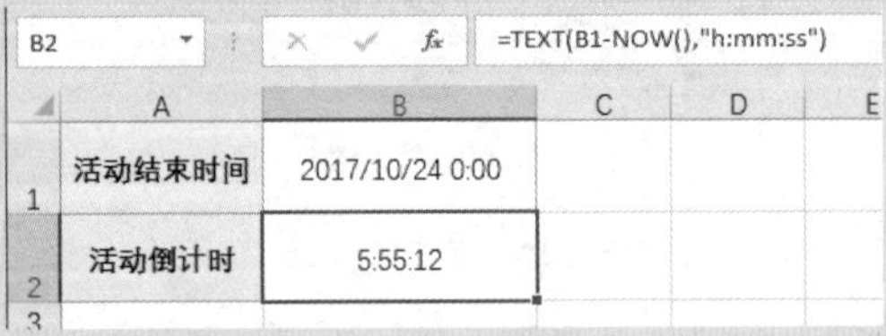

图 6-2

【公式解析】

=TEXT(B1-NOW(),"h:mm:ss")

如果只是使用 B1 与 NOW 函数的差值，返回的结果是时间差值对
应的小数值。也可以通过重新设置单元格格式显示出正确的时间
值，此处是得到 TEXT 函数将时间小数值转换为更便于我们查看
的正规时间显示格式。关于 TEXT 函数的学习可参见第 4 章

2. TODAY（返回当前的日期和时间）

【函数功能】TODAY 用于返回当前日期的序列号。
【函数语法】TODAY()
TODAY 函数没有参数。
【用法解析】

=TODAY()

无参数。单元格使用时返回与系统一致的当前日期。也可以
作为参数嵌套在其他函数中使用

例1：计算展品陈列天数

某展馆约定某个展架上展品的上架天数不能超过30天，根据上架日期，可以快速求出已陈列天数（如图6-3所示C列结果），从而方便对展品陈列情况进行管理。

	A	B	C	D
1	展品	上架时间	陈列时间	
2	A	2017/9/20	33	
3	B	2017/9/20	33	
4	C	2017/10/1	22	
5	D	2017/10/1	22	
6	E	2017/10/10	13	
7	F	2017/10/12	11	
8	G	2017/10/15	8	

图 6-3

❶ 选中C2单元格，在编辑栏中输入公式（如图6-4所示）：
=TEXT(TODAY()-B2,"0")

T.TEST	▾	:	×	✓	fx	=TEXT(TODAY()-B2,"0")	

	A	B	C	D	E
1	展品	上架时间	陈列时间		
2	A	2017/9/20	AY()-B2,"0")		
3	B	2017/9/20			
4	C	2017/10/1			
5	D	2017/10/1			

图 6-4

❷ 按Enter键，即可根据B2单元格的上架日期计算出至今日已陈列的天数，如图6-5所示。然后向下复制C2单元格的公式可批量求取各展品的已陈列天数。

	A	B	C	D
1	展品	上架时间	陈列时间	
2	A	2017/9/20	33	
3	B	2017/9/20		
4	C	2017/10/1		
5	D	2017/10/1		

图 6-5

【公式解析】

$$=TEXT(\underline{TODAY()-B2},"0")$$

如果只是使用 "TODAY()-B2" 求取差值，默认会显示为日期值，要想查看天数值，需要重新将单元格的格式更改为 "常规"。为了省去此步操作，可在外层嵌套 TEXT 函数，将计算结果直接转换为数值

例2：判断会员是否升级

扫一扫，看视频

如图 6-6 所示的表格中显示出了公司会员的办卡日期，按公司规定，会员办卡时间要达到一年（365 天）即可升级为银卡用户。现在需要根据系统当前的显示日期，判断出每一位客户是否可以升级，即得到 C 列的判断结果。

	A	B	C	D
1	姓名	办卡日期	是否可以升级	
2	韩启云	2016/8/24	升级	
3	贾云馨	2016/9/3	升级	
4	潘思佳	2016/10/10	升级	
5	孙祥鹏	2017/4/27	不升级	
6	吴晓宇	2017/1/18	不升级	
7	夏子玉	2017/1/19	不升级	
8	杨明霞	2017/3/3	不升级	
9	张佳佳	2017/2/16	不升级	
10	甄新蓓	2017/4/10	不升级	

图 6-6

❶ 选中 C2 单元格，在编辑栏中输入公式（如图 6-7 所示）：
=IF(TODAY()-B2>365,"升级","不升级")

T.TEST		× ✓ fx	=IF(TODAY()-B2>365,"升级","不升级")		
	A	B	C	D	E
1	姓名	办卡日期	是否可以升级		
2	韩启云	2016/8/24	升级","不升级")		
3	贾云馨	2016/9/3			
4	潘思佳	2016/10/10			
5	孙祥鹏	2017/4/27			

图 6-7

❷ 按 Enter 键，即可根据 B2 单元格的日期判断是否满足升级的条件，如图 6-8 所示。然后向下复制 C2 单元格的公式可批量判断各会员是否可以升级。

	A	B	C
1	姓名	办卡日期	是否可以升级
2	韩启云	2016/8/24	升级
3	贾云馨	2016/9/3	
4	潘思佳	2016/10/10	
5	孙祥鹏	2017/4/27	
6	吴晓宇	2017/1/18	

图 6-8

【公式解析】

=IF(TODAY()-B2>365,"升级","不升级")

① 判断当前日期与 B2 单元格日期的差值是否大于 365，如果是，返回 TRUE，不是则返回 FALSE

② 如果①结果为 TRUE，返回"升级"，否则返回"不升级"

6.2 构建与提取日期

构建日期是指将年、月、日数据组合在一起，形成标准的日期数据，构建日期的函数是 DATE 函数。提取日期的函数如 YEAR、MONTH、DAY 等，它们用于从给定的日期数据中提取年、月、日等信息，并且提取后的数据还可以进行数据计算。

1. DATE（构建标准日期）

【函数功能】DATE 函数用于返回表示特定日期的序列号。

【函数语法】DATE(year,month,day)

● year：其值可以包含 1~4 位数字。

● month：一个正整数或负整数，表示一年中 1~12 月的各个月。

● day：一个正整数或负整数，表示一月中 1~31 日的各天。

【用法解析】

第 1 个参数用 4 位数指定年份

= DATE (❶年份,❷月份,❸日期)

第 2 个参数是月份。可以是正整数或负整数，如果参数大于 12，则从指定年份的 1 月开始累加该月份数。如果参数值小于 1，则从指定年份的 1 月份开始递减该月份数，然后再加上 1，就是要返回的日期的月数

第 3 个参数是日数。可以是正整数或负整数，如果参数值大于指定月份的天数，则从指定月份的第 1 天开始累加该天数；如果参数值小于 1，则从指定月份的第 1 天开始递减该天数，然后再加上 1，就是要返回的日期的号数

如图 6-9 所示，参数显示在 A、B、C 三列中，通过 D 列中显示的公式，可得到 E 列的结果。

	A	B	C	D	E
1	参数1	参数2	参数3	公式	返回日期
2	2017	6	5	=DATE(A2,B2,C2) →	2017/6/5
3	2017	13	5	=DATE(A3,B3,C3) →	2018/1/5
4	2017	5	40	=DATE(A4,B4,C4) →	2017/6/9
5	2017	5	-5	=DATE(A5,B5,C5) →	2017/4/25

图 6-9

例：将不规范日期转换为标准日期

扫一扫，看视频

由于数据来源不同或输入不规范，经常会出现将日期录入为如图 6-10 所示的 B 列中的样式。为了方便后期对数据的分析，可以一次性将其转换为标准日期。

	A	B	C	D
1	值班人员	加班日期	加班时长	标准日期
2	刘长城	20171003	2.5	2017/10/3
3	李岩	20171003	1.5	2017/10/3
4	高雨馨	20171005	1	2017/10/5
5	卢明宇	20171005	2	2017/10/5
6	郑淑娟	20171008	1.5	2017/10/8
7	左卫	20171011	3	2017/10/11
8	庄美尔	20171011	2.5	2017/10/11
9	周彤	20171012	2.5	2017/10/12
10	杨飞云	20171012	2	2017/10/12
11	夏晓辉	20171013	2	2017/10/13

图 6-10

❶ 选中 D2 单元格，在编辑栏中输入公式（如图 6-11 所示）：

```
=DATE(MID(B2,1,4),MID(B2,5,2),MID(B2,7,2))
```

T.TEST　=DATE(MID(B2,1,4),MID(B2,5,2),MID(B2,7,2))

	A	B	C	D	E	F
1	值班人员	加班日期	加班时长	标准日期		
2	刘长城	20171003	2.5	MID(B2,7,2))		
3	李岩	20171003	1.5			
4	高雨馨	20171005	1			
5	卢明宇	20171005	2			

图 6-11

❷ 按 Enter 键，即可将 B2 单元格中的数据转换为标准日期，如图 6-12 所示。然后将 D2 单元格的公式向下复制，可以实现对 B 列中日期的一次性转换。

	A	B	C	D
1	值班人员	加班日期	加班时长	标准日期
2	刘长城	20171003	2.5	2017/10/3
3	李岩	20171003	1.5	
4	高雨馨	20171005	1	
5	卢明宇	20171005	2	
6	郑淑娟	20171008	1.5	

图 6-12

【公式解析】

① 从第一位开始提取，共提取 4 位　② 从第 5 位开始提取，共提取 2 位　③ 从第 7 位开始提取，共提取 2 位

$$=DATE(\underline{MID(B2,1,4)},\underline{MID(B2,5,2)},\underline{MID(B2,7,2)})$$

④ 以①、②、③的返回结果构建为一个标准日期

2. YEAR（返回某日对应的年份）

【函数功能】YEAR 函数用于返回某日期对应的年份，返回值为 1900~9999 之间的整数。

【函数语法】YEAR(serial_number)

serial_number：表示要提取其中年份的一个日期。

【用法解析】

$$=YEAR(A1)$$

应使用标准格式的日期，或使用 DATE 函数来构建标准日期。
如果日期以文本形式输入，则无法提取

例 1：从固定资产新增日期中提取新增年份

扫一扫，看视频

在固定资产统计列表中统计了各项固定资产的新增日期，现在想从新增日期中提取新增年份。

❶ 选中 C2 单元格，在编辑栏中输入公式（如图 6-13 所示）：
=YEAR(B2)

	T.TEST		× ✓ fx	=YEAR(B2)	
	A	B	C	D	
1	固定资产名称	新增日期	新增年份		
2	空调	14.06.05	=YEAR(B2)		
3	冷暖空调机	14.06.22			
4	饮水机	15.06.05			

图 6-13

❷ 按 Enter 键，即可从 B2 单元格的日期中提取年份，然后将 C2 单元格的公式向下复制，可以实现批量提取年份，如图 6-14 所示。

⬜	A	B	C	D
1	固定资产名称	新增日期	新增年份	
2	空调	14.06.05	2014	
3	冷暖空调机	14.06.22	2014	
4	饮水机	15.06.05	2015	
5	uv喷绘机	14.05.01	2014	
6	印刷机	15.04.10	2015	
7	覆膜机	15.10.01	2015	
8	平板彩印机	16.02.02	2016	
9	亚克力喷绘机	16.10.01	2016	

图 6-14

例 2：计算出员工的工龄

扫一扫，看视频

如图 6-15 所示的表格中显示了员工入职日期，现在要求计算出每一位员工的工龄，即得到 D 列中的计算结果。

⬜	A	B	C	D
1	姓名	出生日期	入职日期	工龄
2	刘瑞轩	1986/3/24	2010/11/17	7
3	方嘉禾	1990/2/3	2010/3/27	7
4	徐瑞	1978/1/25	2009/6/5	8
5	曾浩煊	1983/4/27	2009/12/5	8
6	李杰	1973/1/18	2011/7/14	6
7	周伊伊	1992/1/19	2012/2/9	5
8	周正洋	1984/3/3	2011/4/28	6
9	龚梦莹	1970/2/16	2014/6/21	3
10	侯娜	1980/4/10	2015/6/10	2

图 6-15

❶ 选中 D2 单元格，在编辑栏中输入公式：

=YEAR(TODAY())-YEAR(C2)

按 Enter 键后可以看到显示的是一个日期值，如图 6-16 所示。

D2	⋮	×	✓	fx	=YEAR(TODAY())-YEAR(C2)	

⬜	A	B	C	D	E
1	姓名	出生日期	入职日期	工龄	
2	刘瑞轩	1986/3/24	2010/11/17	1900/1/7	
3	方嘉禾	1990/2/3	2010/3/27		
4	徐瑞	1978/1/25	2009/6/5		

图 6-16

❷ 选中 D2 单元格，向下复制公式后，返回值如图 6-17 所示。

图 6-17

❸ 选中 D 列中返回的日期值,在"开始"选项卡的"数字"组中重新设置单元格的格式为"常规"格式即可正确显示工龄,如图 6-18 所示。

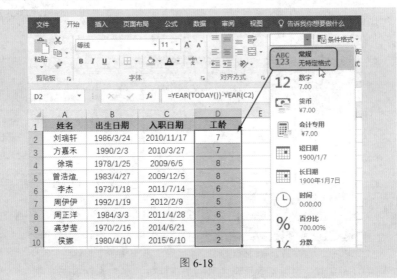

图 6-18

【公式解析】

=YEAR(TODAY())-YEAR(C2)

① 返回当前日期。然后再使用
YEAR 函数返回其年份

② 返回 C2 单元格入职
日期中的年份

二者差值即为工龄

◁»» 注意：

在进行日期计算时很多时间都会默认返回日期，当想查看序列号值时，只要重新设置单元格的格式为"常规"即可。在后面的实例中再次遇到此类情况时不再赘述。

3. MONTH（返回日期中的月份）

【函数功能】MONTH 函数用于返回以序列号表示的日期中的月份。月份是介于 1（一月）～ 12（十二月）之间的整数。

【函数语法】MONTH(serial_number)

serial_number：表示要提取其中月份的一个日期。

【用法解析】

$$= MONTH (A1)$$

应使用标准格式的日期，或使用 DATE 函数来构建标准日期。如果日期以文本形式输入，则无法提取

例 1：判断是否是本月的应收账款

如图 6-19 所示的表格是对公司往来账款的应收账款进行了统计，现在需要快速找到本月的账款，即使用公式得到 D 列的判断结果。

扫一扫，看视频

	A	B	C	D
1	款项编码	金额	借款日期	是否是本月账款
2	KC-RE001	¥ 22,000.00	2017/7/24	
3	KC-RE012	¥ 25,000.00	2017/8/3	
4	KC-RE021	¥ 39,000.00	2017/10/25	本月
5	KC-RE114	¥ 85,700.00	2017/4/27	
6	KC-RE015	¥ 62,000.00	2017/10/8	本月
7	KC-RE054	¥ 124,000.00	2017/10/19	本月
8	KC-RE044	¥ 58,600.00	2017/9/12	
9	KC-RE011	¥ 8,900.00	2017/9/20	
10	KC-RE012	¥ 78,900.00	2017/8/15	

图 6-19

❶ 选中 D2 单元格，在编辑栏中输入公式（如图 6-20 所示）：

`=IF(MONTH(C2)=MONTH(TODAY()),"本月","")`

T.TEST	▼	:	×	✓	fx	=IF(MONTH(C2)=MONTH(TODAY()),"本月","")

▲	A	B	C	D	E
1	款项编码	金额	借款日期	是否是本月账款	
2	KC-RE001	¥ 22,000.00	2017/7/24	=IF(MONTH(C2)=M	
3	KC-RE012	¥ 25,000.00	2017/8/3		
4	KC-RE021	¥ 39,000.00	2017/10/25		
5	KC-RE114	¥ 85,700.00	2017/4/27		

图 6-20

❷ 按 Enter 键，返回结果为空，表示 C2 单元格中的日期不是本月的，如图 6-21 所示。向下复制 D2 单元格的公式可以得到批量的判断结果。

▲	A	B	C	D
1	款项编码	金额	借款日期	是否是本月账款
2	KC-RE001	¥ 22,000.00	2017/7/24	
3	KC-RE012	¥ 25,000.00	2017/8/3	
4	KC-RE021	¥ 39,000.00	2017/10/25	
5	KC-RE114	¥ 85,700.00	2017/4/27	

图 6-21

【公式解析】

① 提取 C2 单元格中日期的月份数　　② 提取当前日期的月份数

=IF(MONTH(C2)=MONTH(TODAY()),"本月","")

③ 当①与②结果相等时，返回"本月"文字，否则返回空值

例 2：统计指定月份的销售额

扫一扫，看视频

销售报表按日期记录了 10 月份与 11 月份的销售额，数据显示次序混乱，如果要想对月总销额进行统计会比较麻烦，此时可以使用 MONTH 函数自动对日期进行判断，快速统计出指定月份的销售额。

❶ 选中 E2 单元格，在编辑栏中输入公式：
=SUM(IF(MONTH(A2:A15)=11,C2:C15))

❷ 按 Ctrl+Shift+Enter 组合键，即可返回 11 月的总销售额，如图 6-22 所示。

	A	B	C	D	E
	销售日期	导购	销售额		11月份总销售额
1	销售日期	导购	销售额		11月份总销售额
2	2017/10/7	方嘉禾	16900		115360
3	2017/10/12	龚梦莹	13700		
4	2017/10/15	方嘉禾	13850		
5	2017/10/18	周伊伊	15420		
6	2017/10/20	方嘉禾	13750		
7	2017/11/11	方嘉禾	18500		
8	2017/11/5	周伊伊	15900		
9	2017/10/7	周伊伊	13800		
10	2017/11/10	龚梦莹	14900		
11	2017/11/15	方嘉禾	13250		
12	2017/11/18	龚梦莹	14780		
13	2017/11/20	龚梦莹	12040		
14	2017/11/21	周伊伊	11020		
15	2017/11/17	方嘉禾	14970		

E2 单元格公式：{=SUM(IF(MONTH(A2:A15)=11,C2:C15))}

图 6-22

【公式解析】

① 依次提取 A2:A15 单元格区域中各日期的月份数，并依次判断是否等于 11，如果是，返回 TRUE，否则返回 FALSE，返回的是一个数组

=SUM(IF(MONTH(A2:A15)=11,C2:C15))

③ 对②数组进行求和运算

② 将①数组中是 TRUE 值的，对应在 C2:C15 单元格区域上取值。返回一个数组

4. DAY（返回日期中的天数）

【函数功能】DAY 函数用于返回以序列号表示的某日期的天数，用整数 1~31 表示。

【函数语法】DAY(serial_number)

serial_number：表示要提取其中天数的一个日期。

【用法解析】

$$=DAY(A1)$$

应用使用标准格式的日期，或使用 DATE 函数来构建
标准日期。如果日期以文本形式输入，则无法提取

例 1：计算本月上旬的出库数量

扫一扫，看视频

表格中按日期统计了本月商品的出库记录，现在要求统计
出上旬的出库总量。可以使用 DAY 函数配合 SUM 求取。

❶ 选中 E2 单元格，在编辑栏中输入公式：
=SUM(C2:C16*(DAY(A2:A16)<=10))

❷ 按 Ctrl+Shift+Enter 组合键，即可统计出上旬的出库总量，如图 6-23
所示。

E2	▼	× ✓ fx	{=SUM(C2:C16*(DAY(A2:A16)<=10))}	
▲	A	B	C	D	E
1	销售日期	经办人	出库量		本月上旬出库量
2	2017/3/3	方慕禾	115		513
3	2017/3/5	龚梦莹	109		
4	2017/3/7	方慕禾	148		
5	2017/3/7	龚梦莹	141		
6	2017/3/10	曾帆	149		
7	2017/3/12	方慕禾	137		
8	2017/3/15	龚梦莹	145		
9	2017/3/15	曾帆	125		
10	2017/3/18	方慕禾	154		
11	2017/3/18	曾帆	147		
12	2017/3/21	龚梦莹	124		
13	2017/3/21	方慕禾	120		
14	2017/3/21	曾帆	110		
15	2017/3/27	方慕禾	150		
16	2017/3/29	曾帆	151		

图 6-23

【公式解析】

① 依次提取 A2:A16 单元格区域中各日期的日数，并依次判断是否小于
等于 10，如果是，返回 TRUE；否则返回 FALSE。返回的是一个数组

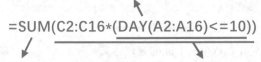

③ 对②数组进行求和
运算

② 将①数组中是 TRUE 值的，对应在 C2:C16 单
元格区域上取值。返回一个数组

例 2：按本月缺勤天数计算缺勤扣款

如图 6-24 所示的表格中统计了 10 月份现场客服人员缺勤天数，要求计算每位人员应扣款金额，即得到 C 列中的统计结果。要达到此统计需要根据当月天数求出单日工资（假设月工资为 3000）。

	A	B	C	D
1	10月现场客服人员缺勤统计表			
2	姓名	缺勤天数	扣款金额	
3	刘瑞轩	3	290.32	
4	方嘉禾	1	96.77	
5	徐瑞	5	483.87	
6	曾浩煊	8	774.19	
7	李杰	2	193.55	
8	周伊伊	7	677.42	
9	周正洋	4	387.10	
10	龚梦莹	6	580.65	
11	侯娜	3	290.32	

图 6-24

❶ 选中 C3 单元格，在编辑栏中输入公式（如图 6-25 所示）：
=B3*(3000/(DAY(DATE(2017,11,0))))

T.TEST		×	✓	fx	=B3*(3000/(DAY(DATE(2017,11,0))))	
	A	B	C	D	E	
1	10月现场客服人员缺勤统计表					
2	姓名	缺勤天数	扣款金额			
3	刘瑞轩	3	=B3*(3000/(DAY(DA			
4	方嘉禾	1				
5	徐瑞	5				
6	曾浩煊	8				

图 6-25

❷ 按 Enter 键，即可求出第一位人员的扣款金额，如图 6-26 所示。然后向下复制 C3 单元格的公式可得到批量计算结果。

	A	B	C	D
1	10月现场客服人员缺勤统计表			
2	姓名	缺勤天数	扣款金额	
3	刘瑞轩	3	290.32	
4	方嘉禾	1		
5	徐瑞	5		
6	曾浩煊	8		

图 6-26

【公式解析】

① 构建 "2017-11-0" 这个日期，注意当指定日期为 0 时，实际获取的日期就是上月的最后一天。因为不能确定上月的最后一天是 30 天还是 31 天，使用此方法指定，就可以让程序自动获取最大日期

$$=B3*(3000/(DAY(DATE(2017,11,0))))$$

获取单日工资后，与缺席天数相乘即可得到扣款金额

② 提取①日期中的天数，即 10 月的最后一天。用 3000 除以天数获取单日工资

例 3：实现员工生日自动提醒

扫一扫，看视频

在档案统计表中，要求能根据员工的出生日期给出生日自动提醒，即当天生日的员工能显示出"生日快乐"文字。

❶ 选中 E2 单元格，在编辑栏中输入公式（如图 6-27 所示）：

=IF(AND(MONTH(D2)=MONTH(TODAY()),DAY(D2)=DAY(TODAY())),
"生日快乐","")

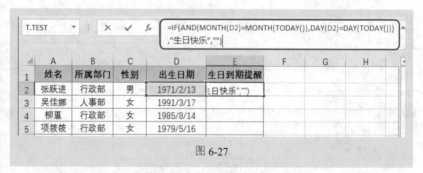

图 6-27

❷ 按 Enter 键，然后向下复制 E2 单元格的公式可以看到 D 列的日期只有与系统日期的月份与日数相同时才返回"生日快乐"文字，否则返回空值，如图 6-28 所示。

	A	B	C	D	E
1	姓名	所属部门	性别	出生日期	生日到期提醒
2	张跃进	行政部	男	1971/2/13	
3	吴佳娜	人事部	女	1991/3/17	
4	柳惠	行政部	女	1985/8/14	
5	项筱筱	行政部	女	1979/5/16	
6	宋佳佳	行政部	女	1987/11/20	
7	刘琰	人事部	男	1986/10/25	生日快乐
8	蔡晓燕	行政部	女	1979/2/26	
9	吴春华	行政部	女	1973/12/2	
10	汪涛	行政部	男	1978/5/2	
11	赵晓	行政部	女	1988/10/25	生日快乐

图 6-28

【公式解析】

① 提取 D2 单元格中日期的月数并
判断其是否等于当前日期的月数

② 提取 D2 单元格中日期的日数并
判断其是否等于当前日期的日数

=IF(AND(MONTH(D2)=MONTH(TODAY()),DAY(D2)=DAY
(TODAY())),"生日快乐","")

④ 当③结果为 TRUE
时，返回"生日快乐"

③ 判断①与②是否同时
满足

5. WEEKDAY（返回指定日期对应的星期数）

【函数功能】WEEKDAY 函数用于返回某日期为星期几。默认情况下，
其值为 1（星期天）~7（星期六）之间的整数。

【函数语法】WEEKDAY(serial_number,[return_type])

● serial_number：表示要返回星期数的日期。

● return_type：可选，为确定返回值类型的数字。

【用法解析】

= WEEKDAY (A1，2)

有多种输入方式：带引号的字符串
（如"2001/02/26"）、序列号（如 42797
表示 2017 年 3 月 3 日）或其他公式
或函数的结果（如 DATEVALUE
("2017/10/30")）

数字 1 或省略时，则 1~7 代表星
期天到星期六，当指定为数字 2
时，则 1~7 代表星期一到星期天，
当指定为数字 3 时，则 0~6 代表
星期一到星期天

例 1：快速返回值班日期对应星期几

在建立值班表时，通常只会填写值班日期，如果将值班日期对应的星期数也显示出来则更加便于查看。

❶ 选中 B2 单元格，在编辑栏中输入公式（如图 6-29 所示）：

```
=WEEKDAY(A2,2)
```

	A	B	C
1	值班日期	星期数	值班员工
2	2017/10/10	=WEEKDAY(A2,2)	甄新蓓
3	2017/10/11		吴晓宇
4	2017/10/12		夏子玉
5	2017/10/13		周志毅

图 6-29

❷ 按 Enter 键，然后向下复制 B2 单元格的公式可以批量返回 A 列中各值班日期对应的星期数，如图 6-30 所示。

	A	B	C	D
1	值班日期	星期数	值班员工	
2	2017/10/10	2	甄新蓓	
3	2017/10/11	3	吴晓宇	
4	2017/10/12	4	夏子玉	
5	2017/10/13	5	周志毅	
6	2017/10/16	1	甄新蓓	
7	2017/10/17	2	周志毅	
8	2017/10/18	3	夏子玉	
9	2017/10/19	4	吴晓宇	
10	2017/10/20	5	甄新蓓	
11	2017/10/23	1	周志毅	

图 6-30

【公式解析】

=WEEKDAY(A2,2)

指定此参数表示用 1~7 代表星期一到星期天，这种显示方式更加符合我们的查看习惯

例 2：判断值班日期是工作日还是双休日

如图 6-31 所示的表格中统计了员工的加班日期与加班时数，因为平时加班与双休日加班的加班费有所不同，因此要根据加班日期判断各条加班记录是平时加班还是双休日加班，即得到 D 列的判断结果。

扫一扫，看视频

	A	B	C	D	E
1	加班日期	员工姓名	加班时数	加班类型	
2	2017/11/3	徐梓瑞	5	平时加班	
3	2017/11/5	林澈	8	双休日加班	
4	2017/11/7	夏夏	3	平时加班	
5	2017/11/10	何萧阳	6	平时加班	
6	2017/11/12	徐梓瑞	4	双休日加班	
7	2017/11/15	何萧阳	7	平时加班	
8	2017/11/18	夏夏	5	双休日加班	
9	2017/11/21	林澈	1	平时加班	
10	2017/11/27	徐梓瑞	3	平时加班	
11	2017/11/29	何萧阳	6	平时加班	

图 6-31

❶ 选中 D2 单元格，在编辑栏中输入公式（如图 6-32 所示）：
=IF(OR(WEEKDAY(A2,2)=6,WEEKDAY(A2,2)=7),"双休日加班","平时加班")

T.TEST		× ✓ fx	=IF(OR(WEEKDAY(A2,2)=6,WEEKDAY(A2,2)=7),"双休日加班","平时加班")				
	A	B	C	D	E	F	G	H
1	加班日期	员工姓名	加班时数	加班类型				
2	2017/11/3	徐梓瑞	5	=IF(OR(WEEK)				
3	2017/11/5	林澈	8					
4	2017/11/7	夏夏	3					
5	2017/11/10	何萧阳	6					

图 6-32

❷ 按 Enter 键，即可根据 A2 单元格的日期判断加班类型，如图 6-33 所示。然后向下复制 D2 单元格的公式可以批量返回加班类型。

	A	B	C	D
1	加班日期	员工姓名	加班时数	加班类型
2	2017/11/3	徐梓瑞	5	平时加班
3	2017/11/5	林澈	8	
4	2017/11/7	夏夏	3	
5	2017/11/10	何萧阳	6	

图 6-33

【公式解析】

① 判断 A2 单元格的星期数是否为 6

② 判断 A2 单元格的星期数是否为 7

=IF(OR(WEEKDAY(A2,2)=6,WEEKDAY(A2,2)=7),"双休日加班","平时加班")

③ 当①与②结果有一个为 TURE 时，就返回"双休日加班"，否则返回"平时加班"

例 3：对周日的销售金额汇总

扫一扫，看视频

在销售统计表中，按销售日期记录了销售额，现在想分析周日的销售情况，因此需要只对周日的总销售额进行汇总统计。要进行此项统计需要先对日期进行判断，只提取各个周日的销售额再进行汇总统计。

❶ 选中 E2 单元格，在编辑栏中输入公式：

=SUM((WEEKDAY(A2:A14,2)=7)*C2:C14)

❷ 按 Ctrl+Shift+Enter 组合键，即可得到周日的总销售额，如图 6-34 所示。

E2		fx	{=SUM((WEEKDAY(A2:A14,2)=7)*C2:C14)}	
	A	B	C	D	E
1	销售日期	导购	销售额		周日总销售额
2	2017/10/7	方嘉禾	13500		28580
3	2017/10/12	龚梦莹	12900		
4	2017/10/15	方嘉禾	13800		
5	2017/10/18	周伊伊	14100		
6	2017/10/20	方嘉禾	14900		
7	2017/10/11	方嘉禾	13700		
8	2017/10/5	周伊伊	13850		
9	2017/10/7	周伊伊	13250		
10	2017/10/10	龚梦莹	15420		
11	2017/10/15	方嘉禾	14780		
12	2017/10/18	龚梦莹	13750		
13	2017/10/20	龚梦莹	12040		
14	2017/10/21	周伊伊	11020		

图 6-34

【公式解析】

① 依次提取 A2:A14 单元格区域中各日期的星期数，并依次判断是否等于 7，如果是，返回 TRUE，否则返回 FALSE，返回的是一个数组

=SUM((**WEEKDAY(A2:A14,2)=7**)*C2:C14)

③ 对②数组进行求和运算　　② 将①数组中是 TRUE 值的，对应在 C2:C14 单元格区域上取值。返回一个数组

6. WEEKNUM（返回日期对应一年中的第几周）

【函数功能】WEEKNUM 函数用于返回一个数字，该数字代表一年中的第几周。

【函数语法】WEEKNUM(serial_number,[return_type])

- serial_number：表示一周中的日期。
- return_type：可选，确定星期从哪一天开始。

【用法解析】

= WEEKNUM (A1，2)

WEEKNUM 函数将 1 月 1 日所在的星期定义为一年中的第一个星期

数字 1 或省略时，表示从星期日开始，星期内的天数从 1（星期日）~7（星期六）；如果指定为数字 2 表示从星期一开始，星期内的天数从 1（星期一）~7（星期日）

例 1：返回几次活动日期分别对应在一年中的第几周

表格中给出了全年几次促销活动的日期，使用 WEEKNUM 函数可以快速判断这几次活动日期对应一年中的第几周。

扫一扫，看视频

❶ 选中 B2 单元格，在编辑栏中输入公式（如图 6-35 所示）：

="第"& WEEKNUM(A2,2)&"周"

❷ 按 Enter 键，即可返回 A2 单元格中的日期对应此年的第几周。然后向下复制 B2 单元格的公式可以批量返回各活动日期对应此年的第几周，如图 6-36 所示。

图 6-35

图 6-36

【公式解析】

$$=\text{"第"\& WEEKNUM(A2,2)\&"周"}$$

指定此参数表示一周从星期一开始，星期内的天数从
1（星期一）~7（星期日）

例 2：计算每次活动共进行了几周

表格中给出了几次促销活动的开始日期与结束日期，使用
WEEKNUM 函数可以计算出每次活动共经历了几周。

❶ 选中 C2 单元格，在编辑栏中输入公式（如图 6-37 所示）：
=WEEKNUM(B2,2)-WEEKNUM(A2,2)+1

	A	B	C	D
1	开始日期	结束日期	共几周	
2	2017/1/10	2017/2/15	=WEEKNUM(B2,2)-W	
3	2017/3/10	2017/3/31		
4	2017/5/10	2017/6/10		
5	2017/7/10	2017/8/5		

图 6-37

❷ 按 Enter 键，即可得出 A2 单元格日期到 B2 单元格日期中间共经历了几周。然后向下复制 C2 单元格的公式可以批量返回各活动共经历了几周，如图 6-38 所示。

	A	B	C
1	开始日期	结束日期	共几周
2	2017/1/10	2017/2/15	6
3	2017/3/10	2017/3/31	4
4	2017/5/10	2017/6/10	5
5	2017/7/10	2017/8/5	4
6	2017/9/10	2017/10/1	4
7	2017/11/10	2017/12/31	8

图 6-38

【公式解析】

=WEEKNUM(B2,2)-WEEKNUM(A2,2)+1

① 计算结束日期在一年中的第几周

② 计算开始日期在一年中的第几周

③ 二者差值再加 1 即为总周数。因为无论第一周是周几都会占一周，所以进行加 1 处理

7. EOMONTH（返回指定月份前(后)几个月最后一天的序列号）

【函数功能】EOMONTH 函数用于返回某个月份最后一天的序列号，该月份与 start_date 相隔（之前或之后）指定的月份数。可以计算正好在特定月份中最后一天到期的到期日。

【函数语法】EOMONTH(start_date, months)
- start_date：表示开始日期的日期。
- months：表示 start_date 之前或之后的月份数。

【公式解析】

= EOMONTH (❶起始日期,❷指定之前或之后的月份)

标准格式的日期，或使用 DATE 函数来构建标准日期。如果是非有效日期，将返回错误值

此参数为正值将生成未来日期；为负值将生成过去日期。如果 months 不是整数，将截尾取整

例如在如图 6-39 所示的表中，参数显示在 A、B 三列中，通过 C 列中显示的公式，可得到 D 列的结果。

	A	B	C	D
1	日期	间隔月份数	公式	返回日期
2	2017/6/5	5	=EOMONTH(A2,B2) →	2017/11/30
3	2017/10/10	-2	=EOMONTH(A3,B3) →	2017/8/31
4	2017/5/12	15	=EOMONTH(A4,B4) →	2018/8/31
5				

图 6-39

例 1：根据促销开始时间计算促销天数

扫一扫，看视频

表格给出了各项产品开始促销的具体日期，并计划活动全部到月底结束，现在需要根据开始日期计算促销天数。

❶ 选中 C2 单元格，在编辑栏中输入公式（如图 6-40 所示）：

`=EOMONTH(B2,0)-B2`

T.TEST	▼	⋮	× ✓ fx	=EOMONTH(B2,0)-B2	

	A	B	C	D
1	促销产品	开始日期	促销天数	
2	灵芝生机水	2017/11/3	=EOMONTH(B2	
3	白芍美白精华	2017/11/5		
4	雪耳保湿柔肤水	2017/11/10		
5	雪耳保湿面霜	2017/11/15		

图 6-40

❷ 按 Enter 键返回一个日期值，注意将单元格的格式更改为"常规"即可正确显示促销天数。然后向下复制 C2 单元格的公式可以批量返回各促销产品的促销天数，如图 6-41 所示。

	A	B	C	D
1	促销产品	开始日期	促销天数	
2	灵芝生机水	2017/11/3	27	
3	白芍美白精华	2017/11/5	25	
4	雪耳保湿柔肤水	2017/11/10	20	
5	雪耳保湿面霜	2017/11/15	15	
6	虫草美白眼霜	2017/11/20	10	
7	虫草紧致晚霜	2017/11/22	8	

图 6-41

Excel 函数与公式速查宝典

392

【公式解析】

$$=EOMONTH(B2,0)-B2$$

① 返回的是 B2 单元格日期
所在月份的最后一天的日期

② 最后一天的日期减去开始
日期即为促销天数

例2：计算优惠券有效期的截止日期

某商场发放的优惠券的使用规则是：在发出日期起的特定
几个月的最后一天内使用有效，现在要在表格中返回各种优惠
券的有效截止日期。

扫一扫，看视频

❶ 选中 D2 单元格，在编辑栏中输入公式（如图 6-42 所示）：
=EOMONTH(B2,C2)

| T.TEST | ▾ | : | × | ✓ | fx | =EOMONTH(B2,C2) |

▲	A	B	C	D
1	优惠券名称	放发日期	有效期(月)	截止日期
2	A券	2016/5/1	6	MONTH(B2,C2)
3	B券	2016/5/1	8	
4	C券	2017/6/20	10	
5				

图 6-42

❷ 按 Enter 键，返回一个日期的序列号，注意将单元格的格式更改为
"日期"即可正确显示日期。然后向下复制 D2 单元格的公式可以批量返回
各优惠券的截止使用日期，如图 6-43 所示。

▲	A	B	C	D
1	优惠券名称	放发日期	有效期(月)	截止日期
2	A券	2016/5/1	6	2016/11/30
3	B券	2016/5/1	8	2017/1/31
4	C券	2017/6/20	10	2018/4/30
5				

图 6-43

【公式解析】

$$=EOMONTH(B2,C2)$$

返回的是 B2 单元格日期间隔 C2 中指定
月份后那一月最后一天的日期

6.3 日期计算

日期计算用于计算两个日期间隔的年数、月数、天数等。在日期数据的处理中，日期计算是一种很常用的操作。

1. DATEDIF（用指定的单位计算起始日和结束日之间的天数）

【函数功能】DATEDIF 函数用于计算两个日期之间的年数、月数和天数。

【函数语法】DATEDIF(date1,date2,code)

● date1：表示起始日期。

● date2：表示结束日期。

● code：指定要返回两个日期哪种间隔值的参数代码。

DATEDIF 函数的 code 参数与返回值参如表 6-1 所示。

表 6-1　code 参数与返回值

code 参数	DATEDIF 函数返回值
Y	返回两个日期之间的年数
M	返回两个日期之间的月数
D	返回两个日期之间的天数
YM	忽略两个日期的年数和天数，返回之间的月数
YD	忽略两个日期的年数，返回之间的天数
MD	忽略两个日期的月数和年数，返回之间的天数

【用法解析】

注意第 2 个参数的日期值不能小于第 1 个参数的日期值

=DATEDIF(A2,B2,"d")

第 3 个参数为"d"，DATEDIF 函数将求两个日期值间隔的天数，等同于公式=B2-A2。但还有多种形式可以指定

如果为函数设置适合的第 3 参数，还可以让 DATEDIF 函数在计算间隔天数时忽略两个日期值中的年或月信息，如图 6-44 所示。

将第 3 参数设置为"md"，DATEDIF 函数将忽略两个日期值中的年和月，直接求 3 日和 16 日之间间隔的天数，所以公式返回"13"

	A	B	C	D	E
1	起始日期	终止日期	间隔天数	公式	公式说明
2	2016/1/3	2017/3/16	438	=DATEDIF(A2,B2,"d")	直接计算两个日期间隔天数
3			13	=DATEDIF(A2,B2,"md")	计算时忽略两个日期的年和月
4			73	=DATEDIF(A2,B2,"yd")	计算时忽略两个日期的年数

将第 3 参数设置为"yd"，函数将忽略两个日期值中的年，直接求 1 月 3 日与 3 月 16 日之间间隔的天数，所以公式返回"73"

图 6-44

如果计算两个日期值间隔的月数，就将 DATEDIF 函数的第 3 参数设置时为"m"，如图 6-45 所示。

两个日期值间隔 14 个月多 5 天，5 天不足 1 月，所以公式返回"14"

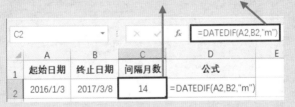

图 6-45

将 DATEDIF 函数的第 3 参数设置为"y"，函数将返回两个日期值间隔的年数，如图 6-46 所示。

两个日期值间隔两年两个月 5 天，其中两个月 5 天不足 1 年，所以公式返回"2"

图 6-46

例 1：计算固定资产已使用月份

扫一扫，看视频

如图 6-47 所示的表格中显示了部分固定资产的新增日期，要求计算出每项固定资产的已使用月份，即得到 D 列的计算结果。

Excel 函数与公式速查宝典

	A	B	C	D	E
1	序号	物品名称	新增日期	使用时间(月)	
2	A001	空调	14.06.05	40	
3	A002	冷暖空调机	14.06.22	40	
4	A003	饮水机	15.06.05	28	
5	A004	uv喷绘机	14.05.01	41	
6	A005	印刷机	15.04.10	30	
7	A006	覆膜机	15.10.01	24	
8	A007	平板彩印机	16.02.02	20	
9	A008	亚克力喷绘机	16.10.01	12	

图 6-47

❶ 选中 D2 单元格，在编辑栏中输入公式（如图 6-48 所示）：
=DATEDIF(C2,TODAY(),"m")

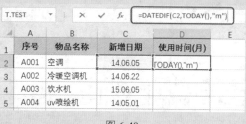

图 6-48

❷ 按 Enter 键，即可根据 C2 单元格中的新增日期计算出第一项固定资产已使用月数，如图 6-49 所示。然后将 D2 单元格的公式向下复制，可以实现批量计算各固定资产的已使用月数。

	A	B	C	D
1	序号	物品名称	新增日期	使用时间(月)
2	A001	空调	14.06.05	40
3	A002	冷暖空调机	14.06.22	
4	A003	饮水机	15.06.05	
5	A004	uv喷绘机	14.05.01	

图 6-49

【公式解析】

① 返回当前日期

=DATEDIF(C2,TODAY(),"m")

② 返回 C2 单元格日期与当前
日期相差的月份数

例 2：计算员工工龄

一般在员工档案表中会记录员工的入职日期（如图 6-50 所示），根据入职日期可以使用 DATEDIF 函数计算员工的工龄。

扫一扫，看视频

	A	B	C	D	E
1	工号	姓名	入职日期	工龄	
2	SJ001	刘瑞轩	2010/11/17	6	
3	SJ002	方嘉禾	2010/3/27	7	
4	SJ003	徐瑞	2009/6/5	8	
5	SJ004	曾浩煊	2009/12/5	7	
6	SJ005	李杰	2011/7/14	6	
7	SJ006	周伊伊	2012/2/9	5	
8	SJ007	周正洋	2011/4/28	6	
9	SJ008	龚梦莹	2014/6/21	3	
10	SJ009	侯娜	2015/6/10	2	

图 6-50

❶ 选中 D2 单元格，在编辑栏中输入公式（如图 6-51 所示）：
=DATEDIF(C2,TODAY(),"y")

T.TEST		▼	:	×	✓	fx	=DATEDIF(C2,TODAY(),"y")	
	A	B	C	D	E			
1	工号	姓名	入职日期	工龄				
2	SJ001	刘瑞轩	2010/11/17	=DATEDIF(C2				
3	SJ002	方嘉禾	2010/3/27					
4	SJ003	徐瑞	2009/6/5					
5	SJ004	曾浩煊	2009/12/5					

图 6-51

❷ 按 Enter 键，即可根据 C2 单元格中的入职日期计算出其工龄，如图 6-52 所示。然后将 D2 单元格的公式向下复制，可以实现批量获取各员工

的工龄。

	A	B	C	D	E
1	工号	姓名	入职日期	工龄	
2	SJ001	刘瑞轩	2010/11/17	6	
3	SJ002	方嘉禾	2010/3/27		
4	SJ003	徐瑞	2009/6/5		
5	SJ004	曾浩煊	2009/12/5		

图 6-52

【公式解析】

① 返回当前日期

=DATEDIF(C2,TODAY(),"y")

② 返回 C2 单元格日期与当前日期相差的年数

例 3：设计动态生日提醒公式

扫一扫，看视频

为达到人性化管理的目的，人事部门需要在员工生日之时派送生日贺卡，因此需要在员工生日前几日进行准备工作。在员工档案表中可建立公式，实现让 3 日内过生日的能自动提醒。

❶ 选中 E2 单元格，在编辑栏中输入公式（如图 6-53 所示）：

`=IF(DATEDIF(D2-3,TODAY(),"YD")<=3,"提醒","")`

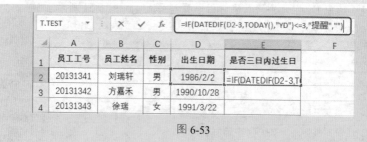

图 6-53

❷ 按 Enter 键，即可判断 D2 单元格的日期与当前日期的距离是否在 3 日或 3 日内，如是返回"提醒"，如果不是返回空。然后向下复制 E2 单元格的公式可以批量返回判断结果，如图 6-54 所示。

▲	A	B	C	D	E
1	员工工号	员工姓名	性别	出生日期	是否三日内过生日
2	20131341	刘瑞轩	男	1986/2/2	
3	20131342	方嘉禾	男	1990/11/1	提醒
4	20131343	徐瑞	女	1991/3/22	
5	20131344	曾浩煊	男	1992/12/3	
6	20131345	胡清清	女	1993/10/29	提醒

图 6-54

【公式解析】

① 忽略两个日期之间的年数，求相差的天
数并判断差是否小于等于3

=IF(DATEDIF(D2-3,TODAY(),"YD")<=3,"提醒","")

② 如果①结果为 TURE，返回"提醒"，
否则返回空值

2. DAYS360（按照一年 360 天的算法计算两日期间相差的天数）

【函数功能】DAYS360 函数用于按照一年 360 天的算法（每个月以 30 天计，一年共计 12 个月），返回两日期间相差的天数。

【函数语法】DAYS360(start_date,end_date,[method])

- start_date：表示计算期间天数的起始日期。
- end_date：表示计算的终止日期。如果start_date 在 end_date 之后，则 DAYS360 将返回一个负数。
- method：可选，一个逻辑值，它指定在计算中是采用欧洲方法还是美国方法。

【用法解析】

与 DATEDIF 函数的区别在于：DAYS360 无论当月是 31 天还是 28 天全部都以 30 天计算。而 DATEDIF 函数是以实际天数计算的

= DAYS360 (A2,B2)

使用标准格式的日期，或使用 DATE 函数来构建标准日期。否则函数将返回错误值

注意:

计算两个日期之间相差的天数,要"算尾不算头",即起始日当天不算作 1 天,终止日当天要算作 1 天。

例:计算应付账款的还款倒计时天数

扫一扫,看视频

如图 6-55 所示的表格统计了各项账款的借款日期与账期,通过这些数据可以快速计算各项账款的还款剩余天数。即得到 E 列的结果(如果结果为负数表示已过期的天数)。

	A	B	C	D	E
1	发票号码	借款金额	借款日期	账期	还款剩余天数
2	12023	20850.00	2017/9/30	60	33
3	12584	5000.00	2017/9/30		-11
4	20596	15600.00	2017/8/10	20	-56
5	23562	120000.00	2017/10/25	25	23
6	63001	15000.00	2017/10/20	20	13
7	125821	20000.00	2017/10/1	60	34

图 6-55

❶ 选中 E2 单元格,在编辑栏中输入公式(如图 6-56 所示):
=DAYS360(TODAY(),C2+D2)

图 6-56

❷ 按 Enter 键,即可判断第一项借款的还款剩余天数,如图 6-57 所示。然后向下复制 E2 单元格的公式可以批量返回计算结果。

	A	B	C	D	E
1	发票号码	借款金额	借款日期	账期	还款剩余天数
2	12023	20850.00	2017/9/30	60	33
3	12584	5000.00	2017/9/30	15	
4	20596	15600.00	2017/8/10	20	
5	23562	120000.00	2017/10/25	25	

图 6-57

【公式解析】

① 二者相加为借款的到期日期

=DAYS360(TODAY(),C2+D2)

② 按照一年 360 天的算法计算当前日期与①
返回结果间的差值

3. YEARFRAC（从开始日到结束日所经过的天数占全年天数的比例）

【函数功能】YEARFRAC 函数用于返回 start_date 和 end_date 之间的
天数占全年天数的百分比。

【函数语法】YEARFRAC(start_date, end_date, [basis])

- start_date：表示开始日期。
- end_date：表示终止日期。
- basis：可选，要使用的日期计数基准类型。

【用法解析】

= YEARFRAC (A2,B2,1)

YEARFRAC 函数的 basis 参数与返回值如表 6-2 所示。

表 6-2　YEARFRAC 函数的 basis 参数与返回值

basis 参数	YEARFRAC 函数返回值
0 或省略	30/360，以一年 360 天为基准，用美国（NASD）方式计算
1	实际天数/该年实际天数
2	实际天数/360
3	实际天数/365
4	30/360，以一年 360 天为基准，用欧洲方式计算

美国方法（NASD）与欧洲方法有一点细微的差别：

- 美国方法（NASD）：如果起始日期是一个月的最后一天，则等于
  同月的 30 号。如果终止日期是一个月的最后一天，并且起始日期

早于 30 号，则终止日期等于下一个月的 1 号；否则，终止日期等于本月的 30 号。

● 欧洲方法：起始日期和终止日期为一个月的 31 号，都将等于本月的 30 号。

例：根据休假日期计算占全年天数的百分比

人事部门列出了本年度休假员工列表，根据休假的起始日与结束日可以计算出休假天数占全年天数的百分比。

❶ 选中 D2 单元格，在编辑栏中输入公式（如图 6-58 所示）：
=YEARFRAC(B2,C2,3)

YEARFRAC			× ✓ fx	=YEARFRAC(B2,C2,3)
	A	B	C	D
1	姓名	起始日	结束日	占全年天数百分比
2	李岩	2017/1/1	2017/1/20	=YEARFRAC(B2,C2,3)
3	高雨馨	2017/2/18	2017/2/28	
4	卢明宇	2017/3/10	2017/3/25	

图 6-58

❷ 按 Enter 键，即可判断第一位员工休假的天数占全年天数的百分比（默认返回的是小数）。然后向下复制 D2 单元格的公式可以批量返回每位员工休假天数占全年天数的百分比，如图 6-59 所示。

	A	B	C	D
1	姓名	起始日	结束日	占全年天数百分比
2	李岩	2017/1/1	2017/1/20	0.052054795
3	高雨馨	2017/2/18	2017/2/28	0.02739726
4	卢明宇	2017/3/10	2017/3/25	0.04109589
5	郑淑娟	2017/4/16	2017/4/30	0.038356164
6	苏明娟	2017/5/1	2017/6/30	0.164383562
7	左卫	2017/7/18	2017/7/30	0.032876712
8	周彤	2017/11/10	2017/11/16	0.016438356

图 6-59

❸ 选中返回结果，在"开始"选项卡的"数字"组中，将单元格的格式更改为"百分比"，即可正确显示出百分比值，如图 6-60 所示。

图 6-60

【公式解析】

$$=YEARFRAC(B2,C2,3)$$

指定此参数为 3 表示是按一年 365 天计算

4. EDATE（计算间隔指定月份数后的日期）

【函数功能】EDATE 函数用于返回表示某个日期的序列号，该日期与指定日期 (start_date) 相隔（之前或之后）指定的月份数。

【函数语法】EDATE(start_date, months)

- start_date：表示一个代表开始日期的日期。应使用 date 函数输入日期，或者将日期作为其他公式或函数的结果输入。
- months：表示 start_date 之前或之后的月份数。months 为正值将生成未来日期；为负值将生成过去日期。

【用法解析】

使用标准格式的日期，或使用 DATE 函数来构建标准日期。否则函数将返回错误值

$$= EDATE\ (A2,3)$$

如果指定为正值，将生成起始日之后的日期；如果指定为负值，将生成起始日之前的日期

例 1：计算应收账款的到期日期

扫一扫，看视频

如图 6-61 所示的表格统计了各项账款的借款日期与账龄，账龄是按月记录的，现在需要返回每项账款的到期日期。即得到 E 列的结果。

	A	B	C	D	E
1	发票号码	借款金额	账款日期	账龄(月)	到期日期
2	12023	20850.00	2017/9/30	8	2018/5/30
3	12584	5000.00	2017/9/30	10	2018/7/30
4	20596	15600.00	2017/8/10	3	2017/11/10
5	23562	120000.00	2017/10/25	4	2018/2/25
6	63001	15000.00	2017/10/20	5	2018/3/20
7	125821	20000.00	2017/10/1	6	2018/4/1
8	125001	9000.00	2017/4/28	3	2017/7/28

图 6-61

❶ 选中 E2 单元格，在编辑栏中输入公式（如图 6-62 所示）：

=EDATE(C2,D2)

| T.TEST | ▼ | × | ✓ | fx | =EDATE(C2,D2) |

	A	B	C	D	E
1	发票号码	借款金额	账款日期	账龄(月)	到期日期
2	12023	20850.00	2017/9/30	8	ATE(C2,D2)
3	12584	5000.00	2017/9/30	10	
4	20596	15600.00	2017/8/10	3	
5	23562	120000.00	2017/10/25	4	

图 6-62

❷ 按 Enter 键，即可判断第一项借款的到期日期，如图 6-63 所示。然后向下复制 E2 单元格的公式可以批量返回各条借款的到期日期，如图 6-63 所示。

	A	B	C	D	E
1	发票号码	借款金额	账款日期	账龄(月)	到期日期
2	12023	20850.00	2017/9/30	8	2018/5/30
3	12584	5000.00	2017/9/30	10	
4	20596	15600.00	2017/8/10	3	
5	23562	120000.00	2017/10/25	4	

图 6-63

例 2：根据出生日期与性别计算退休日期

企业有接近于退休年龄的员工，人力资源部门建立表格予以统计，可以根据出生日期与性别计算退休日期。假设男性退休年龄为 55 岁，女性退休年龄为 50 岁，可按如下方法建立公式。

扫一扫，看视频

❶ 选中 E2 单元格，在编辑栏中输入公式（如图 6-64 所示）：
`=EDATE(D2,12*((C2="男")*5+50))+1`

	A	B	C	D	E	F
	YEARFRAC		✕ ✓ fx	=EDATE(D2,12*((C2="男")*5+50))+1		
1	所属部门	姓名	性别	出生日期	退休日期	
2	行政部	张跃进	男	1964/2/13	"男")*5+50))+1	
3	人事部	吴佳娜	女	1962/3/17		
4	人事部	刘琰	男	1964/10/16		
5	行政部	赵晓	女	1968/10/16		

图 6-64

❷ 按 Enter 键，即可计算出第一位员工的退休日期。然后向下复制 E2 单元格的公式可以批量返回各位员工的退休日期，如图 6-65 所示。

	A	B	C	D	E	F
1	所属部门	姓名	性别	出生日期	退休日期	
2	行政部	张跃进	男	1964/2/13	2019/2/14	
3	人事部	吴佳娜	女	1962/3/17	2012/3/18	
4	人事部	刘琰	男	1964/10/16	2019/10/17	
5	行政部	赵晓	女	1968/10/16	2018/10/17	
6	销售部	左亮亮	男	1963/2/17	2018/2/18	
7	研发部	郑大伟	男	1964/3/24	2019/3/25	
8	人事部	汪满盈	女	1969/5/16	2019/5/17	
9	销售部	王蒙蒙	女	1968/3/17	2018/3/18	

图 6-65

【公式解析】

① 表示如果 C2 单元格显示为男性，则 "C2="男""返回 1，然后退休年龄为 "1*5+50"，如果 C2 单元格显示为女性，则 "C2="男""返回 0，然后退休年龄为 "1*0+50"，乘以 12 将前面的返回的年龄转换为月份数

$$=EDATE(D2,12*((C2="男")*5+50))+1$$

② 使用 EDATE 函数返回日期，此日期是 D2 中出生日期之后几个月（①步返回指定）的日期

顾名思义，关于工作日的计算是指求解目标与工作日相关，如获取若干工作日后的日期、计算两个日期间的工作日等。

1. WORKDAY（获取间隔若干工作日后的日期）

【函数功能】WORKDAY 函数用于返回在某日期（起始日期）之前或之后、与该日期相隔指定工作日的某一日期的日期值。工作日不包括周末和专门指定的假日。

【函数语法】WORKDAY(start_date, days, [holidays])

- start_date：表示开始日期。
- days：表示 start_date 之前或之后不含周末及节假日的天数。
- holidays：可选，一个可选列表，其中包含需要从工作日历中排除的一个或多个日期。

【用法解析】

正值表示未来日期；负值表示过去日期；零值表示开始日期

=WORKDAY(❶起始日期,❷往后计算的工作日数,❸节假日)

可选。除去周末之外另外再指定的不计算在内的日期。应是一个包含相关日期的单元格区域，或者是一个由表示这些日期的序列值构成的数组常量。holidays 中的日期或序列值的顺序可以是任意的

例：根据项目开始日期计算项目结束日期

扫一扫，看视频

当已知项目开始日期并且需要在预计的工作日内完成时，可以使用 WORKDAY 函数快速计算项目的结束日期。

❶ 选中 D2 单元格，在编辑栏中输入公式（如图 6-66 所示）：

```
=WORKDAY(B2,C2)
```

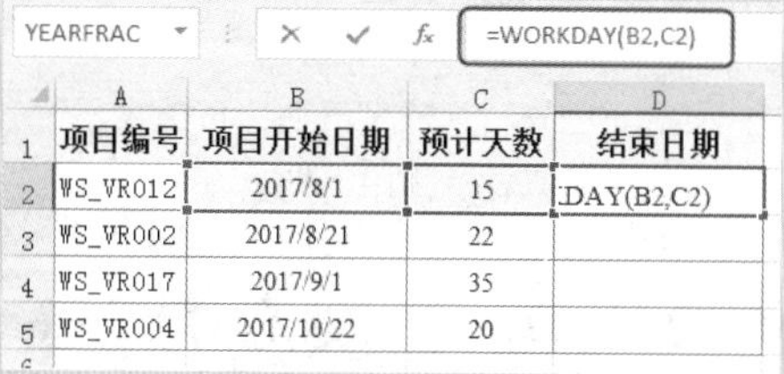

YEARFRAC | =WORKDAY(B2,C2)

	A	B	C	D
1	项目编号	项目开始日期	预计天数	结束日期
2	WS_VR012	2017/8/1	15	:DAY(B2,C2)
3	WS_VR002	2017/8/21	22	
4	WS_VR017	2017/9/1	35	
5	WS_VR004	2017/10/22	20	

图 6-66

❷ 按 Enter 键，即可计算出第一个项目的结束日期。然后向下复制 D2 单元格的公式可以批量返回各项目的结束日期，如图 6-67 所示。

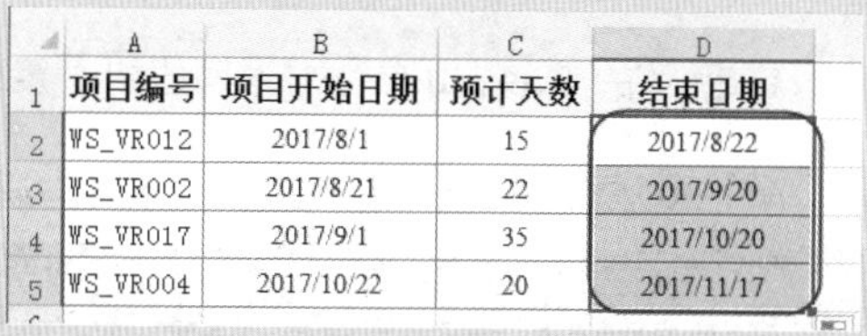

	A	B	C	D
1	项目编号	项目开始日期	预计天数	结束日期
2	WS_VR012	2017/8/1	15	2017/8/22
3	WS_VR002	2017/8/21	22	2017/9/20
4	WS_VR017	2017/9/1	35	2017/10/20
5	WS_VR004	2017/10/22	20	2017/11/17

图 6-67

【公式解析】

=WORKDAY(B2,C2)

以 B2 单元格日期为起始，返回 C2 个工作日后的日期

2. WORKDAY.INTL 函数

【函数功能】WORKDAY.INTL 函数用于返回指定的若干个工作日之前或之后的日期的序列号（使用自定义周末参数）。周末参数指明周末有几天以及是哪几天。工作日不包括周末和专门指定的假日。

【函数语法】WORKDAY.INTL(start_date, days, [weekend], [holidays])

- start_date：表示开始日期（将被截尾取整）。
- days：表示 start_date 之前或之后的工作日的天数。
- weekend：可选，指示一周中属于周末的日子和不作为工作日的日子。
- holidays：可选，一个可选列表，其中包含需要从工作日日历中排除的一个或多个日期。

【用法解析】

正值表示未来日期；负值表示过去日期；
零值表示开始日期 ←

= WORKDAY.INTL (❶起始日期,❷往后计算的工作日数, ❸指定周末日的参数,❹节假日）

与 WORKDAY 不同的地方在于此参数可以自定
义周末日，详见表 6-3

WORKDAY.INTL 函数的 weekend 参数与返回值如表 6-3 所示。

表 6-3　WORKDAY.INTL 函数的 weekend 参数与返回值

weekend 参数	WORKDAY.INTL 函数返回值
1 或省略	星期六、星期日
2	星期日、星期一
3	星期一、星期二
4	星期二、星期三
5	星期三、星期四
6	星期四、星期五
7	星期五、星期六
11	仅星期日
12	仅星期一
13	仅星期二
14	仅星期三
15	仅星期四
16	仅星期五
17	仅星期六
自定义参数 0000011	0000011 周末日为：星期六、星期日（周末字符串值的长度为 7 个字符，从周一开始，分别表示一周的一天。1 表示非工作日，0 表示工作日）

例：根据项目各流程所需要工作日计算项目结束日期

一个项目的完成在各个流程上需要一定的工作日，并且该企业约定每周只有周日是非工作日，周六算正常工作日。要求根据整个流程计算项目的大概结束时间。

❶ 选中 C3 单元格，在编辑栏中输入公式（如图 6-68 所示）：

`=WORKDAY.INTL(C2,B3,11,$E$2:$E$6)`

	A	B	C	D	E
			YEARFRAC : × ✓ fx =WORKDAY.INTL(C2,B3,11,$E$2:$E$6)		
1	流程	所需工作日	执行日期		中秋节、国庆
2	设计		2017/9/20		2017/10/1
3	确认设计	2	$E$2:$E$6)		2017/10/2
4	材料采购	3			2017/10/3
5	装修	30			2017/10/4
6	验收	2			2017/10/5

图 6-68

❷ 按 Enter 键，即可计算出执行日期为"2017/9/20"，间隔工作日为 2 日后的日期，如果此期间含有周末日期，则只把周日当周末日。然后向下复制 C3 单元格的公式可以依次返回间隔指定工作日后的日期，如图 6-69 所示。

	A	B	C	D	E
			C3 ▼ : × ✓ fx =WORKDAY.INTL(C2,B3,11,$E$2:$E$6)		
1	流程	所需工作日	执行日期		中秋节、国庆
2	设计		2017/9/20		2017/10/1
3	确认设计	2	2017/9/22		2017/10/2
4	材料采购	3	2017/9/26		2017/10/3
5	装修	30	2017/11/4		2017/10/4
6	验收	2	2017/11/7		2017/10/5

图 6-69

❸ 查看 C4 单元格的公式，可以看到当公式向下复制到 C4 单元格时，起始日期变成了 C3 单元格中的日期，而指定的节假日数据区域是不变的（因为使用了绝对引用方式），如图 6-70 所示。

图 6-70

【公式解析】

$$=WORKDAY.INTL(C3,B4,11,\$E\$2:\$E\$6)$$

用此参数指定仅周日为周末日   除周末日之外要排除的日期

3. NETWORKDAYS（计算两个日期间的工作日）

【函数功能】NETWORKDAYS 函数用于返回参数 start_date 和 end_date 之间完整的工作日数值。工作日不包括周末和专门指定的假期。

【函数语法】NETWORKDAYS(start_date, end_date, [holidays])

● start_date：表示一个代表开始日期的日期。

● end_date：表示一个代表终止日期的日期。

● holidays：可选，在工作日中排除的特定日期。

【用法解析】

= NETWORKDAYS (❶起始日期,❷终止日期,❸节假日)

可选。除去周末之外另外再指定的不计算在内的日期。应是一个包含相关日期的单元格区域，或者是一个由表示这些日期的序列值构成的数组常量。holidays 中的日期或序列值的顺序可以是任意的

例：计算临时工的实际工作天数

扫一扫，看视频

假设企业在某一段时间使用一批临时工，根据开始使用日期与结束日期可以计算每位人员的实际工作日天数，以方便对他们工资的核算。

❶ 选中 D2 单元格，在编辑栏中输入公式（如图 6-71 所示）：

=NETWORKDAYS(B2,C2,$F$2)

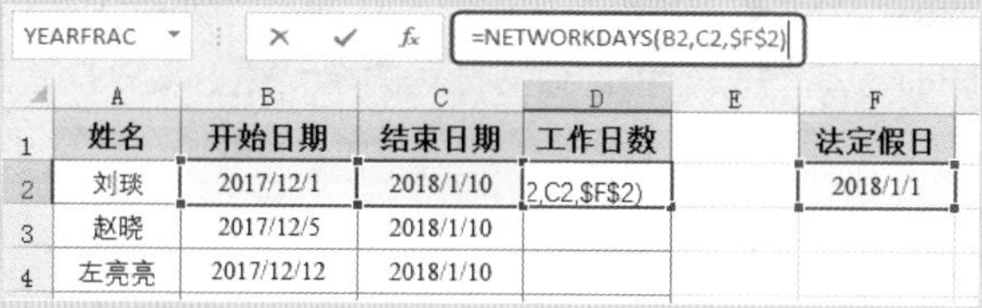

	A	B	C	D	E	F
1	姓名	开始日期	结束日期	工作日数		法定假日
2	刘琰	2017/12/1	2018/1/10	2,C2,$F$2)		2018/1/1
3	赵晓	2017/12/5	2018/1/10			
4	左亮亮	2017/12/12	2018/1/10			

图 6-71

❷ 按 Enter 键计算出的是开始日期为“2017/12/1”，结束日期为“2018/1/10”，这期间的工作日数。然后向下复制 D2 单元格的公式可以依次返回每位人员的工作日数，如图 6-72 所示。

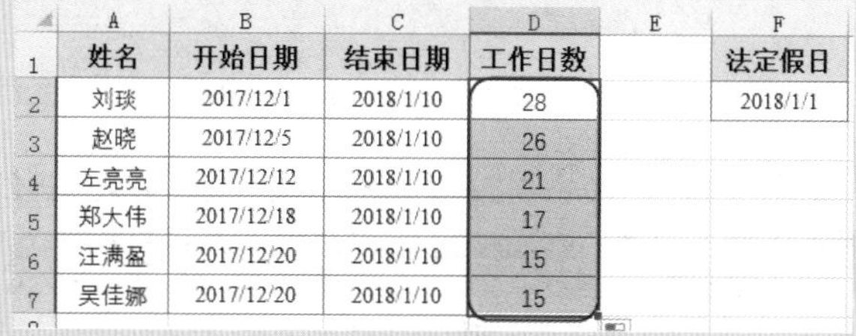

	A	B	C	D	E	F
1	姓名	开始日期	结束日期	工作日数		法定假日
2	刘琰	2017/12/1	2018/1/10	28		2018/1/1
3	赵晓	2017/12/5	2018/1/10	26		
4	左亮亮	2017/12/12	2018/1/10	21		
5	郑大伟	2017/12/18	2018/1/10	17		
6	汪满盈	2017/12/20	2018/1/10	15		
7	吴佳娜	2017/12/20	2018/1/10	15		

图 6-72

【公式解析】

=NETWORKDAYS (B2,C2,$F$2)

指定的法定假日在公式复制过程中始终不变，所以使用绝对引用

4. NETWORKDAYS.INTL 函数

【函数功能】NETWORKDAYS.INTL 函数用于返回两个日期之间的所有工作日数，使用参数指定哪些天是周末，以及有多少天是周末。工作日不包括周末和专门指定的假日。

【函数语法】NETWORKDAYS.INTL(start_date, end_date, [weekend], [holidays])

- start_date 和 end_date：表示要计算其差值的日期。start_date 可以早于或晚于 end_date，也可以与它相同。
- weekend：表示介于 start_date 和 end_date 之间但又不包括在所有工作日数中的周末日。

- holidays：可选，表示要从工作日日历中排除的一个或多个日期。holidays 应是一个包含相关日期的单元格区域，或者是一个由表示这些日期的序列值构成的数组常量。holidays 中的日期或序列值的顺序可以是任意的。

【用法解析】

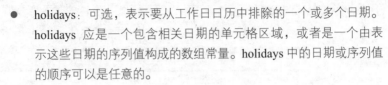

=NETWORKDAYS.INTL (❶起始日期,❷结束日期,
❸指定周末日的参数,❹节假日）

与 NETWORKDAYS 所不同的是，此参数可以自定义周末日，详见下表

NETWORKDAYS.INTL 函数的 weekend 参数与返回值参见表 6-4。

表 6-4　NETWORKDAYS.INTL 函数的 weekend 参数与返回值

weekend 参数	NETWORKDAYS.INTL 函数返回值
1 或省略	星期六、星期日
2	星期日、星期一
3	星期一、星期二
4	星期二、星期三
5	星期三、星期四
6	星期四、星期五
7	星期五、星期六
11	仅星期日
12	仅星期一
13	仅星期二
14	仅星期三
15	仅星期四
16	仅星期五
17	仅星期六
自定义参数 0000011	0000011 周末日为：星期六、星期日（周末字符串值的长度为 7 个字符，从周一开始，分别表示一周的一天。1 表示非工作日，0 表示工作日）

Excel 函数与公式速查宝典

例：计算临时工的实际工作天数（指定只有周一为休息日）

沿用上面的例子，要求根据临时工的开始工作日期与结束日期计算工作日数，但此时要求指定每周只有周一一天为周末日，此时则可以使用 NETWORKDAYS.INTL 函数来建立公式。

❶ 选中 D2 单元格，在编辑栏中输入公式（如图 6-73 所示）：

`=NETWORKDAYS.INTL(B2,C2,12,$F$2)`

	YEARFRAC ▼	:	× ✓ fx	=NETWORKDAYS.INTL(B2,C2,$F$2)		
▲	A	B	C	D	E	F
1	姓名	开始日期	结束日期	工作日数		法定假日
2	刘琰	2017/12/1	2018/1/10	=NETWORK		2018/1/1
3	赵晓	2017/12/5	2018/1/10			
4	左亮亮	2017/12/12	2018/1/10			
5	郑大伟	2017/12/18	2018/1/10			

图 6-73

❷ 按 Enter 键计算出的是开始日期为"2017/12/1"，结日期为"2018/1/10"，这期间的工作日数（这期间只有周一为周末日）。然后向下复制 D2 单元格的公式可以依次返回满足指定条件的工作日数，如图 6-74 所示。

	D2 ▼	:	× ✓ fx	=NETWORKDAYS.INTL(B2,C2,12,$F$2)		
▲	A	B	C	D	E	F
1	姓名	开始日期	结束日期	工作日数		法定假日
2	刘琰	2017/12/1	2018/1/10	35		2018/1/1
3	赵晓	2017/12/5	2018/1/10	32		
4	左亮亮	2017/12/12	2018/1/10	26		
5	郑大伟	2017/12/18	2018/1/10	20		
6	汪满盈	2017/12/20	2018/1/10	19		
7	吴佳娜	2017/12/20	2018/1/10	19		

图 6-74

【公式解析】

$$=NETWORKDAYS.INTL(B2,C2,12,\$F\$2)$$

指定仅周一为周末日　　　　除周末日之外要排除的日期

413

6.5 时间函数

时间函数是用于时间提取、计算等的函数，主要有 HOUR、MINUTE、SECOND 几个函数。

1. TIME（构建标准时间格式）

【函数功能】TIME 函数用于返回某一特定时间的小数值。

【函数语法】TIME(hour, minute, second)

- hour：表示 0 ~ 32767 之间的数值，代表小时。
- minute：表示 0 ~ 32767 之间的数值，代表分钟。
- second：表示 0 ~ 32767 之间的数值，代表秒。

【用法解析】

任何大于 23 的值都除以 24，取余数作为小时

任何大于 59 的值都被转换成小时和分钟

= TIME (❶时,❷分,❸秒)

几个参数可以指定的常数，也可以是单元格的引用

任何大于 59 的值都被转换成小时、分钟和秒

📢 注意：

当 TIME 函数返回的时间值是一个小数值时，即 0.5 代表 12:00PM，因为该时间值正好是一天的一半。

例：计算指定促销时间后的结束时间

扫一扫，看视频

例如某网店预备在某日的几个时段进行促销活动，开始时间不同，但促销时间都只有两小时 30 分，利用时间函数可以求出每个促销商品的结束时间。

❶ 选中 C2 单元格，在编辑栏中输入公式（如图 6-75 所示）：

```
=B2+TIME(2,30,0)
```

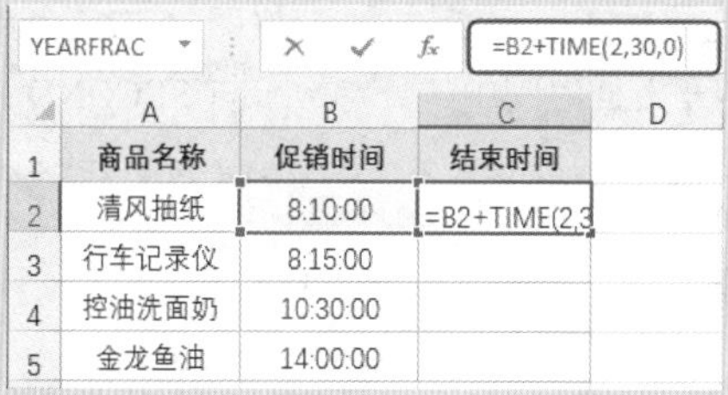

YEARFRAC　=B2+TIME(2,30,0)

	A	B	C	D
1	商品名称	促销时间	结束时间	
2	清风抽纸	8:10:00	=B2+TIME(2,3	
3	行车记录仪	8:15:00		
4	控油洗面奶	10:30:00		
5	金龙鱼油	14:00:00		

图 6-75

❷ 按 Enter 键计算出的是第一件商品的促销结束时间。然后向下复制 C2 单元格的公式可以依次返回各促销商品的结束时间，如图 6-76 所示。

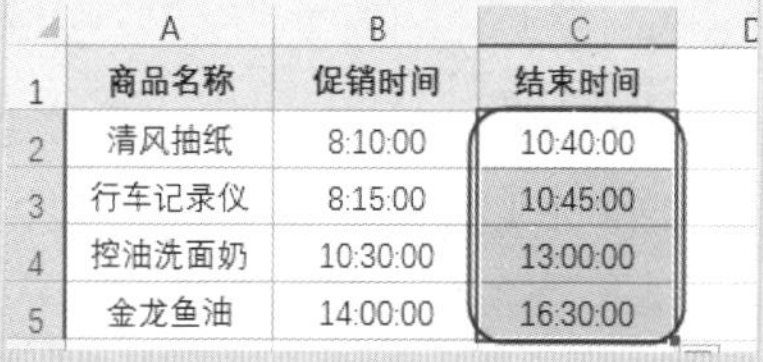

	A	B	C	D
1	商品名称	促销时间	结束时间	
2	清风抽纸	8:10:00	10:40:00	
3	行车记录仪	8:15:00	10:45:00	
4	控油洗面奶	10:30:00	13:00:00	
5	金龙鱼油	14:00:00	16:30:00	

图 6-76

【公式解析】

=B2+TIME(2,30,0)

将“2”“30”“0”3 个数字转换为“2:30:00”这个时间。（注意实际运算时是转换为小数值计算的）

2. HOUR（返回时间值的小时数）

【函数功能】HOUR 函数用于返回时间值的小时数。

【函数语法】HOUR(serial_number)

serial_number：表示一个时间值，其中包含要查找的小时。

【用法解析】

= HOUR (A2)

可以是单元格的引用或使用 TIME 函数构建的标准时间序列号。如公式“=HOUR(8:10:00)”不能返回正确值，需要使用公式“=HOUR(TIME(8,10,0))”

如果使用单元格的引用作为参数，如图 6-77 所示，图中也显示了 MINUTE 函数（用于返回时间中的分钟数）与 SECOND 函数（用于返回时间中的小时数）的返回值。

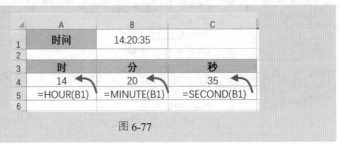

图 6-77

例：界定进入停车场的整点时间区间

某停车场想统计出在哪个时段为停车高峰，因此当记录了车辆的进入时间后（如图 6-78 所示），可以通过函数界定此时间的整点区间，即得到 C 列的结果。

图 6-78

❶ 选中 C2 单元格，在编辑栏中输入公式（如图 6-79 所示）：
=HOUR(B2)&":00-"&HOUR(B2)+1&":00"

图 6-79

416

❷ 按 Enter 键得出对 B2 单元格时间界定的整点区间，如图 6-80 所示。然后向下复制 C2 单元格的公式可以依次对 B 列中的时间界定整点范围。

	A	B	C
1	汽车编号	进入时间	区间
2	01	8:21:36	8:00-9:00
3	02	8:30:30	
4	03	9:10:22	
5	04	11:25:28	

图 6-80

【公式解析】

① 提取 B2 单元格时间的小时数　　② 提取 B2 单元格时间的小时数并进行加 1 处理

=HOUR(B2)&":00-"&HOUR(B2)+1&":00"

多处使用&符号将①结果②结果与多字符相连接

3. MINUTE（返回时间值的分钟数）

【函数功能】MINUTE 函数用于返回时间值的分钟数。

【函数语法】MINUTE(serial_number)

serial_number：表示一个时间值，其中包含要查找的分钟。

【用法解析】

= MINUTE (A2)

可以是单元格的引用或使用 TIME 函数构建的标准时间序列号。如公式"= MINUTE (8:10:00)"不能返回正确值，需要使用公式"= MINUTE (TIME(8,10,0))"

例 1：比赛用时统计（分钟数）

表格中对某次万米跑步比赛中各选手的开始时间与结束时间做了记录，现在需要统计出每位选手完成全程所用的分钟数。

扫一扫，看视频

❶ 选中 D2 单元格，在编辑栏中输入公式（如图 6-81 所示）：
`=(HOUR(C2)*60+MINUTE(C2)-HOUR(B2)*60-MINUTE(B2))`

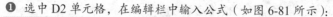

图 6-81

❷ 按 Enter 键计算出的是第一位选手完成全程所用的分钟数。然后向下复制 D2 单元格的公式可以依次返回每位选手完成全程所用的分钟数，如图 6-82 所示。

图 6-82

【公式解析】

① 提取 C2 单元格时间的小时数乘 60 表示转换为分钟数，再与提取的分钟数相加

② 提取 B2 单元格时间的小时数乘 60 表示转换为分钟数，再与提取的分钟数相加

`=(HOUR(C2)*60+MINUTE(C2)-HOUR(B2)*60-MINUTE(B2))`

③ ①结果减②结果为用时分钟数

例 2：计算停车费

扫一扫，看视频

表格中对某车库车辆的进入与驶出时间进行了记录，可以通过建立公式进行停车费的计算。本例约定每小时停车费为 12 元，且停车费按实际停车时间计算。

❶ 选中 D2 单元格，在编辑栏中输入公式（如图 6-83 所示）：
`=(HOUR(C2-B2)+MINUTE(C2-B2)/60)*12`

D2	▼	× ✓ fx	=(HOUR(C2-B2)+MINUTE(C2-B2)/60)*12	
	A	B	C	D	E
1	车牌号	入库时间	出库时间	停车费	
2	沪A-5VB98	8:21:32	10:31:14	25.8	
3	沪B-08U69	9:15:29	9:57:37		
4	沪B-YT100	10:10:37	15:46:20		

图 6-83

❷ 按 Enter 键计算出的是第一辆车的停车费。然后向下复制 D2 单元格的公式可以依次返回每辆车的停车费，如图 6-84 所示。

	A	B	C	D
1	车牌号	入库时间	出库时间	停车费
2	沪A-5VB98	8:21:32	10:31:14	25.8
3	沪B-08U69	9:15:29	9:57:37	8.4
4	沪B-YT100	10:10:37	15:46:20	67
5	沪A-4G190	11:35:57	19:27:58	94.4
6	沪A-6T454	12:46:27	14:34:15	21.4
7	沪A-7YE32	13:29:40	14:39:41	14

图 6-84

【公式解析】

② 计算 "C2-B2" 中的分钟数，除以 60 表示转化为小时数

① 计算 "C2-B2" 中的小时数

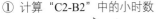

$$=(HOUR(C2-B2)+MINUTE(C2-B2)/60)*12$$

③ 用得到的停车总小时数乘以每小时停车费

4. SECOND（返回时间值的秒数）

【函数功能】SECOND 函数用于返回时间值的秒数。

【函数语法】SECOND(serial_number)

serial_number：表示一个时间值，其中包含要查找的秒数。

【用法解析】

$$= SECOND \ (A2)$$

可以是单元格的引用或使用 TIME 函数构建的标准时间序列号。如公式"= SECOND (8:10:00)"不能返回正确值，需要使用公式"= SECOND (TIME(8,10,0))"

例：计算商品秒杀的秒数

某店铺开展了几项商品的秒杀活动，分别记录了开始时间与结束时间，现在想统计出每种商品的秒杀秒数。

❶ 选中 D2 单元格，在编辑栏中输入公式（如图 6-85 所示）：
=HOUR(C2-B2)*60*60+MINUTE(C2-B2)*60+SECOND
(C2-B2)

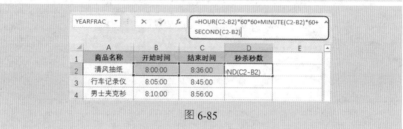

图 6-85

❷ 按 Enter 键计算出的值是时间值，而此时需要查看时间序列号。因此选中 D2 单元格，在"开始"选项卡的"数字"组中重新设置单元格的格式为"常规"（如图 6-86 所示），然后向下复制 D2 单元格的公式可批量得出各商品秒杀的秒数，如图 6-87 所示。

图 6-86

Excel 函数与公式速查宝典

	A	B	C	D
1	商品名称	开始时间	结束时间	秒杀秒数
2	清风抽纸	8:00:00	8:36:00	2160
3	行车记录仪	8:05:00	8:45:00	2400
4	男士夹克衫	8:10:00	8:56:00	2760
5	控油洗面奶	10:00:00	10:30:00	1800
6	金龙鱼油	14:00:00	15:40:00	6000
7	打蛋器	14:00:00	14:30:00	1800

图 6-87

【公式解析】

① 计算 "C2-B2" 中的小时数，两次乘以 60 表示转换为秒

② 计算 "C2-B2" 中的分钟数，乘以 60 表示转化为秒数

=HOUR(C2-B2)*60*60+MINUTE(C2-B2)*60+SECOND(C2-B2)

④ 三者相加为总秒数

③ 计算 "C2-B2" 中的秒数

6.6 文本日期与文本时间的转换

由于数据的来源不同，日期与时间在表格中表现为文本格式是很常见的，当日期或时间使用的是文本格式时会不便于数据计算，此时可以使用 DATEVALUE 与 TIMEVALUE 两个函数进行文本日期与文本时间的转换。

1. DATEVALUE（将日期字符串转换为可计算的序列号）

【函数功能】DATEVALUE 函数可将存储为文本的日期转换为 Excel 识别为日期的序列号。

【函数语法】DATEVALUE(date_text)

date_text：表示 Excel 日期格式的文本，或者日期格式文本所在单元格的单元格引用。

【用法解析】

= DATEVALUE (A2)

可以是单元格的引用或使用双引号来直接输入文本时间。如：
"=DATEVALUE("2017-8-1")" "=DATEVALUE("2017 年 10 月 15
日")" "=DATEVALUE("14-Mar")" 等

在输入日期时，很多时间会不规范，也有很多时候是文本格式的，而并非标准格式，这些日期是无法进行计算的。

如图 6-88 所示的表格中，A 列中的日期格式不规范，可以使用 DATEVALUE 函数转换为日期值对应的序列号。

图 6-88

转换后虽然显示的是日期序列号，但那已经是日期值了，只要选中单元格区域，在"开始"选项卡的"数字"组中重新设置单元格的格式为"时间"即可显示出标准时间格式，如图 6-89 所示。

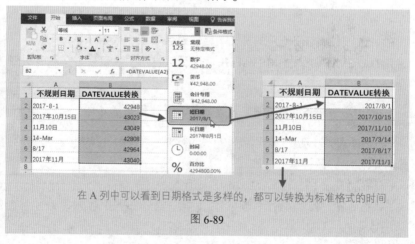

在 A 列中可以看到日期格式是多样的，都可以转换为标准格式的时间

图 6-89

例：计算出借款天数

表格中记录了公司一年中各项借款的时间，现在想计算每笔借款至今日的时长。由于借款日期数据是文本格式显示的，因此在进行日期数据计算时需要使用 DATEVALUE 函数来转换。

扫一扫，看视频

❶ 选中 C2 单元格，在编辑栏中输入公式（如图 6-90 所示）：

=TODAY()-DATEVALUE(B2)

	A	B	C	D	E
		fx	=TODAY()-DATEVALUE(B2)		
1	发票号码	借款日期	借款天数		
2	12023	14-Mar-17	=TODAY()-DAT		
3	12584	30-Sep-17			
4	20596	22-Sep-17			
5	23562	10-Aug-17			

图 6-90

❷ 按 Enter 键，然后向下复制 C2 单元格的公式，即可计算出每笔借款的借款天数，如图 6-91 所示。

	A	B	C
1	发票号码	借款日期	借款天数
2	12023	14-Mar-17	230
3	12584	30-Sep-17	30
4	20596	22-Sep-17	38
5	23562	10-Aug-17	81
6	63001	25-Oct-17	5
7	125821	1-Jul-17	121

图 6-91

【公式解析】

① 返回当前日期（计算时使用的是序列号）

② 将 B2 单元格文本日期转换为日期对应的序列号

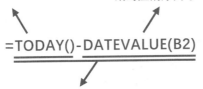

=TODAY()-DATEVALUE(B2)

③ 二者差值即为至今日的借款天数

2. TIMEVALUE（将时间转换为对应的小数值）

【函数功能】TIMEVALUE 函数可将存储为文本的时间转换为 Excel 可识别的时间对应的小数值。

【函数语法】TIMEVALUE(time_text)

time_text：表示一个时间格式的文本字符串，或者对时间格式文本字符串所在单元格的引用。

【用法解析】

$$= TIMEVALUE\ (A2)$$

可以是单元格的引用或使用双引号来直接输入文本时间，
如 "=TIMEVALUE("2:30:0")" "=TIMEVALUE("2:30 PM")"
"=TIMEVALUE (20 时 50 分)" 等

在输入时间时，很多时间格式会不规范，也有很多时候是文本格式的，而并非标准格式，这些时间是无法进行计算的。

例如如图 6-92 所示的表格中，A 列中的时间不规范，可以使用 TIMEVALUE 函数转换为时间值对应的小数值。

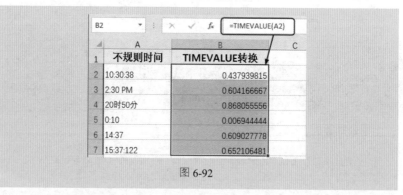

图 6-92

转换后虽然显示的是小数，但已经是时间值了，只要选中单元格区域，在"开始"选项卡的"数字"组中重新设置单元格的格式为"时间"即可显示出标准时间，如图 6-93 所示。

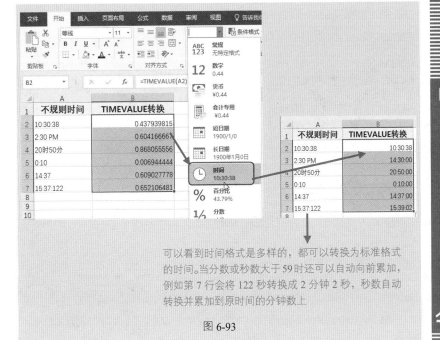

可以看到时间格式是多样的，都可以转换为标准格式的时间。当分数或秒数大于59时还可以自动向前累加，例如第 7 行会将 122 秒转换成 2 分钟 2 秒，秒数自动转换并累加到原时间的分钟数上

图 6-93

◄» 注意：

TIMEVALUE 函数与 TIME 函数在某种意义上具有相同的作用，如在介绍 TIME 函数的实例中使用了公式"=TIME(2,30,0)"来构建"2:30:00"这个时间，而如果将公式改为"=B2+TIMEVALUE("2:30:0")"，也可以获取相同的统计结果，如图 6-94 所示。

	A	B	C	D	E
1	商品名称	促销时间	结束时间		
2	清风抽纸	8:10:00	10:40:00		
3	行车记录仪	8:15:00	10:45:00		
4	控油洗面奶	10:30:00	13:00:00		
5	金龙鱼油	14:00:00	16:30:00		

C2 的公式为 =B2+TIMEVALUE("2:30:0")

图 6-94

例：根据下班打卡时间计算加班时间

表格中记录了某日几名员工的下班打卡时间，正常下班时间为 17 点 50 分，根据下班打卡时间可以变向计算出几位员工的加班时长。由于下班打卡时间是文本形式的，因此在进行时间计算时需要使用 TIMEVALUE 函数来转换。

❶ 选中 C2 单元格，在编辑栏中输入公式（如图 6-95 所示）：
=TIMEVALUE(B2)-TIMEVALUE("17:50")

YEARFRAC	▾	✕ ✓ *fx*	=TIMEVALUE(B2)-TIMEVALUE("17:50")

▲	A	B	C	D	E	F
1	姓名	下班打卡	加班时间			
2	张志	19时28分	LUE("17:50")			
3	周奇兵	18时20分				
4	韩家塈	18时55分				

图 6-95

❷ 按 Enter 键计算出的值是时间对应的小数值。然后向下复制 C2 单元格的公式，得到的数据如图 6-96 所示。

▲	A	B	C
1	姓名	下班打卡	加班时间
2	张志	19时28分	0.068055556
3	周奇兵	18时20分	0.020833333
4	韩家塈	18时55分	0.045138889
5	夏子博	19时05分	0.052083333
6	吴智敏	19时11分	0.05625
7	杨元夕	20时32分	0.1125

图 6-96

❸ 选中公式返回的结果，在"开始"选项卡的"数字"组中单击 ⌐ 按钮，打开"设置单元格式"对话框，在"分类"列表中选择"时间"，在"类型"列表中选择"13 时 30 分"样式，如图 6-97 所示。

❹ 单击"确定"按钮即可显示出正确的加班时间，如图 6-98 所示。

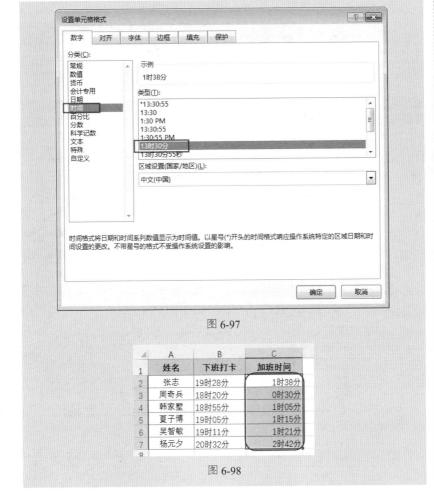

图 6-97

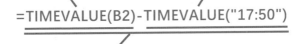

	A	B	C
1	姓名	下班打卡	加班时间
2	张志	19时28分	1时38分
3	周奇兵	18时20分	0时30分
4	韩家塈	18时55分	1时05分
5	夏子博	19时05分	1时15分
6	吴智敏	19时11分	1时21分
7	杨元夕	20时32分	2时42分

图 6-98

【公式解析】

① 将 B2 单元格的时间转换为标准时间值（时间对应的小数）

② 将 "17:50" 转换为时间值对应的小数值

=TIMEVALUE(B2)-TIMEVALUE("17:50")

③ 二者时间差为加班时间

第 7 章　查找和引用函数

7.1 ROW 与 COLUMN 函数

ROW 函数用于返回引用的行号（还有 ROWS 函数用于返回引用中的行数），COLUMN 函数用于返回引用的列号（还有 COLUMNS 函数用于返回引用的列数），二者是一组对应的函数。这几个函数属于辅助函数，在本节会给出它们应用环境的模拟。

1．ROW（返回引用的行号）

【函数功能】ROW 函数用于返回引用的行号。

【函数语法】ROW (reference)

reference：表示需要得到其行号的单元格或单元格区域。

【用法解析】

$$=ROW()$$

如果省略参数，则返回的是函数 ROW 所在单元格的行号。例如在如图 7-1 所示的表格中，在 B2 单元格中使用公式 "=ROW()"，返回值就是 B2 的行号，所以返回 "2"

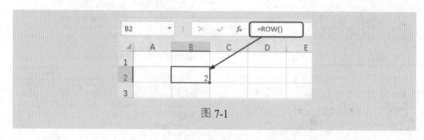

图 7-1

$$=ROW(C5)$$

如果参数是单个单元格，则返回的是给定引用的行号。例如在如图 7-2 所示的表格中，使用公式 "=ROW(C5)"，返回值就是 "5"。而至于选择哪个单元格来显示返回值可以任意

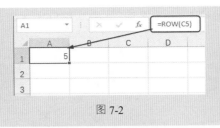

图 7-2

$$=ROW(D2:D6)$$

如果参数是一个单元格区域，并且函数 ROW 作为垂直数组输入（因为水平数组无论有多少列，其行号只有一个），则函数 ROW 将 reference 的行号以垂直数组的形式返回。但注意要使用数组公式。例如在如图 7-3 所示的表格中，使用公式"=ROW(D2:D6)"，按 Ctrl+Shift+Enter 组合键结束，可以返回 D2:D6 单元格区域的一组行号

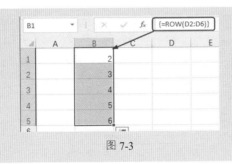

图 7-3

◀》注意：

ROW 函数在进行运算时是一个构建数组的过程，数组中的元素可能只有一个数值，也可能有多个数值。当 ROW 函数没有参数，或参数只包含一行单元格时，函数返回包含一个数值的数组，当 ROW 函数的参数包含多行单元格时，函数返回包含多个数值的单列数组。

例 1：生成批量序列

巧用 ROW() 函数的返回值，可以实现对批量递增序号的填充，如要输入 1000 条记录或更多记录的序号，则可以用 ROW 函数建立公式来实现快速输入。

❶ 在数据编辑区左上角的名称框中输入单元格地址，要在哪些单元格

中填充再输入对应的地址（如图 7-4 所示），按 Enter 键即可选中该区域，如图 7-5 所示。

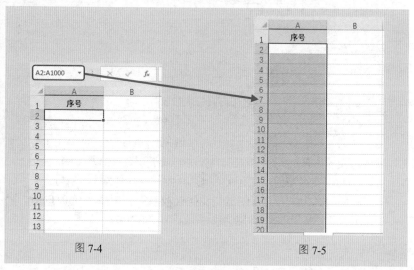

图 7-4   图 7-5

❷ 在编辑栏中输入公式（如图 7-6 所示）：

`="PCQ_hp"&ROW()-1`

❸ 按 Ctrl+Shift+Enter 组合键即可实现一次性输入批量序号，如图 7-7所示。

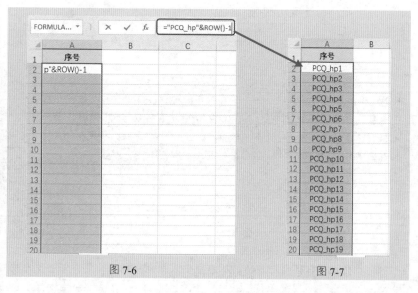

图 7-6   图 7-7

【公式解析】

前面连接序号的文本可以任意自定义

$$="PCQ\_hp"\&ROW()-1$$

随着公式向下填充,行号不断增加,ROW()会不断返回
当前单元格的行号,因此实现了序号的递增

例2:让序号自动重复3行(自定义)

搭配使用 ROW 函数与 INT 函数可以批量获取自动重复几行的编号,如编号 1 重复三行后再自动进入编号 2,如图 7-8 所示。

扫一扫,看视频

图 7-8

❶ 选中 A2 单元格,在编辑栏中输入公式(如图 7-9 所示):
`="PSN_"&INT((ROW(A1)-1)/3)+1`

图 7-9

❷ 按 Enter 键得到第一个序号，如图 7-10 所示。将 A2 单元格的公式向下填充，可得到批量序号。

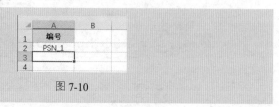

图 7-10

【公式解析】

需要重复几遍就设置此值为几

$$=\text{"PSN\_"\&INT((ROW(A1)-1)/3)+1}$$

当公式向下复制到 A4 单元格中时，ROW() 的取值依次是 2、3、4，它们的行号减 1 后再除以 3，用 INT 函数取整的结果都为 0，进行加 1 处理，得到的是连续 3 个 1。当公式复制到 A5 单元格中时，ROW() 的取值为 5。5-2 后再除以 3，INT 函数取整结果为 1，进行加 1 处理，得到数字 2。以此类推，得出剩下的编号。

例 3：分科目统计平均分

　　表格中统计了学生成绩，其统计方式如图 7-11 所示，即将语文与数学两个科目统计在一列中了，那么如果想分科目统计平均分就无法直接求取了，此时可以使用 ROW 函数辅助，以使公式能自动判断奇偶行，从而完成只对目标数据的计算。

	A	B	C	D	E
1	姓名	科目	分数		
2	吴佳娜	语文	97	语文平均分	
3		数学	85	数学平均分	
4	刘琪	语文	100		
5		数学	85		
6	赵晓	语文	99		
7		数学	87		
8	左亮亮	语文	85		
9		数学	91		
10	汪心盈	语文	87		
11		数学	98		
12	王蒙蒙	语文	87		
13		数学	82		
14	周沐天	语文	75		
15		数学	90		

图 7-11

❶ 选中 E2 单元格，在编辑栏中输入公式：

=AVERAGE(IF(MOD(ROW(B2:B15),2)=0,C2:C15))

按 Ctrl+Shift+Enter 组合键求出语文科目平均分，如图 7-12 所示。

E2				fx	{=AVERAGE(IF(MOD(ROW(B2:B15),2)=0,C2:C15))}		
	A	B	C	D	E	F	G
1	姓名	科目	分数				
2	吴佳娜	语文	97	语文平均分	90		
3		数学	85	数学平均分			
4	刘琰	语文	100				
5		数学	85				
6	赵晓	语文	99				
7		数学	87				
8	左亮亮	语文	85				
9		数学	91				
10	汪心盈	语文	87				
11		数学	98				
12	王蒙蒙	语文	87				
13		数学	82				
14	周沐天	语文	75				
15		数学	90				

图 7-12

❷ 选中 E3 单元格，在编辑栏中输入公式：

=AVERAGE(IF(MOD(ROW(B2:B15)+1,2)=0,C2:C15))

按 Ctrl+Shift+Enter 组合键求出数学科目平均分，如图 7-13 所示。

E3				fx	{=AVERAGE(IF(MOD(ROW(B2:B15)+1,2)=0,C2:C15))}		
	A	B	C	D	E	F	G
1	姓名	科目	分数				
2	吴佳娜	语文	97	语文平均分	90		
3		数学	85	数学平均分	88.2857143		
4	刘琰	语文	100				
5		数学	85				
6	赵晓	语文	99				
7		数学	87				
8	左亮亮	语文	85				
9		数学	91				
10	汪心盈	语文	87				
11		数学	98				
12	王蒙蒙	语文	87				
13		数学	82				
14	周沐天	语文	75				
15		数学	90				

图 7-13

【公式解析】

② 使用 MOD 函数将①数组中各值除以 2。当①为偶数时，返回结果为 0；当①为奇数时，返回结果为 1

① 使用 ROW 返回 B2:B15 所有的行号。构建的是一个"{2;3;4;5;6;7;8;9;10;11;12;13;14;15}"数组

=AVERAGE(IF(MOD(ROW(B2:B15),2)=0,C2:C15))

④ 将③返回的数值进行求平均值运算

③ 使用 IF 函数判断②的结果是否为 0，若是则返回 TRUE，否则返回 FALSE。然后将结果为 TRUE 对应在 C2:C15 单元格区域的数值返回，返回一个数组

📢 注意：

由于 ROW(B2:B15)返回的是"{2;3;4;5;6;7;8;9;10;11;12;13;14;15}"这样一个数组，首个是偶数，"语文"位于偶数行，因此求"语文"平均分时正好偶数行的值求平均值；相反的，"数学"位于奇数行，因此需要加 1 处理，将 ROW(B2:B15)的返回值转换成"{3;4;5;6;7;8;9;10;11;12;13;14;15;16}"，这时奇数行上的值除以 2，余数为 0，表示是符合求值条件的数据。

2. ROWS（返回引用中的行数）

【函数功能】ROWS 函数用于返回引用或数组的行数。

【函数语法】ROWS (array)

array：表示需要得到其行数的数组、数组公式或对单元格区域的引用。

【用法解析】

=ROWS(A1:A10)

ROWS 函数也用于计算"行"数，与 ROW 函数的区别在于，ROW 函数返回的是参数中区域各行行号组成的数组，而 ROWS 函数返回的是参数中区域的行数

例如使用公式"=ROWS(A1:B5)"，按 Enter 键返回结果为 5（如图 7-14

所示），表示这个区域共有 5 行。

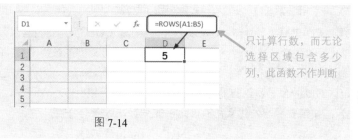

图 7-14

例：统计列表中销售记录的条数

根据 ROWS 函数的特性，可以用它来统计销售记录的条数。

❶ 选中 E3 单元格，在编辑栏中输入公式：

=ROWS(3:14)

❷ 按 Enter 键变向统计出记录条数，如图 7-15 所示。

扫一扫，看视频

图 7-15

3. COLUMN（返回引用的列标）

【函数功能】COLUMN 函数用于返回指定单元格引用的列标。

【函数语法】COLUMN([reference])

reference：可选，要返回其列标的单元格或单元格区域。如果省略参数 reference 或该参数为一个单元格区域，并且 COLUMN 函数是以水平数组公式的形式输入的，则 COLUMN 函数将以水平数组的形式返回参数 reference

的列标。

【用法解析】

COLUMN 函数与 ROW 函数用法类似。COLUMN 函数返回列标组成的数组，ROW 函数返回行号组成的数组。从函数返回的数组来看，ROW 函数返回的是由各行行号组成的单列数组，写入单元格时应写入同列的单元格中，而 COLUMN 函数返回的是单行数组，写入单元格时应写入同行的单元格中。

如果要返回公式所在的单元格的列标，可以用公式：

$$=COLUMN()$$

如果要求返回 F 列的列标，可以用公式：

$$=COLUMN(F:F)$$

如果要求返回 A:F 中各列的列标数组，可以用公式：

$$=COLUMN(A:F)$$

效果如图 7-16 所示。

图 7-16

例：实现隔列计算销售金额

扫一扫，看视频

表格中按如图 7-17 所示的方式统计了每位销售员 1~6 个月的销售额，现在要求计算出每位销售员偶数月的总销售金额。

	A	B	C	D	E	F	G
1	姓名	1月	2月	3月	4月	5月	6月
2	赵晓	54.4	82.34	32.43	84.6	38.65	69.5
3	左亮亮	73.6	50.4	53.21	112.8	102.45	108.37
4	汪心盈	45.32	56.21	50.21	163.5	77.3	98.25
5	王蒙蒙	98.09	43.65	76	132.76	23.1	65.76

图 7-17

❶ 选中 H2 单元格，在编辑栏中输入公式：

```
=SUM(IF(MOD(COLUMN($B2:$G2),2)=1,$B2:$G2))
```

436

按 Ctrl+Shift+Enter 组合键求出第一位销售员在偶数月的总金额，如图 7-18 所示。

图 7-18

❷ 选中 H2 单元格，向下复制公式到 H5 单元格中，得出批量计算结果，如图 7-19 所示。

图 7-19

【公式解析】

① 使用 COLUMN 返回 B2:G2 单元格区域中各列的列标。构建的是一个"{2;3;4;5;6;7}"数组

=SUM(IF(MOD(COLUMN($A2:$G2),2)=0,$B2:$G2))

③ 将②返回数组中结果为 1 的对应在 B2:G2 单元格区域上的值求和

② 使用 MOD 函数将①数组中各值除以 2。当①为偶数时，返回结果为 0；当①为奇数时，返回结果为 1

【注意：

COLUMN 函数的返回值常用于作为参数辅助 VLOOKUP 类的查找函数使用，在后面的实例中会涉及到。届时可再次体验 COLUMN 函数的应用环境。

4．COLUMNS（返回引用中包含的列数）

【函数功能】COLUMNS 函数用于返回数组或引用的列数。

【函数语法】COLUMNS(array)

array：表示需要得到其列数的数组或数组公式或对单元格区域的引用。

【用法解析】

$$= COLUMNS (A1:D10)$$

COLUMNS 函数也用于计算"列"数，与 COLUMN 函数的区别在于，COLUMN 函数返回的是参数中区域各列列号组成的数组，而 COLUMNS 函数返回的是参数中区域的列数

例如使用公式 "=COLUMNS(A1:C5)"，按 Enter 键返回结果为 3（如图 7-20 所示），表示这个区域共有 3 列。

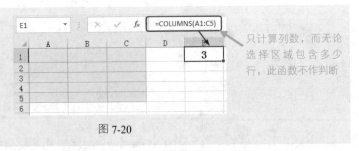

图 7-20

例：计算需要扣款的项目数量

扫一扫，看视频

表格中统计了员工扣款的各个项目名称以及金额，需要统计出扣款的数量，可以通过统计列数变向统计出扣款项目数量。

❶ 选中 H2 单元格，在编辑栏中输入公式：

=COLUMNS(B:F)

438

❷ 按 Enter 键变向统计出扣款的项目数量，如图 7-21 所示。

	A	B	C	D	E	F	G	H
1	姓名	迟到早退	缺勤	住房公积金	三险	个人所得税		扣款的项目数量
2	张跃进		100	287	357	574		5
3	吴佳娜	50		300	278	280		
4	刘琰	50		505	286	564		
5	赵晓		50	515	268	178		
6	左亮亮	30		451	296	451		
7	郑大伟		100	328	264	460		
8	汪满盈			487	198	259		
9	王蒙蒙		200	326	178	278		
10	贾云馨	60		256	152	356		

H2 的公式为 `=COLUMNS(B:F)`

图 7-21

7.2 LOOK 类函数

我们将 LOOKUP、VLOOKUP、HLOOKUP 几个函数归结为 LOOK 类函数。这几个函数是非常重要的查找函数，对于各种不同情况下的数据的匹配起到了极为重要的作用。

1. VLOOKUP（在数组第一列中查找并返回指定列中同一位置的值）

【函数功能】VLOOKUP 函数在表格或数值数组的首列查找指定的数值，并由此返回表格或数组当前行中指定列处的值。

【函数语法】VLOOKUP(lookup_value, table_array, col_index_num, [range_lookup])

- lookup_value：表示要在表格或区域的第一列中搜索的值。lookup_value 参数可以是值或引用。
- table_array：表示包含数据的单元格区域。可以使用对区域或区域名称的引用。
- col_index_num：表示 table_array 参数中必须返回的匹配值的列号。

- range_lookup：可选。一个逻辑值，指定希望 VLOOKUP 查找精确匹配值还是近似匹配值。

【用法解析】

可以从一个单元格区域中查找，也可以从一个常量数组或内存数组中查找。设置此区域时注意查找目标一定要在该区域的第一列，并且该区域中一定要包含要返回值所在的列

指定从哪一列上返回值

=VLOOKUP（❶查找值，❷查找范围，❸返回值所在列数，❹精确 OR 模糊查找）

第 4 个参数是决定函数精确和模糊查找的关键。精确即完全一样，模糊即包含的意思。第 4 个参数如果指定值是 0 或 FALSE 就表示精确查找，而值为 1 或 TRUE 时则表示模糊查找

◀》注意：

如果缺少第 4 个参数就无法精确查找到结果了。但 VLOOKUP 函数也可以进行模糊匹配，当需要模糊匹配时则需要省略此参数，或将此参数设置为 TRUE。

针对如图 7-22 所示表格的查找，对公式分析如下。

F2			×	✓	fx	= VLOOKUP(E2,A2:C12,FALSE)	

▲	A	B	C	D	E	F
1	姓名	理论知识	操作成绩		姓名	操作成绩
2	张佳怡	89	72		刘雨虹	89
3	秦澈	76	80			
4	刘雨虹	81	89			
5	孙祥鹏	87	90			
6	潘思佳	73	82			
7	贾云馨	84	85			
8	肖明月	89	95			

图 7-22

第 2 个参数告诉 VLOOKUP 函数应该在哪里查找第 1 个参数的数据。第 2 个参数必须包含查找值和返回值，且第 1 列必须是查找值，如本例中"姓名"列是查找对象

指定需要查询的数据

= VLOOKUP(E2,A2:C12,3,FALSE)

第 3 个参数用来指定返回信息所在的位置。当在第 2 个参数的首列找到查找值后，返回第 2 个参数中对应列中的数据。本例要在 A2:C12 的第 3 列中返回值，所以公式中将该参数设置为 3

也可以设置为 0，与 FALSE 一样表示精确查找

当查找的对象不存在时，会返回错误值，如图 7-23 所示。

	F2			×	✓	fx	= VLOOKUP(E2,A2:C12,3,FALSE)

▲	A	B	C	D	E	F
1	姓名	理论知识	操作成绩		姓名	操作成绩
2	张佳怡	89	72		刘雨红	#N/A
3	秦澈	76	80			
4	刘雨虹	81	89			
5	孙祥鹏	87	90			
6	潘思佳	73	82			
7	贾云馨	84	85			

因为找不到"刘雨红"，所以返回错误值

图 7-23

例 1：按姓名查询学生的各科目成绩

在建立了员工考核表后，如果想实现对任意员工考核的成绩进行查询，可以建立一个查询表，只要输入想查询的编号即可实现查询明细数据。如图 7-24 所示为原始表格与建立的查询表框架。

扫一扫，看视频

▲	A	B	C	D	E	F	G	H	I
1	员工编号	姓名	理论知识	操作成绩		员工编号	姓名	理论知识	操作成绩
2	Ktws-003	王明阳	76	79		Ktws-011			
3	Ktws-005	黄照先	89	90					
4	Ktws-011	夏红蕊	89	82					
5	Ktws-013	贾云馨	84	83					
6	Ktws-015	陈世发	90	81					
7	Ktws-017	马雪蕊	82	81					
8	Ktws-018	李沐天	82	86					
9	Ktws-019	朱明健	75	87					
10	Ktws-021	龙明江	81	90					
11	Ktws-022	刘�	87	86					
12	Ktws-026	宁华功	73	89					
13									

图 7-24

❶ 选中 G2 单元格，在编辑栏中输入公式：

```
= VLOOKUP($F2,$A:$D,COLUMN(B1),FALSE)
```

按 Enter 键查找到 F2 单元格中指定编号对应的姓名，如图 7-25 所示。

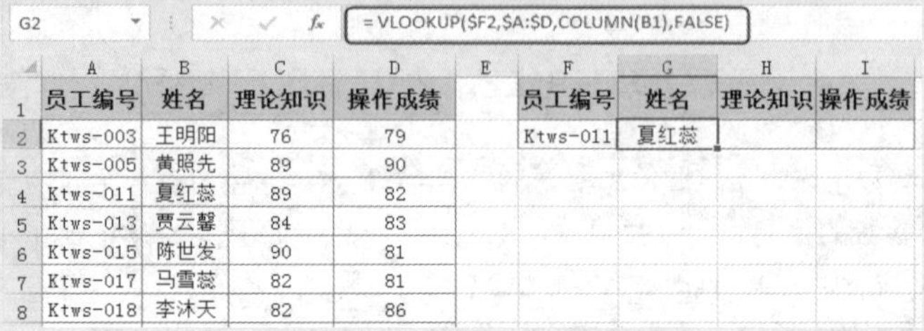

G2			× ✓ fx	= VLOOKUP($F2,$A:$D,COLUMN(B1),FALSE)				
▲	A	B	C	D	E	F	G	H	I
1	员工编号	姓名	理论知识	操作成绩		员工编号	姓名	理论知识	操作成绩
2	Ktws-003	王明阳	76	79		Ktws-011	夏红蕊		
3	Ktws-005	黄照先	89	90					
4	Ktws-011	夏红蕊	89	82					
5	Ktws-013	贾云馨	84	83					
6	Ktws-015	陈世发	90	81					
7	Ktws-017	马雪蕊	82	81					
8	Ktws-018	李沐天	82	86					

图 7-25

❷ 然后将 G2 单元格的公式向右复制到 I2 单元格，即可实现查询到 F2 单元格中指定编号对应的所有明细数据。选中 H2 单元格，先在公式编辑栏中查看公式（只有划线部分发生改变，下面会给出公式的解析），如图 7-26 所示。

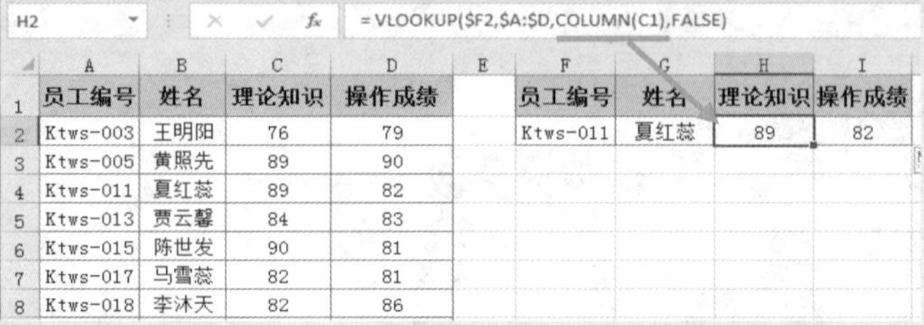

H2			× ✓ fx	= VLOOKUP($F2,$A:$D,COLUMN(C1),FALSE)				
▲	A	B	C	D	E	F	G	H	I
1	员工编号	姓名	理论知识	操作成绩		员工编号	姓名	理论知识	操作成绩
2	Ktws-003	王明阳	76	79		Ktws-011	夏红蕊	89	82
3	Ktws-005	黄照先	89	90					
4	Ktws-011	夏红蕊	89	82					
5	Ktws-013	贾云馨	84	83					
6	Ktws-015	陈世发	90	81					
7	Ktws-017	马雪蕊	82	81					
8	Ktws-018	李沐天	82	86					

图 7-26

❸ 当在 F2 单元格中任意更换其他员工编号时即可实现对应的查询，如图 7-27 所示。

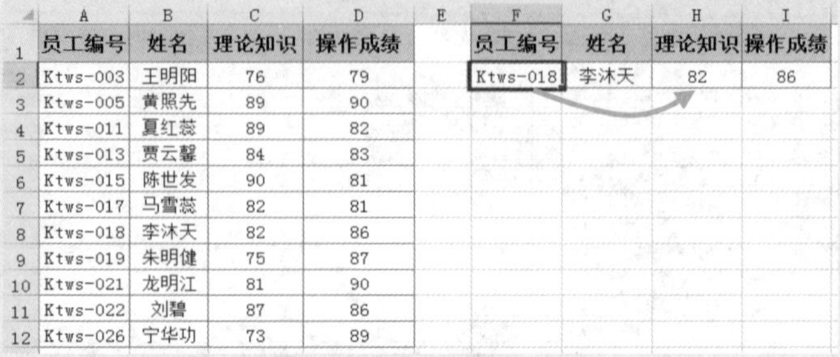

▲	A	B	C	D	E	F	G	H	I
1	员工编号	姓名	理论知识	操作成绩		员工编号	姓名	理论知识	操作成绩
2	Ktws-003	王明阳	76	79		Ktws-018	李沐天	82	86
3	Ktws-005	黄照先	89	90					
4	Ktws-011	夏红蕊	89	82					
5	Ktws-013	贾云馨	84	83					
6	Ktws-015	陈世发	90	81					
7	Ktws-017	马雪蕊	82	81					
8	Ktws-018	李沐天	82	86					
9	Ktws-019	朱明健	75	87					
10	Ktws-021	龙明江	81	90					
11	Ktws-022	刘馨	87	86					
12	Ktws-026	宁华功	73	89					

图 7-27

【公式解析】

① 因为查找对象与用于查找的区域不能随着公式的复制而变动，所以绝对引用

= VLOOKUP($F2,$A:$D,COLUMN(B1),FALSE)

② 这个参数用于指定返回哪一列上的值，因为本例的目的是要随着公式向右复制，从而依次返回"姓名""理论知识""操作成绩"几项明细数据，所以这个参数是要随之变动的，如"姓名"在第 2 列、"理论知识"在第 3 列、"操作成绩"在第 4 列。COLUMN(B1) 返回值为 2，向右复制公式时会依次变为 COLUMN(C1)（返回值是 3）、COLUMN(D1)（返回值是 4），这正好达到了批量复制公式而又不必逐一更改此参数的目的

📢 注意：

这个公式是 VLOOKUP 函数套用 COLUMN 函数的典型的例子。如果只要返回单个值，手动输入要返回值的那一列的列号即可，公式中也不必使用绝对引用。但因为要通过复制公式得到批量结果，所以才要使用此种设计。这种处理方式在后面的例子中可能还会用到，后面不再赘述。

例 2：跨表查询

在实际工作中，很多时候数据的查询并不只是在本表中进行，而是在单独的表格中建立查询表。这种情况下公式的设计方法并没有改变，只是在引用单元格区域时需要切换到其他表格中选择，或者事先将其他表格中的数据区域定义为名称。

扫一扫，看视频

如图 7-28 所示的表格为"固定资产折旧"表，要实现在此表中查询任意固定资产的月折旧额。

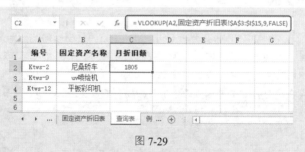

	A	B	C	D	E	F	G	H	I
1					固定资产折旧				
2	编号	固定资产名称	开始使用日期	预计使用年限	原值	净残值率	净残值	已计提月数	月折旧额
3	Ktws-1	轻型载货汽车	13.01.01	10	84000	5%	4200	58	665
4	Ktws-2	尼桑轿车	13.10.01	10	228000	5%	11400	49	1805
5	Ktws-3	电脑	13.01.01	5	2980	5%	149	58	47
6	Ktws-4	电脑	15.01.01	5	3205	5%	160	34	51
7	Ktws-5	打印机	16.02.03	5	2350	5%	118	21	37
8	Ktws-6	空调	13.11.07	5	2980	5%	149	47	47
9	Ktws-7	空调	14.06.05	5	5800	5%	290	40	92
10	Ktws-8	冷暖空调机	14.06.22	4	2200	5%	110	40	44
11	Ktws-9	uv喷绘机	14.05.01	10	98000	10%	9800	42	735
12	Ktws-10	印刷机	15.04.10	5	3080	5%	154	30	49
13	Ktws-11	覆膜机	15.10.01	10	35500	8%	2840	25	272
14	Ktws-12	平板彩印机	16.02.02	10	42704	8%	3416	21	327
15	Ktws-13	亚克力喷绘机	16.10.01	10	13920	8%	1114	13	107

图 7-28

❶ 在"查询表"中建立查询表框架，选中 C2 单元格，在编辑栏中输入公式：

= VLOOKUP(A2,固定资产折旧表!$A$3:$I$15,9,FALSE)

按 Enter 键查找到 A2 单元格中指定编号对应的固定资产名称，如图 7-29 所示。

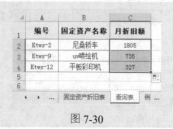

图 7-29

❷ 然后将 C2 单元格的公式向下复制，可查询到其他固定资产的月折旧额，如图 7-30 所示。

图 7-30

【公式解析】

① 在设置公式的这一处时，可以直接切换到"固定资产折旧表"工作表中选择目标单元格区域。凡非本工作表的数据区域，前面都会带上工作表名称

= VLOOKUP(A2,固定资产折旧表!$A$3:$I$15,9,FALSE)

② 因为返回值始终位于①指定区域的第9列，所以直接输入常量指定

例 3：代替 IF 函数的多层嵌套（模糊匹配）

在如图 7-31 所示的应用环境下，要根据不同的分数区间对员工按实际考核成绩进行等级评定。要达到这一目的，使用 IF 函数是可以实现的，但有几个判断区间就需要有几层 IF 嵌套，而使用 VLOOKUP 函数的模糊匹配方法则可以更加简便地解决此问题。

扫一扫，看视频

	A	B	C		D	E	F	G
1	等级分布				成绩统计表			
2	分数	等级			姓名	部门	成绩	等级评定
3	0	E			刘浩宇	销售部	92	
4	60	D			曹扬	客服部	85	
5	70	C			陈子涵	客服部	65	
6	80	B			刘启瑞	销售部	94	
7	90	A			吴晨	客服部	91	
8					谭谢生	销售部	44	
9					苏瑞宣	销售部	88	
10					刘雨菲	客服部	75	
11					何力	客服部	71	

图 7-31

❶ 首先要建立好分段区间，如图 7-32 所示表格中的 A3:B7 单元格区域（这个区域在公式中要被引用）。

❷ 选中 G3 单元格，在编辑栏中输入公式：

```
=VLOOKUP(F3,$A$3:$B$7,2)
```

按 Enter 键，即可根据 F3 单元格的成绩对其进行等级评定，如图 7-32 所示。

| G3 | ▼ | : | ✕ | ✓ | fx | =VLOOKUP(F3,$A$3:$B$7,2) |

▲	A	B	C	D	E	F	G
1	等级分布			成绩统计表			
2	分数	等级		姓名	部门	成绩	等级评定
3	0	E		刘浩宇	销售部	92	A
4	60	D		曹扬	客服部	85	
5	70	C		陈子涵	客服部	65	
6	80	B		刘启瑞	销售部	94	
7	90	A		吴晨	客服部	91	
8				谭谢生	销售部	44	
9				苏瑞宣	销售部	88	
10				刘雨菲	客服部	75	
11				何力	客服部	71	

图 7-32

❸ 将 G3 单元格的公式向下复制可返回批量评定结果, 如图 7-33 所示。

▲	A	B	C	D	E	F	G
1	等级分布			成绩统计表			
2	分数	等级		姓名	部门	成绩	等级评定
3	0	E		刘浩宇	销售部	92	A
4	60	D		曹扬	客服部	85	B
5	70	C		陈子涵	客服部	65	D
6	80	B		刘启瑞	销售部	94	A
7	90	A		吴晨	客服部	91	A
8				谭谢生	销售部	44	E
9				苏瑞宣	销售部	88	B
10				刘雨菲	客服部	75	C
11				何力	客服部	71	C

图 7-33

【公式解析】

要实现这种模糊查找, 关键之处在于要省略第 4
个参数, 或将此参数设置为 TRUE

=VLOOKUP(F3,$A$3:$B$7,2)

🔊 注意:

也可以直接将数组写到参数中, 例如本例中如果未建立 A2:B7 的等级分布区
域, 则可以直接将公式写为 "=VLOOKUP(F3,{0,"E";60,"D";70,"C";80,"B";
90,"A"},2)", 这样的数组中, 逗号间隔的为列, 因此分数为第 1 列, 等级为
第 2 列, 在第 1 列上判断分数区间, 然后返回第 2 列上对应的值。

例4：根据多条件派发赠品

在学习了上例之后，针对如图 7-34 所示的应用环境，读者是否能想到解决的办法呢？与例 3 相比，发放规则中多了"金卡"与"银卡"两个不同的卡种，而不同的卡种，不同金额区段对应的赠品有所不同。要解决这一问题则需要多一层判断，可以使用嵌套 IF 函数来解决。

扫一扫，看视频

	A	B	C	D	E
1	赠品发放规则				
2	金卡		银卡		
3	0	电饭煲	0	夜间灯	
4	2999	电磁炉	2999	雨伞	
5	3999	微波炉	3999	茶具套	
6					
7	用户ID	消费金额	卡种	赠品	
8	SL10800101	2587	金卡		
9	SL20800212	3965	金卡		
10	SL20800002	5687	金卡		
11	SL20800469	2697	银卡		
12	SL10800567	2056	金卡		
13	SL10800325	2078	金卡		
14	SL20800722	3037	银卡		
15	SL20800321	2000	银卡		
16	SL10800711	6800	金卡		
17	SL20800798	7000	银卡		

图 7-34

❶ 选中 D8 单元格，在编辑栏中输入公式：

=VLOOKUP(B8,IF(C8="金卡",$A$3:$B$5,$C$3:$D$5),2)

按 Enter 键，即可根据 C8 单元格中的卡种与 B8 单元格金额所在区间返回应发赠品，如图 7-35 所示。

| D8 | ▼ | : | × | ✓ | f_x | =VLOOKUP(B8,IF(C8="金卡",$A$3:$B$5,$C$3:$D$5),2) |

	A	B	C	D	E
1	赠品发放规则				
2	金卡		银卡		
3	0	电饭煲	0	夜间灯	
4	2999	电磁炉	2999	雨伞	
5	3999	微波炉	3999	茶具套	
6					
7	用户ID	消费金额	卡种	赠品	
8	SL10800101	2587	金卡	电饭煲	
9	SL20800212	3965	金卡		
10	SL20800002	5687	金卡		
11	SL20800469	2697	银卡		
12	SL10800567	2056	金卡		
13	SL10800325	2078	银卡		
14	SL20800722	3037	银卡		
15	SL20800321	2000	银卡		

图 7-35

❷ 将 D8 单元格的公式向下复制可返回应发赠品，如图 7-36 所示。

	A	B	C	D
1	赠品发放规则			
2	金卡		银卡	
3	0	电饭煲	0	夜间灯
4	2999	电磁炉	2999	雨伞
5	3999	微波炉	3999	茶具套
6				
7	用户ID	消费金额	卡种	赠品
8	SL10800101	2587	金卡	电饭煲
9	SL20800212	3965	金卡	电磁炉
10	SL20800002	5687	金卡	微波炉
11	SL20800469	2697	银卡	夜间灯
12	SL10800567	2056	金卡	电饭煲
13	SL10800325	2078	银卡	夜间灯
14	SL20800722	3037	银卡	雨伞
15	SL20800321	2000	银卡	夜间灯
16	SL10800711	6800	金卡	微波炉
17	SL20800798	7000	银卡	茶具套

图 7-36

【公式解析】

使用一个 IF 判断函数来返回 VLOOKUP 函数的第 2 个参数。
如果 C8 单元格中是"金卡"查找范围为"$A$3:$B$5"，否
则查找范围为"$C$3:$D$5"

=VLOOKUP(B8,IF(C8="金卡",$A$3:$B$5,$C$3:$D$5),2)

例 5：实现通配符查找

扫一扫，看视频

当在具有众多数据的数据库中实现查询时，通常会不记得
要查询对象的准确全称，只记得是什么开头或什么结尾，这时
可以在查找值参数中使用通配符。

❶ 如图 7-37 所示的表格中，某项固定资产以"轿车"结尾，
在 B13 单元格输入"轿车"，选中 C13 单元格，在编辑栏中输入公式：
=VLOOKUP("*"&B13,B1:I10,8,0)
❷ 按 Enter 键可以看到查询到的月折旧额是正确的。

C13		:	×	✓	f_x	=VLOOKUP("*"&B13,B1:I10,8,0)		

▲	A	B	C	D	E	F	G	H	I
1	编号	固定资产名称	开始使用日期	预计使用年限	原值	净残值率	净残值	已计提月数	月折旧额
2	Ktws-1	轻型载货汽车	13.01.01	10	84000	5%	4200	58	665
3	Ktws-2	尼桑轿车	13.10.01	10	228000	5%	11400	49	1805
4	Ktws-3	电脑	13.01.01	5	2980	5%	149	58	47
5	Ktws-4	电脑	15.01.01	5	3205	5%	160	34	51
6	Ktws-5	打印机	16.02.03	5	2350	5%	118	21	37
7	Ktws-6	空调	13.11.07	5	2980	5%	149	47	47
8	Ktws-7	空调	14.06.05	5	5800	5%	290	40	92
9	Ktws-8	冷暖空调机	14.06.22	4	2200	5%	110	40	44
10	Ktws-9	uv喷绘机	14.05.01	10	98000	10%	9800	42	735
11									
12		固定资产名称	月折旧额						
13		轿车	1805						
14									

图 7-37

【公式解析】

记住这种连接方式。如果知道以某字符开头，则把通配符放在右侧即可

=VLOOKUP("*"&B13,B1:I10,8,0)

例 6：数值与文本数据混合查找

在进行数据查找时，有时查找对象与查找区域中的数据不是同一类型，这种情况下也会因为找不到而返回错误值。如图 7-38 所示的表格中，E2 单元格的查找对象是数值数据，而 A 列的查找区域却是文本格式的数据，所以 F2 单元格中返回的是错误值。

扫一扫，看视频

F2		▼	:	×	✓	f_x	=VLOOKUP(E2,A2:C12,3,0)	

▲	A	B	C	D	E	F
1	产品编号	名称	库存数量		产品编号	库存数量
2	102441	灵芝保湿面霜	187		110340	#N/A
3	102407	牛奶嫩肤面霜	181			
4	110340	虫草抗氧化眼霜	182			
5	110325	太极美白面霜	189			
6	110312	恒美紧致眼霜	184			
7	102449	芍药美白面霜	173			
8	102159	美白柔肤水	175			
9	102136	灵芝生机水	190			
10	102114	灵芝补水乳液	176			
11	91804	长效保湿乳液	176			
12	91803	温泉保湿乳液	189			

图 7-38

要解决此问题，可以按如下方法设置公式。

❶ 选中 F2 单元格，在编辑栏中输入公式：

=VLOOKUP(E2&"",A2:C12,3,0)

❷ 按 Enter 键，即可返回正确的查询值，如图 7-39 所示。

F2	▼	:	✕	✓	fx	=VLOOKUP(E2&"",A2:C12,3,0)

▲	A	B	C	D	E	F
1	产品编号	名称	库存数量		产品编号	库存数量
2	102441	灵芝保湿面霜	187		110340	182
3	102407	牛奶嫩肤面霜	181			
4	110340	虫草抗氧化眼霜	182			
5	110325	太极美白眼霜	189			
6	110312	恒美紧致眼霜	184			
7	102449	芍药美白面霜	173			
8	102159	美白柔肤水	175			
9	102136	灵芝生机水	190			
10	102114	灵芝补水乳液	182			
11	91804	长效保湿乳液	176			
12	91803	温泉保湿乳液	189			

图 7-39

【公式解析】

这种方式是将 E2 单元格中的数据转换为文本格
式。通过此转换即可实现正确查找

=VLOOKUP(E2&"",A2:C12,3,0)

📢 注意：

另外，如果出现查找数据为文本，而查找区域是数值数据的相反情况，则可以使用公式=VLOOKUP(--E2,A2:C12,3,0)。这两种写法读者可以记住。

例 7：查找并返回符合条件的多条记录

扫一扫，看视频

在使用 VLOOKUP 函数查询时，如果同时有多条满足条件的记录（如图 7-40 所示），默认只能查找出第一条满足条件的记录。而在这种情况下，一般我们都希望能找到并显示出所有找到的记录。要解决此问题可以借助辅助列，在辅助列中为每条记录添加一个唯一的、用于区分不同记录的字符来解决。

图 7-40

❶ 在原数据表的 A 列前插入新列（此列作为辅助列使用），选中 A1 单元格，在编辑栏中输入公式：

=COUNTIF(B$2:B2,$G$2)

按 Enter 键返回值，如图 7-41 所示。

图 7-41

❷ 向下复制 A1 单元格的公式（复制到的位置由当前数据的条目数决定），得到的是 B 列中各个 ID 号在 B 列共出现的次数，第 1 次出现显示 1，第 2 次出现显示 2，第 3 次出现显示 3，以此类推，如图 7-42 所示。

图 7-42

【公式解析】

统计区域，该参数所设置的引用方式非常关键，当向下填充公式时，其引用区域逐行递减，函数返回的结果也会改变

=COUNTIF(B$2:B2,$G$2)

在 B$2:B2 区域中统计 $G$2 出现的次数

❸ 选中 H2 单元格，在编辑栏中输入公式：

=VLOOKUP(ROW(1:1),$A:$E,COLUMN(C:C),FALSE)

按 Enter 键返回的是 G2 单元格中查找值对应的第 1 个消费日期（默认日期显示为序列号，可以重新设置单元格的格式为日期格式即可正确显示），如图 7-43 所示。

H2			fx	=VLOOKUP(ROW(1:1),$A:$E,COLUMN(C:C),FALSE)					
	A 辅助	B 用户ID	C 消费日期	D 卡种	E 消费金额	F	G 查找值	H 消费日期	I 卡种	J 消费金额
2	0	SL10800101	2017/11/1	金卡	¥ 2,587.00		SL20800212	43040		
3	1	SL20800212	2017/11/1	银卡	¥ 1,960.00					
4	1	SL20800002	2017/11/2	金卡	¥ 2,687.00					
5	2	SL20800212	2017/11/2	银卡	¥ 2,697.00					
6	2	SL10800567	2017/11/3	金卡	¥ 2,056.00					
7	2	SL10800325	2017/11/3	银卡	¥ 2,078.00					
8	3	SL20800212	2017/11/3	银卡	¥ 3,037.00					
9	3	SL10800567	2017/11/4	银卡	¥ 2,000.00					
10	3	SL20800002	2017/11/4	银卡	¥ 2,800.00					
11	3	SL20800798	2017/11/5	银卡	¥ 5,208.00					
12	3	SL10800325	2017/11/5	银卡	¥ 987.00					

图 7-43

❹ 向右复制 H2 单元格的公式到 J2 单元格，返回的是第一条找到的记录的相关数据，如图 7-44 所示。

H2			fx	=VLOOKUP(ROW(1:1),$A:$E,COLUMN(C:C),FALSE)					
	A 辅助	B 用户ID	C 消费日期	D 卡种	E 消费金额	F	G 查找值	H 消费日期	I 卡种	J 消费金额
2	0	SL10800101	2017/11/1	金卡	¥ 2,587.00		SL20800212	43040	银卡	1960
3	1	SL20800212	2017/11/1	银卡	¥ 1,960.00					
4	1	SL20800002	2017/11/2	金卡	¥ 2,687.00					
5	2	SL20800212	2017/11/2	银卡	¥ 2,697.00					
6	2	SL10800567	2017/11/3	金卡	¥ 2,056.00					
7	2	SL10800325	2017/11/3	银卡	¥ 2,078.00					
8	3	SL20800212	2017/11/3	银卡	¥ 3,037.00					
9	3	SL10800567	2017/11/4	银卡	¥ 2,000.00					
10	3	SL20800002	2017/11/4	银卡	¥ 2,800.00					
11	3	SL20800798	2017/11/5	银卡	¥ 5,208.00					
12	3	SL10800325	2017/11/5	银卡	¥ 987.00					

图 7-44

⑤ 选中 H2:J2 单元格区域，拖动此区域右下角的填充柄，向下复制公式可以返回其他找到的记录，如图 7-45 所示。

	A	B	C	D	E	F	G	H	I	J
1	辅助	用户ID	消费日期	卡种	消费金额		查找值	消费日期	卡种	消费金额
2	0	SL10800101	2017/11/1	金卡	¥ 2,587.00		SL20800212	43040	银卡	1960
3	1	SL20800212	2017/11/1	银卡	¥ 1,960.00			43041	银卡	2697
4	1	SL20800002	2017/11/2	金卡	¥ 2,687.00			43042	银卡	3037
5	2	SL20800212	2017/11/2	银卡	¥ 2,697.00			#N/A	#N/A	#N/A
6	2	SL10800567	2017/11/3	金卡	¥ 2,056.00					
7	2	SL10800325	2017/11/3	银卡	¥ 2,078.00					
8	3	SL20800212	2017/11/3	银卡	¥ 3,037.00					
9	3	SL10800567	2017/11/4	金卡	¥ 2,000.00					
10	3	SL20800002	2017/11/4	金卡	¥ 2,800.00					
11	3	SL20800798	2017/11/5	银卡	¥ 5,208.00					
12	3	SL10800325	2017/11/5	银卡	¥ 987.00					

图 7-45

【公式解析】

查找值，当前返回第 1 行的行号 1，向下填充公式时，会随之变为 ROW(2:2)、ROW(3:3)……，即先找 "1"、再找 "2"、再找 "3"，直到找不到为止

=VLOOKUP(ROW(1:1),$A:$E,COLUMN(C:C),FALSE)

指定返回哪一列上的值。使用 COLUMN(C:C)的返回值是为了便于公式向右复制时不必逐一指定此值。前面已详细介绍过这种用法

📢 注意：

在表格中可以看到返回有 "#N/A"，这是表示已经找不到了，不影响最终的查询效果。

例 8：VLOOKUP 应对多条件匹配

VLOOKUP 函数一般情况下只能实现单条件查找，但是在实际工作中，很多时候也需要返回满足多个条件的对应值，这时就需要进行多条件查找。下面通过对 VLOOKUP 的改善设计，实现双条件的匹配查找。

扫一扫，看视频

如图 7-46 所示的表格中，要同时满足 E2 单元格指定的专柜名称与 F2 单元格指定的月份两个条件实现查询。

	A	B	C	D	E	F	G
1	分部	月份	销售额		专柜	月份	销售额
2	合肥分部	1月	¥ 24,689.00		合肥分部	2月	
3	南京分部	1月	¥ 27,976.00				
4	济南分部	1月	¥ 19,464.00				
5	绍兴分部	1月	¥ 21,447.00				
6	常州分部	1月	¥ 18,069.00				
7	合肥分部	2月	¥ 25,640.00				
8	南京分部	2月	¥ 21,434.00				
9	济南分部	2月	¥ 18,564.00				
10	绍兴分部	2月	¥ 23,461.00				
11	常州分部	2月	¥ 20,410.00				

图 7-46

❶ 选中 G2 单元格，在编辑栏中输入公式：

= VLOOKUP(E2&F2,IF({1,0},A2:A11&B2:B11,C2:C11),2,)

❷ 按 Ctrl+Shift+Enter 组合键返回查询结果，如图 7-47 所示。

G2 · × ✓ fx { = VLOOKUP(E2&F2,IF({1,0},A2:A11&B2:B11,C2:C11),2,)}

	A	B	C	D	E	F	G	H
1	分部	月份	销售额		专柜	月份	销售额	
2	合肥分部	1月	¥ 24,689.00		合肥分部	2月	25640	
3	南京分部	1月	¥ 27,976.00					
4	济南分部	1月	¥ 19,464.00					
5	绍兴分部	1月	¥ 21,447.00					
6	常州分部	1月	¥ 18,069.00					
7	合肥分部	2月	¥ 25,640.00					
8	南京分部	2月	¥ 21,434.00					
9	济南分部	2月	¥ 18,564.00					
10	绍兴分部	2月	¥ 23,461.00					
11	常州分部	2月	¥ 20,410.00					

图 7-47

【公式解析】

① 查找值。因为是双条件所以使用&合并条件

③ 满足条件时返回②数组中第 2 列上的值

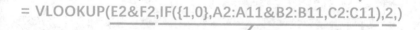

= VLOOKUP(E2&F2,IF({1,0},A2:A11&B2:B11,C2:C11),2,)

② 返回一个数组,形成{"合肥分部 1月",24689;"南京分部 1月",27976;"济南分部 1月",19464;"绍兴分部 1月",21447;"常州分部 1月",18069;"合肥分部 2月",25640;"南京分部 2月",21434;"济南分部 2月",18564;"绍兴分部 2月",23461;"常州分部 2月",20410}的数组

2. LOOKUP（查找并返回同一位置的值）

LOOKUP 函数具有两种语法形式：数组形式和向量形式。

（1）数组型语法

【函数功能】LOOKUP 的数组形式在数组的第一行或第一列中查找指定的值，并返回数组最后一行或最后一列内同一位置的值。

【函数语法】LOOKUP(lookup_value, array)

- lookup_value：表示要搜索的值。此参数可以是数字、文本、逻辑值、名称或对值的引用。
- array：表示包含要与 lookup_value 进行比较的文本、数字或逻辑值的单元格区域。

【用法解析】

> 可以设置为任意行列的常量数组或区域数组，在首列（行）上查找，返回值位于末列（行）

=LOOKUP（❶查找值，❷数组）

如图 7-48 所示，查找值为 "合肥"，在 A2:B8 单元格区域的 A 列上查找，返回 B 列上同一位置上的值。

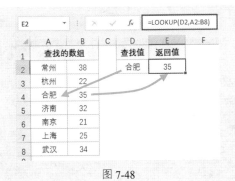

图 7-48

（2）向量型语法

【函数功能】LOOKUP 的向量形式在单行区域或单列区域（称为 "向量"）中查找值，然后返回第二个单行区域或单列区域中相同位置的值。

【函数语法】LOOKUP(lookup_value, lookup_vector, [result_vector])

- lookup_value：表示要搜索的值。此参数可以是数字、文本、逻辑值、名称或对值的引用。
- lookup_vector：用于条件判断的只包含一行或一列的区域。
- result_vector：可选，用于返回值的只包含一行或一列的区域。

【用法解析】

用于条件判断的单行（列）　　　　用于返回值的单行（列）

=LOOKUP（❶查找值，❷单行(列)区域，❸单行(列)区域）

如图 7-49 所示，查找值为"合肥"，在 A2:A8 单元格区域上查找，返回C2:C8 同一位置上的值。

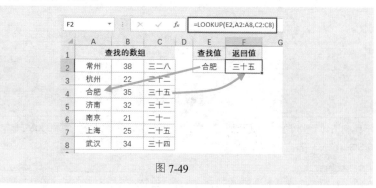

图 7-49

无论是数组型语法还是向量型语法，注意用于查找的行或列的数据都应按升序排列。如果不排列，在查找时会出现查找错误，如图 7-50 所示的表格中，未对 A2:A8 单元格区域中的数据进行升序排列，因此在查询"济南"时，结果是错误的。

A 列未排序，所以查找结果错误

查找结果错误

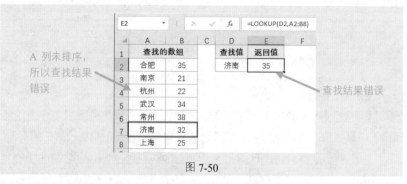

图 7-50

针对 LOOKUP 模糊查找的特性，有如下两项重要的总结。

● 如果 lookup_value 小于 lookup_vector 中的最小值，函数 LOOKUP 返回错误值 #N/A。

● 如果函数 LOOKUP 找不到 lookup_value，则查找 lookup_vector 中小于或等于 lookup_value 的最大数值。利用这一特性，我们可以用"=LOOKUP(1,0/(条件),引用区域)"这样一个通用公式来作查找引用。（关于这个通用公式，在后面的实例中会多处使用到。因为这个公式很重要，在理解了其用法后，建议读者牢记）。

例 1：利用 LOOKUP 函数模糊查找

在 VLOOKUP 函数中通过设置第 4 个参数为 TRUE，可以实现模糊查找，而 LOOKUP 函数本身就具有模糊查找的属性。如果 LOOKUP 找不到所设定的目标值，则会寻找小于或等于目标值的最大数值。利用这个特性可以实现模糊匹配。

扫一扫，看视频

因此针对 VLOOKUP 函数的例 3，也可以使用 LOOKUP 函数实现。

❶ 选中 G3 单元格，在编辑栏中输入公式：
=LOOKUP(F3,$A$3:$B$7)

❷ 按 Enter 键，向下复制 G3 单元格的公式，可以看到得出的结果与 VLOOKUP 函数的例 3 中的结果一样，如图 7-51 所示。

G3				f_x	=LOOKUP(F3,$A$3:$B$7)	
	A	B	C	D	E	F	G
1	等级分布			成绩统计表			
2	分数	等级		姓名	部门	成绩	等级评定
3	0	E		刘浩宇	销售部	92	A
4	60	D		曹扬	客服部	85	B
5	70	C		陈子涵	客服部	65	D
6	80	B		刘启瑞	销售部	94	A
7	90	A		吴晨	客服部	91	A
8				谭谢生	销售部	44	E
9				苏瑞宣	销售部	88	B
10				刘雨非	客服部	75	C
11				何力	客服部	71	C

图 7-51

【公式解析】

$$=LOOKUP(F3,\$A\$3:\$B\$7)$$

其判断原理为：例如 92 在 A3:A7 单元格区域中找不到，则找到的就是小于 92 的最大数 90，其对应在 B 列上的数据是 "A"。再如，85 在 A3:A7 单元格区域中找不到，则找到的就是小于 85 的最大数 80，其对应在 B 列上的数据是 "B"

例 2：利用 LOOKUP 函数模糊查找动态返回最后一条数据

扫一扫，看视频

利用 LOOKUP 函数的当找不到目标值时就寻找小于或等于目标值的最大数值的这一特征，只要我们将查找值设置为一个足够大的数值，那么总能动态地返回最后一条数据。下面通过具体事例进行讲解。

❶ 选中 D2 单元格，在编辑栏中输入公式：

`=LOOKUP(1,0/(B:B<>""),B:B)`

按 Enter 键，返回的是 B 列中的最后一个数据，如图 7-52 所示。

	A	B	C	D	E
				fx	=LOOKUP(1,0/(B:B<>""),B:B)
1	序号	用户名		最后点击者的用户名	
2	1	柠檬_04		荷……叶	
3	2	KC-RE002			
4	3	风里沙？？			
5	4	神龙_AP			
6	5	tangbao			
7	6	大虾520			
8	7	林达			
9	8	CR-520-LX			
10	9	荷……叶			
11					

图 7-52

❷ 当 B 列中有新数据添加时，D2 单元格中的返回值自动更新，如图 7-53 所示。

| D2 | : | × | ✓ | f_x | =LOOKUP(1,0/(B:B<>""),B:B) |

▲	A	B	C	D
1	序号	用户名		最后点击者的用户名
2	1	柠檬_04		19970913881
3	2	KC-RE002		
4	3	风里沙？？		
5	4	神龙_AP		
6	5	tangbao		
7	6	大虾520		
8	7	林达__		
9	8	CR-520-LX		
10	9	荷__叶		
11	10	19970913881		

图 7-53

📢 注意：

如果 B 列的数据只是文本，可以使用更简易的公式来返回 B 列中的最后一个
数据，公式为 "=LOOKUP("左",B:B)"。设置查找对象为 "左"，也是
LOOKUP 模糊匹配的功能，因为就文本数据而言，排序是以首字母的顺序进
行的，因此 Z 是最大的一个字母。当我们要找一个最大的字母时，很显然要
么能精确找到，要么只能返回比自己小的。所以这里只要设置查找值为 Z 字
开始的汉字即可。

【公式解析】

① 判断 B 列中各单元格是否不等于空。如果不等于空返回
TRUE，否则返回 FALSE，返回的是一个数组

=LOOKUP(1,0/(B:B<>""),B:B)

③ LOOKUP 在②数组中查找 1，而在
②数组中最大的就是 0，因此与 0 匹配，
并且是返回最后一个数据。用大于 0 的
数来查找 0，肯定能查到最后一个满足
条件的。本例查找列与返回值列都指定
为 B 列，如果要返回对应在其他列上的
值，则用 LOOKUP 函数的第 3 个参数
指定即可

② 0/TRUE 返回 0；0/FALSE 返
回#DIV!0。表示能找到数据返回
0，没有找到数据返回错误值。构
成一个由 0 或者#DIV!0 错误组成
的数组

例3：在未排序的数据组中进行查找

要在未排序的数据组中进行查找，使用的仍然是通用公式"=LOOKUP(1,0/(条件),引用区域)"。针对上例的公式，只要对通用公式的"条件"设定进行更改即可。

❶ 选中 G2 单元格，在编辑栏中输入公式：

`=LOOKUP(F2,A2:A10,D2:D10)`

按 Enter 键，通过与左表对照，可以看到查询结果是错误的，如图 7-54 所示。

| | G2 | ▼ | : | ✕ | ✓ | *fx* | =LOOKUP(F2,A2:A10,D2:D10) |

▲	A	B	C	D	E	F	G
1	姓名	部门	成绩	等级评定		查询对象	等级
2	刘洁宇	销售部	92	A		谭谢生	A
3	曹扬	客服部	85	B			
4	陈子涵	客服部	65	D			
5	刘启瑞	销售部	94	A			
6	吴晨	客服部	91	A			
7	谭谢生	销售部	44	E			
8	苏瑞宣	销售部	88	B			
9	刘雨菲	客服部	75	C			
10	何力	客服部	71	C			

图 7-54

❷ 选中 H2 单元格，在编辑栏中输入公式：

`=LOOKUP(1,0/(F2=A2:A10),D2:D10)`

按 Enter 键，可以看到改进后的公式返回了正确的查询结果，如图 7-55 所示。

| | H2 | ▼ | : | ✕ | ✓ | *fx* | =LOOKUP(1,0/(F2=A2:A10),D2:D10) |

▲	A	B	C	D	E	F	G	H
1	姓名	部门	成绩	等级评定		查询对象	等级	更新公式
2	刘洁宇	销售部	92	A		谭谢生	A	E
3	曹扬	客服部	85	B				
4	陈子涵	客服部	65	D				
5	刘启瑞	销售部	94	A				
6	吴晨	客服部	91	A				
7	谭谢生	销售部	44	E				
8	苏瑞宣	销售部	88	B				
9	刘雨菲	客服部	75	C				
10	何力	客服部	71	C				

图 7-55

【公式解析】

① 判断 F2 单元格的数据是否等于 A2:A10 单元格区域中的数据。如果等于返回 TRUE，不等于返回 FALSE，返回的是一个数组

=LOOKUP(1,0/(F2=A2:A10),D2:D10)

③ LOOKUP 在②数组中查找 1，在②数组中最大的就是 0，因此与 0 匹配，并返回对应在 D 列上的值

② 0/TRUE 返回 0，0/FALSE 返回 #DIV!0。表示能找到数据返回 0，没有找到数据返回错误值。构成一个由 0 或者#DIV!0 错误组成的数组

🔊 注意：

在进行查找时，如果有多条满足条件的记录，只能返回最后一条记录的查询结果。

例 4：通过简称或关键字模糊匹配

讲解本例知识点分以下两个方面：

（1）针对如图 7-56 所示的表中，A、B 两列给出的是针对不同区所给出的补贴标准。而在实际查询匹配时使用的地址是全称，要求根据全称能自动从 A、B 两列中匹配相应的补贴标准，即得到 F 列的数据。

扫一扫，看视频

	A	B	C	D	E	F
1	地区	补贴标准		地址	租赁面积(m²)	补贴标准
2	高新区	25%		珠江市包河区陈村路61号	169	0.19
3	经开区	24%		珠江市临桥区海岸御景15A	218	0.18
4	新站区	22%				
5	临桥区	18%				
6	包河区	19%				
7	蜀山区	23%				

图 7-56

❶ 选中 F2 单元格，在编辑栏中输入公式：

=LOOKUP(9^9,FIND($A$2:$A$7,D2),$B$2:$B$7)

按 Enter 键，返回数据如图 7-57 所示。

	F2		:	×	✓	*fx*	=LOOKUP(9^9,FIND($A$2:$A$7,D2),$B$2:$B$7)	

▲	A	B	C	D	E	F
1	地区	补贴标准		地址	租赁面积(m²)	补贴标准
2	高新区	25%		珠江市包河区陈村路61号	169	0.19
3	经开区	24%		珠江市临桥区海岸御景15A	218	
4	新站区	22%				
5	临桥区	18%				
6	包河区	19%				
7	蜀山区	23%				

图 7-57

❷ 如果要实现批量匹配则向下复制 F2 单元格的公式。

【公式解析】

① 一个足够大的数字

=LOOKUP(9^9,FIND($A$2:$A$7,D2),$B$2:$B$7)

② 用 FIND 查找当前地址中是否包括$A$2:$A$7 区域中的地区。查找成功返回起始位置数字；查找不到返回错误值#VALUE!

③ 忽略②中的错误值，查找比 9^9 小且最接近的数字，即②找到的那个数字，并返回对应在 B 列上的数据

（2）针对如图 7-58 所示的表中，A 列中给出的是公司全称，而在实际查询时给的查询对象是简称，要求根据简称能自动从 A 列中匹配公司名称并返回订单数量。

▲	A	B	C	D	E
1	公司名称	订购数量		公司	订购数量
2	南京达尔利精密电子有限公司	3200		信华科技	
3	济南精河精密电子有限公司	3350			
4	德州信瑞精密电子有限公司	2670			
5	杭州信华科技集团精密电子分公司	2000			
6	台州亚东科技机械有限责任公司	1900			
7	合肥神力科技机械有限责任公司	2860			

图 7-58

❶ 选中 E2 单元格，在编辑栏中输入公式：

=LOOKUP(9^9,FIND(D2,$A$2:$A$7),$B$2:$B$7)

按 Enter 键，返回数据如图 7-59 所示。

	A	B	C	D	E
E2		fx	=LOOKUP(9^9,FIND(D2,$A$2:$A$7),$B$2:$B$7)		
1	公司名称	订购数量		公司	订购数量
2	南京达尔利精密电子有限公司	3200		信华科技	2000
3	济南精河精密电子有限公司	3350			
4	德州信瑞精密电子有限公司	2670			
5	杭州信华科技集团精密电子分公司	2000			
6	台州亚东科技机械有限责任公司	1900			
7	合肥神力科技机械有限责任公司	2860			

图 7-59

❷ 如果要实现批量匹配则向下复制 E2 单元格的公式。

【公式解析】

=LOOKUP(9^9,<u>FIND(D2,$A$2:$A$7)</u>,$B$2:$B$7)

此公式与上个公式的设置区别仅在于此，
即设置 FIND 函数的参数时，把全称作为
查找区域，把简称作为查找对象

📢 注意：

在例 2 中也可以使用 VLOOKUP 函数配合通配符来设置公式（类似 VLOOKUP 函数的例 5），设置公式为 "=VLOOKUP("*"&D2&"*", A2:B7, 2,0)"，即在 D2 单元格中文本的前面与后面都添加通配符，所达到的查找效果也是相同的。如果日常工作中遇到将简称匹配全称的情况，都可以使用类似的公式来实现。

例 5：LOOKUP 满足多条件查找

在前面学习 VLOOKUP 函数时，我们也学习了关于满足多条件的查找，而 LOOKUP 使用通用公式 "=LOOKUP(1,0/(条件)，引用区域)" 也可以实现同时满足多条件的查找，并且也很容易理解。

扫一扫，看视频

例如针对 VLOOKUP 函数中例 8 的数据，在 G2 单元格中使用公式
"=LOOKUP(1,0/((E2=A2:A11)*(F2=B2:B11)),C2:C11)"，也可以获取正确的
查询结果，如图 7-60 所示。

	A	B	C	D	E	F	G	H
G2				f_x	=LOOKUP(1,0/((E2=A2:A11)*(F2=B2:B11)),C2:C11)			
1	分部	月份	销售额		专柜	月份	销售额	
2	合肥分部	1月	¥ 24,689.00		合肥分部	2月	25640	
3	南京分部	1月	¥ 27,976.00					
4	济南分部	1月	¥ 19,464.00					
5	绍兴分部	1月	¥ 21,447.00					
6	常州分部	1月	¥ 18,069.00					
7	合肥分部	2月	¥ 25,640.00					
8	南京分部	2月	¥ 21,434.00					
9	济南分部	2月	¥ 18,564.00					
10	绍兴分部	2月	¥ 23,461.00					
11	常州分部	2月	¥ 20,410.00					

图 7-60

【公式解析】

=LOOKUP(1,0/((E2=A2:A11)*(F2=B2:B11)),C2:C11)

通过多处使用 LOOKUP 的通用公式可以看到，满足
不同要求的查找时，这一部分的条件会随着查找需求
的不同而不同，此处要同时满足两个条件，中间用"*"
连接即可，如果还有第 3 个条件，可再按相同方法连
接第 3 个条件

例 6：LOOKUP 辅助数据提取

扫一扫，看视频

通过上面的例子我们可以看到，LOOKUP 函数具有极强的
数据查找能力。下面介绍一个使用 LOOKUP 函数辅助数据提取
的例子，这在不规则数据的整理中经常用到。

（1）例如在如图 7-61 所示的表格中，右侧是数据，长度不一（如果长
度一致可以直接使用 RIGHT 函数）。

❶ 选中 B2 单元格，在编辑栏中输入公式：
=LOOKUP(9^9,RIGHT(A2,ROW(1:9))*1)

按 Enter 键，可从 A2 单元格中提取数据，如图 7-61 所示。

B2 =LOOKUP(9^9,RIGHT(A2,ROW(1:9))*1)

	A	B	C	D	E
1	规格	提取厚度			
2	PLY0.5	0.5			
3	Ktws1.65				
4	Qptiu2.5				

图 7-61

❷ 将 B2 单元格的公式向下复制，即可实现批量提取，如图 7-62 所示。

	A	B	C	D	E
1	规格	提取厚度			
2	PLY0.5	0.5			
3	Ktws1.65	1.65			
4	Qptiu2.5	2.5			

图 7-62

（2）例如在如图 7-63 所示的表格中，左侧是数据，长度不一（如果长度一致可以直接使用 LEFT 函数）。

❶ 选中 B2 单元格，在编辑栏中输入公式：

```
=LOOKUP(9^9,LEFT(A2,ROW(1:9))*1)
```

❷ 按 Enter 键，可从 A2 单元格中提取数据，如图 7-63 所示。然后向下复制公式，实现批量提取。

B2 =LOOKUP(9^9,LEFT(A2,ROW(1:9))*1)

	A	B	C	D	E
1	规格	提取厚度			
2	0.5PLY	0.5			
3	1.65Ktws	1.65			
4	2.5Qptiu	2.5			
5					

图 7-63

【公式解析】

① 一个足够大的数字

② 提取 1~9 行的行号。返回的是一个数组

$$=LOOKUP(9 \wedge 9,RIGHT(A2,ROW(1:9))*1)$$

④ 从③数组中查找①，找不到时返回小于此值的最大值

③ 从 A2 单元格的右侧开始提取，分别提取 1、2、3、4…9 位，得到的也是一个数组。然后将数组中各值乘以 1，得到的结果是，原数组中是数值的返回数值，非数值的返回#VALUE!错误值

📢 注意：

VLOOKUP 函数与 LOOKUP 函数对比：

第一，在多条件查找方面。使用 LOOKUP 进行多条件查找更加方便。

第二，VLOOKUP 函数总是用于从首列中查找，对于反向查找比较不便（需要嵌套其他函数实现）；而 LOOKUP 函数没有正反之分。因此在这方面，LOOKUP 函数会更加容易实现。

第三，VLOOKUP 在查找字符方面，可以使用*号类通配符；LOOKUP 是不支持通配符的，但可以使用"FIND(查找字符,数据源区域)"的形式代替。

3. HLOOKUP（查找数组的首行，并返回指定单元格的值）

【函数功能】HLOOKUP 函数用于在表格或数值数组的首行查找指定的数值，并在表格或数组中指定行的同一列中返回一个数值。

【函数语法】HLOOKUP(lookup_value,table_array,row_index_num, [range_lookup])

- lookup_value：表示需要在表的第一行中进行查找的数值。
- table_array：表示需要在其中查找数据的单元格区域，可以使用对区域或区域名称的引用。
- row_index_num：表示 table_array 中待返回的匹配值的行序号。
- range_lookup：可选，为一逻辑值，指明函数 HLOOKUP 查找时是精确匹配，还是近似匹配。

【用法解析】

查找目标一定要在该区
域的第一行

指定从哪一行
上返回值

=HLOOKUP（❶查找值，❷查找范围，❸返回值所在列数，
❹精确 OR 模糊查找）

与 VLOOKUP 函数的区别在于，
VLOOKUP 函数用于从给定区域的
首列中查找，而 HLOOKUP 函数用
于从给定区域的首行中查找。其应
用方法完全相同

决定函数精确和模糊查找的关
键。指定为 0 或 FALSE 表示精确
查找，而值为 1 或 TRUE 时表示
模糊查找

◀》 注意：

> 在数据记录时通常都是采用纵向记录方式，因此在实际工作中用于纵向查找
> 的 VLOOKUP 比用于横向查找的 HLOOKUP 函数要常用得多。

例如，在如图 7-64 所示的表格中，要查询某产品对应的销量则需要纵
向查找。

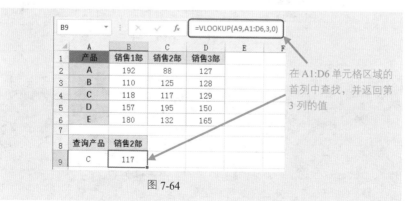

图 7-64

例如，在如图 7-65 所示的表格中，要查询某部门对应的销量则需要横
向查找。

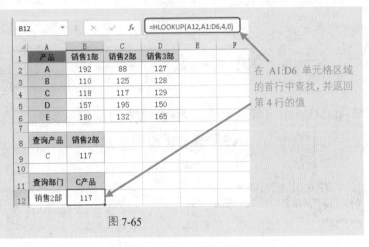

图 7-65

例：根据不同的返利率计算各笔订单的返利金额

如图 7-66 所示的表格中，对总销售金额在不同区间时给出不同的返回利率进行了约定，其建表方式是以横向建立的，表示消费金额在 0~999 返利率为 2%，消费金额在 1000~4999 时返利率为 5%，消费金额在 5000~9999 时返利率为 8%，超过 10000 时返利率为 12%。现在要根据总消费金额自动计算返利金额。

	A	B	C	D	E
1	总金额	0	1000	5000	10000
2	返利率	2.0%	5.0%	8.0%	0.12
3					
4	编号	单价	数量	总金额	返利金额
5	ML_001	355	18	¥ 6,390.00	
6	ML_002	108	22	¥ 2,376.00	
7	ML_003	169	15	¥ 2,535.00	
8	ML_004	129	12	¥ 1,548.00	
9	ML_005	398	50	¥ 19,900.00	
10	ML_006	309	32	¥ 10,888.00	
11	ML_007	99	60	¥ 5,940.00	
12	ML_008	178	23	¥ 4,094.00	

图 7-66

❶ 选中 E5 单元格，在编辑栏中输入公式：

`=D5*HLOOKUP(D5,$A$1:$E$2,2)`

按 Enter 键，可根据 D5 单元格中的总金额计算出返利金额，如图 7-67 所示。

| E5 | | | fx | =D5*HLOOKUP(D5,$A$1:$E$2,2) | |

▲	A	B	C	D	E	F
1	总金额	0	1000	5000	10000	
2	返利率	2.0%	5.0%	8.0%	0.12	
3						
4	编号	单价	数量	总金额	返利金额	
5	ML_001	355	18	¥ 6,390.00	511.20	
6	ML_002	108	22	¥ 2,376.00		
7	ML_003	169	15	¥ 2,535.00		
8	ML_004	129	12	¥ 1,548.00		

图 7-67

❷ 将 E5 单元格的公式向下复制，即可实现快速批量计算各订单的返利金额，如图 7-68 所示。

▲	A	B	C	D	E	F
1	总金额	0	1000	5000	10000	
2	返利率	2.0%	5.0%	8.0%	0.12	
3						
4	编号	单价	数量	总金额	返利金额	
5	ML_001	355	18	¥ 6,390.00	511.20	
6	ML_002	108	22	¥ 2,376.00	118.80	
7	ML_003	169	15	¥ 2,535.00	126.75	
8	ML_004	129	12	¥ 1,548.00	77.40	
9	ML_005	398	50	¥ 19,900.00	2388.00	
10	ML_006	309	32	¥ 10,888.00	1306.56	
11	ML_007	99	60	¥ 5,940.00	475.20	
12	ML_008	178	23	¥ 4,094.00	204.70	

图 7-68

【公式解析】

此例也是使用了 HLOOKUP 函数的模糊匹配功能，因此省略了最后一个参数（也可设置为 TRUE）

=D5*HLOOKUP(D5,$A$1:$E$2,2)

总金额乘以返利率即为返利额

在$A$1:$E$2 单元格区域的首行寻找 D5 中指定的值，因为找不到完全相等的值，则返回的是小于 D5 值的最大值，即 5000，然后返回对应在第 2 行上的值，即返回 8%

7.3 经典组合 INDEX+MATCH

MATCH 和 INDEX 函数都属于查找与引用函数，MATCH 函数的作用是查找指定数据在指定数组中的位置。INDEX 函数的作用主要是返回指定行列号交叉处的值。因此这两个函数经常会搭配使用，即用 MATCH 函数判断位置（因为如果最终只返回位置，则对日常数据的处理意义不大），再用 INDEX 函数返回这个位置处的值。

1. MATCH（查找并返回找到值所在位置）

【函数功能】MATCH 函数用于查找指定数值在指定数组中的位置。

【函数语法】MATCH(lookup_value,lookup_array,match_type)

- lookup_value：需要在数据表中查找的数值。
- lookup_array：可能包含所要查找数值的连续单元格区域。
- match_type：数字-1、0 或 1，指明如何在 lookup_array 中查找 lookup_value。

【用法解析】

=MATCH(❶查找值，❷查找值区域，❸指明查找方式)

可以指定为-1、0、1。指定为 1 时，函数查找小于或等于指定查找值的最大数值，且查找区域必须按升序排列；如果指定为 0，函数查找等于指定查找值的第一个数值，查找区域无须排序（一般使用的都是这种方式）；如果指定为-1，函数查找大于或等于指定查找值的最小值，且查找区域必须按降序排列

如图 7-69 所示的表格中，查看标注可理解公式返回值。

	A	B	C	D	E
1	会员姓名	消费金额		苏娜的位置	公式
2	程丽莉	13200		5	=MATCH("苏娜",A1:A8,0)
3	欧群	6000			
4	姜玲玲	8400			
5	苏娜	14400			在 A1:A8 单元格区域中查找
6	刘洁	5200			"苏娜"，并返回其在 A1:A8
7	李正飞	4400			单元格区域中的位置
8	卢云志	7200			

图 7-69

例：用 MATCH 函数判断某数据是否包含在另一组数据中

如图 7-70 所示的表格中，要为假期安排值班，并且给了可选名单，要求判断安排的人员是否在可选名单中。

	A	B	C	D	E
1	值班日期	值班人员	是否在可选名单中		可选名单
2	2017/9/30	欧群			程丽莉
3	2017/10/1	刘洁			欧群
4	2017/10/2	李正飞			姜玲玲
5	2017/10/3	陈锐			苏娜
6	2017/10/4	苏娜			刘洁
7	2017/10/5	姜玲玲			李正飞
8	2017/10/6	卢云志			卢云志
9	2017/10/7	周志芳			杨明霞
10	2017/10/8	杨明霞			韩启云
11					孙祥鹏
12					贾云馨

图 7-70

❶ 选中 C2 单元格，在编辑栏中输入公式：

`=IF(ISNA(MATCH(B2,$E$2:$E$12,0)),"否","是")`

按 Enter 键，可判断如果 B2 单元格中的姓名在 E2:E12 单元格区域中，返回"是"，如图 7-71 所示。

C2			fx	=IF(ISNA(MATCH(B2,$E$2:$E$12,0)),"否","是")		
	A	B	C	D	E	
1	值班日期	值班人员	是否在可选名单中		可选名单	
2	2017/9/30	欧群	是		程丽莉	
3	2017/10/1	刘洁			欧群	
4	2017/10/2	李正飞			姜玲玲	
5	2017/10/3	陈锐			苏娜	
6	2017/10/4	苏娜			刘洁	
7	2017/10/5	姜玲玲			李正飞	
8	2017/10/6	卢云志			卢云志	
9	2017/10/7	周志芳			杨明霞	
10	2017/10/8	杨明霞			韩启云	
11					孙祥鹏	
12					贾云馨	

图 7-71

❷ 将 C2 单元格的公式向下复制，即可实现快速批量返回判断结果，如图 7-72 所示。

	A	B	C
1	值班日期	值班人员	是否在可选名单中
2	2017/9/30	欧群	是
3	2017/10/1	刘洁	是
4	2017/10/2	李正飞	是
5	2017/10/3	陈锐	否
6	2017/10/4	苏娜	是
7	2017/10/5	姜玲玲	是
8	2017/10/6	卢云志	是
9	2017/10/7	周志芳	否
10	2017/10/8	杨明霞	是

图 7-72

【公式解析】

一个信息函数，用于判断给定值是否是#N/A 错误值。
如果是，返回 TRUE；如果不是，返回 FALSE

=IF(ISNA(MATCH(B2,$E$2:$E$12,0)),"否","是")

② 判断①是否为错误#N/A，如果是，返回“否”；否则返回“是”

① 查找 B2 单元格在 E2:E12 单元格区域中的精确位置，如果找不到则返回#N/A 错误值

2. INDEX（从引用或数组中返回指定位置处的值）

【函数功能】INDEX 函数用于返回表格或区域中的值或值的引用，返回哪个位置的值用参数来指定。

【函数语法 1：数组型】INDEX(array, row_num, [column_num])

- array：表示单元格区域或数组常量。
- row_num：表示选择数组中的某行，函数从该行返回数值。
- column_num：可选，选择数组中的某列，函数从该列返回数值。

【函数语法 2：引用型】INDEX(reference, row_num, [column_num], [area_num])

- reference：表示对一个或多个单元格区域的引用。
- row_num：表示引用中某行的行号，函数从该行返回一个引用。
- column_num：可选，引用中某列的列标，函数从该列返回一个

引用。

- area_num：可选，选择引用中的一个区域，以从中返回 row_num 和 column_num 的交叉区域。选中或输入的第一个区域序号为 1，第二个为 2，以此类推。如果省略 area_num，则函数 INDEX 使用区域 1。

【用法解析】

=INDEX (❶要查找的区域或数组，❷指定数据区域的
第几行，❸指定数据区域的第几列)

数据公式的语法。最终结果是❷与❸指定的行列交叉处的值

可以使用其他函数返回值

如图 7-73 所示的表格中，查看标注可理解公式返回值。

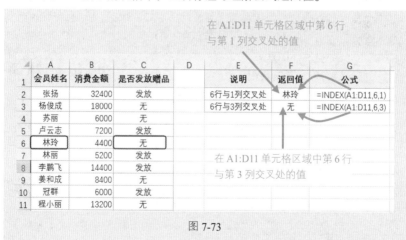

在 A1:D11 单元格区域中第 6 行与第 1 列交叉处的值

	A	B	C	D	E	F	G
1	会员姓名	消费金额	是否发放赠品		说明	返回值	公式
2	张扬	32400	发放		6行与1列交叉处	林玲	=INDEX(A1:D11,6,1)
3	杨俊成	18000	无		6行与3列交叉处	无	=INDEX(A1:D11,6,3)
4	苏丽	6000	无				
5	卢云志	7200	发放				
6	林玲	4400	无				
7	林丽	5200	发放		在 A1:D11 单元格区域中第 6 行		
8	李鹏飞	14400	发放		与第 3 列交叉处的值		
9	姜和成	8400	无				
10	冠群	6000	发放				
11	程小丽	13200	无				

图 7-73

当函数 INDEX 的第一个参数为数组常量时，使用数组形式。数组形式与引用形式没有本质区别，唯一区别就是参数设置的差异。多数情况下，我们使用的都是它的数组形式。当使用引用形式时，INDEX 函数的第 1 个参数可以由多个单元格区域组成，且函数可以设置 4 个参数，第 4 个参数用来指定需要返回第几区域中的单元格，如图 7-74 所示。

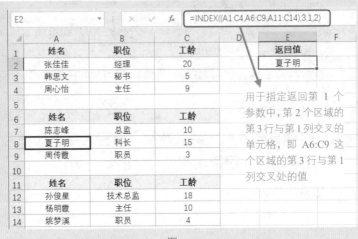

图 7-74

例 1：MATCH+INDEX 的搭配使用

扫一扫，看视频

　　　　MATCH 函数可以返回指定内容所在的位置，而 INDEX 又可以根据指定位置查询到位置所对应的数据。根据各自的特性，就可以将 MATCH 函数嵌套在 INDEX 函数里面，用 INDEX 函数返回 MATCH 函数找到的那个位置处的值，从而实现灵活查找。下面先看实例（要求查询任意会员是否已发放赠品），再从"公式解析"中去理解公式。

❶ 选中 G2 单元格，在编辑栏中输入公式：

`=INDEX(A1:D11,MATCH(F2,A1:A11),4)`

按 Enter 键，可查询到"卢云志"已发放赠品，如图 7-75 所示。

会员姓名	消费金额	卡别	是否发放赠品		查找人	是否发放
程丽莉	13200	普通卡	无		卢云志	发放
欧群	6000	VIP卡	发放			
姜玲玲	8400	普通卡	无			
苏娜	14400	VIP卡	发放			
刘洁	5200	VIP卡	发放			
李正飞	4400	VIP卡	无			
卢云志	7200	VIP卡	发放			
杨明霞	6000	普通卡	无			
韩启云	18000	普通卡	无			
孙祥鹏	32400	VIP卡	发放			

图 7-75

❷ 当更改查询对象时，可实现自动查询，如图 7-76 所示。

	A	B	C	D	E	F	G
1	会员姓名	消费金额	卡别	是否发放赠品		查找人	是否发放
2	程丽莉	13200	普通卡	无		姜玲玲	无
3	欧群	6000	VIP卡	发放			
4	姜玲玲	8400	普通卡	无			
5	苏娜	14400	VIP卡	发放			
6	刘洁	5200	VIP卡	发放			
7	李正飞	4400	VIP卡	无			
8	卢云志	7200	VIP卡	发放			
9	杨明霞	6000	普通卡	无			
10	韩启云	18000	普通卡	无			
11	孙祥鹏	32400	VIP卡	发放			

G2 单元格公式：=INDEX(A1:D11,MATCH(F2,A1:A11),4)

图 7-76

【公式解析】

=INDEX(A1:D11,MATCH(F2,A1:A11),4)

② 返回 A1:D11 单元格区域中①返回值作为行与第 4 列(因为判断是否发放赠品在第 4 列中)交叉处的值

① 查询 F2 中的值在 A1:A11 单元格区域的位置

例 2：查询总金额最高的销售员（逆向查找）

表格中统计了各位销售员的销售金额，现在想查询总金额最高的销售员，可以配合使用 INDEX 和 MATCH 函数来建立公式。

扫一扫，看视频

❶ 选中 C11 单元格，在编辑栏中输入公式：

`=INDEX(A2:A9,MATCH(MAX(D2:D9),D2:D9,0))`

❷ 按 Enter 键返回的是最高总金额对应的销售员，如图 7-77 所示。

| C11 | ▼ | : | × | ✓ | fx | =INDEX(A2:A9,MATCH(MAX(D2:D9),D2:D9,0)) |

▲	A	B	C	D	E	F	G
1	销售员	1月	2月	总金额（万）			
2	程丽莉	54.4	82.34	**136.74**			
3	姜玲玲	73.6	50.4	**124**			
4	李正飞	163.5	77.3	**240.8**			
5	刘洁	45.32	56.21	**101.53**			
6	卢云志	98.09	43.65	**141.74**			
7	欧群	84.6	38.65	**123.25**			
8	苏娜	112.8	102.45	**215.25**			
9	杨明霞	132.76	23.1	**155.86**			
10							
11	总金额最高的销售员		李正飞				

图 7-77

【公式解析】

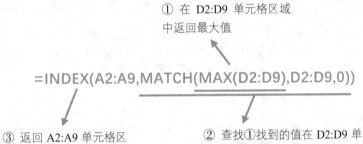

① 在 D2:D9 单元格区域中返回最大值

=INDEX(A2:A9,MATCH(MAX(D2:D9),D2:D9,0))

③ 返回 A2:A9 单元格区域中②返回值指定行处的值

② 查找①找到的值在 D2:D9 单元格区域中的位置

例 3：查找迟到次数最多的员工

扫一扫，看视频

表格中以列表的形式记录了每一天迟到的员工的姓名（如果一天中有多名员工迟到就依次记录多次），要求返回迟到次数最多的员工的姓名。

❶ 选中 D2 单元格，在编辑栏中输入公式：

`=INDEX(B2:B12,MODE(MATCH(B2:B12,B2:B12,0)))`

❷ 按 Enter 键，返回的是 B 列中出现次数最多的数据（即迟到次数最多的员工姓名），如图 7-78 所示。

| D2 | ▼ | : | × | ✓ | fx | =INDEX(B2:B12,MODE(MATCH(B2:B12,B2:B12,0))) |

	A	B	C	D	E	F	G
1	日期	迟到员工		迟到次数最多的员工			
2	2016/11/3	程丽莉		欧群			
3	2016/11/4	欧群					
4	2016/11/7	姜玲玲					
5	2016/11/8	苏娜					
6	2016/11/9	刘洁					
7	2016/11/9	李正飞					
8	2016/11/10	卢云志					
9	2016/11/10	欧群					
10	2016/11/11	程丽莉					
11	2016/11/14	孙祥鹏					
12	2016/11/15	欧群					

图 7-78

【公式解析】

统计函数。返回在某一数组或数据区域中出现频率最多的数值

① 返回 B2:B12 单元格区域中 B2~B12 每个单元格的位置（出现多次的返回首个位置），返回的是一个数组

=INDEX(B2:B12,MODE(MATCH(B2:B12,B2:B12,0)))

③ 返回 B2:B12 单元格区域中②结果指定行处的值

② 返回①结果中出现频率最多的数值

7.4 动态查找

Excel 中最典型的动态查找函数是 OFFSET 函数，它可以先确定一个目标，然后通过指定不同的偏移量，从而获取动态的返回结果。

1. OFFSET（通过给定的偏移量得到新的引用）

【函数功能】OFFSET 函数以指定的引用为参照系，通过给定偏移量得到新的引用。返回的引用可以为一个单元格或单元格区域。并可以指定返回的行数或列数。

【函数语法】OFFSET(reference,rows,cols,height,width)

- reference：表示作为偏移量参照系的引用区域。
- rows：表示相对于偏移量参照系的左上角单元格，上（下）偏移的行数。
- cols：表示相对于偏移量参照系的左上角单元格，左（右）偏移的列数。
- height：高度，即所要返回的引用区域的行数。
- width：宽度，即所要返回的引用区域的列数。

【用法解析】

必须为对单元格或相连单元格区域的引用，否则返回错误值 #VALUE!　　指定要偏移几行，正数表示向下偏移，负数表示向上偏移　　指定要偏移几列，正数表示向右偏移，负数表示向左偏移

=OFFSET(❶参照点，❷移动的行数，❸移动的列数，❹扩展选取的行数，❺扩展选取的列数)

按❷和❸指定的值偏移后最终返回几行新引用　　按❷和❸指定的值偏移后最终返回几列新引用

如果不使用第 4 个和第 5 个参数，新引用的区域就是和基点一样的大小，也就是完成了❷和❸指定的值偏移后那一处的值。如图 7-79 所示，公式"=OFFSET(快递公司,3,1)"表示以"快递公司"为参照点，向下偏移 3 行，再向右偏移 1 列，得到的是 D6 处的值。

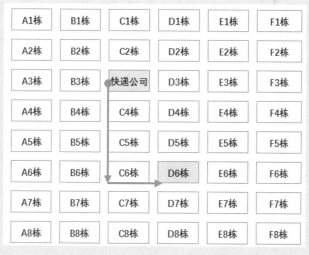

图 7-79

如果使用第 4 个和第 5 个参数，则新的返回值就是一个区域了，如图 7-80 所示，公式"=OFFSET(快递公司,3,1,2,3)"表示以"快递公司"为参照点，向下偏移 3 行，再向右偏移 1 列，然后返回 2 行 3 列的区域。

图 7-80

如果参数使用负数，则表示向相反的方向偏移。如图 7-81 所示的图中，公式"=OFFSET(出发地点,-3,-2,4,1)"表示以"快递公司"为参照点，向上偏移 3 行，再向左偏移 1 列，然后返回 4 行 1 列的区域。

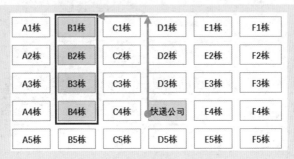

图 7-81

📢 注意：

当然，仅仅得到引用好像看不到有什么用处，因此使用这种函数的目的是把 OFFSET 函数得到的引用作为一个半成品，再通过其他方法进行再加工。例如后面的例子中会介绍如果使用得到的引用作为图表的数据源，那么只要改变偏移量就能创建出动态的图表。

例 1：动态查询单月销售额

扫一扫，看视频

如图 7-82 所示的表格中，要求实现单月销售额的查询。查询表可以在其他表格中建立，本例为方便读者学习比较，则在本工作表中实现查询。

▲	A	B	C	D	E	F	G	H	I	J	K	L
1	店铺	1月	2月	3月	4月	5月	6月		辅助数字		店铺	
2	鼓楼店	63.8	62.7	38.43	39.43	38.65	42.34		1		市府广场店	
3	大润发店	94.6	88.65	49.5	43.21	82.45	50.4				舒城路店	
4	万科广场店	73.6	50.4	53.21	50.21	77.3	56.21				城隍庙店	
5	明发广场店	112.8	102.5	108.4	76	23.1	43.65				南七店	
6	休宁路店	45.32	56.21	50.21	84.6	69.5	54.4				太湖路店	
7	胜利广场店	163.5	77.3	98.25	112.8	108.4	73.6				青阳南路店	
8	永辉店	98.09	43.65	76	163.5	98.25	45.32				黄金广场店	

图 7-82

❶ 在 I2 单元格中输入辅助数字 1，并建立查询表格。

❷ 选中 L1 单元格，在编辑栏中输入公式：

`=OFFSET(A1,0,$I$2)`

按 Enter 键，结果如图 7-83 所示。

	A	B	C	D	E	F	G	H	I	J	K	L
						L1			=OFFSET(A1,0,$I$2)			
1	店铺	1月	2月	3月	4月	5月	6月		辅助数字		店铺	1月
2	鼓楼店	63.8	62.7	38.43	39.43	38.65	42.34		1		市府广场店	
3	大润发店	94.6	88.65	49.5	43.21	82.45	50.4				舒城路店	
4	万科广场店	73.6	50.4	53.21	50.21	77.3	56.21				城隍庙店	
5	明发广场店	112.8	102.5	108.4	76	23.1	43.65				南七店	
6	休宁路店	45.32	56.21	50.21	84.6	69.5	54.4				太湖路店	
7	胜利广场店	163.5	77.3	98.25	112.8	108.4	73.6				青阳南路店	
8	永辉店	98.09	43.65	76	163.5	98.25	45.32				黄金广场店	

图 7-83

❸ 将 L1 单元格的公式向下复制，返回的是 1 月份的销售额数据，如图 7-84 所示。

	A	B	C	D	E	F	G	H	I	J	K	L
1	店铺	1月	2月	3月	4月	5月	6月		辅助数字		店铺	1月
2	鼓楼店	63.8	62.7	38.43	39.43	38.65	42.34		1		市府广场店	63.8
3	大润发店	94.6	88.65	49.5	43.21	82.45	50.4				舒城路店	94.6
4	万科广场店	73.6	50.4	53.21	50.21	77.3	56.21				城隍庙店	73.6
5	明发广场店	112.8	102.5	108.4	76	23.1	43.65				南七店	112.8
6	休宁路店	45.32	56.21	50.21	84.6	69.5	54.4				太湖路店	45.32
7	胜利广场店	163.5	77.3	98.25	112.8	108.4	73.6				青阳南路店	163.5
8	永辉店	98.09	43.65	76	163.5	98.25	45.32				黄金广场店	98.09

图 7-84

❹ 在快速访问工具栏中单击"表单控件"按钮，在下拉列表中单击"数据调节钮"控件，如图 7-85 所示。

图 7-85

◁)) 注意:

在快速访问工具栏中，"插入控件"命令按钮并没有默认提供，首次使用时需要添加。

在快速访问工具栏右侧单击下拉按钮，在打开的下拉列表中选择"其他命令"（如图 7-86 所示），打开"Excel 选项"对话框，在"从下列位置选择命令"下拉列表中选择"'开发工具'选项卡"，然后在下方列表框中找到"插入控件"命令，单击"添加>>"按钮（如图 7-87 所示）即可。

图 7-86

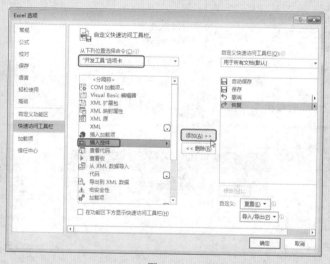

图 7-87

❺ 在 I2 单元格的辅助数字旁绘制数据调节钮，并单击鼠标右键，在弹出的菜单中选择"设置控件格式"命令（如图 7-88 所示），打开"设置对象格式"对话框。

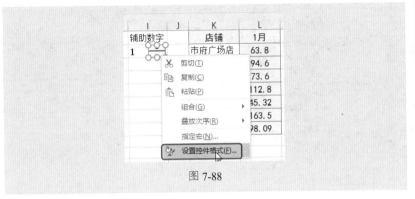

图 7-88

❻ 设置"当前值"为 1、"最小值"为 1、"最大值"为 6，然后设置"单元格链接"为 I2，如图 7-89 所示。

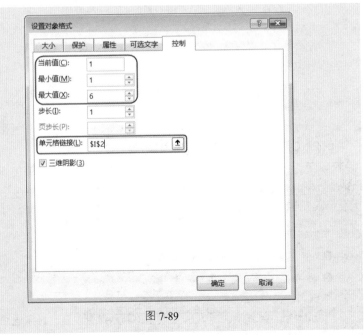

图 7-89

❼ 单击"确定"按钮回到表格中，可以通过调节钮来控制查询结果的动态显示，如图 7-90 所示，单击向上按钮显示出 2 月的销售额，再单击向上按钮显示出 3 月的销售额，如图 7-91 所示。

辅助数字		店铺	2月
2		市府广场店	62.7
		舒城路店	88.65
		城隍庙店	50.4
		南七店	102.45
		太湖路店	56.21
		青阳南路店	77.3
		黄金广场店	43.65

图 7-90

辅助数字		店铺	3月
3		市府广场店	38.43
		舒城路店	49.5
		城隍庙店	53.21
		南七店	108.37
		太湖路店	50.21
		青阳南路店	98.25
		黄金广场店	76

图 7-91

【公式解析】

=OFFSET(A1,0,$I$2)

以 A1 作为参照，向下偏移 0，向右偏移为 I2 中的指定值，当 A1 为 1 时向右偏移 1 列，即 1 月的数据；当 A1 为 2 时向右偏移 2 列，即 2 月的数据，以此类推。当将 L1 单元格的公式向下复制时，参照单元格依次改变为 A2、A3、A4…因此可以返回整月的全部数据

例 2：OFFSET 用于创建动态图表的数据源 1

扫一扫，看视频

在如图 7-92 所示的工作表中，要求建立图表能动态地查询任意年级的平均分（实际工作中可能有更多年级，本例中只显示三个年级）。仍然是使用 OFFSET 函数来建立图表的数据源。

❶ 在 A13 单元格中输入辅助数字 1。

❷ 选中 B13 单元格，在编辑栏中输入公式：

=OFFSET(A2,0,$A$13*2-2,,)

按 Enter 键，返回一年级（当 A13 中的辅助数据改变时可以返回其他年级），如图 7-92 所示。

B13	▼	:	✕	✓	fx	=OFFSET(A2,0,$A$13*2-2,,)

图 7-92

③ 选中 B13 单元格，鼠标指针指向右下角填充柄，向下填充公式可以依次返回一年级学生姓名，如图 7-93 所示。

	A	B	C	D	E	F
1	一到三年级语文平均分抽样统计					
2	一年级		二年级		三年级	
3	姓名	平均分	姓名	平均分	姓名	平均分
4	程丽莉	76.72	冷鑫	78.65	李伟	69.45
5	欧群	93.78	何心怡	81.21	丁洪勇	79.44
6	姜玲玲	90.74	秦雨	90.94	王子瑞	85.82
7	苏娜	86.67	李东霞	87.61	李章瑶	74.78
8	刘洁	85.56	马小雨	74.50	彭加普	84.07
9	李正飞	69.11	周佑琪	84.36	张廷顺	91.33
10	卢云志	78.64	孙文帅	91.36	苏小蝶	68.09
11	杨明霞	89.25	曾艺	87.88	丁洪伟	74.30
12						
13		1 一年级				
14		姓名				
15		程丽莉				
16		欧群				
17		姜玲玲				
18		苏娜				
19		刘洁				
20		李正飞				
21		卢云志				
22		杨明霞				

图 7-93

④ 选中 B14:B22 单元格区域，鼠标指针指向右下角填充柄，向右拖动

得到的是各学生对应的平均分，如图 7-94 所示。

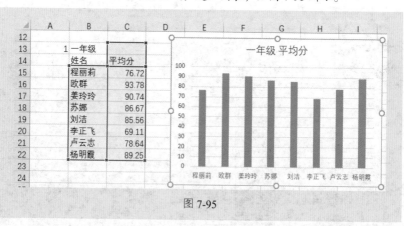

图 7-94

⑤ 选中 B13:C22 单元格区域，建立图表，如图 7-95 所示。

图 7-95

⑥ 在快速访问工具栏中单击"表单控件"按钮，在下拉列表中单击"组合框"控件，如图 7-96 所示。

图 7-96

❼ 在图表空白处绘制"组合框"控件，注意也在表格的空白处建立一个年级序列，如图 7-97 所示。

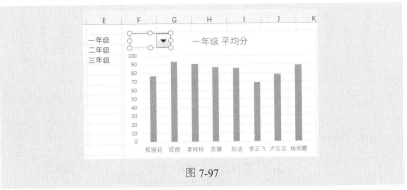

图 7-97

❽ 右击控件，打开该控件的"设置对象格式"对话框，设置"数据源区域"为前面建立的年级序列，设置"单元格链接"为 A13 单元格，如图 7-98 所示。

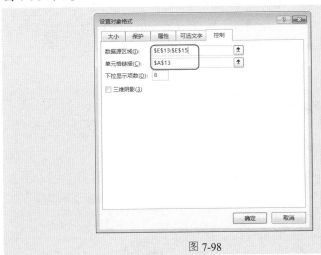

图 7-98

⑨ 单击"确定"按钮回到图表中，可以通过组合框控件的下拉列表选择任意想显示的年级（如图 7-99 所示），单击即可变更图表，如图 7-100 所示。

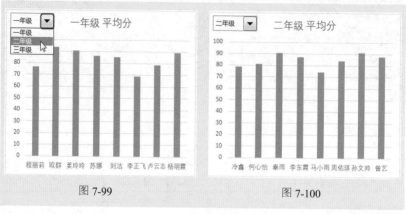

图 7-99 图 7-100

【公式解析】

$$=OFFSET(A2,0,\$A\$13*2-2,,)$$

以 A2 作为参照，向右偏移为设置重点。当 A13 为 1 时，"1*2-2"得数为 0，表示返回当前列的数据；当 A13 为 2 时，"2*2-2"得数为 2，表示返回第 2 列的数据（即一年级的平均分）；当 A13 为 3 时，"3*2-2"得数为 4，表示返回第 4 列的数据（即二年级的平均分），以此类推

例 3：OFFSET 用于创建动态图表的数据源 2

扫一扫，看视频

OFFSET 在动态图表的创建中应用得很广泛，只要活用公式可以创建出众多有特色的图表，下面再举一个实例。在如图 7-101 所示的数据源中，要求图表中只显示最近 7 日的注册量情况，并且随着数据的更新，图表也会自动重新绘制最近 7 日的图像。

	A	B	C	D	E	F	G	H
1	日期	注册量						
2	11月1日	42						
3	11月2日	67						
4	11月3日	89						
5	11月4日	74						
6	11月5日	100						
7	11月6日	98						
8	11月7日	110						
9	11月8日	126						
10	11月9日	112						
11	11月10日	118						
12	11月11日	105						
13	11月12日	115						
14	11月13日	120						
15	11月14日	152						
16	11月15日	140						
17	11月16日	147						
18								
19								
20								

图 7-101

❶ 在"公式"选项卡的"定义的名称"组中单击"定义名称"功能按钮（如图 7-102 所示），打开"新建名称"对话框。

图 7-102

❷ 在"名称"框中输入"日期"，在"引用位置"组中输入公式"=OFFSET($A$1,COUNT($A:$A),0,-7)"（如图 7-103 所示），单击"确定"按钮即可定义此名称。

图 7-103

❸ 在"名称"框中输入"注册量"，在"引用位置"组中输入公式"=OFFSET($B$1,COUNT($A:$A),0,-7)"（如图 7-104 所示），单击"确定"按钮即可定义此名称。

图 7-104

❹ 在工作表中建立一张空白的图表，在图表上单击鼠标右键，在打开的菜单中单击"选择数据"命令（如图 7-105 所示），打开"选择数据源"对话框。

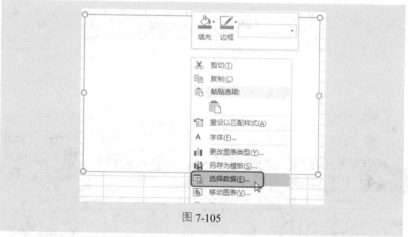

图 7-105

❺ 选择"图例项"下方的"添加"按钮（如图 7-106 所示），打开"编辑数据系列"对话框。

❻ 设置"系列值"为"=例 3!注册量"，如图 7-107 所示。

❼ 单击"确定"按钮，回到"选择数据源"对话框，再单击"水平轴标签"下方的"编辑"按钮，打开"轴标签"对话框，设置"轴标签区域"为"=例 3!日期"，如图 7-108 所示。

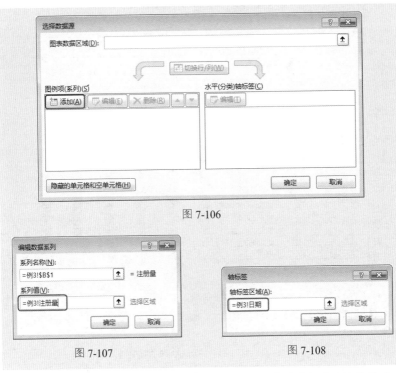

图 7-106

图 7-107

图 7-108

⑧ 依次单击"确定"按钮回到表格中，可以看到图表显示的是最后 7 日的数据，如图 7-109 所示。

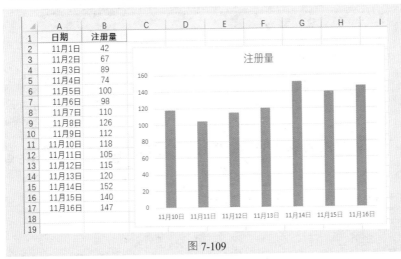

图 7-109

⑨ 当有新数据添加时，图表又随之自动更新，如图 7-110 所示。

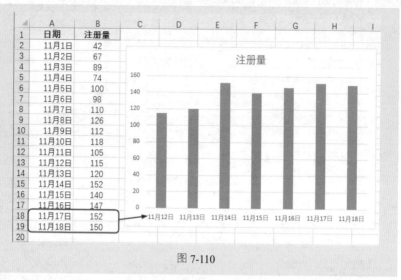

图 7-110

【公式解析】

① 统计 A 列的条目数

=OFFSET(例 3!$A$1,COUNT(例 3!$A:$A),0,-7)

② 以 A1 单元格为参照，向下偏移数为①的返回值，即偏移到最后一条记录。根据数据条目的变动，此返回值根据实际情况变动。向右偏移 0 列，并最终返回"日期"列的最后 7 行

=OFFSET('例 3'!$B$1,COUNT('例 3'!$A:$A),0,-7)

以 B1 单元格为参照，并最终返回"注册量"列的最后 7 行（原理与上面公式一样）

2. GETPIVOTDATA（返回存储在数据透视表中的数据）

【函数功能】GETPIVOTDATA 函数用于返回存储在数据透视表中的数据。如果汇总数据在数据透视表中可见，可以使用 GETPIVOTDATA 从数据透视表中检索汇总数据。

【函数语法】GETPIVOTDATA(data_field,pivot_table,[field1,item1,field2,item2], ...)

- data_field：包含要检索的数据的字段名称，用引号引起来。
- pivot_table：表示数据透视表中的任何单元格、单元格区域或命名区域的引用。此参数用于确定包含要检索的数据透视表。
- field1,item1,field2,item2,...：1~14 对用于描述检索数据的字段名和项名称，可以以任何次序排列。字段名和项名称（而不是日期和数字）用引号引起来。

【用法解析】

如设置了"销售额"为值字段，此参数则设置为"销售额"

目标透视表中的任意单元格

= GETPIVOTDATA (❶检索字段，❷指定透视表，❸字段名，❹项名)

指定要返回哪个字段下的值

指定要返回❸字段名下具体哪个项的值。即❸与❹是用于指定从哪个数据字段下取哪个项的数据

例：返回数据透视表中的数据

建立数据透视表后，可以使用不同的公式中数据透视表中检索获取相关数据。

扫一扫，看视频

❶ 选中 B12 单元格，在编辑栏中输入公式：
=GETPIVOTDATA("订单总金额",$A$1,"仓库","仓库 1")

按 Enter 键返回的是 "仓库 1" 的订单总金额，如图 7-111 所示。

B12		×	✓	fx	=GETPIVOTDATA("订单总金额",$A$1,"仓库","仓库1")		

	A	B	C	D	E
1	求和项:订单总金额	仓库			
2	服装分类	仓库1	仓库2	仓库3	总计
3	风衣	2055.00	4110.00	5480.00	11645.00
4	毛呢大衣	4541.00	5258.00	9560.00	19359.00
5	皮裤	3575.00	2717.00	5148.00	11440.00
6	皮衣	7412.00	5450.00	9810.00	22672.00
7	羽绒服	3624.00	5738.00	6040.00	15402.00
8	总计	21207.00	23273.00	36038.00	80518.00
9					
10					
11	仓库	订单金额总计			
12	仓库*	21207.00			

图 7-111

❷ 如果想返回 "仓库 3" 的订单总金额，则可将公式更改为：

=GETPIVOTDATA("订单总金额",$A$1,"仓库","仓库 3")

按 Enter 键，即可返回仓库 3 的订单总金额，如图 7-112 所示。

B12		×	✓	fx	=GETPIVOTDATA("订单总金额",$A$1,"仓库","仓库3")		

	A	B	C	D	E
1	求和项:订单总金额	仓库			
2	服装分类	仓库1	仓库2	仓库3	总计
3	风衣	2055.00	4110.00	5480.00	11645.00
4	毛呢大衣	4541.00	5258.00	9560.00	19359.00
5	皮裤	3575.00	2717.00	5148.00	11440.00
6	皮衣	7412.00	5450.00	9810.00	22672.00
7	羽绒服	3624.00	5738.00	6040.00	15402.00
8	总计	21207.00	23273.00	36038.00	80518.00
9					
10					
11	仓库	订单金额总计			
12	仓库*	36038.00			

图 7-112

❸ 选中 B15 单元格，在编辑栏中输入公式：

=GETPIVOTDATA("订单总金额",$A$1,"服装分类","风衣")

按 Enter 键返回的是 "风衣" 的订单总金额，如图 7-113 所示。

图 7-113

④ 选中 B17 单元格，在编辑栏中输入公式：
=GETPIVOTDATA("订单总金额",$A$1,"服装分类","皮衣","仓库",
"仓库 2")

按 Enter 键，返回的是"仓库 2"中"皮衣"的订单总金额，如图 7-114
所示。

图 7-114

CHOOSE、INDIRECT、TRANSPOSE 等几个函数称为引用函数，引用函数常搭配其他函数使用，下面分别进行介绍。

1. CHOOSE（从给定的参数中返回指定的值）

【函数功能】CHOOSE 函数用于从给定的参数中返回指定的值。

【函数语法】CHOOSE(index_num, value1, [value2], ...)

- index_num：指定所选定的值参数，即索引值。
- value1,value2,...：value1 是必需的，后续值是可选的。CHOOSE 函数基于 index_num 从这些值参数中选择一个数值或一项要执行的操作。参数可以为数字、单元格引用、已定义名称、公式、函数或文本。

【用法解析】

可以是表达式（运算结果是数值）或直接是数值，介于 1~254 之间

=CHOOSE(❶索引值，❷值 1，❸值 2…)

当索引值等于 1 时，CHOOSE 函数返回值 1；当索引值等于 2 时，CHOOSE 函数返回值 2；以此类推

例如，在如图 7-115 所示的表格中，公式"=CHOOSE(2,B2,B5,B8)"表示的是返回 B2、B5、B8 这几个值中的第 2 个值，即 B5 单元格的值。

	A	B	C	D	E
	D2		fx	=CHOOSE(2,B2,B5,B8)	
1	月份	金额			
2	1月	¥24,689.00		¥ 21,447.00	
3	1月	¥27,976.00			
4	1月	¥19,464.00			
5	2月	¥21,447.00			
6	2月	¥18,069.00			
7	2月	¥25,640.00			
8	3月	¥21,434.00			
9	3月	¥18,564.00			
10	3月	¥23,461.00			

图 7-115

例 1：CHOOSE 配合 IF 函数进行条件判断

CHOOSE 函数也可以进行条件判断，如同使用 IF 函数一般。例如下面表格中在判断销售额是否达标时就使用了 CHOOSE 函数与 IF 函数相配合。

扫一扫，看视频

❶ 选中 C2 单元格，在编辑栏中输入公式：
=CHOOSE(IF(B2>20000,1,2),"达标","不达标")

按 Enter 键可判断 B2 单元格的销售额是否满足达标条件，如图 7-116 所示。

	A	B	C	D	E	F	G
1	姓名	销售额	是否达标				
2	刘浩宇	¥ 24,689.00	达标				
3	曹扬	¥ 27,976.00					
4	陈子涵	¥ 19,464.00					
5	刘启瑞	¥ 21,447.00					
6	吴晨	¥ 18,069.00					

C2 | =CHOOSE(IF(B2>20000,1,2),"达标","不达标")

图 7-116

❷ 向下复制 C2 单元格的公式可进行批量判断并返回相应结果，如图 7-117 所示。

	A	B	C	D
1	姓名	销售额	是否达标	
2	刘浩宇	¥ 24,689.00	达标	
3	曹扬	¥ 27,976.00	达标	
4	陈子涵	¥ 19,464.00	不达标	
5	刘启瑞	¥ 21,447.00	达标	
6	吴晨	¥ 18,069.00	不达标	
7	谭谢生	¥ 25,640.00	达标	
8	苏瑞宣	¥ 21,434.00	达标	
9	刘雨菲	¥ 18,564.00	不达标	
10	何力	¥ 23,461.00	达标	

图 7-117

【公式解析】

① 如果 B2 大于 20000，返回"1"，否则返回"2"

=CHOOSE(IF(B2>20000,1,2),"达标","不达标")

② 当①返回 1 时，返回 CHOOSE 指定的第一个值，即"达标"；当①返回 2 时，返回 CHOOSE 指定的第二个值，即"不达标"

例 2：找出短跑成绩的前三名

如图 7-118 所示的表格是一份短跑成绩表，现在要求根据排名情况找出短跑成绩的前三名（也就是金、银、铜牌得主，非前三名的显示"未得奖"文字），即要通过设置公式得到 D 列中的结果。

	A	B	C	D
1	姓名	短跑成绩(秒)	排名	得奖情况
2	刘浩宇	30	5	未得奖
3	曹扬	27	2	银牌
4	陈子涵	33	8	未得奖
5	刘启瑞	28	3	铜牌
6	吴晨	30	5	未得奖
7	谭谢生	31	6	未得奖
8	苏瑞宣	26	1	金牌
9	刘雨菲	30	5	未得奖
10	何力	29	4	未得奖
11	苏子轩	32	7	未得奖

图 7-118

❶ 选中 D2 单元格，在编辑栏中输入公式：
=IF(C2>3,"未得奖",CHOOSE(C2,"金牌","银牌","铜牌"))
按 Enter 键可根据 C2 单元格的排名数字返回得奖情况，如图 7-119 所示。

D2			fx	=IF(C2>3,"未得奖",CHOOSE(C2,"金牌","银牌","铜牌"))			
	A	B	C	D	E	F	G	H
1	姓名	短跑成绩(秒)	排名	得奖情况			
2	刘浩宇	30	5	未得奖			
3	曹扬	27	2				
4	陈子涵	33	8				
5	刘启瑞	28	3				

图 7-119

❷ 向下复制 D2 单元格的公式可进行对所有成绩的判断并返回得奖情况，如图 7-118 所示。

【公式解析】

① 只要 C2 大于 3 就都返回"未得奖"，这样首先排除了大于 3 的数字，只剩下 1、2、3 了

=IF(C2>3,"未得奖",CHOOSE(C2,"金牌","银牌","铜牌"))

②当 C2 值为 1 时返回"金牌"，当 C2 值为 2 时返回"银牌"，当 C2 值为 3 时返回"铜牌"

例 3：返回销售额最低的三位销售员

在众多数据中通常会查找一些最大值、最小值等，通过查找功能可以实现在找到这些值后能返回其对应的项目，如某产品、某销售员、某学生等。例如在下面的表格中需要快速返回销售额最低的三位销售员的姓名。

❶ 选中 E2 单元格，在编辑栏中输入公式：
=VLOOKUP(SMALL($B$2:$B$12,D2),CHOOSE({1,2},$B$2:$B$12,$A$2:$A$12),2,0)

按 Enter 键返回的是销售额倒数第一位对应的销售员，如图 7-120 所示。

	A	B	C	D	E	F	G	H
1	姓名	销售额		最末名次	姓名			
2	卢云志	￥24,689.00		1	吴晨			
3	杨明霞	￥29,976.00		2				
4	陈子涵	￥19,464.00		3				
5	刘启瑞	￥21,447.00						
6	吴晨	￥18,069.00						
7	谭谢生	￥25,640.00						
8	苏瑞宣	￥21,434.00						
9	刘雨菲	￥18,564.00						
10	何力	￥23,461.00						
11	程丽莉	￥35,890.00						
12	欧群	￥21,898.00						

编辑栏：=VLOOKUP(SMALL($B$2:$B$12,D2),CHOOSE({1,2},$B$2:$B$12,$A$2:$A$12),2,0)

图 7-120

❷ 向下复制 E2 单元格的公式可分别得出倒数第二位与倒数第三位销售员的姓名，如图 7-121 所示。

	A	B	C	D	E
1	姓名	销售额		最末名次	姓名
2	卢云志	￥24,689.00		1	吴晨
3	杨明霞	￥29,976.00		2	刘雨菲
4	陈子涵	￥19,464.00		3	陈子涵
5	刘启瑞	￥21,447.00			
6	吴晨	￥18,069.00			
7	谭谢生	￥25,640.00			
8	苏瑞宣	￥21,434.00			
9	刘雨菲	￥18,564.00			
10	何力	￥23,461.00			
11	程丽莉	￥35,890.00			
12	欧群	￥21,898.00			

图 7-121

【公式解析】

① 返回 B2:B12 单元格区域中的最小值。此值作为 VLOOKUP 函数的查找对象

此公式只有一个相对引用，即公式向下复制时可分别求出第二最小的数字与第三最小的数字

=VLOOKUP(SMALL($B$2:$B$12,D2),CHOOSE({1,2},$B$2:
$B$12,$A$2:$A$12),2,0)

③ VLOOKUP 函数从②返回的第 1 列数组中查找①值，找到后返回②返回的第 2 列数组上的值，即对应的姓名

② CHOOSE 函数参数可以使用数组，因此这部分返回的是 " {24689,"卢云志";29976,"杨明霞"; 19464,"陈子涵";21447,"刘启瑞";18069,"吴晨"; 25640,"谭谢生";21434,"苏瑞宣";18564,"刘雨菲"; 23461,"何力";35890,"程丽莉";21898,"欧群"} " 这样一个数组。就是把 B2:B12 作为第 1 列，把 A2:A12 作为第 2 列

📢 注意：

本例实际上遇到了反向查找的问题，查找值在右侧，返回值在左侧，VLOOKUP 函数本身不具备反向查找的能力，因此借助 CHOOSE 函数将数组的顺序颠倒了，从而实现顺利查询。在讲解 VLOOKUP 函数时我们未提及反向查找的问题，当再次遇到反向查找问题时，可以套用此公式模板。应对反向查找，INDEX+MATCH 函数也是不错的选择，如针对本例需求，也可以使用公式 "=INDEX(A2:A12,MATCH(SMALL($B$2:$B$12,D2),B2:B12,))"（类似于 INDEX 函数中的例 2，读者可自行学习对公式的分析）。

2. AREAS（返回引用中涉及的区域个数）

【函数功能】AREAS 函数用于返回引用中包含的区域个数。区域表示连续的单元格区域或某个单元格。

【函数语法】AREAS(reference)

reference：表示对某个单元格或单元格区域的引用，也可以引用多个区域。

【用法解析】

> 如果引用是多个区域，则必须用括号括起来。以免程序将逗号作为参数间的分隔符，从而判断参数不符合格式要求而返回错误值

= AREAS (单元格或单元格区域的引用)

例：返回数组个数

❶ 在如图 7-122 所示的表格中，选中 F2 单元格，在编辑栏中输入公式：

扫一扫，看视频

=AREAS((A2:A10,B2:B10,C2:C10,D2:D10))

❷ 按 Enter 键，统计出引用中给出数组的数目，如图 7-122 所示。

F2			× ✓ fx	=AREAS((A2:A10,B2:B10,C2:C10,D2:D10))			
⊿	A	B	C	D	E	F	G
1	出库日期	仓库	服装分类	订单总金额		列标识数	
2	2017/8/1	仓库1	风衣	2055		4	
3	2017/8/1	仓库1	皮衣	7412			
4	2017/8/4	仓库1	毛呢大衣	4541			
5	2017/8/4	仓库1	皮裤	3575			
6	2017/8/7	仓库1	羽绒服	3624			
7	2017/8/9	仓库2	风衣	4110			
8	2017/8/8	仓库2	皮衣	5450			
9	2017/8/5	仓库2	毛呢大衣	5258			
10	2017/8/6	仓库2	皮裤	2717			

图 7-122

【公式解析】

=AREAS((A2:A10,B2:B10,C2:C10,D2:D10))

> 允许使用多个单元格或单元格区域，但注意要用括号括起来，中间用逗号间隔

3. ADDRESS（建立文本类型的单元格地址）

【函数功能】ADDRESS 函数用于按照给定的行号和列标，建立文本类型的单元格地址。

【函数语法】ADDRESS(row_num,column_num,abs_num,a1,sheet_text)

● row_num：表示在单元格引用中使用的行号。

- column_num：表示在单元格引用中使用的列标。
- abs_num：用于指定返回的引用类型。
- a1：用于指定 a1 或 R1C1 引用样式的逻辑值。如果 a1 为 TRUE 或省略，函数 ADDRESS 返回 a1 样式的引用；如果 a1 为 FALSE，函数 ADDRESS 返回 R1C1 样式的引用。
- sheet_text：为一文本，指定作为外部引用的工作表的名称，如果省略 sheet_text，则不使用任何工作表名。

【用法解析】

1：表示返回地址行列都绝对引用；
2：表示返回地址绝对行号，相对列标；
3：表示返回地址相对行号，绝对列标；
4：表示返回地址行列都相对引用

= ADDRESS (❶行号，❷列标，❸指定行列的引用方式，❹指定引用样式，❺指定其他工作表名称)

一般不更改，省略。注意如果只设置前 3 个参数可以直接省略，如果包含第 5 个参数，则需要占位，如图 7-123 所示 B5 单元格的公式

可选，如果要返回其他工作表中的单元格地址，则将工作表名称指定为文本

在如图 7-123 所示的表格中，可以通过返回值及对应的公式学习 ADDRESS 函数的基本用法。

	A	B
1	返回值	公式
2	$E$5	=ADDRESS(5,5,1)
3	E$10	=ADDRESS(10,5,2)
4	$C8	=ADDRESS(8,3,3)
5	'10月销售'!$E$5	=ADDRESS(5,5,1,,"10月销售")

图 7-123

例：查找最大销售额所在位置

下面再通过一个例子来学习 ADDRESS 函数。下面的表格中要求返回最大销售额的单元格地址，需要使用 ADDRESS 函数配合其他函数建立公式。

❶ 选中 E2 单元格，在编辑栏中输入公式：

`=ADDRESS(MAX(IF(C2:C11=MAX(C2:C11),ROW(2:11))),3)`

❷ 按 Ctrl+Shift+Enter 组合键，返回 C 列中最大销售额的单元格地址，如图 7-124 所示。

E2		× ✓ fx	{=ADDRESS(MAX(IF(C2:C11=MAX(C2:C11),ROW(2:11))),3)}

▲	A	B	C	D	E	F
1	日期	类别	金额		最大销售金额所在位置	
2	2017/10/1	A4打印纸	987		$C$6	
3	2017/10/1	墨盒	1155			
4	2017/10/5	色带	1149			
5	2017/10/5	A3打印纸	192			
6	2017/10/6	办公椅	5387			
7	2017/10/6	档案盒	2358			
8	2017/10/7	文件袋	322			
9	2017/10/7	耳机	2054			
10	2017/10/10	键盘	2234			
11	2017/10/10	墨盒	1100			

图 7-124

【公式解析】

① 求 C2:C11 单元格
区域中的最大值

`=ADDRESS(MAX(IF(C2:C11=MAX(C2:C11),ROW(2:11))),3)`

③ 用 ADDRESS 函数返回
②返回值指定行与第 3 列交
叉处的单元格地址

② 依次判断 C2:C11 单元格区域中
各值是否等于最大值，然后返回最
大值对应的行号

4. INDIRECT（返回由文本字符串指定的引用）

【函数功能】INDIRECT 函数用于返回由文本字符串指定的引用。此函数立即对引用进行计算，并显示其内容。

【函数语法】INDIRECT(ref_text,a1)

- ref_text：表示对单元格的引用，此单元格可以包含 a1 样式的引用、R1C1 样式的引用、定义为引用的名称或对文本字符串单元格的引用。如果 ref_text 是对另一个工作簿的引用（外部引用），则那个工作簿必须被打开。
- a1：一逻辑值，用以指定 a1 或 R1C1 引用样式的逻辑值。如果 a1 为 TRUE 或省略，INDIRECT 函数返回 a1 样式的引用；如果 a1 为 FALSE，INDIRECT 函数返回 R1C1 样式的引用。

【用法解析】

返回 B10 单元格的值

= INDIRECT (B10)

INDIRECT 函数的引用有以下两种形式。

- =INDIRECT("A1")：参数加引号。
- =INDIRECT(A1)：参数不加引号。

应用示例如图 7-125 所示。

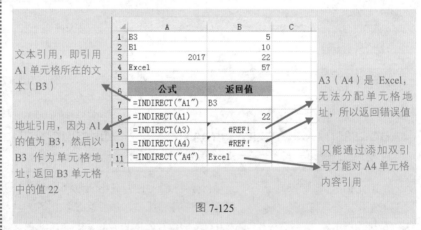

文本引用，即引用 A1 单元格所在的文本（B3）

地址引用，因为 A1 的值为 B3，然后以 B3 作为单元格地址，返回 B3 单元格中的值 22

A3（A4）是 Excel，无法分配单元格地址，所以返回错误值

只能通过添加双引号才能对 A4 单元格内容引用

图 7-125

例 1：按指定的范围计算平均值

扫一扫，看视频

　　表格中统计了各个班级的学生成绩，要求通过公式快速计算出"1 班"平均分，"1 班、2 班"平均分，"1 班、2 班、3 班"平均分。由于每个班级人数都为 5 人，根据这一特征可先输入

几个辅助数字，6 表示第 6 行是 1 班结束处，11 表示第 11 行是 2 班结束处、16 表示第 16 行是 3 班结束处，然后在空白处建立求解标识，如图 7-126 所示。

图 7-126

❶ 选中 F2 单元格，在编辑栏中输入公式：

=AVERAGE(INDIRECT("$C$2:C"&D2))

按 Enter 键，返回 1 班的平均分，如图 7-127 所示。

图 7-127

❷ 将 F2 单元格的公式向下拖动复制到 F4 单元格，即可分班计算出"1

班、2 班"和"1 班、2 班、3 班"的平均分。如图 7-128 所示为选中 F3 单元格，在编辑栏中可查看其公式。

	A	B	C	D	E	F
1	姓名	班级	分数	辅助数字	班级	平均分
2	侯喆	1	73	6	1班	80.8
3	丁志勇	1	86	11	1班、2班	81
4	张之源	1	85	16	1班、2班、3班	82.533333
5	王义来	1	62			
6	李晓洁	1	98			
7	陈一	2	60			
8	黄照先	2	92			
9	马雪蕊	2	94			
10	夏红燕	2	89			
11	王明轩	2	71			
12	李之源	3	92			
13	陈祥	3	87			
14	朱明健	3	90			
15	龙宏宇	3	87			
16	刘碧	3	72			

F3 的公式：=AVERAGE(INDIRECT("$C$2:C"&D3))

图 7-128

【公式解析】

此公式只有一个相对引用，即公式向下复制时可分别返回 11、16。从而改变了 AVERAGE 函数的求平均值区域

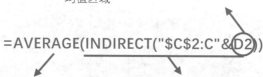

=AVERAGE(INDIRECT("$C$2:C"&D2))

② AVERAGE 函数计算 C2:C6 单元格区域的平均值

① "$C$2:C"与 D2 单元格的值相连接，即得到"$C$2:C6"

例 2：INDIRECT 解决跨工作表查询时名称匹配问题

扫一扫，看视频

如果在某一张工作表中查询数据，只需要指定其工作表名称，再选择相应的单元格区域即可。如图 7-129 和图 7-130 所示为两张结构相同的工作表，分别为"1 号仓库"与"2 号仓库"，如果只是查询指定一个仓库中的不同规格产品的库存量，则可以使用如图 7-131 所示的公式，即指定查询 1 号仓库。

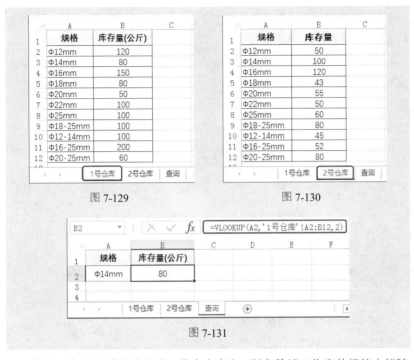

图 7-129　　　　　　　　　　　　　　　　图 7-130

图 7-131

　　但如果想自由选择在哪张工作表中查询，则会希望工作表的标签也能随着我们指定的查询对象自动变化，如图 7-132 所示的表中，A2 单元格用于指定对哪个仓库查询，即让 C2 单元格的值随着 A2 和 B2 单元格变化而变化。正常的思路是，将 A2 单元格当作一个变量，用单元格引用 A2 来代替，因此将公式更改为：=VLOOKUP(B2,A2&"!A2:B12",2,)，按 Enter 键，结果报错为#VALUE!

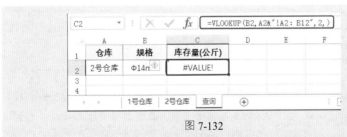

图 7-132

　　对 "A2&"!A2:B12"" 这一部分使用 F9 键，可以看到返回的结果是 ""2

号仓库!A2:B9""，这个引用区域被添加了一个双引号，公式把它当作文本来处理了，因此返回了错误值。

根据这个思路，我们使用了 INDIRECT 函数，用这个函数来改变对单元格的引用，将 "A2&"!A2:B12" " 这一部分的返回值转换成了引用的方式，而非之前的文本格式了。因此将公式优化为：=VLOOKUP(B2,INDIRECT(A2&"!A2:B12"),2,)，即可得到正确的结果（如图 7-133 所示）。当更改 A2 中的仓库名与 B2 中的规格时，都可以实现库存量的自动查询

C2		fx	=VLOOKUP(B2,INDIRECT(A2&"!A2:B12"),2,)			
	A	B	C	D	E	F	G
1	仓库	规格	库存量(公斤)			
2	2号仓库	Φ14mm	100			
3						
4						

1号仓库 | 2号仓库 | 查询

图 7-133

5. TRANSPOSE（返回转置单元格区域）

【函数功能】TRANSPOSE 函数用于返回转置单元格区域，即将一行单元格区域转置成一列单元格区域，反之亦然。在行列数分别与数组行列数相同的区域中，必须将 TRANSPOSE 输入为数组公式。使用 TRANSPOSE 可在工作表中转置数组的垂直和水平方向。

【函数语法】TRANSPOSE(array)

array：表示需要进行转置的数组或工作表中的单元格区域。

【用法解析】

= TRANSPOSE (待转置的数组)

例：快速进行行列置换

扫一扫，看视频

在表格中除了使用自有功能技巧进行单元格行列互换，也可以通过函数公式完成行列的区域互换。

❶ 选中 A8:F11 单元格区域，在编辑栏中输入公式：
=TRANSPOSE(A1:D6)

❷ 按 Ctrl+Shift+Enter 组合键，返回转置后的数据，如图 7-134 所示。

| A8 | | | ✓ | f_x | {=TRANSPOSE(A1:D6)} | |

	A	B	C	D	E	F
1	服装分类	仓库1	仓库2	仓库3		
2	风衣	20	41	54		
3	毛呢大衣	45	52	95		
4	裤子	35	71	51		
5	裙子	74	54	81		
6	棉服	24	57	40		
7						
8	服装分类	风衣	毛呢大衣	裤子	裙子	棉服
9	仓库1	20	45	35	74	24
10	仓库2	41	52	71	54	57
11	仓库3	54	95	51	81	40
12						

图 7-134

6. FORMULATEXT（返回指定引用处使用的公式）

【函数功能】FORMULATEXT 函数以文本形式返回给定引用处的公式（以字符串的形式返回公式）。

【函数语法】FORMULATEXT(reference)

reference：表示对单元格或单元格区域的引用。该参数可以表示另一个工作表或工作簿（注意保证工作簿处理打开状态）。

例：查看计算公式

使用 FORMULATEXT 函数可以随时查看计算公式，从而方便对公式的理解。

扫一扫，看视频

❶ 选中 G3 单元格区域，在编辑栏中输入公式：
=FORMULATEXT(F3)

❷ 按 Enter 键，即可显示出 F3 单元格中计算结果所使用的公式，如图 7-135 所示。

| G3 | | | ✓ | f_x | =FORMULATEXT(F3) | |

	A	B	C	D	E	F	G
1	姓名	班级	分数	辅助数字	班级	平均分	
2	侯喆	1	73	6	1班	80.8	
3	丁志勇	1	86	11	1班、2班	81	=AVERAGE(INDIRECT("$C$2:C"&D3))
4	张之源	1	85	16	1班、2班、3班	82.533333	
5	王义来	1	62				
6	李晓洁	1	98				
7	陈一	2	60				
8	黄照先	2	92				
9	马雪蕊	2	94				
10	夏红燕	2	89				
11	王明轩	2	71				

图 7-135

第8章 信息函数

8.1 获取信息函数

获取信息函数用于获取当前操作环境信息、单元格格式信息、单元格内容信息等，另外还可以获取单元格内容对应的数值类型信息等。

1. CELL（返回有关单元格格式、位置或内容的信息）

【函数功能】CELL 函数返回有关单元格的格式、位置或内容的信息。

【函数语法】CELL(info_type, [reference])

- info_type：表示一个文本值，指定要返回的单元格信息的类型。
- reference：可选，需要其相关信息的单元格。

【用法解析】

$$= CELL (信息类型)$$

指定要返回什么类型的信息，参数指定详见表 8-1

表 8-1 为 CELL 函数的 info_type 参数与返回值。

表 8-1　CELL 函数的 info_type 参数与返回值

info_type 参数	CELL 函数返回值
"address"	左上角单元格的文本地址
"col"	左上角单元格的列号
"color"	负值以不同颜色显示，值为 1；否则返回 0
"contents"	引用中左上角单元格的值，不是公式
"filename"	路径+文件名+工作表名，新文档尚未保存，则返回空文本（ "" ）
"format"	与单元格中不同的数字格式相对应的文本值。表 8-2 列出了不同格式的文本值
"parentheses"	正值或所有单元格均加括号，则为值 1，否则返回 0

info_type 参数	CELL 函数返回值
"prefix"	与单元格中不同的"标志前缀"相对应的文本值。如果单元格文本左对齐，则返回单引号（'）；如果单元格文本右对齐，则返回双引号（"）;如果单元格文本居中，则返回插入字符(^);如果单元格文本两端对齐，则返回反斜杠（\）；如果是其他情况，则返回空文本（""）
"protect"	如果单元格没有锁定，则值为 0；如果单元格锁定，则返回 1
"row"	左上角单元格的行号
"type"	与单元格中的数据类型相对应的文本值。如果单元格为空，则返回"b"；如果单元格包含文本常量，则返回"1"；如果单元格包含其他内容，则返回"v"
"width"	取整后的单元格的列宽

例 1：获得正在选取的单元格地址

❶ 选中 A3 单元格，在公式编辑栏中输入公式：

`=CELL("address")`

❷ 按 Enter 键，即可返回当前单元格的地址，如图 8-1 所示。

扫一扫，看视频

图 8-1

当再选择其他单元格时，按 F9 键刷新或退出编辑后重新选定的单元格将更新，因此可以看到 A3 单元格的返回地址会即时更新，如图 8-2 所示。

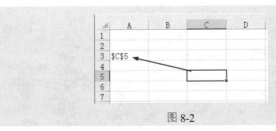

图 8-2

例2：获得当前文件的路径和工作表名

扫一扫，看视频

使用 CELL 函数可以快速获取当前文件的路径。

❶ 选中 A1 单元格，在公式编辑栏中输入公式：

`=CELL("filename")`

❷ 按 Enter 键，即可返回当前工作簿的完整保存路径，如图 8-3 所示。

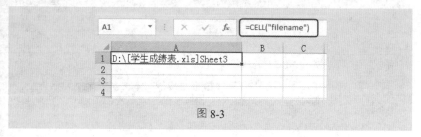

图 8-3

例3：分辨日期和数字

扫一扫，看视频

使用 CELL 函数能分辨出日期和数字。

❶ 选中 B2 单元格，在公式编辑栏中输入公式：

`=IF(CELL("format",A2)="D1","日期","非日期")`

按 Enter 键判断 A1 单元格中的数据是否为日期，如图 8-4 所示。

图 8-4

❷ 选中 B2 单元格，向下复制公式可批量判断，如图 8-5 所示。

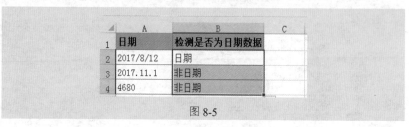

图 8-5

【公式解析】

=IF(CELL("format",A2)="D1","日期","非日期")

info_type 为 "format"，公式结果与格式
对应关系见表 8-2

表 8-2　公式结果与格式对应关系

Microsoft Excel 的格式	CELL 返回值
常规	"G"
0	"F0"
#,##0	",0"
0.00	"F2"
#,##0.00	",2"
($#,##0_);($#,##0)	"C0"
($#,##0_);[Red]($#,##0)	"C0-"
($#,##0.00_);($#,##0.00)	"C2"
($#,##0.00_);[Red]($#,##0.00)	"C2-"
0%	"P0"
0.00%	"P2"
0.00E+00	"S2"
#?/?或# ??/??	"G"
d-mmm-yy	"D1"
d-mmm	"D2"
mmm-yy	"D3"
yy-m-d 或 yy-m-d h:mm 或 dd-mm-yy	"D4"
dd-mm	"D5"
h:mm:ss AM/PM	"D6"
h:mm AM/PM	"D7"
h:mm:ss	"D8"
h:mm	"D9"

例4：判断设置的列宽是否符合标准

扫一扫，看视频

❶ 选中 B1 单元格，在公式编辑栏中输入公式：
=IF(CELL("width",A1)=15,"标准列宽","非标准列宽")

❷ 按 Enter 键判断 A1 单元格的列宽是否为 15，如果是，返回"标准列宽"；如果不是，返回"非标准列宽"，如图 8-6 所示。

B1		⁝	×	✓	ƒx	=IF(CELL("width",A1)=15,"标准列宽","非标准列宽")		
	A	B	C	D	E	F	G
1		非标准列宽					
2							
3							

图 8-6

例5：判断测试结果是否达标

扫一扫，看视频

如果数据带有单位，则无法在公式中进行大小判断，如图 8-7 所示的表格，库存带有单位"盒"，无法使用 IF 函数进行条件判断，此时可以使用 CELL 函数进行转换。

	A	B	C	D
1	产品名称	库存	补充提示	
2	观音饼（桂花）	17盒		
3	观音饼（绿豆沙）	19盒		
4	观音饼（花生）	22盒		
5	莲花礼盒（黑芝麻）	11盒		
6	莲花礼盒（桂花）	13盒		
7	榛子椰蓉	18盒		
8	杏仁薄饼	69盒		
9	观音酥（椰丝）	16盒		
10	观音酥（肉松）	37盒		

图 8-7

❶ 选中 C2 单元格，在编辑栏中输入公式：
=IF(CELL("contents",B2)<= "20","补货","")

按 Enter 键，则提取 B2 单元格数据并进行数量判断，最终返回是否补货，如图 8-8 所示。

C2		⁝	×	✓	ƒx	=IF(CELL("contents",B2)<= "20","补货","")	
	A	B	C	D	E	F
1	产品名称	库存	补充提示			
2	观音饼（桂花）	17盒	补货			
3	观音饼（绿豆沙）	19盒				
4	观音饼（花生）	22盒				
5	莲花礼盒（黑芝麻）	11盒				
6	莲花礼盒（桂花）	13盒				

图 8-8

❷ 然后将 C2 单元格的公式向下复制，即可批量返回结果，如图 8-9 所示。

	A	B	C	D
1	产品名称	库存	补充提示	
2	观音饼（桂花）	17盒	补货	
3	观音饼（绿豆沙）	19盒	补货	
4	观音饼（花生）	22盒		
5	莲花礼盒（黑芝麻）	11盒	补货	
6	莲花礼盒（桂花）	13盒	补货	
7	榛子椰蓉	18盒	补货	
8	杏仁薄饼	69盒		
9	观音酥（椰丝）	16盒	补货	
10	观音酥（肉松）	37盒		

图 8-9

【公式解析】

① 提取 B2 单元格数据中的数值

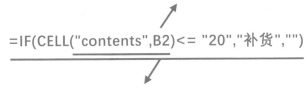

=IF(CELL("contents",B2)<= "20","补货","")

② 如果①结果小于等于 20，返回"补货"

2. INFO（返回当前操作环境的信息）

【函数功能】INFO 函数用于返回有关当前操作环境的信息。

【函数语法】INFO (type_text)

type_text：表示用于指定要返回的信息类型的文本。

【用法解析】

= INFO(信息类型)

指定要返回什么类型的信息，参数指定详见表 8-3

表 8-3 所示为 INFO 函数的 type_text 参数与返回值。

表 8-3　INFO 函数的 type_text 参数与返回值

type_text 参数	INFO 函数返回值
"directory"	默认保存文件的路径
"numfile"	打开的工作簿中活动工作表的数目
"origin"	以当前滚动位置为基准，返回窗口中可见的左上角单元格的绝对单元格引用，如带前缀 "$A:" 的文本，此值与 Lotus 1-2-3 3.x 版兼容
"osversion"	当前操作系统的版本号，文本值
"recalc"	当前的重新计算模式，返回 "自动" 或 "手动"
"release"	Microsoft Excel 的版本号，文本值
"system"	返回操作系统名称：mac 表示 Macintosh 操作系统，pcdos 表示 Windows 操作系统

例：返回工作簿默认保存路径

扫一扫，看视频

工作簿默认保存路径是指在保存工作簿时，如果不重新指定保存位置，将会把文件默认保存到一个位置。此默认保存路径可以使用 INFO 函数查看。

❶ 选中 A1 单元格，在编辑栏中输入公式：

```
= INFO("directory")
```

❷ 按 Enter 键，返回的是工作簿的默认保存路径，如图 8-10 所示。

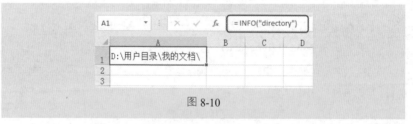

图 8-10

3. TYPE（返回单元格内的数值类型）

【函数功能】TYPE 函数用于返回数值的类型。

【函数语法】TYPE(value)

value：必需，可以为任意数值，如数字、文本以及逻辑值等。

表 8-4 所示为不同 value 参数对应的 TYPE 值。

表 8-4　value 参数对应的 TYPE 值

value 参数	TYPE 函数返回值
数字	1
文本	2
逻辑值	4
误差值	16
数组	64

例：测试数据是否为数值型

表格中统计了各台机器的生产产量，但是在计算总产量时发现总计结果不对，因此可以用如下方法来判断数据是否为数值型数字。

扫一扫，看视频

❶ 选中 C2 单元格，在编辑栏中输入公式：
=TYPE(B2)

❷ 按 Enter 键，然后向下复制公式，返回结果是 2 的表示单元格中的是文本而非数字，如图 8-11 所示。

图 8-11

4. ERROR.TYPE（返回与错误值对应的数字）

【函数功能】ERROR.TYPE 函数用于返回对应于 Microsoft Excel 中某一错误值的数字，如果没有错误则返回 #N/A。

【函数语法】 ERROR.TYPE(error_val)

error_val：表示需要查找其标号的一个错误值。

表 8-5 所示是 ERROR.TYPE 函数的 error_val 参数与返回值。

表 8-5　ERROR.TYPE 函数的 error_val 参数与返回值

error_val 参数	ERROR.TYPE 函数返回值
#NULL!	1
#DIV/0!	2
#VALUE!	3
#REF!	4
#NAME?	5
#NUM!	6
#N/A	7
#GETTING_DATA	8
其他值	#N/A

例：返回各类错误值对应的数字

ERROR.TYPE 函数用于返回各种错误值对应的数字。下面给出表格并进行数据运算测试，以查看不同错误值返回的数字，如果没有错误值则返回#N/A。

❶ 选中 C2 单元格，在编辑栏中输入公式：

=ERROR.TYPE(A2/B2)

按 Enter 键返回 2（如图 8-12 所示），因为计算"A2/B2"返回的错误值是#DIV/0!。

| C2 | ▼ | : | × | ✓ | fx | =ERROR.TYPE(A2/B2) |

	A	B	C	D
1	数据A	数据B	返回错误值对应的数字	返回结果说明
2	22	0	2	返回错误值#DIV/0!
3	-25			
4	20	2元		
5	36	5		

图 8-12

❷ 选中 C3 单元格，在编辑栏中输入公式：

=ERROR.TYPE(SQRT(A3))

按 Enter 键返回 6（如图 8-13 所示），因为计算"SQRT(A3)"返回的错误值是#NUM!。

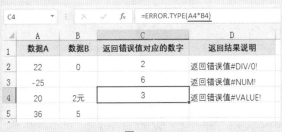

图 8-13

❸ 选中 C4 单元格，在编辑栏中输入公式：

`=ERROR.TYPE(A4*B4)`

按 Enter 键返回 3（如图 8-14 所示），因为计算 "A4*B4" 返回的错误值是#VALUE!。

图 8-14

❹ 选中 C5 单元格，在编辑栏中输入公式：

`=ERROR.TYPE(A5/B5)`

按 Enter 键返回#N/A（如图 8-15 所示），因为计算 "A5/B5" 是没有错误值的。

	A	B	C	D
	数据A	数据B	返回错误值对应的数字	返回结果说明
2	22	0	2	返回错误值#DIV/0!
3	-25		6	返回错误值#NUM!
4	20	2元	3	返回错误值#VALUE!
5	36	5	#N/A	没有错误值

C5 `=ERROR.TYPE(A5/B5)`

图 8-15

8.2 IS 判断函数

IS 类函数主要用于对数据信息进行判断，如判断数据是否为空、判断数据是否为任意错误值、判断数据是数值还是文本、判断数据奇偶性等。

1. ISBLANK（判断单元格是否为空）

【函数功能】ISBLANK 函数用于判断指定值是否为空值。

【函数语法】ISBLANK(value)

value：表示要检验的值。

【用法解析】

$$= ISBLANK (A1)$$

参数可以是空白（空单元格）、错误值、逻辑值、文本、数字、引用值，或者引用要检验的以上任意值的名称

例：将没有成绩的同学统一标注"缺考"

扫一扫，看视频

表格中统计了学生的成绩，其中有空单元格表示"缺考"，可以使用 ISBLANK 函数将没有成绩的统一标注为"缺考"。

❶ 选中 C2 单元格，在编辑栏中输入公式：

`=IF(ISBLANK(B2),"缺考","")`

按 Enter 键返回"缺考"文字（因为 B2 单元格为空），如图 8-16 所示。

C2		：	× ✓ f_x	=IF(ISBLANK(B2),"缺考","")	
▲	A	B	C	D	E
1	姓名	成绩	缺考人员		
2	刘浩宇		缺考		
3	曹扬	571			
4	陈子涵	532			
5	刘启瑞	691			
6	吴晨				
7	谭谢生	473			
8	苏瑞宣	692			
9	刘雨菲				
10	何力	506			
11	周志毅	521			
12	夏绵贤				

图 8-16

❷ 向下复制 C2 单元格的公式，可以得到批量判断结果，如图 8-17 所示。

图 8-17

【公式解析】

① 判断 B2 单元格是否为空，如果是，返回 TRUE，否则返回 FALSE

=IF(ISBLANK(B2),"缺考","")

② 当①返回 TRUE 时，返回"缺考"

2. ISNUMBER（检测给定值是否为数字）

【函数功能】ISNUMBER 函数用于判断指定数据是否为数字。
【函数语法】ISNUMBER(value)
value：表示要检验的值。
【用法解析】

= ISNUMBER (A1)

参数可以是空白（空单元格）、错误值、逻辑值、文本、数字、引用值，或者引用要检验的以上任意值的名称

例：当无法计算时，检测数据是否是数值数据

在如图 8-18 所示的表中，可以看到当使用 SUM 函数计算总销售数量时，计算结果是错误的。这时可以用 ISNUMBER 函数来检测数字是否是数值数据，通过返回结果可以有针对性地修改数据。

图 8-18

❶ 选中 C2 单元格，在编辑栏中输入公式：

=ISNUMBER(B2)

❷ 按 Enter 键，然后向下复制 C2 单元格的公式，当结果为 FALSE 时则表示为非数值数据，如图 8-19 所示。

	A	B	C	I
1	销售员	销售数量	检测是否是数值数据	
2	刘浩宇	117	TRUE	
3	曹扬	9 2	FALSE	
4	陈子涵	101	TRUE	
5	刘启瑞	132	TRUE	
6	吴晨	9 0	FALSE	

C2 的编辑栏公式：=ISNUMBER(B2)

图 8-19

📢 注意：

通过检查数据发现 B3 与 B6 单元格中的数据中间都出现了空格，所以导致在进行数据计算时无法计算在内。

3. ISTEXT（检测给定值是否为文本）

【函数功能】ISTEXT 函数用于判断指定数据是否为文本。

【函数语法】ISTEXT(value)

value：表示要检验的值。

【用法解析】

$$= ISTEXT\ (A1)$$

参数可以是空白（空单元格）、错误值、逻辑值、文本、数字、
引用值，或者引用要检验的以上任意值的名称

例：统计出缺考人数

在统计某次考试成绩时，其中包含一些缺考情况，其中缺
考的显示"缺考"文字。通过判断给定值是否是文本可以变向
统计出缺考人数。

❶ 选中 D2 单元格，在编辑栏中输入公式：
=SUM(ISTEXT(B2:B12)*1)

❷ 按 Ctrl+Shift+Enter 组合键，则可以统计出缺考人数，如图 8-20 所示。

	A	B	C	D	E	F
				f_x {=SUM(ISTEXT(B2:B12)*1)}		
1	姓名	总成绩		缺考人数		
2	刘浩宇	613		3		
3	曹扬	缺考				
4	陈子涵	543				
5	刘启瑞	596				
6	吴晨	缺考				
7	谭谢生	495				
8	苏瑞宣	缺考				
9	刘雨菲	562				
10	何力	579				
11	周志毅	605				
12	夏绵贤	557				

图 8-20

【公式解析】

① 判断 B2:B12 单元格区域是不是文本，如果是，返回
TRUE，否则返回 FALSE

=SUM(ISTEXT(B2:B12)*1)

③ 用 SUM 函数对②数组
中的 1 进行求和运算

② 用①结果进行乘 1 处理。TURE 值乘 1 返回
1，FALSE 值乘 1 返回 0，返回的是一个数组

4. ISNONTEXT（检测给定值是不是文本）

【函数功能】ISNONTEXT 函数用于判断指定数据是否为非文本。

【函数语法】ISNONTEXT(value)

value：表示要检验的值。

【用法解析】

$$= ISNONTEXT (A1)$$

参数可以是空白（空单元格）、错误值、逻辑值、文本、数字、引用值，或者引用要检验的以上任意值的名称

是文本的返回 FALSE，除文本之外的其他任意数据时都返回 TRUE，如图 8-21 所示。

▲	A	B	C	D
1	数据	返回值		
2	数学	FALSE		
3	Excel	FALSE		
4	TRUE	TRUE		
5	45	TRUE		
6	2017/10/1	TRUE		
7	10:45	TRUE		

B2 　fx =ISNONTEXT(A2)

图 8-21

例：统计实考人数

扫一扫，看视频

沿用 ISTEXT 函数的例子，如果要统计出实考人数，只要使用 ISNONTEXT 函数即可。

❶ 选中 D2 单元格，在编辑栏中输入公式：
`=SUM(ISNONTEXT(B2:B12)*1)`

❷ 按 Ctrl+Shift+Enter 组合键，即可统计出实考人数，如图 8-22 所示。

| D2 | | : | × | ✓ | f_x | {=SUM(ISNONTEXT(B2:B12)*1)} | |

⊿	A	B	C	D	E	F
1	姓名	总成绩		实考人数		
2	刘浩宇	613		8		
3	曹扬	缺考				
4	陈子涵	543				
5	刘启瑞	596				
6	吴晨	缺考				
7	谭谢生	495				
8	苏瑞宣	缺考				
9	刘雨菲	562				
10	何力	579				
11	周志毅	605				
12	夏绵贤	557				

图 8-22

5. ISEVEN（判断数字是否为偶数）

【函数功能】ISEVEN 函数用于判断指定值是否为偶数。

【函数语法】ISEVEN(number)

number：待检验的数值。

【用法解析】

$$= ISEVEN (A1)$$

如果值为偶数，返回 TRUE，否则返回 FALSE

例：根据工号返回性别信息

某公司为有效判定员工性别，规定员工编号最后一位数如果为偶数表示性别为"女"，反之为"男"。根据这一规定，可以使用 ISODD 函数来判断最后一位数的奇偶性，从而确定员工的性别。

扫一扫，看视频

❶ 选中 C2 单元格，在编辑栏中输入公式：

`=IF(ISEVEN(RIGHT(B2,1)),"女","男")`

按 Enter 键，则可按工号的最后一位数来判断性别，如图 8-23 所示。

| C2 | | : | × | ✓ | f_x | =IF(ISEVEN(RIGHT(B2,1)),"女","男") | |

⊿	A	B	C	D	E
1	姓名	工号	性别		
2	刘浩宇	ML-16003	男		
3	曹心雨	ML-16004			
4	陈子阳	AB-15001			
5	刘启瑞	YL-11009			

图 8-23

❷ 然后向下复制 C2 单元格的公式，即可实现批量判断，如图 8-24 所示。

	A	B	C	D
1	姓名	工号	性别	
2	刘浩宇	ML-16003	男	
3	曹心雨	ML-16004	女	
4	陈子阳	AB-15001	男	
5	刘启瑞	YL-11009	男	
6	吴成	AB-09005	男	
7	谭子怡	ML-13006	女	
8	苏瑞宣	YL-15007	男	
9	刘雨菲	ML-13010	女	
10	何力	YL-11011	男	
11	周志毅	ML-13007	男	

图 8-24

【公式解析】

① 从右侧提取 B2 单元格中的数字，提取 1 位

=IF(ISEVEN(RIGHT(B2,1)),"女","男")

③当②返回 TRUE 时，返回 "女"，否则返回 "男"　　②判断①中提取的数字是否为偶数，如果是，返回 TRUE，否则返回 FALSE

6. ISODD（判断数字是否为奇数）

【函数功能】ISODD 函数用于判断指定值是否为奇数。

【函数语法】ISODD(number)

number：表示待检验的数值。如果 number 不是整数，则截尾取整。如果参数 number 不是数值型，ISODD 函数返回错误值 #VALUE!。

【用法解析】

= ISODD (A1)

如果值为奇数，返回 TRUE，否则返回 FALSE

例1：从身份证号码中提取性别

在前面学习文本函数时，通过配合使用 MOD 与 MID 函数可以从身份证号码中判断性别。在此处使用奇偶性判断函数也可以实现从身份证号码中提取性别（注意身份证号码有 15 位与 18 位）。

❶ 选中 C2 单元格，在编辑栏中输入公式：

`=IF(ISODD(MID(B2,15,3)),"男","女")`

按 Enter 键，则可根据 B2 单元格中的身份证号码判断其性别，如图 8-25 所示。

C2		⌄ : × ✓ fx	=IF(ISODD(MID(B2,15,3)),"男","女")		
▲	A	B	C	D	E
1	姓名	身份证号	性别		
2	张晓	340042198707060197	男		
3	金璐忠	3427017502178573			
4	刘飞洁	342701198202148521			
5	王淑娟	3427018504018542			
6	赵晓	3427018202138579			

图 8-25

❷ 然后向下复制 C2 单元格的公式，即可实现批量判断，如图 8-26 所示。

▲	A	B	C	D
1	姓名	身份证号	性别	
2	张晓	340042198707060197	男	
3	金璐忠	3427017502178573	男	
4	刘飞洁	342701198202148521	女	
5	王淑娟	3427018504018542	女	
6	赵晓	3427018202138579	男	
7	吴强	342701198302138572	男	
8	左皓成	342701196402138518	男	
9	蔡明	3402228812022561	男	
10	陈芳菲	3422228602032366	女	
11	陈曦	3402228712056000	女	
12	吕志梁	340222198509063232	男	

图 8-26

【公式解析】

① 从 B2 单元格的第 15 位开始提取，共提取 3 位数。如果是 18
位身份证号，提取的就是 15、16、17 三位，只要第 17 位上是奇
数就能判断是"男"，第 17 位上是偶数就能判断是"女"。如果是
15 位身份证号，提取的就是第 15 位数，即 15 位身份证是通过第
15 位的奇偶性来判断性别的

$$=IF(ISODD(MID(B2,15,3)),"男","女")$$

③ 当②返回 TRUE 时，返回　　　② 判断①中提取的数字是否为奇
"男"，否则返回"女"　　　　　数，如果是，返回 TRUE，否则返
　　　　　　　　　　　　　　　回 FALSE

例 2：分奇偶月计算总销售数量

扫一扫，看视频

在全年销量统计表中（如图 8-27 所示），要求分别统计出
奇偶月的总销售量。

月份	销售量	偶数月销量	奇数月销量
1月	100		
2月	80		
3月	310		
4月	120		
5月	180		
6月	65		
7月	380		
8月	165		
9月	189		
10月	260		
11月	122		
12月	98		

图 8-27

❶ 选中 C2 单元格，在编辑栏中输入公式：
=SUM(ISODD(ROW(B2:B13))*B2:B13)

按 Ctrl+Shift+Enter 组合键，则可计算出偶数月的总销量，如图 8-28 所示。

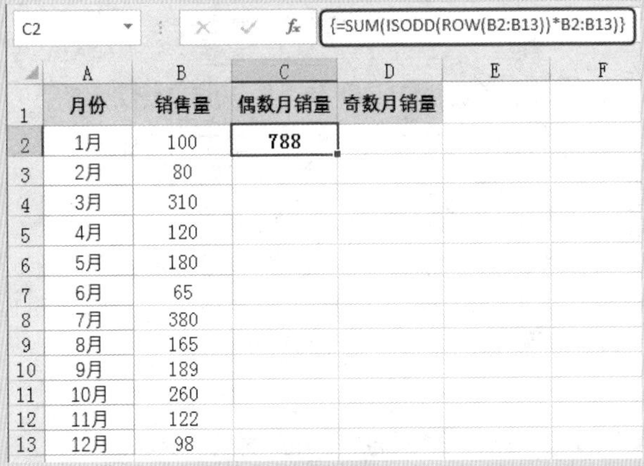
C2　{=SUM(ISODD(ROW(B2:B13))*B2:B13)}

	A	B	C	D	E	F
1	月份	销售量	偶数月销量	奇数月销量		
2	1月	100	788			
3	2月	80				
4	3月	310				
5	4月	120				
6	5月	180				
7	6月	65				
8	7月	380				
9	8月	165				
10	9月	189				
11	10月	260				
12	11月	122				
13	12月	98				

图 8-28

❷ 选中 D2 单元格，在编辑栏中输入公式：

```
=SUM(ISODD(ROW(B2:B13)-1)*B2:B13)
```

按 Ctrl+Shift+Enter 组合键，则可计算出奇数月的总销量，如图 8-29 所示。

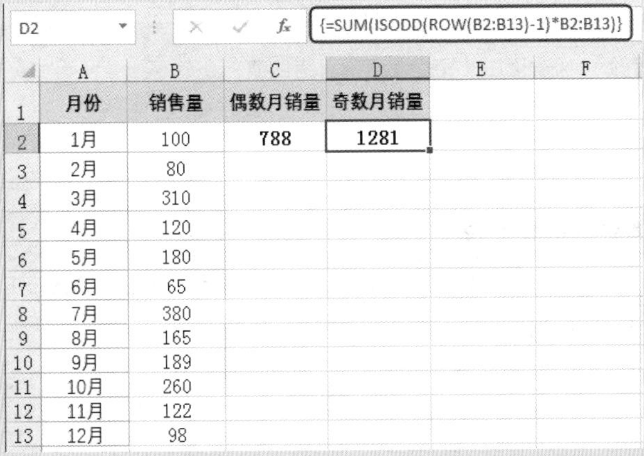
D2　{=SUM(ISODD(ROW(B2:B13)-1)*B2:B13)}

	A	B	C	D	E	F
1	月份	销售量	偶数月销量	奇数月销量		
2	1月	100	788	1281		
3	2月	80				
4	3月	310				
5	4月	120				
6	5月	180				
7	6月	65				
8	7月	380				
9	8月	165				
10	9月	189				
11	10月	260				
12	11月	122				
13	12月	98				

图 8-29

【公式解析】

① 依次返回 B2:B13 的行号，返回一个数组

$$=SUM(ISODD(\underline{ROW(B2:B13)})*B2:B13)$$

③ ②数组中为 TURE 值的对应在 B2:B13 中取值，然后再使用 SUM 函数进行求和。即得到偶数月的总销售量

② 判断①数组中各数值是否为奇数（奇数对应的是偶数月的销量），如果是，返回 TRUE，否则返回 FALSE。返回的是一个数组

7. ISLOGICAL（检测给定值是否为逻辑值）

【函数功能】ISLOGICAL 函数用于判断指定数据是否为逻辑值。

【函数语法】ISLOGICAL(value)

value：表示要检验的值。

【用法解析】

$$= ISLOGICAL (A1)$$

参数可以是空白（空单元格）、错误值、逻辑值、文本、数字、引用值，或者引用要检验的以上任意值的名称

例：检验数值是否为逻辑值

扫一扫，看视频

使用 ISLOGICAL 时，只有值是 TRUE 或 FALSE 时才会返回 TRUE，针对其他值都返回 FALSE。

❶ 选中 B2 单元格，在编辑栏中输入公式：

`=ISLOGICAL(A2)`

❷ 按 Enter 键，然后再向下复制公式，可以依次判断 A 列中各数据是否是逻辑值，如图 8-30 所示。

B2		× ✓ fx	=ISLOGICAL(A2)	

▲	A	B	C	D
1	数据	判断结果		
2	办公	FALSE		
3	125	FALSE		
4	2017/4/15	FALSE		
5	TRUE	TRUE		
6	0.05	FALSE		
7	FALSE	TRUE		
8	Excel	FALSE		
9	{11, 13, 15}	FALSE		

图 8-30

8. ISERROR（检测给定值是否为任意错误值）

【函数功能】ISERROR 函数用于判断指定数据是否为任何错误值。

【函数语法】ISERROR(value)

value：表示要检验的值。

【用法解析】

$$= ISERROR (A1)$$

参数 value 可以是空白（空单元格）、错误值、逻辑值、文本、数字、引用值，或者引用要检验的以上任意值的名称

例：忽略错误值进行求和运算

在统计销售量时，由于有些产品没有销售量，所以输入文字"无"，造成在计算总销售额时出现了错误值，如图 8-31 所示。此时要实现计算总销售额则可以使用 ISERROR 函数忽略错误值。

扫一扫，看视频

▲	A	B	C	D	E
1	编号	单价	销售量	总销售额	
2	001	45	80	3600	
3	002	38.8	无	#VALUE!	
4	003	47.5	75	3562.5	
5	004	35.8	81	2899.8	
6	005	32.7	无	#VALUE!	
7	006	44	75	3300	
8	007	38	77	2926	

图 8-31

❶ 选中 F2 单元格，在编辑栏中输入公式：

=SUM(IF(ISERROR(D2:D8),0,D2:D8))

❷ 按 Ctrl+Shift+Enter 组合键，则可忽略错误值计算出总销售额，如图 8-32 所示。

	A	B	C	D	E	F	G
1	编号	单价	销售量	总销售额		总计	
2	001	45	80	3600		16288.3	
3	002	38.8	无	#VALUE!			
4	003	47.5	75	3562.5			
5	004	35.8	81	2899.8			
6	005	32.7	无	#VALUE!			
7	006	44	75	3300			
8	007	38	77	2926			

F2　｜　×　✓　fx　{=SUM(IF(ISERROR(D2:D8),0,D2:D8))}

图 8-32

【公式解析】

① 判断 D2:D8 单元格区域中的值是否为错误值。返回的是 TRUE 与 FALSE 组成的数组

=SUM(IF(ISERROR(D2:D8),0,D2:D8))

③ 对②数组进行求和运算

② 如果①结果为 TRUE 值（即是错误值），IF 将它返回 0，否则返回 D2:D8 中的值。返回的也是一个数组

9. ISNA（检测给定值是否为#N/A 错误值）

【函数功能】ISNA 函数用于判断指定数据是否为错误值#N/A。

【函数语法】ISNA(value)

value：表示要检验的值。

【用法解析】

= ISNA (A1)

参数 value 可以是空白（空单元格）、错误值、逻辑值、文本、数字、引用值，或者引用要检验的以上任意值的名称

例：查询编号错误时显示"无此编号"

在使用 LOOKUP 或 VLOOKUP 函数进行查询时，当查询对象错误时通常都会返回#N/A，如图 8-33 所示。为了避免这种错误值出现，可以配合 IF 与 ISNA 函数实现当出现查询对象错误时返回"无此编号"提示文字。

G2				f_x	= VLOOKUP($F2,$A:$D,COLUMN(B1),FALSE)			
▲	A	B	C	D	E	F	G	H	I
1	员工编号	姓名	理论知识	操作成绩		员工编号	姓名	理论知识	操作成绩
2	Ktws-003	王明阳	76	79		Ktws-010	#N/A	#N/A	#N/A
3	Ktws-005	黄照先	89	90					
4	Ktws-011	夏红蕊	89	82					
5	Ktws-013	贾云馨	84	83					
6	Ktws-015	陈世发	90	81					
7	Ktws-017	马雪蕊	82	81					
8	Ktws-018	李沐天	82	86					
9	Ktws-019	朱明健	75	87					
10	Ktws-021	龙明江	81	90					

图 8-33

❶ 选中 G2 单元格，在编辑栏中输入公式：

= IF(ISNA(VLOOKUP($F2,$A:$D,COLUMN(B1),FALSE)),"无此编号",VLOOKUP($F2,$A:$D,COLUMN(B1),FALSE))

❷ 按 Enter 键后向右复制公式，可以看到当 F2 单元格中的编号有误时，则返回所设置的提示文字，如图 8-34 所示。

图 8-34

【公式解析】

$$= IF(ISNA(VLOOKUP(\$F2,\$A:\$D,COLUMN(B1),FALSE)),$$
$$"无此编号",VLOOKUP(\$F2,\$A:\$D,COLUMN(B1),FALSE))$$

VLOOKUP 部分我们在此不做解释,可以参照第 6 章中的公式解析学习。此公式只是在 VLOOKUP 外层嵌套了 IF 与 ISNA 函数,表示用 ISNA 函数判断 VLOOKUP 部分返回的是否为#N/A 错误值,如果是,返回"无此编号"文字,否则返回 VLOOKUP 查询到的值

📢 注意:

上面的公式看似很复杂,其实并不难实现。只要遵循=IF(ISNA(原公式),0,原公式)这个定律即可。

10. ISERR(检测给定值是否为#N/A 以外的错误值)

【函数功能】ISERR 函数用于判断指定数据是否为错误值#N/A 之外的任何错误值。

【函数语法】ISERR(value)

value:表示要检验的值。

【用法解析】

$$= ISERR (A1)$$

参数 value 可以是空白(空单元格)、错误值、逻辑值、文本、数字、引用值,或者引用要检验的以上任意值的名称

例:检验数据是否为错误值#N/A

扫一扫,看视频

本例表格中在计算统计金额时,为了方便公式的复制,产生了一些不必要的错误值(如图 8-35 所示),现在想对数据计算结果进行整理,以得到正确的显示结果。

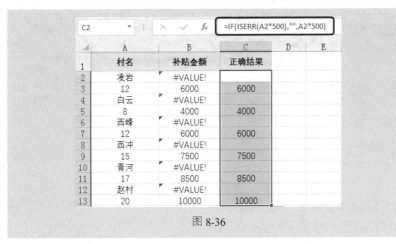

图 8-35

❶ 选中 C2 单元格，在编辑栏中输入公式：

```
=IF(ISERR(A2*500),"",A2*500)
```

❷ 按 Enter 键后，向下复制公式即可避免错误值的产生，如图 8-36 所示。

	A	B	C	D	E
1	村名	补贴金额	正确结果		
2	凌岩	#VALUE!			
3	12	6000	6000		
4	白云	#VALUE!			
5	8	4000	4000		
6	西峰	#VALUE!			
7	12	6000	6000		
8	西冲	#VALUE!			
9	15	7500	7500		
10	青河	#VALUE!			
11	17	8500	8500		
12	赵村	#VALUE!			
13	20	10000	10000		

C2 ▼ : × ✓ fx =IF(ISERR(A2*500),"",A2*500)

图 8-36

【公式解析】

如果 A2*500 返回的是错误值，就返回空值，否则
返回 A2*500 的结果

=IF(ISERR(A2*500),"",A2*500)

11. ISREF（检测给定值是否为引用）

【函数功能】ISREF 函数用于判断指定数据是否为引用。

【函数语法】ISREF(value)

value：表示要检验的值。

【用法解析】

$$= ISREF (A1)$$

参数 value 可以是空白（空单元格）、错误值、逻辑值、文本、数字、引用值，或者引用要检验的以上任意值的名称

例：检验给定值是否为引用

扫一扫，看视频

在如图 8-37 所示的表格中，C 列是返回值，D 列是对应的公式。可以看到当给定值是引用时返回 TRUE，当给定值是文本或计算结果时返回 FALSE。

	A	B	C	D
1	数据A	数据B	是否为引用	公式
2	人力		TRUE	=ISREF(A2)
3	emotion		TRUE	=ISREF(A3)
4	0.0001	0.0009	FALSE	=ISREF(A4*B4)
5	1	9	FALSE	=ISREF(A5*B5)
6		资源	否	=IF((ISREF(资源)),"是","否")
7		""	否	=IF((ISREF("")),"是","否")
8				

图 8-37

12. ISFORMULA（检测单元格内容是否为公式）

【函数功能】用于判断指定单元格内容是否为公式。

【函数语法】ISFORMULA(reference)

reference：是对要测试单元格的引用。引用可以是单元格引用或引用单元格的公式或名称。

例：检验单元格内容是否为公式计算结果

扫一扫，看视频

❶ 选中 E2 单元格，在编辑栏中输入公式：

`=ISFORMULA(D2)`

❷ 按 Enter 键后，向下复制公式即可对 D 列中的各个单元

格值进行检测，返回 TRUE 的表示是公式计算结果，返回 FALSE 的表示不是公式计算结果，如图 8-38 所示。

	A	B	C	D	E	F
	编号	单价	销售量	总销售额	检测结果	
1						
2	001	45	80	3600	TRUE	
3	002	38.8	无	无	FALSE	
4	003	47.5	75	3562.5	TRUE	
5	004	35.8	81	2899.8	TRUE	
6	005	32.7	无	无	FALSE	
7	006	44	75	3300	TRUE	
8	007	38	77	2926	TRUE	

E2   fx =ISFORMULA(D2)

图 8-38

8.3 其他信息函数

1. NA（返回错误值 #N/A）

【函数功能】NA 函数返回错误值 #N/A。

【函数语法】NA( )

NA 函数没有参数。

【用法解析】

只要使用公式"=NA( )"就返回#N/A 错误值，如图 8-39 所示。

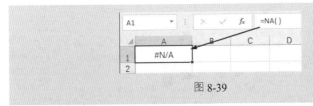

图 8-39

2. N（将参数转换为数值并返回）

【函数功能】N 函数用于返回转化为数值后的值。

【函数语法】N(value)

value：表示要转化的值。参数可以直接输入值，也可以是单元格的引用。

【用法解析】

不同类型的值经过 N 函数转换后的返回值如表 8-6 所示。

表 8-6　value 参数与 N 函数返回值

value 参数	N 函数返回值
数字	该数字
日期	该日期的序列号
TRUE	1
FALSE	0
错误值	错误值
其他值	0

例 1：将指定的数据转换为数值

扫一扫，看视频

❶ 在如图 8-40 所示的表格中，当销售量没有时显示文字"无"。选中 C2 单元格，在编辑栏中输入公式：

=N(B2)

❷ 按 Enter 键后，向下复制公式可以实现将文字转换为数字"0"，如图 8-40 所示。

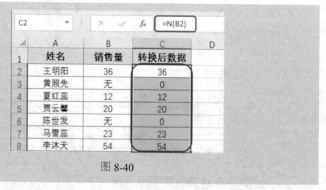

图 8-40

通过转换后，可以看到当对 B 列数据求平均值时，中文不计算在内；当对 C 列数据求平均值时，因为中文被转换成了数字 0，因此计算平均值时也计算在内，如图 8-41 所示。

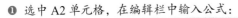

	A	B	C	D
1	姓名	销售量	转换后数据	
2	王明阳	36	36	
3	黄照先	无	0	
4	夏红蓝	12	12	
5	贾云馨	20	20	
6	陈世发	无	0	
7	马雪蕊	23	23	
8	李沐天	54	54	
9	平均销售量	29	21	
10				

图 8-41

例 2：根据订单日期自动生成订单编号

在一份销售记录中记录了某一类产品订单的生成日期，要求根据订单生成日期的序列号与当前行号自动生成订单的编号。

❶ 选中 A2 单元格，在编辑栏中输入公式：

`=N(B2)&"-"&ROW(A1)`

按 Enter 键，则可根据 B2 单元格中的订单生成日期生成订单编号，如图 8-42 所示。

A2		× ✓ fx	=N(B2)&"-"&ROW(A1)	
	A	B	C	D
1	订单编号	订单生成日期	数量	总金额
2	42917-1	2017/7/1	116	39000
3		2017/7/12	55	7800
4		2017/7/19	1090	11220
5		2017/8/5	200	51000

图 8-42

❷ 然后向下复制 A2 单元格的公式，即可实现批量生成订单编号，如图 8-43 所示。

A2		× ✓ fx	=N(B2)&"-"&ROW(A1)		
	A	B	C	D	E
1	订单编号	订单生成日期	数量	总金额	
2	42917-1	2017/7/1	116	39000	
3	42928-2	2017/7/12	55	7800	
4	42935-3	2017/7/19	1090	11220	
5	42952-4	2017/8/5	200	51000	
6	42963-5	2017/8/16	120	40000	
7	42966-6	2017/8/19	45	4800	
8	42976-7	2017/8/29	130	49100	

图 8-43

【公式解析】

① 将 B2 单元格中的日期转换为序列号

② 返回 A1 单元格的行号。公式向下复制时会依次返回 2、3、4…

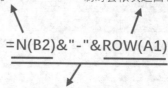

=N(B2)&"-"&ROW(A1)

③ 使用连接符将①和②返回结果相连接

3. PHONETIC（连接文本）

【函数功能】提取文本字符串中的拼音字符。也就是说此函数起到连接文本的作用。

【函数语法】PHONETIC(reference)

reference：必需，文本字符串或对单个单元格或包含 furigana 文本字符串的单元格区域的引用。

【用法解析】

= PHONETIC (A1:C3)

如果是多行多列，PHONETIC 函数的连接顺序为：先行后列，从左向右，由上到下。如果 reference 为不相邻单元格的区域，将返回错误值 #N/A

PHONETIC 函数不支持数字、日期、时间、逻辑值、错误值等。在图 8-44 所示的表格中，可以看到红框中的数字与日期都被忽略。

图 8-44

PHONETIC 函数不支持任何公式生成的值。在如图 8-45 所示的表格中可以看到 B4 单元格中的值是使用公式得到的。因此如图 8-46 所示的表格中在使用 PHONETIC 函数连接时，B4 单元格中的值被忽略。

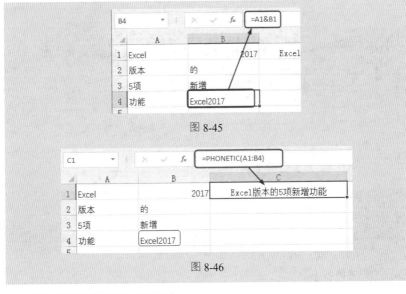

图 8-45

图 8-46

例：整理不规则的公司制度

表格中的数据由复制得来，本该一行显示的数据分成了多行显示，可以使用 PHONETIC 函数连接整理。

❶ 选中 C1 单元格，在编辑栏中输入公式：

=PHONETIC(A1:A6)

按 Enter 键，即可返回连接后的数据，如图 8-47 所示。

扫一扫，看视频

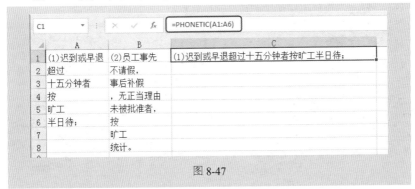

图 8-47

❷ 选中 C2 单元格，在编辑栏中输入公式：

```
=PHONETIC(B1:B8)
```

按 Enter 键，即可返回连接后的数据，如图 8-48 所示。

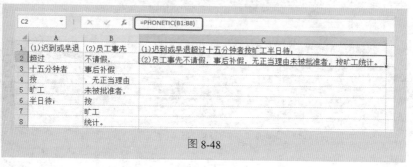

	A	B	C
1	(1)迟到或早退	(2)员工事先	(1)迟到或早退超过十五分钟者按旷工半日待；
2	超过	不请假，	(2)员工事先不请假，事后补假，无正当理由未被批准者，按旷工统计。
3	十五分钟者	事后补假	
4	按	，无正当理由	
5	旷工	未被批准者，	
6	半日待；	按	
7		旷工	
8		统计。	

图 8-48

4. SHEET（返回工作表编号）

扫一扫，看视频

【函数功能】返回引用工作表的工作表编号。

【函数语法】SHEET(value)

value：可选，为所需返回工作表编号的工作表或引用的名称。

【用法解析】

=SHEET ()

如果 value 被省略，则 SHEET 返回含有该函数的工作表编号

如图 8-49 所示，在当前表格中使用公式 "=SHEET()" 返回值为 2，表示该工作表是当前工作簿中的第 2 张工作表。

	A	B	C	D	E	F
1	订单编号	订单生成日期	数量	总金额		
2	42917-1	2017/7/1	116	39000		2
3	42928-2	2017/7/12	55	7800		
4	42935-3	2017/7/19	1090	11220		
5	42952-4	2017/8/5	200	51000		
6	42963-5	2017/8/16	120	40000		
7	42966-6	2017/8/19	45	4800		
8	42976-7	2017/8/29	130	49100		
9						

平均销量　订单　Sheet3

图 8-49

5. SHEETS（返回工作表总数量）

【函数功能】返回引用中的工作表数。

【函数语法】SHEETS(reference)

reference：可选，表示一项引用，此函数要获得引用中所包含的工作表数。

【用法解析】

如果 reference 被省略，SHEETS 返回工作簿中含
有该函数的工作表数

如图 8-50 所示，在当前表格中使用公式"=SHEETS()"返回值为 2，表示该工作簿中有 3 张工作表。

	A	B	C	D	E	F	G
1	订单编号	订单生成日期	数量	总金额			
2	42917-1	2017/7/1	116	39000		2	3
3	42928-2	2017/7/12	55	7800			
4	42935-3	2017/7/19	1090	11220			
5	42952-4	2017/8/5	200	51000			
6	42963-5	2017/8/16	120	40000			
7	42966-6	2017/8/19	45	4800			
8	42976-7	2017/8/29	130	49100			
9							

G2 ＝SHEETS()

平均销量　订单　Sheet3

图 8-50

第9章 财务函数

9.1 投资计算

投资计算函数可分为与未来值（FV）有关的函数和与现值（PV）有关的函数。在日常工作与生活中，我们经常会遇到要计算某项投资的未来值的情况，此时利用 Excel 函数 FV 进行计算后，可以帮助我们进行一些有计划、有目的、有效益的投资。PV 函数用来计算某项投资的现值。年金现值就是未来各期年金现在的价值的总和。如果投资回收的当前价值大于投资的价值，则这项投资是有收益的。

1. FV（返回某项投资的未来值）

【函数功能】FV 函数基于固定利率及等额分期付款方式，返回某项投资的未来值。

【函数语法】FV(rate,nper,pmt,pv,type)

- rate：表示各期利率。
- nper：表示总投资期，即该项投资的付款期总数。
- pmt：表示各期所应支付的金额。
- pv：表示现值，即从该项投资开始计算时已经入账的款项，或一系列未来付款的当前值的累积和，也称为本金。
- type：表示数字 0 或 1（0 为期末，1 为期初）。

例 1：计算投资的未来值

扫一扫，看视频

例如购买某项理财产品，需要每月向银行存入 2000 元，年利率为 4.54%，现在想计算出 3 年后该账户的存款额为多少？

❶ 选中 B4 单元格，在编辑栏中输入公式：
`=FV(B1/12,3*12,B2,0,1)`

❷ 按 Enter 键，即可返回 3 年后的金额，如图 9-1 所示。

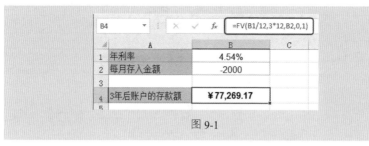

图 9-1

【公式解析】

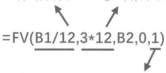

① 年利率除以 12 得到月利率　　② 年限乘以 12 转换为月数

$$=FV(B1/12,3*12,B2,0,1)$$

③ 表示期初支付

例 2：计算某项保险的未来值

已知购买某项保险需要分 30 年付款，每年付 8950 元，即总计需要付 268500 元，年利率为 4.8%，还款方式为期初还款，需要计算在这种付款方式下该保险的未来值。

扫一扫，看视频

❶ 选中 B5 单元格，在编辑栏中输入公式：

=FV(B1,B2,B3,1)

❷ 按 Enter 键，即可得出购买该项保险的未来值，如图 9-2 所示。

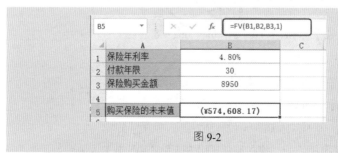

图 9-2

例 3：计算住房公积金的未来值

假设某企业每月从工资中扣除 200 元作为住房公积金，然后按年利率为 22%返还给员工。需要计算 5 年后（60 个月）员工住房公积金金额。

扫一扫，看视频

❶ 选中 B5 单元格，在编辑栏中输入公式：

`=FV(B1/12,B2,B3)`

❷ 按 Enter 键，即可计算出 5 年后该员工所得的住房公积金金额，如图 9-3 所示。

B5	▼	:	×	✓	fx	=FV(B1/12,B2,B3)

▲	A	B	C
1	年利率	22.00%	
2	缴纳的月数	60	
3	月缴纳金额	200	
4			
5	住房公积金的未来值	(¥21,538.78)	

图 9-3

【公式解析】

① 年利率除以 12 得到月利率

② B2 中显示的总期数为月数，所以不必进行乘 12 处理

$$=FV(\underline{B1/12},\underline{B2},B3)$$

2. FVSCHEDULE（计算投资在变动或可调利率下的未来值）

【函数功能】FVSCHEDULE 函数基于一系列复利返回本金的未来值，用于计算某项投资在变动或可调利率下的未来值。

【函数语法】FVSCHEDULE(principal,schedule)

● principal：表示现值。

● schedule：表示利率数组。

例：计算投资在可变利率下的未来值

扫一扫，看视频

一笔 100000 元的借款，借款期限为 5 年，并且 5 年中每年年利率不同，现在要计算出 5 年后该项借款的回收金额。

❶ 选中 B8 单元格，在编辑栏中输入公式：

`=FVSCHEDULE(100000,A2:A6)`

❷ 按 Enter 键，即可计算出 5 年后这笔借款的回收金额，如图 9-4 所示。

图 9-4

3. PV（返回投资的现值）

【函数功能】PV 函数用于返回投资的现值，即一系列未来付款的当前值的累积和。

【函数语法】PV(rate,nper,pmt,fv,type)

- rate：表示各期利率。
- nper：表示总投资（或贷款）期数。
- pmt：表示各期所应支付的金额。
- fv：表示未来值。
- type：表示指定各期的付款时间是在期初，还是期末。若是 0，为期末；若是 1，为期初。

例：判断购买某项保险是否合算

假设要购买一项保险，投资回报率为 4.52%，该保险可以在今后 30 年内于每月末回报 900 元。此项保险的购买成本为 100000 元，要求计算出该项保险的现值是多少，从而判断该项投资是否合算。

扫一扫，看视频

❶ 选中 B5 单元格，在编辑栏中输入公式：
=PV(B1/12,B2*12,B3)

❷ 按 Enter 键，即可计算出该项保险的现值，如图 9-5 所示。由于计算出的现值高于实际投资金额，所以这是一项合算的投资。

图 9-5

【公式解析】

① 年利率除以 12 得到月率　　② 年限乘以 12 转换为月数

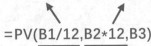

$$=PV(B1/12,B2*12,B3)$$

4. NPV（返回一项投资的净现值）

【函数功能】NPV 函数基于一系列现金流和固定的各期贴现率，计算一项投资的净现值。投资的净现值是指未来各期支出（负值）和收入（正值）的当前值的总和。

【函数语法】NPV(rate,value1,value2,...)

- rate：表示某一期间的贴现率。
- value1,value2,...：1~29 个参数，代表支出及收入。

🔊 **注意：**

> NPV 按次序使用 value1、value2 来注释现金流的次序，所以一定要保证支出和收入的数额按正确的顺序输入。如果参数是数值、空白单元格、逻辑值或表示数值的文字表示式，则都会计算在内；如果参数是错误值或不能转化为数值的文字，则被忽略，如果参数是一个数组或引用，只有其中的数值部分计算在内。忽略数组或引用中的空白单元格、逻辑值、文字及错误值。

例：计算一笔投资的净现值

扫一扫，看视频

　　　假设开一家店铺需要投资 100000 元，希望未来 4 年中各年的收入分别为 10000 元、20000 元、50000 元、80000 元。假定每年的贴现率是 7.5%（相当于通货膨胀率或竞争投资的利率），要求计算如下结果：

- 该投资的净现值。
- 期初投资的付款发生在期末时，该投资的净现值。
- 当第 5 年再投资 10000 元，5 年后该投资的净现值。

❶ 选中 B9 单元格，在编辑栏中输入公式：

```
=NPV(B1,B3:B6)+B2
```

按 Enter 键，即可计算出该项投资的净现值，如图 9-6 所示。

图 9-6

❷ 选中 B10 单元格，在编辑栏中输入公式：

`=NPV(B1,B2:B6)`

按 Enter 键，即可计算出期初投资的付款发生在期末时，该投资的净现值，如图 9-7 所示。

图 9-7

❸ 选中 B11 单元格，在编辑栏中输入公式：

`=NPV(B1,B3:B6,B7)+B2`

按 Enter 键，即可计算出 5 年后的投资净现值，如图 9-8 所示。

	A	B	C
	B11		fx =NPV(B1,B3:B6,B7)+B2
1	年贴现率	7.50%	
2	初期投资	-100000	
3	第1年收益	10000	
4	第2年收益	20000	
5	第3年收益	50000	
6	第4年收益	80000	
7	第5年再投资	10000	
8			
9	投资净现值（年初发生）	￥26,761.05	
10	投资净现值（年末发生）	￥24,894.00	
11	5年后的投资净现值	￥33,726.64	

图 9-8

5. XNPV（返回一组不定期现金流的净现值）

【函数功能】XNPV 函数用于返回一组不定期现金流的净现值。

【函数语法】XNPV(rate,values,dates)

- rate：表示现金流的贴现率。
- values：表示与 dates 中的支付时间相对应的一系列现金流转。
- dates：表示与现金流支付相对应的支付日期表。

例：计算出一组不定期盈利额的净现值

扫一扫，看视频

假设某项投资的初期投资为 20000 元，未来几个月的收益日期不定，收益金额也不定（表格中给出）。假定每年的贴现率是 7.5%（相当于通货膨胀率或竞争投资的利率），要求计算该项投资的净现值。

❶ 选中 C8 单元格，在编辑栏中输入公式：
=XNPV(C1,C2:C6,B2:B6)

❷ 按 Enter 键，即可计算出该项投资的净现值，如图 9-9 所示。

	C8		×	✓	fx	=XNPV(C1,C2:C6,B2:B6)	
	A	B	C	D	E		
1	年贴现率		7.50%				
2	投资额	2016/5/1	-20000				
3	预计收益	2016/6/28	5000				
4		2016/7/25	10000				
5		2016/8/18	15000				
6		2016/10/1	20000				
7							
8	投资净现值		¥ 28,858.17				

图 9-9

6. NPER（返回某项投资的总期数）

【函数功能】NPER 函数基于固定利率及等额分期付款方式，返回某项投资（或贷款）的总期数。

【函数语法】NPER(rate,pmt,pv,fv,type)

- rate：表示各期利率。
- pmt：表示各期所应支付的金额。
- pv：表示现值，即本金。
- fv：表示未来值，即最后一次付款后希望得到的现金余额。
- type：指定各期的付款时间是在期初还是期末。若是 0，为期末；若是 1，为期初。

例 1：计算某笔贷款的清还年数

例如，当前得知某项贷款总额、年利率，以及每年向贷款方支付的金额，现在计算要还清此项贷款需要的年数。

❶ 选中 B5 单元格，在编辑栏中输入公式：

=ABS(NPER(B1,B2,B3))

❷ 按 Enter 键，即可计算出此项贷款的清还年数（约为 9 年），如图 9-10 所示。

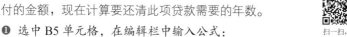

图 9-10

例 2：计算一笔投资的期数

例如，某项投资的回报率为 6.38%，每月需要投资的金额为 1000 元，如果想最终获取 100000 元的收益，需要计算进行几年的投资才能获取预期的收益。

❶ 选中 B5 单元格，在编辑栏中输入公式：

=ABS(NPER(B1/12,B2,B3))/12

❷ 按 Enter 键，即可计算出要取得预计的收益金额约需要投资 7 年，如图 9-11 所示。

图 9-11

7. EFFECT 函数（计算实际年利率）

【函数功能】EFFECT 函数是利用给定的名义年利率和一年中的复利期

次，计算实际年利率。

【函数语法】EFFECT(nominal_rate,npery)

- nominal_rate：表示名义利率。
- npery：表示每年的复利期数。

📢 注意：

在经济分析中，复利计算通常以年为计息周期。但在实际经济活动中，计息周期有半年、季、月、周、日等多种。当利率的时间单位与计息期不一致时，就出现了名义利率和实际利率的概念。实际利率为计算利息时实际采用的有效利率。名义利率为计算息周期的利率乘以每年计息周期数。例如，按月计算利息，且期月利率为 1%，通常也称为年利率为 12%，每月计息一次。则 1%是月实际利率，1%*12=12%则为年名义利率。通常所说的利率都是名义利率，如果不对计息期加以说明，则表示 1 年计息 1 次。

名义利率并不是投资者能够获得的真实收益，还与货币的购买力有关。如果发生通货膨胀，投资者所得的货币购买力会贬值，因此投资者所获得的真实收益必须别出通货膨胀的影响，这就是实际利率。实际利率指物价水平不变，货币购买力不变条件下的利息率。名义利率与实际利率存在着下述关系：

（1）当计息周期为一年时，名义利率和实际利率相等，计息周期短于一年时，实际利率大于名义利率。

（2）名义利率不能完全反映资金时间价值，实际利率才真实地反映了资金的时间价值。

（3）以 i 表示实际利率，r 表示名义利率，n 表示年计息次数，那么名义利率与实际利率之间的关系为 $i=(1+r/n)n-1=(1+ik)n-1$，当通货膨胀率较低时，可以简化为 $i=r=ik×n$。

（4）名义利率越大，周期越短，实际利率与名义利率的差值就越大。

例1：计算投资的实际利率与本利和

扫一扫，看视频

某人用 100000 元进行投资，时间为 5 年，年利率为 6%，每季度复利一次（即每年的复利次数为 4 次），要求计算实际利率与 5 年后的本利和。

❶ 选中 B4 单元格，在编辑栏中输入公式：

```
=EFFECT(B1,B2)
```

按 Enter 键，即可计算出实际年利率，如图 9-12 所示。

图 9-12

❷ 选中 B5 单元格，在编辑栏中输入公式：

=B4*100000*20

按 Enter 键，即可计算出 5 年后的本利和率，如图 9-13 所示。

图 9-13

【公式解析】

$$=B4*100000*20$$

公式中 100000 为本金，20 表示 5 年共复利次数
（年数*每年复利次数）

例 2：计算信用卡的实际年利率

如果一张信用卡收费的月利率是 3%，要求计算出这张信用卡的实际年利率是多少。

❶ 由于月利率是 3%，所以可用公式"=3%*12"计算出名义年利率，如图 9-14 所示。

扫一扫，看视频

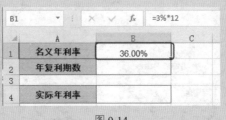

图 9-14

❷ 此处的年复利期数为 12，选中 B4 单元格，在编辑栏中输入公式：
`=EFFECT(B1,B2)`

按 Enter 键，即可计算出实际年利率，如图 9-15 所示。

图 9-15

8. NOMINAL 函数（计算名义年利率）

【函数功能】NOMINAL 函数基于给定的实际利率和年复利期数，返回名义年利率。

【函数语法】NOMINAL(effect_rate,npery)

- effect_rate：表示实际利率。
- npery：表示每年的复利期数。

例：通过实际年利率计算名义年利率

NOMINAL 函数通过给定的实际利率和年复利期数，回推计算名义年利率。与前面的 EFFECT 函数是相反的。

❶ 选中 B4 单元格，在编辑栏中输入公式：

扫一扫，看视频

`=NOMINAL(B1,B2)`

❷ 按 Enter 键，即可计算出实际年利率 6.14%，每年的复利期数为 4 次时的名义年利率，如图 9-16 所示。

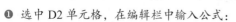

图 9-16

9.2 本金和利息计算

在处理等额贷款业务时，经常需要计算贷款金额以及本金、利息等。在 Excel 中，使用 PMT 函数可以计算每期应偿还的贷款金额，使用 PPMT 函数和 IPMT 函数可以计算每期还款金额中的本金和利息。

1. PMT（返回贷款的每期付款额）

【函数功能】PMT 函数基于固定利率及等额分期付款方式，返回贷款的每期付款额。

【函数语法】PMT(rate,nper,pv,fv,type)

● rate：表示贷款利率。
● nper：表示该项贷款的付款总数。
● pv：表示现值，即本金。
● fv：表示未来值，即最后一次付款后希望得到的现金余额。
● type：指定各期的付款时间是在期初还是期末。若是 0，为期末；若是 1，为期初。

例 1：计算贷款的每年偿还额

某银行的商业贷款利率为 6.55%，个人在银行贷款 100 万元，分 28 年还清，利用 PMT 函数可以返回每年的偿还金额。

扫一扫，看视频

❶ 选中 D2 单元格，在编辑栏中输入公式：

=PMT(B1,B2,B3)

❷ 按 Enter 键，即可返回每年偿还金额，如图 9-17 所示。

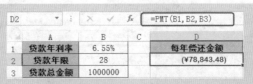

図 9-17

例 2：按季（月）支付时计算每期应偿还额

扫一扫，看视频

当前表格显示了某项贷款利率、贷款年限、贷款总额，支付次数为按季度或按月支付，现在要计算出每期应偿还额。由于现在是按季度支付，因此贷款利率应为：年利率/4，付款总数应为：贷款年限*4，如果是按每月支付，则贷款利率应为：年利率/12，付款总数应为：贷款年限*12，其中数值 4 表示一年有 4 个季度，数值 12 表示一年的 12 个月。

❶ 选中 B5 单元格，在编辑栏中输入公式：

`=PMT(B1/4,B2*4,B3)`

按 Enter 键，即可计算出该项贷款的每季度偿还金额，如图 9-18 所示。

B5		fx	=PMT(B1/4,B2*4,B3)	
	A		B	C
1	贷款年利率		6.55%	
2	贷款年限		28	
3	贷款总金额		1000000	
4				
5	每季度偿还额		(¥19,544.40)	

图 9-18

❷ 选中 B6 单元格，输入公式：

`=PMT(B1/12,B2*12,B3)`

按 Enter 键，即可计算出该项贷款的每月偿还金额，如图 9-19 所示。

B6		fx	=PMT(B1/12,B2*12,B3)	
	A		B	C
1	贷款年利率		6.55%	
2	贷款年限		28	
3	贷款总金额		1000000	
4				
5	每季度偿还额		(¥19,544.40)	
6	每月偿还额		(¥6,502.44)	

图 9-19

2. PPMT（返回给定期间内本金偿还额）

【函数功能】PPMT 函数基于固定利率及等额分期付款方式，返回投资在某一给定期间内的本金偿还额。

【函数语法】PPMT(rate,per,nper,pv,fv,type)

- rate：表示各期利率。
- per：表示用于计算其利息数额的期数，在 1~nper 之间。
- nper：表示总投资期。
- pv：表示现值，即本金。
- fv：表示未来值，即最后一次付款后的现金余额。如果省略 fv，则假设其值为 0。
- type：指定各期的付款时间是在期初还是期末。若是 0，为期末；若是 1，为期初。

例 1：计算指定期间的本金偿还额

使用 PPMT 函数可以计算出每期偿还额中包含的本金金额。例如本例中得知某项贷款的金额、贷款年利率、贷款年限、付款方式为期末付款，现在要计算出第 1 年与第 2 年的偿还额中包含的本金金额。

扫一扫，看视频

❶ 选中 B5 单元格，在编辑栏中输入公式：

=PPMT($B$1,1,$B$2,$B$3)

按 Enter 键，即可返回第一年的本金额，如图 9-20 所示。

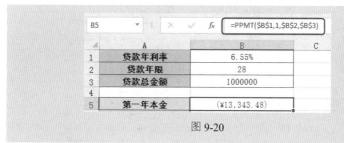

B5		× ✓ fx	=PPMT($B$1,1,$B$2,$B$3)	
	A		B	C
1	贷款年利率		6.55%	
2	贷款年限		28	
3	贷款总金额		1000000	
4				
5	第一年本金		(¥13,343.48)	

图 9-20

❷ 选中 B6 单元格，在编辑栏中输入公式：

=PPMT($B$1,2,$B$2,$B$3)

按 Enter 键，即可返回第二年的本金额，如图 9-21 所示。

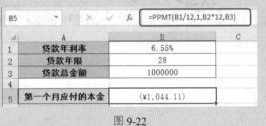

图 9-21

例 2：计算第一个月与最后一个月的本金偿还额

要求根据表格中显示的年利率、贷款年限、贷款金额计算出第一个月和最后一个月应偿还的本金额。

❶ 选中 B5 单元格，在编辑栏中输入公式：

=PPMT(B1/12,1,B2*12,B3)

按 Enter 键，即可返回第一个月的应付本金，如图 9-22 所示。

图 9-22

❷ 选中 B6 单元格，在编辑栏中输入公式：

=PPMT(B1/12,336,B2*12,B3)

按 Enter 键，即可返回最后一个月的应付本金，如图 9-23 所示。

图 9-23

3. IPMT（返回给定期限内的利息偿还额）

【函数功能】在 IPMT 函数固定利率和等额本息还款方式下，返回投资或贷款在某一给定期限内的利息偿还额。

【函数语法】IPMT(rate,per,nper,pv,fv,type)

- rate：表示各期利率。
- per：表示用于计算其利息数额的期数，在 1~nper 之间。
- nper：表示总投资期。
- pv：表示现值，即本金。
- fv：表示未来值，即最后一次付款后的现金余额。如果省略 fv，则假设其值为 0。
- type：指定各期的付款时间是在期初还是期末。若是 0，为期末；若是 1，为期初。

例 1：计算每年偿还额中的利息额

表格中录入了某项贷款的金额、贷款年利率、贷款年限，付款方式为期末付款。要求计算每年偿还金额中有多少是利息。

扫一扫，看视频

❶ 选中 B6 单元格，在编辑栏中输入公式：

=IPMT($B$1,A6,$B$2,$B$3)

按 Enter 键，即可返回第 1 年的利息金额，如图 9-24 所示。

	B6		×	✓	fx	=IPMT($B$1,A6,$B$2,$B$3)	
	A			B			C
1	贷款年利率			6.55%			
2	贷款年限			28			
3	贷款总金额			1000000			
4							
5	年份			利息金额			
6	1			(¥65,500.00)			
7	2						
8	3						

图 9-24

❷ 选中 B6 单元格，向下复制公式到 B11 单元格，即可返回直到第 6 年各年的利息额，如图 9-25 所示。

图 9-25

例 2：计算每月偿还额中的利息额

扫一扫，看视频

要计算每月偿还额中的利息额，其公式设置和上例相同，只是第一项参数利率需要做变动，需要将利率除以 12 个月得到每个月的利率。

❶ 选中 B6 单元格，在编辑栏中输入公式：

`=IPMT($B$1/12,A6,$B$2,$B$3)`

按 Enter 键，即可返回 1 月份的利息金额。

❷ 选中 B6 单元格，然后向下复制公式，即可依次计算出第 2、3、4…各月的利息额，如图 9-26 所示。

图 9-26

4. ISPMT（等额本金还款方式下的利息计算）

【函数功能】ISPMT 函数基于等额本金还款方式下，计算特定投资期内要支付的利息额。

【函数语法】ISPMT(rate,per,nper,pv)

- rate：表示投资的利率。
- per：表示要计算利息的期数，在 1~nper 之间。
- nper：表示投资的总支付期数。
- pv：表示投资的当前值，而对于贷款来说 pv 为贷款数额。

例：计算投资期内需支付的利息额

当前表格显示了某项贷款的年利率、贷款年限、贷款总金额，基于等额本金还款方式下可以计算出各年利息额。

扫一扫，看视频

❶ 选中 B6 单元格，在编辑栏中输入公式：

```
=ISPMT($B$1,A6,$B$2,$B$3)
```

按 Enter 键，即可返回此项贷款第 1 年的利息金额，如图 9-27 所示。

B6 =ISPMT($B$1,A6,$B$2,$B$3)

	A	B	C	D
1	贷款年利率	6.55%		
2	贷款年限	28		
3	贷款总金额	1000000		
4				
5	年份	利息金额		
6	1	(¥63,160.71)		
7	2			
8	3			

图 9-27

❷ 选中 B6 单元格，然后向下复制公式，即可依次计算出第 2、3、4…各年的利息额，如图 9-28 所示。

	A	B	C
1	贷款年利率	6.55%	
2	贷款年限	28	
3	贷款总金额	1000000	
4			
5	年份	利息金额	
6	1	(¥63,160.71)	
7	2	(¥60,821.43)	
8	3	(¥58,482.14)	
9	4	(¥56,142.86)	
10	5	(¥53,803.57)	
11	6	(¥51,464.29)	

图 9-28

注意：

IPMT 函数与 ISPMT 函数都是计算利息，它们的区别如下。

这两个函数的还款方式不同。IPMT 基于固定利率和等额本息还款方式，返回一项投资或贷款在指定期间内的利息偿还额。

在等额本息还款方式下，贷款偿还过程中每期还款总金额保持相同，其中本金逐期递增、利息逐期递减。

ISPMT 基于等额本金还款方式，返回某一指定投资或贷款期间内所需支付的利息。在等额本金还款方式下，贷款偿还过程中每期偿还的本金数额保持相同，利息逐期递减。

5. CUMPRINC 函数（返回两个期间的累计本金）

【函数功能】CUMPRINC 函数用于返回一笔贷款在给定的两个期间累计偿还的本金数额。

【函数语法】CUMPRINC(rate,nper,pv,start_period,end_period,type)

- rate：表示利率。
- nper：表示总付款期数。
- pv：表示现值。
- start_period：表示计算中的首期。
- end_period：表示计算中的末期。
- type：表示付款时间类型。若为 0 或零，表示期末付款；若为 1，表示期初付款。

例：根据贷款、利率和时间计算偿还的本金额

扫一扫，看视频

假设一笔贷款共 80 万元，贷款时间为 8 年，年利率为 8.5%。要计算前 6 个月应支付的本金与第 1 年和第 2 年应支付的本金总计金额。

❶ 选中 B5 单元格，在编辑栏中输入公式：

=CUMPRINC(B1,B2,B3,1,2,0)

按 Enter 键，即可返回第 1 年和第 2 年的本金总计金额，如图 9-29 所示。

❷ 选中 B6 单元格，在编辑栏中输入公式：

= CUMPRINC (B1/12,B2*12,B3,1,6,0)

按 Enter 键，即可返回第 1 年前 6 个月的本金金额，如图 9-30 所示。

图 9-29

图 9-30

6. CUMIPMT 函数（返回两个期间的累计利息）

【函数功能】CUMIPMT 函数返回一笔贷款在给定的两个期间累计偿还的利息数额。

【函数语法】CUMIPMT(rate,nper,pv,start_period,end_period,type)

- rate：表示利率。
- nper：表示总付款期数。
- pv：表示现值。
- start_period：表示计算中的首期。
- end_period：表示计算中的末期。
- type：表示付款时间类型。若为 0 或零，表示期末付款；若为 1，表示期初付款。

例：根据贷款、利率和时间计算偿还的利息额

本例和上例中的题设相同，需要计算出前 6 个月的利息，以及第 1 年到第 2 年总计需要支付多少利息。

扫一扫，看视频

❶ 选中 B5 单元格，在编辑栏中输入公式：

```
=CUMIPMT(B1,B2,B3,1,2,0)
```

按 Enter 键，即可返回第 1 年和第 2 年的本金总计金额，如图 9-31 所示。

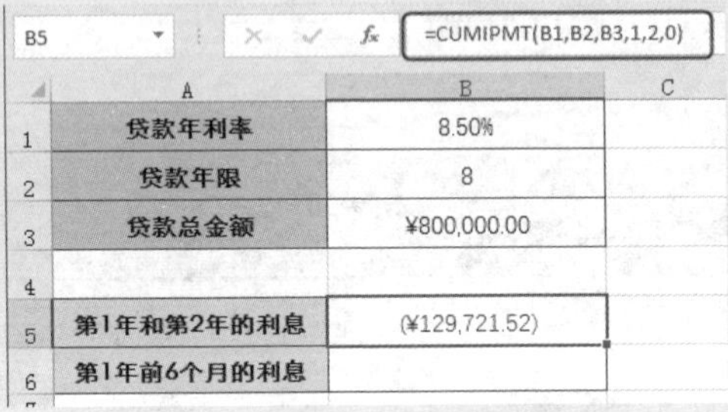
B5 =CUMIPMT(B1,B2,B3,1,2,0)

	A	B	C
1	贷款年利率	8.50%	
2	贷款年限	8	
3	贷款总金额	¥800,000.00	
4			
5	第1年和第2年的利息	(¥129,721.52)	
6	第1年前6个月的利息		

图 9-31

❷ 选中 B6 单元格，在编辑栏中输入公式：

```
= CUMIPMT (B1/12,B2*12,B3,1,6,0)
```

按 Enter 键，即可返回第 1 年前 6 个月的本金金额，如图 9-32 所示。

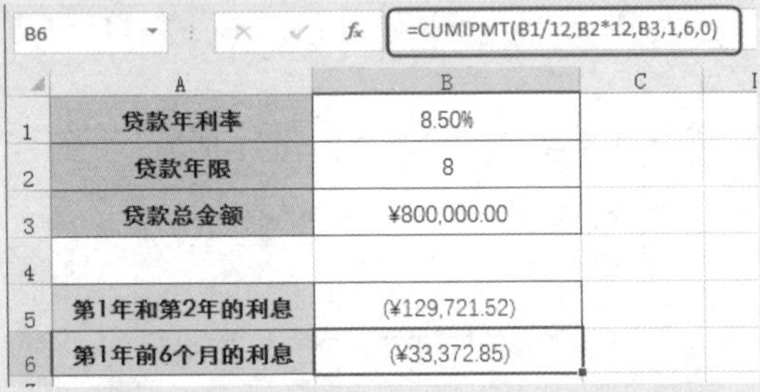
B6 =CUMIPMT(B1/12,B2*12,B3,1,6,0)

	A	B	C
1	贷款年利率	8.50%	
2	贷款年限	8	
3	贷款总金额	¥800,000.00	
4			
5	第1年和第2年的利息	(¥129,721.52)	
6	第1年前6个月的利息	(¥33,372.85)	

图 9-32

9.3 偿还率函数

偿还率函数是专门用来计算利率的函数，也用于计算内部收益率，包括 IRR、MIRR、RATE 和 XIRR 几个函数。

1. IRR（计算内部收益率）

【函数功能】IRR 函数返回由数值代表的一组现金流的内部收益率。这些现金流不必为均衡的，但作为年金，它们必须按固定的间隔产生，如按月或按年。内部收益率为投资的回收利率，其中包含定期支付（负值）和定期收入（正值）。

【函数语法】IRR(values,guess)

- values：表示进行计算的数组，即用来计算返回的内部收益率的数字。
- guess：表示对函数 IRR 计算结果的估计值。

例：计算一笔投资的内部收益率

假设要开设一家店铺需要投资 100000 元，希望未来 5 年中各年的收入分别为 10000 元、20000 元、50000 元、80000 元、120000 元。要求计算出第 3 年后的内部收益率与第 5 年后的内部收益率。

扫一扫，看视频

❶ 选中 B8 单元格，在编辑栏中输入公式：
=IRR(B1:B4)
按 Enter 键，即可计算出 3 年后的内部收益率，如图 9-33 所示。

▲	A	B
1	期初投资额	-100000
2	第1年收益	10000
3	第2年收益	20000
4	第3年收益	50000
5	第4年收益	80000
6	第5年收益	120000
7		
8	三年后内部收益率	-8.47%

图 9-33

❷ 选中 B9 单元格，在编辑栏中输入公式：
=IRR(B1:B6)
按 Enter 键，即可计算出 5 年后的内部收益率，如图 9-34 所示。

▲	A	B
1	期初投资额	-100000
2	第1年收益	10000
3	第2年收益	20000
4	第3年收益	50000
5	第4年收益	80000
6	第5年收益	120000
7		
8	三年后内部收益率	-8.47%
9	五年后内部收益率	30.93%

图 9-34

2. MIRR（计算修正内部收益率）

【函数功能】MIRR 函数是返回某一连续期间内现金流的修正内部收益率。MIRR 函数同时考虑了投资的成本和现金再投资的收益率。

【函数语法】MIRR(values,finance_rate,reinvest_rate)

- values：表示进行计算的数组，即用来计算返回的内部收益率的数字。
- finance_rate：表示现金流中使用的资金支付的利率。
- reinvest_rate：表示将现金流再投资的收益率。

例：计算不同利率下的修正内部收益率

扫一扫，看视频

假如开一家店铺需要投资 100000 元，预计今后 5 年中各年的收入分别为 10000 元、20000 元、50000 元、80000 元、120000 元。期初投资的 100000 元是从银行贷款所得，利率为 6.9%，并且将收益又投入店铺中，再投资收益的年利率为 12%。要求计算出 5 年后的修正内部收益率与 3 年后的修正内部收益率。

❶ 选中 B10 单元格，在编辑栏中输入公式：

=MIRR(B3:B8,B1,B2)

按 Enter 键，即可计算出 5 年后的修正内部收益率，如图 9-35 所示。

	B10		✕ ✓ fx	=MIRR(B3:B8,B1,B2)	
▲	A		B		C
1	期初投资额的贷款利率		6.90%		
2	再投资收益年利率		12.00%		
3	期初投资额		-100000		
4	第1年收益		10000		
5	第2年收益		20000		
6	第3年收益		50000		
7	第4年收益		80000		
8	第5年收益		120000		
9					
10	5年后修正内部收益率		25.89%		

图 9-35

❷ 选中 B11 单元格，在编辑栏中输入公式：

=MIRR(B3:B6,B1,B2)

按 Enter 键，即可计算出 3 年后的修正内部收益率，如图 9-36 所示。

Excel 函数与公式速查宝典

| B11 | | ▼ | : | × | ✓ | f_x | =MIRR(B3:B6,B1,B2) |

▲	A	B	C
1	期初投资额的贷款利率	6.90%	
2	再投资收益年利率	12.00%	
3	期初投资额	-100000	
4	第1年收益	10000	
5	第2年收益	20000	
6	第3年收益	50000	
7	第4年收益	80000	
8	第5年收益	120000	
9			
10	5年后修正内部收益率	25.89%	
11	3年后修正内部收益率	-5.29%	

图 9-36

3. XIRR（计算不定期现金流的内部收益率）

【函数功能】XIRR 函数返回一组不定期现金流的内部收益率。

【函数语法】XIRR(values,dates,guess)

- values：表示与 dates 中的支付时间相对应的一系列现金流。
- dates：表示与现金流支付相对应的支付日期表。
- guess：表示对函数 XIRR 计算结果的估计值。

例：计算一组不定期盈利额的内部收益率

假设某项投资的期初投资为 20000 元，未来几个月的收益日期不定，收益金额也不定（表格中给出）。要求计算出该项投资的内部收益率。

扫一扫，看视频

❶ 选中 C8 单元格，在编辑栏中输入公式：

=XIRR(C1:C6,B1:B6)

❷ 按 Enter 键，即可计算出该投资的内部收益率，如图 9-37 所示。

| C8 | | ▼ | : | × | ✓ | f_x | =XIRR(C1:C6,B1:B6) |

▲	A	B	C	D	E
1	投资额	2016/5/25	-20000		
2		2016/6/25	2000		
3		2016/7/25	9000		
4	预计收益	2016/9/28	15000		
5		2016/10/25	20000		
6		2016/11/27	30000		
7					
8	内部收益率		¥35.31		
9					

图 9-37

4. RATE（返回年金的各期利率）

【函数功能】RATE 函数返回年金的各期利率。

【函数语法】RATE(nper,pmt,pv,fv,type,guess)

- nper：表示总投资期，即该项投资的付款期总数。
- pmt：表示各期付款额。
- pv：表示现值，即本金。
- fv：表示未来值。
- type：指定各期的付款时间是在期初还是期末。若是 0，为期末；若是 1，为期初。
- guess：表示预期利率。如果省略预期利率，则假设该值为 10%。

例：计算一笔投资的年增长率

扫一扫，看视频

如果需要使用 100000 元进行某项投资，该项投资的年回报金额为 28000 元，回报期为 5 年。现在要计算该项投资的收益率是多少，从而判断该项投资是否值得。

❶ 选中 B5 单元格，在编辑栏中输入公式：

`=RATE(B1,B2,B3)`

❷ 按 Enter 键，即可计算出该项投资的收益率，如图 9-38 所示。

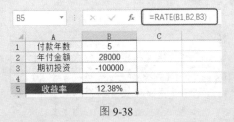

图 9-38

9.4 资产折旧计算

折旧计算函数主要包括 DB、DDB、SLN、SYD、VDB。这些函数都是用来计算资产折旧的，只是采用了不同的计算方法。具体选用哪种折旧方法，则视各单位情况而定。

1. SLN（直线法计提折旧）

【函数功能】SLN 函数用于返回某项资产在一个期间中的线性折旧值。

【函数语法】SLN(cost,salvage,life)

- cost：表示资产原值。
- salvage：表示资产在折旧期末的价值，即资产残值。
- life：表示折旧期限，即资产的使用寿命。

【用法解析】

默认为年限，如果要计算月折旧额则需要把使用寿命中的年数乘以 12，转换为可使用的月份数

=SLN（❶资产原值，❷资产残值，❸资产寿命）

📣 注意：

直线法计提折旧（Straight Line Method）又称为平均年限法，是指将固定资产按预计使用年限平均计算折旧均衡地分摊到各期的一种方法。采用这种方法计算的每期（年、月）折旧额都是相等的。

例 1：直线法计算固定资产的每年折旧额

直线法计算固定资产折旧额对应的函数为 SLN 函数。

❶ 录入各项固定资产的原值、可使用年限、残值等数据到工作表中，如图 9-39 所示。

扫一扫，看视频

	A	B	C	D	E
1	资产名称	原值	预计残值	预计使用年限	年折旧额
2	空调	3980	180	6	
3	冷暖空调机	2200	110	4	
4	uv喷绘机	98000	9800	10	
5	印刷机	3500	154	5	
6	覆膜机	3200	500	5	
7	平板彩印机	42704	3416	10	
8	亚克力喷绘机	13920	1113	10	

图 9-39

❷ 选中 E2 单元格，在编辑栏中输入公式：

=SLN(B2,C2,D2)

按 Enter 键，即可计算出第一项固定资产的每年折旧额。

❸ 选中 E2 单元格，向下复制公式，即可快速得出其他固定资产的年折旧额，如图 9-40 所示。

	A	B	C	D	E
					=SLN(B2,C2,D2)
1	资产名称	原值	预计残值	预计使用年限	年折旧额
2	空调	3980	180	6	633.33
3	冷暖空调机	2200	110	4	522.50
4	uv喷绘机	98000	9800	10	8820.00
5	印刷机	3500	154	5	669.20
6	覆膜机	3200	500	5	540.00
7	平板彩印机	42704	3416	10	3928.80
8	亚克力喷绘机	13920	1113	10	1280.70

图 9-40

例 2：直线法计算固定资产的每月折旧额

扫一扫，看视频

如果要计算每月的折旧额，则只需要将第 3 个参数的资产寿命更改为月份数即可。

❶ 录入各项固定资产的原值、可使用年限、残值等数据到工作表中。

❷ 选中 E2 单元格，在编辑栏中输入公式：

=SLN(B2,C2,D2*12)

按 Enter 键，即可计算出第一项固定资产每月折旧额。

❸ 选中 E2 单元格，向下复制公式，即可计算出其他各项固定资产的每月折旧额，如图 9-41 所示。

	A	B	C	D	E
					=SLN(B2,C2,D2*12)
1	资产名称	原值	预计残值	预计使用年限	年折旧额
2	空调	3980	180	6	52.78
3	冷暖空调机	2200	110	4	43.54
4	uv喷绘机	98000	9800	10	735.00
5	印刷机	3500	154	5	55.77
6	覆膜机	3200	500	5	45.00
7	平板彩印机	42704	3416	10	327.40
8	亚克力喷绘机	13920	1113	10	106.73

图 9-41

【公式解析】

$$=\text{SLN(B2,C2,D2*12)}$$

计算月折旧额时需要将使用寿命中的年数乘以 12，转换为可使用的月份数

2. SYD（年数总和法计提折旧）

【函数功能】SYD 函数是返回某项资产按年限总和折旧法计算的指定期间的折旧值。

【函数语法】SYD(cost,salvage,life,per)

- cost：表示资产原值。
- salvage：表示资产在折旧期末的价值，即资产残值。
- life：表示折旧期限，即资产的使用寿命。
- per：表示期间，单位与 life 要相同。

【用法解析】

=SYD（❶资产原值，❷资产残值，❸资产寿命，
❹指定要计算的期数）

指定要计算折旧额的期数（年或月），单位要与参数❸相同，即如果要计算指定月份的折旧额，则要把参数❸的使用寿命更改为月份数

🔊 注意：

年数总和法又称合计年限法，是将固定资产的原值减去净残值后的净额乘以一个逐年递减的分数计算每年的折旧额，这个分数的分子代表固定资产尚可使用的年数，分母代表使用年限的逐年数字总和。年数总和法计提的折旧额是逐年递减的。

例：年数总和法计算固定资产的年折旧额

年限总和法计算固定资产折旧额对应的函数为 SYD。

❶ 录入固定资产的原值、可使用年限、残值等数据到工作表中。如果想一次求出每一年中的折旧额，可以事先根据固定资产的预计使用年限建立一个数据序列（如图 9-42 所示的 D

扫一扫，看视频

列中），从而方便公式的引用。

	A	B	C	D	E
1	固定资产名称	uv喷绘机		年限	折旧额
2	原值	98000		1	
3	残值	9800		2	
4	预计使用年	10		3	
5				4	
6				5	
7				6	
8				7	
9				8	
10				9	
11				10	

图 9-42

❷ 选中 E2 单元格，在编辑栏中输入公式：

```
=SYD($B$2,$B$3,$B$4,D2)
```

按 Enter 键，即可计算出该项固定资产第 1 年的折旧额，如图 9-43 所示。

E2 =SYD($B$2,$B$3,$B$4,D2)

	A	B	C	D	E
1	固定资产名称	uv喷绘机		年限	折旧额
2	原值	98000		1	¥16,036.36
3	残值	9800		2	
4	预计使用年	10		3	
5				4	

图 9-43

❸ 选中 E2 单元格，拖动右下角的填充柄向下复制公式，即可计算出该项固定资产各个年份的折旧额，如图 9-44 所示。

E2 =SYD($B$2,$B$3,$B$4,D2)

	A	B	C	D	E
1	固定资产名称	uv喷绘机		年限	折旧额
2	原值	98000		1	¥16,036.36
3	残值	9800		2	¥14,432.73
4	预计使用年	10		3	¥12,829.09
5				4	¥11,225.45
6				5	¥9,621.82
7				6	¥8,018.18
8				7	¥6,414.55
9				8	¥4,810.91
10				9	¥3,207.27
11				10	¥1,603.64

图 9-44

【公式解析】

$$=SYD(\$B\$2,\$B\$3,\$B\$4,D2)$$

求解期数是年份，想求解哪一年就指定此参数为几，
本例为了查看整个 10 年的折旧额，则在 D 列中输入
年份值，方便公式引用

📢 注意:

由于年限总和法求出的折旧值各期是不等的，因此如果使用此法求解，则必须单项求解，而不能像直线折旧法那样一次性求解多项固定资产的折旧额。如果要求解指定月份（用 n 表示）的折旧额，则使用公式"=SYD（资产原值，资产残值，可使用年数*12，n）"。

3. DB（固定余额递减法计算折旧值）

【函数功能】DB 函数是使用固定余额递减法，计算一笔资产在给定期间内的折旧值。

【函数语法】DB(cost,salvage,life,period,month)

● cost：表示资产原值。

● salvage：表示资产在折旧期末的价值，也称为资产残值。

● life：表示折旧期限，也称作资产的使用寿命。

● period：表示需要计算折旧值的期间。period 必须使用与 life 相同的单位。

● month：表示第一年的月份数，省略时假设为 12。

【用法解析】

=DB（❶资产原值，❷资产残值，❸资产寿命，
❹指定要计算的期数）

指定要计算折旧额的期数（年或月），单位要与参数❸相同，
即如果要计算指定月份的折旧额，则要把参数❸的使用寿命
转换为月份数

📢 **注意:**

固定余额递减法是一种加速折旧法，即在预计的使用年限内将后期折旧的一部分移到前期，使前期折旧额大于后期折旧额的一种方法。

例：用固定余额递减法计算出固定资产的每年折旧额

扫一扫，看视频

固定余额递减法计算固定资产折旧额对应的函数为 DB。

❶ 录入固定资产的原值、可使用年限、残值等数据到工作表中，如果想查看每年的折旧额，可以事先根据固定资产的使用年限建立一个数据序列（如图 9-45 所示的 D 列中），从而方便公式的引用。

❷ 选中 E2 单元格，在编辑栏中输入公式：

=DB($B$2,$B$3,$B$4,D2)

按 Enter 键，即可计算出该项固定资产第 1 年的折旧额，如图 9-45 所示。

E2	▼	:	×	✓	fx	=DB($B$2,$B$3,$B$4,D2)

	A	B	C	D	E
1	资产名称	油压裁断机		年限	折旧额
2	原值	108900		1	25047.00
3	预计残值	8000		2	
4	预计使用年限	10		3	
5				4	
6				5	

图 9-45

❸ 选中 E2 单元格，拖动右下角的填充柄向下复制公式，即可计算出各个年份的折旧额，如图 9-46 所示。

E2	▼	:	×	✓	fx	=DB($B$2,$B$3,$B$4,D2)

	A	B	C	D	E
1	资产名称	油压裁断机		年限	折旧额
2	原值	108900		1	25047.00
3	预计残值	8000		2	19286.19
4	预计使用年限	10		3	14850.37
5				4	11434.78
6				5	8804.78
7				6	6779.68
8				7	5220.36
9				8	4019.67
10				9	3095.15
11				10	2383.26

图 9-46

注意：

如果要求解指定月份（用 n 表示）的折旧额，则使用公式"=DB（资产原值，资产残值，可使用年数*12，n）"。

4. DDB（双倍余额递减法计算折旧值）

【函数功能】DDB 函数是采用双倍余额递减法计算一笔资产在给定期间内的折旧值。

【函数语法】DDB(cost,salvage,life,period,factor)

- cost：表示资产原值。
- salvage：表示资产在折旧期末的价值，也称为资产残值。
- life：表示折旧期限，也称作资产的使用寿命。
- period：表示需要计算折旧值的期间。period 必须使用与 life 相同的单位。
- factor：表示余额递减速率。若省略，则假设为 2。

【用法解析】

=DDB（❶资产原值，❷资产残值，❸资产寿命，
　　　　❹指定要计算的期数）

指定要计算折旧额的期数（年或月），单位要与参数❸相同，即如果要计算指定月份的折旧额，则要把参数❸的使用寿命转换为月份数

注意：

双倍余额递减法是在不考虑固定资产净残值的情况下，根据每期期初固定资产账面余额和双倍的直线法折旧率计算固定资产折旧的一种方法。

例：双倍余额递减法计算固定资产的每年折旧额

双倍余额递减法计算固定资产折旧额对应的函数为 DDB。

❶ 录入固定资产的原值、可使用年限、残值等数据到工作表中。如果想一次求出每一年中的折旧额，可以事先根据固定资产的预计使用年限建立一个数据序列（如图 9-47 所示的 D

扫一扫，看视频

列中），从而方便公式的引用。

❷ 选中 E2 单元格，在编辑栏中输入公式：

= DDB($B$2,$B$3,$B$4,D2)

按 Enter 键，即可计算出该项固定资产第 1 年的折旧额，如图 9-47 所示。

| E2 | ▼ | ⋮ | × | ✓ | fx | =DDB($B$2,$B$3,$B$4,D2) |

▲	A	B	C	D	E
1	资产名称	油压裁断机		年限	折旧额
2	原值	108900		1	21780.00
3	预计残值	8000		2	
4	预计使用年限	10		3	
5				4	
6				5	

图 9-47

❸ 选中 E2 单元格，向下拖动进行公式复制即可计算出各个年限的折旧额，如图 9-48 所示。

| E2 | ▼ | ⋮ | × | ✓ | fx | =DDB($B$2,$B$3,$B$4,D2) |

▲	A	B	C	D	E
1	资产名称	油压裁断机		年限	折旧额
2	原值	108900		1	21780.00
3	预计残值	8000		2	17424.00
4	预计使用年限	10		3	13939.20
5				4	11151.36
6				5	8921.09
7				6	7136.87
8				7	5709.50
9				8	4567.60
10				9	3654.08
11				10	2923.26

图 9-48

🔊 注意：

如果要求解指定月份（用 n 表示）的折旧额，则使用公式 "=DDB（资产原值，资产残值,可使用年数*12, n）"。

5. VDB（返回指定期间的折旧值）

【函数功能】VDB 函数使用双倍余额递减法或其他指定的方法，返回指定的任何期间内（包括部分期间）的资产折旧值。

【函数语法】VDB(cost,salvage,life,start_period,end_period,factor,no_switch)

- cost：表示资产原值。
- salvage：表示资产在折旧期末的价值，即称为资产残值。
- life：表示折旧期限，即称为资产的使用寿命。
- start_period：表示进行折旧计算的起始期间。
- end_period：表示进行折旧计算的截止期间。
- factor：表示余额递减速率。若省略，则假设为 2。
- no_switch：一个逻辑值，指定当折旧值大于余额递减计算值时，是否转用直线折旧法。若为 TRUE，即使折旧值大于余额递减计算值也不转用直线折旧法；若为 FALSE 或被忽略，且折旧值大于余额递减计算值时转用线性折旧法。

【用法解析】

=VDB（❶资产原值，❷资产残值，❸资产寿命，❹起始期间，❺结束期间）

指定的期数❹、❺（年或月）单位要与参数❸相同，即如果要计算指定月份的折旧额，则要把参数❸的使用寿命转换为月份数

例：计算任意指定期间的资产折旧值

要求计算出固定资产部分期间（如第 6~12 个月的折旧额、第 3~4 年的折旧额等）的折旧值，可以使用 VDB 函数实现。

❶ 录入固定资产的原值、可使用年限、残值等数据到工作表中。

❷ 选中 B6 单元格，在编辑栏中输入公式：

```
=VDB(B2,B3,B4*12,0,1)
```

按 Enter 键，即可计算出该项固定资产第 1 个月的折旧额，如图 9-49 所示。

图 9-49

❸ 选中 B7 单元格,在编辑栏中输入公式:

=VDB(B2,B3,B4,0,2)

按 Enter 键,即可计算出该项固定资产第 2 年的折旧额,如图 9-50 所示。

| B7 | : | × | ✓ | fx | =VDB(B2,B3,B4,0,2) |
	A		B		C
1	资产名称		电脑		
2	原值		5000		
3	预计残值		500		
4	预计使用年限		5		
5					
6	第1个月的折旧额		166.67		
7	第3年的折旧额		3200.00		

图 9-50

❹ 选中 B8 单元格,在编辑栏中输入公式:

=VDB(B2,B3,B4*12,6,12)

按 Enter 键,即可计算出该项固定资产第 6~12 月的折旧额,如图 9-51 所示。

| B8 | : | × | ✓ | fx | =VDB(B2,B3,B4*12,6,12) |
	A		B		C
1	资产名称		电脑		
2	原值		5000		
3	预计残值		500		
4	预计使用年限		5		
5					
6	第1个月的折旧额		166.67		
7	第3年的折旧额		3200.00		
8	第6~12月的折旧额		750.90		

图 9-51

⑤ 选中 B9 单元格，在编辑栏中输入公式：

=VDB(B2,B3,B4,3,4)

按 Enter 键，即可计算出该项固定资产第 3~4 年的折旧额，如图 9-52 所示。

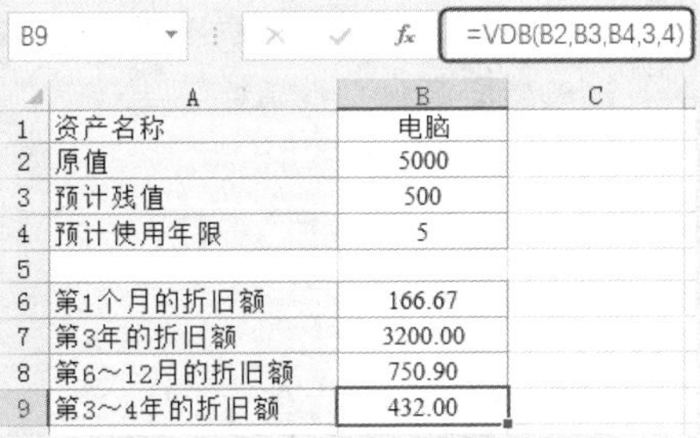

图 9-52

【公式解析】

=VDB(B2,B3,B4*12,6,12)

由于工作表中给定了固定资产的使用年限，因此在计算某月、某些月的折旧额时，需要将使用寿命转换为月数，即转换为"使用年限*12"

6. AMORDEGRC（计算每个会计期间的折旧值）

【函数功能】AMORDEGRC 函数用于计算每个会计期间的折旧值。

【函数语法】AMORDEGRC(cost,date_purchased,first_period,salvage,period,rate,basis)

- cost：表示资产原值。
- date_purchased：表示购入资产的日期。
- first_period：表示第一个期间结束时的日期。
- salvage：表示资产在使用寿命结束时的残值。
- period：表示期间。
- rate：表示折旧率。
- basis：表示年基准。若为 0 或省略，按 360 天为基准；若为 1，按实际天数为基准；若为 3，按一年 365 天为基准；若为 4，按一年为 360 天为基准。

例：计算会计期间的折旧值

扫一扫，看视频

某企业 2015 年 1 月 10 日新增一项固定资产，原值为 68000 元，第一个会计期间结束日期为 2016 年 1 月 5 日，其资产残值为 5440 元，折旧率为 8.00%。要求按实际天数为基准，计算每个会计期间的折旧值。

❶ 选中 B7 单元格，在编辑栏中输入公式：

=AMORDEGRC(B1,B3,B4,B2,1,B5,1)

❷ 按 Enter 键，即可计算出每个会计期间的折旧值，如图 9-53 所示。

B7			f_x	=AMORDEGRC(B1,B3,B4,B2,1,B5,1)	
	A		B	C	D
1	资产原值		68000		
2	预计残值		5440		
3	增加日期		2015/1/10		
4	第一个会计期间结束日期		2016/1/10		
5	折旧率		8.00%		
6					
7	每个会计期间的折旧		10880		

图 9-53

7. AMORLINC（返回每个会计期间的折旧值）

【函数功能】AMORLINC 函数用于返回每个会计期间的折旧值，该函数为法国会计系统提供。如果某项资产是在会计期间内购入的，则按线性折旧法计算。

【函数语法】AMORLINC(cost,date_purchased,first_period,salvage, period,rate,basis)

- cost：表示资产原值。
- date_purchased：表示购入资产的日期。
- first_period：表示第一个期间结束时的日期。
- salvage：表示资产在使用寿命结束时的残值。
- period：表示期间。
- rate：表示折旧率。
- basis：表示所使用的年基准。若为 0 或省略，按 360 天为基准；若为 1，按实际天数为基准；若为 3，按一年 365 天为基准；若为 4，按一年为 360 天为基准。

Excel 函数与公式速查宝典

例：以法国会计系统计算每个会计期间的折旧值

某企业 2015 年 1 月 10 日新增一项固定资产，原值为 68000 元，第一个会计期间结束日期为 2016 年 1 月 5 日，其资产残值为 5440 元，折旧率为 8.00%。要求以法国会计系统计算每个会计期间的折旧值。

扫一扫，看视频

① 选中 B7 单元格，在编辑栏中输入公式：

= AMORLINC (B1,B3,B4,B2,1,B5,1)

② 按 Enter 键，即可计算出每个会计期间的折旧值，如图 9-54 所示。

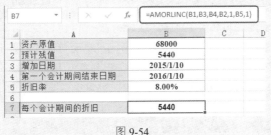

图 9-54

9.5 债券及其他金融函数

债券及其他金融函数又可分为计算本金、利息的函数，与利息支付时间有关的函数、与利率收益率有关的函数、与修正期限有关的函数以及与有价证券有关的函数。

9.5.1 计算本金、利息的函数

1. ACCRINT（计算定期付息有价证券的利息）

【函数功能】ACCRINT 函数用于返回定期付息有价证券的应计利息。

【函数语法】ACCRINT(issue,first_interest,settlement,rate,par,frequency,basis)

- issue：表示有价证券的发行日。
- first_interest：表示证券的起息日。
- settlement：表示证券的成交日，即发行日之后证券卖给购买者的日期。

- rate：表示有价证券的年息票利率。
- par：表示有价证券的票面价值。若省略 par，默认将 par 看作 1000。
- frequency：表示年付息次数。如果按年支付，frequency = 1；按半年期支付，frequency = 2；按季支付，frequency = 4。
- basis：表示日计数基准类型。若为 0 或省略，按美国（NASD）30/360；若为 1，按实际天数/实际天数；若为 2，按实际天数/360；若为 3，按实际天数/365；若为 4，按欧洲 30/360。

例：计算定期付息有价证券的应计利息

某人于 2017 年 8 月 18 日购买了 10 万元的有价证券，发行日为 2012 年 1 月 1 日，起息日为 2017 年 10 月 1 日，年利率为 10%，按半年期付息，要求以 US（NASD）30/360 为日计数基准，计算出到期利息。

❶ 选中 B9 单元格，在编辑栏中输入公式：

`=ACCRINT(B1,B2,B3,B4,B5,B6,B7)`

❷ 按 Enter 键，即可计算出到期利息，如图 9-55 所示。

图 9-55

2. ACCRINTM（计算一次性付息有价证券的利息）

【函数功能】ACCRINTM 函数用于返回到期一次性付息有价证券的应计利息。

【函数语法】ACCRINTM(issue,maturity,rate,par,basis)

- issue：表示有价证券的发行日。
- maturity：表示有价证券的到期日。

- rate：表示有价证券的年息票利息。
- par：表示有价证券的票面价值。
- basis：表示日计数基准类型。若为 0 或省略，按美国（NASD）30/360；若为 1，按实际天数/实际天数；若为 2，按实际天数/360；若为 3，按实际天数/365；若为 4，按欧洲 30/360。

例：计算到期一次性付息有价证券的应计利息

如果购买了价值为 5 万元的短期债券，其发行日为 2017 年 1 月 1 日，到期日为 2017 年 8 月 18 日，债券利率为 10%，以实际天数/360 为日计数基准，计算出债券的应计利息。

❶ 选中 B7 单元格，在编辑栏中输入公式：

=ACCRINTM(B1,B2,B3,B4,B5)

❷ 按 Enter 键，即可计算出有价证卷到期一次性付息的应计利息，如图 9-56 所示。

图 9-56

3. COUPNUM（成交日至到期日之间应付利息次数）

【函数功能】COUPNUM 函数用于返回成交日和到期日之间的利息应付次数，向上取整到最近的整数。

【函数语法】COUPNUM(settlement,maturity,frequency,basis)

- settlement：表示证券的成交日，即发行日之后证券卖给购买者的日期。
- maturity：表示有价证券的到期日，即有价证券有效期截止时的日期。
- frequency：表示年付息次数。如果按年支付，frequency = 1；按半年期支付，frequency = 2；按季支付，frequency = 4。

- basis：表示日计数基准类型。若为 0 或省略，按美国（NASD）30/360；若为 1，按实际天数/实际天数；若为 2，按实际天数/360；若为 3，按实际天数/365；若为 4，按欧洲 30/360。

例：计算出债券成交日和到期日之间的利息应付次数

某债券成交日为 2017 年 3 月 10 日，到期日为 2018 年 6 月 10 日，按半年期付息，以实际天数/实际天数为日计数基准，要求计算出该债券成交日至到期日之间的付息次数为多少次。

❶ 选中 B6 单元格，在编辑栏中输入公式：

`=COUPNUM(B1,B2,B3,B4)`

❷ 按 Enter 键，即可计算出债券成交日至到期日之间的付息次数，如图 9-57 所示。

图 9-57

9.5.2　与利息支付时间有关的函数

1. COUPDAYBS（返回票息期开始到结算日之间的天数）

【函数功能】COUPDAYBS 函数用于返回票息期开始到结算日之间的天数。

【函数语法】COUPDAYBS(settlement,maturity,frequency,basis)

- settlement：表示证券的成交日，即发行日之后证券卖给购买者的日期。
- maturity：表示有价证券的到期日，即有价证券有效期截止时的日期。
- frequency：表示年付息次数。如果按年支付，frequency = 1；按半年期支付，frequency = 2；按季支付，frequency = 4。

- basis：表示日计数基准类型。若为 0 或省略，按美国（NASD）30/360；若为 1，按实际天数/实际天数；若为 2，按实际天数/360；若为 3，按实际天数/365；若为 4，按欧洲 30/360。

例：计算票息期开始到结算日之间的天数

某债券成交日为 2017 年 1 月 1 日，到期日为 2018 年 6 月 10 日，按实际天数/360 为日计数基准，要求计算出该债券成交日至到期日的天数。

扫一扫，看视频

① 选中 B6 单元格，在编辑栏中输入公式：
=COUPDAYBS(B1,B2,B3,B4)

② 按 Enter 键，即可计算出成交日至到期日的天数,如图 9-58 所示。

B6		f_x	=COUPDAYBS(B1,B2,B3,B4)		
	A	B	C	D	
1	成交日	2017/1/1			
2	到期日	2018/6/10			
3	年付息次数	1			
4	日计数基准	1			
5					
6	成交日至到期日的天数	205			

图 9-58

2. COUPDAYS（返回包含结算日的票息期的天数）

【函数功能】COUPDAYS 函数用于返回包含结算日的票息期的天数。

【函数语法】COUPDAYS(settlement,maturity,frequency,basis)

- settlement：表示证券的成交日，即发行日之后证券卖给购买者的日期。
- maturity：表示有价证券的到期日，即有价证券有效期截止时的日期。
- frequency：表示年付息次数。如果按年支付，frequency = 1；按半年期支付，frequency = 2；按季支付，frequency = 4。
- basis：表示日计数基准类型。若为 0 或省略，按美国（NASD）30/360；若为 1，按实际天数/实际天数；若为 2，按实际天数/360；若为 3，按实际天数/365；若为 4，按欧洲 30/360。

例：计算包括成交日的付息期的天数

某债券成交日为 2017 年 1 月 1 日，到期日为 2018 年 6 月 10 日，按实际天数/360 为日计数基准。计算该债券包括成交日的付息期的天数。

❶ 选中 B6 单元格，在编辑栏中输入公式：

=COUPDAYS(B1,B2,B3,B4)

❷ 按 Enter 键，即可计算出包括成交日的付息期的天数，如图 9-59 所示。

B6	▼ : × ✓ fx	=COUPDAYS(B1,B2,B3,B4)	
	A	B	C
1	成交日	2017/1/1	
2	到期日	2018/6/10	
3	年付息次数	2	
4	日计数基准	2	
5			
6	付息期的天数	180	

图 9-59

3. COUPDAYSNC（从成交日到下一付息日之间的天数）

【函数功能】COUPDAYSNC 函数返回从成交日到下一付息日之间的天数。

【函数语法】COUPDAYSNC(settlement,maturity,frequency,basis)

- settlement：表示证券的成交日，即发行日之后证券卖给购买者的日期。
- maturity：表示有价证券的到期日，即有价证券有效期截止时的日期。
- frequency：表示年付息次数。如果按年支付，frequency = 1；按半年期支付，frequency = 2；按季支付，frequency = 4。
- basis：表示日计数基准类型。若为 0 或省略，按美国（NASD）30/360；若为 1，按实际天数/实际天数；若为 2，按实际天数/360；若为 3，按实际天数/365；若为 4，按欧洲 30/360。

例：计算出从成交日到下一个付息日之间的天数

某债券成交日为 2017 年 1 月 1 日，到期日为 2018 年 6 月 10 日，以实际天数/360 为日计数基准。计算该债券成交日到下一个付息日之间的天数。

❶ 选中 B6 单元格，在编辑栏中输入公式：

=COUPDAYSNC(B1,B2,B3,B4)

❷ 按 Enter 键，即可计算出债券成交日到下一个付息日之间的天数，如图 9-60 所示。

图 9-60

4. COUPNCD 函数（返回下一付息日的日期序列号）

【函数功能】COUPNCD 函数用于返回一个成交日之后的下一个付息日的序列号。

【函数语法】COUPNCD(settlement,maturity,frequency,basis)

- settlement：表示证券的成交日，即发行日之后证券卖给购买者的日期。

- maturity：表示有价证券的到期日，即有价证券有效期截止时的日期。

- frequency：表示年付息次数。如果按年支付，frequency = 1；按半年期支付，frequency = 2；按季支付，frequency = 4。

- basis：表示日计数基准类型。若为 0 或省略，按 US（NASD）30/360；若为 1，按实际天数/实际天数；若为 2，按实际天数/360；若为 3，按实际天数/365；若为 4，按欧洲 30/360。

例：计算成交日之后的下一个付息日

某债券成交日为 2017 年 10 月 10 日，到期日为 2018 年 6 月 10 日，以实际天数/360 为日计数基准，要求计算出该债券自成交日之后的下一个付息日的具体日期。

❶ 选中 B6 单元格，在编辑栏中输入公式：

=COUPNCD(B1,B2,B3,B4)

按 Enter 键，即可计算出成交日过后的下一个付息日期所对应的序列号，如图 9-61 所示。

图 9-61

❷ 选中 B6 单元格，在"开始"选项卡的"数字"组中单击格式设置的下拉按钮，在下拉列表中单击"短日期"命令，即可将其转换为具体的日期格式显示，如图 9-62 所示。

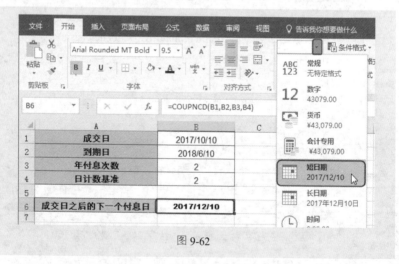

图 9-62

5. COUPPCD（返回上一付息日的日期序列号）

【函数功能】COUPPCD 函数用于返回成交日之前的上一付息日的日期的序列号。

【函数语法】COUPPCD(settlement,maturity,frequency,basis)

● settlement：表示证券的成交日，即发行日之后证券卖给购买者的日期。

● maturity：表示有价证券的到期日，即有价证券有效期截止时的日期。

● frequency：表示年付息次数。如果按年支付，frequency = 1；按半年期支付，frequency = 2；按季支付，frequency = 4。

● basis：表示日计数基准类型。若为 0 或省略，按美国（NASD）30/360；若为 1，按实际天数/实际天数；若为 2，按实际天数/360；若为 3，按实际天数/365；若为 4，按欧洲 30/360。

例：计算成交日之前的上一个付息日

某债券成交日为 2017 年 10 月 10 日，到期日为 2018 年 6 月 10 日，以实际天数/360 为日计数基准，要求计算出该债券自成交日之前的上一个付息日的具体日期。

扫一扫，看视频

❶ 选中 B6 单元格，在编辑栏中输入公式：

=COUPPCD(B1,B2,B3,B4)

❷ 按 Enter 键，即可计算出成交日之前的上一个付息日的具体日期（注意返回日期序列号后可如同上例一样进行单元格格式设置即可正确显示日期），如图 9-63 所示。

	A	B	C
	B6 ▼ : × ✓ fx =COUPPCD(B1,B2,B3,B4)		
1	成交日	2017/10/10	
2	到期日	2018/6/10	
3	年付息次数	2	
4	日计数基准	2	
5			
6	成交日之前的上一个付息日	2017/6/10	
7			

图 9-63

9.5.3　与利率收益率有关的函数

1. INTRATE（返回一次性付息证券的利率）

【函数功能】INTRATE 函数返回一次性付息证券的利率。

【函数语法】INTRATE(settlement,maturity,investment,redemption,basis)

- settlement：表示证券的成交日。
- maturity：表示有价证券的到期日。
- investment：表示有价证券的投资额。
- redemption：表示有价证券到期时的清偿价值。
- basis：表示日计数基准类型。若为 0 或省略，按美国（NASD）30/360；若为 1，按实际天数/实际天数；若为 2，按实际天数/360；若为 3，按实际天数/365；若为 4，按欧洲 30/360。

例：计算债券的一次性付息利率

扫一扫，看视频

某债券的成交日为 2017 年 10 月 10 日，到期日为 2018 年 4 月 10 日，债券的投资金额为 400000 元，清偿价格为 42000 元，按实际天数/360 为日计数基准，计算出该债券的一次性付息利率。

❶ 选中 B7 单元格，输入公式：

`=INTRATE(B1,B2,B3,B4,B5)`

❷ 按 Enter 键，即可计算出债券的一次性付息利率，如图 9-64 所示。

B7		× ✓ fx	=INTRATE(B1,B2,B3,B4,B5)	
	A	B	C	D
1	债券成交日	2017/10/10		
2	债券到期日	2018/4/10		
3	债券投资金额	400000		
4	清偿价值	420000		
5	日计数基准	2		
6				
7	债券利率	9.89%		

图 9-64

2. ODDFYIELD（首期付息日不固定有价证券收益率）

【函数功能】ODDFYIELD 函数用于返回首期付息日不固定的有价证券（长期或短期）的收益率。

【函数语法】ODDFYIELD(settlement,maturity,issue,first_coupon,rate,pr, redemption,frequency,basis)

- settlement：表示证券的成交日。
- maturity：表示有价证券的到期日。
- issue：表示有价证券的发行日。

- first_coupon：表示有价证券的首期付息日。
- rate：表示有价证券的利率。
- pr：表示有价证券的价格。
- redemption：表示面值 100 的有价证券的清偿价值。
- frequency：表示年付息次数。如果按年支付，frequency = 1；按半年期支付，frequency = 2；按季支付，frequency = 4。
- basis：表示日计数基准类型。若为 0 或省略，按美国（NASD）30/360；若为 1，按实际天数/实际天数；若为 2，按实际天数/360；若为 3，按实际天数/365；若为 4，按欧洲 30/360。

例：计算首期付息日不固定的债券的收益率

购买债券的日期为 2016 年 10 月 1 日，该债券到期日为 2020 年 12 月 1 日，发行日期为 2016 年 5 月 1 日，首期付息日期为 2016 年 12 月 1 日，付息利率为 8.95%，债券价格为 103.5 元，以半年期付息，以按实际天数/365 为日计数基准，计算出该首期付息日债券的收益率。

扫一扫，看视频

❶ 选中 B11 单元格，在编辑栏中输入公式：
=ODDFYIELD(B1,B2,B3,B4,B5,B6,B7,B8,B9)

❷ 按 Enter 键，即可计算出该首期付息日债券的收益率，如图 9-65 所示。

	B11	fx	=ODDFYIELD(B1,B2,B3,B4,B5,B6,B7,B8,B9)		
	A	B	C	D	E
1	债券成交日	2016/10/1			
2	债券到期日	2020/12/1			
3	债券发行日	2016/5/1			
4	债券首期付息日	2016/12/1			
5	付息利率	8.95%			
6	债券价格	103.5			
7	清偿价值	100			
8	付息次数	2			
9	日计数基准	3			
10					
11	年收益率	7.94%			

图 9-65

3. ODDLYIELD（末期付息日不固定有价证券收益率）

【函数功能】ODDLYIELD 函数用于返回末期付息日不固定的有价证券（长期或短期）的收益率。

【函数语法】ODDLYIELD(settlement,maturity,last_interest,rate,pr,redemption,frequency,basis)

- settlement：表示证券的成交日。
- maturity：表示有价证券的到期日。
- last_interest：表示有价证券的末期付息日。
- rate：表示有价证券的利率。
- pr：表示有价证券的价格。
- redemption：表示面值 100 的有价证券的清偿价值。
- frequency：表示年付息次数。如果按年支付，frequency = 1；按半年期支付，frequency = 2；按季支付，frequency = 4。
- basis：表示日计数基准类型。若为 0 或省略，按美国（NASD）30/360；若为 1，按实际天数/实际天数；若为 2，按实际天数/360；若为 3，按实际天数/365；若为 4，按欧洲 30/360。

例：计算末期付息日不固定的债券的收益率

扫一扫，看视频

购买债券的日期为 2016 年 10 月 1 日，该债券到期日期为 2020 年 12 月 1 日，末期付息日期为 2016 年 5 月 1 日，付息利率为 8.95%，债券价格为 103.5 元，以半年期付息，以按实际天数/365 为日计数基准，计算出该债券末期付息日的收益率。

❶ 选中 B10 单元格，在编辑栏中输入公式：

=ODDLYIELD(B1,B2,B3,B4,B5,B6,B7,B8)

❷ 按 Enter 键，即可计算出该末期付息日债券的收益率，如图 9-66 所示。

	B10	× ✓ fx	=ODDLYIELD(B1,B2,B3,B4,B5,B6,B7,B8)		
	A	B	C	D	E
1	债券成交日	2016/10/1			
2	债券到期日	2020/12/1			
3	债券末期付息日	2016/5/1			
4	付息利率	8.95%			
5	债券价格	103.5			
6	清偿价值	100			
7	付息次数	2			
8	日计数基准	3			
9					
10	年收益率	7.56%			

图 9-66

4. TBILLEQ（返回国库券的等效收益率）

【函数功能】TBILLEQ 函数用于返回国库券的等效收益率。

【函数语法】TBILLEQ(settlement,maturity,discount)

- settlement：表示国库券的成交日，即在发行日之后，国库券卖给购买者的日期。
- maturity：表示国库券的到期日。
- discount：表示国库券的贴现率。

例：计算国库券的等效收益率

❶ 选中 B5 单元格，在编辑栏中输入公式：
=TBILLEQ(B1,B2,B3)

❷ 按 Enter 键，即可计算出国库券的等效收益率，如图 9-67 所示。

扫一扫，看视频

	A	B	C
1	成交日	2017/1/20	
2	到期日	2018/1/20	
3	贴现率	12.68%	
4			
5	等效收益率：	14.25%	

B5 ＝TBILLEQ(B1,B2,B3)

图 9-67

5. TBILLYIELD（返回国库券的收益率）

【函数功能】TBILLYIELD 函数用于返回国库券的收益率。

【函数语法】TBILLYIELD(settlement,maturity,pr)

- settlement：表示国库券的成交日，即在发行日之后，国库券卖给购买者的日期。
- maturity：表示国库券的到期日。
- pr：表示面值 100 的国库券的价格。

例：计算国库券的收益率

张某在 2017 年 9 月 20 日以 92.8 元购买了面值为 100 的国库券，该国库券的到期日为 2018 年 7 月 8 日，要求计算出该国库券的收益率。

扫一扫，看视频

❶ 选中 B5 单元格，在编辑栏中输入公式：
=TBILLYIELD(B1,B2,B3)

❷ 按 Enter 键，即可计算出国库券的收益率，如图 9-68 所示。

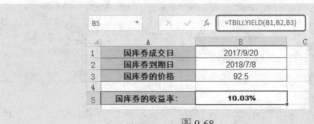

图 9-68

6. TBILLPRICE（返回面值 100 的国库券的价格）

【函数功能】TBILLPRICE 函数返回面值 100 的国库券的价格。

【函数语法】TBILLPRICE(settlement,maturity,discount)

- settlement：表示国库券的成交日，即在发行日之后，国库券卖给购买者的日期。
- maturity：表示国库券的到期日。
- discount：表示国库券的贴现率。

例：计算面值 100 的国库券的价格

扫一扫，看视频

张某于 2017 年 5 月 20 日购买了面值为 100 的国库券，该国库券的到期日为 2018 年 4 月 20 日，贴现率为 6.59%，使用公式可以计算出该国库券的价格。

❶ 选中 B5 单元格，在编辑栏中输入公式：

```
=TBILLPRICE(B1,B2,B3)
```

❷ 按 Enter 键，即可计算出国库券的价格，如图 9-69 所示。

图 9-69

7. YIELD（定期付息有价证券的收益率）

【函数功能】YIELD 函数用于返回定期付息有价证券的收益率。

【函数语法】YIELD(settlement,maturity,rate,pr,redemption,frequency,

basis)

- settlement：表示证券的成交日。
- maturity：表示有价证券的到期日。
- rate：表示有价证券的年息票利率。
- pr：表示面值$100 的有价证券的价格。
- redemption：表示面值 100 的有价证券的清偿价值。
- frequency：表示年付息次数。如果按年支付，frequency = 1；按半年期支付，frequency = 2；按季支付，frequency = 4。
- basis：表示日计数基准类型。若为 0 或省略，按美国（NASD）30/360；若为 1，按实际天数/实际天数；若为 2，按实际天数/360；若为 3，按实际天数/365；若为 4，按欧洲 30/360。

例：计算定期支付利息的有价证券的收益率

2017 年 2 月 18 日以 96.5 元购买了 2019 年 2 月 18 日到期的面值 100 债券，息票半年利率为 7.62%，按半年期支付一次，以实际天数/365 为日计数基准，要求计算出该债券的收益率。

扫一扫，看视频

❶ 选中 B9 单元格，在编辑栏中输入公式：

=YIELD(B1,B2,B3,B4,B5,B6,B7)

❷ 按 Enter 键，即可计算出该有价证券的收益率，如图 9-70 所示。

B9		× ✓ fx	=YIELD(B1,B2,B3,B4,B5,B6,B7)	
	A	B	C	
1	成交日	2017/2/18		
2	到期日	2019/2/18		
3	息票半年利率	7.62%		
4	债券购买价格	96.5		
5	债券面值	100		
6	年付息次数	2		
7	日计数基准	3		
8				
9	定期支付利息的有价证券的收益率：	9.58%		

图 9-70

8. YIELDDISC（折价发行的有价证券的年收益率）

【函数功能】YIELDDISC 函数用于返回折价发行的有价证券的年收益率。

【函数语法】YIELDDISC(settlement,maturity,pr,redemption,basis)

● settlement：表示证券的成交日。

● maturity：表示有价证券的到期日。

● pr：表示面值 100 的有价证券的价格。

● redemption：表示面值 100 的有价证券的清偿价值。

● basis：表示日计数基准类型。若为 0 或省略，按美国（NASD）30/360；若为 1，按实际天数/实际天数；若为 2，按实际天数/360；若为 3，按实际天数/365；若为 4，按欧洲 30/360。

例：计算出折价发行债券的年收益

2017 年 8 月 1 日以 96.5 元购买了 2018 年 1 月 1 日到期的 100 债券，以实际天数/365 为日计数基准，要求计算出该债券的收益率。

❶ 选中 B7 单元格，在编辑栏中输入公式：

`=YIELDDISC(B1,B2,B3,B4,B5)`

❷ 按 Enter 键，即可计算出该债券的折价收益率，如图 9-71 所示。

B7	▼	✕ ✓ fx	=YIELDDISC(B1,B2,B3,B4,B5)
	A	B	C
1	债券成交日	2017/8/1	
2	债券到期日	2018/1/1	
3	债券购买价格	96.5	
4	债券面值	100	
5	日计数基准	2	
6			
7	债券收益率：	8.53%	

图 9-71

9. YIELDMAT（到期付息的有价证券的年收益率）

【函数功能】YIELDMAT 函数用于返回到期付息的有价证券的年收益率。

【函数语法】YIELDMAT(settlement,maturity,issue,rate,pr,basis)

● settlement：表示证券的成交日。

● maturity：表示有价证券的到期日。

● issue：表示有价证券的发行日。

● rate：表示有价证券在发行日的利率。

● pr：表示面值 100 的有价证券的价格。

- basis：表示日计数基准类型。若为 0 或省略，按美国（NASD）30/360；若为 1，按实际天数/实际天数；若为 2，按实际天数/360；若为 3，按实际天数/365；若为 4，按欧洲 30/360。

例：计算到期付息的债券的年收益率

2017 年 8 月 1 日以 102.5 元卖出 2020 年 1 月 28 日到期的 100 面值债券。该债券的发行日期为 2017 年 2 月 28 日，息票半年利率为 5.56%，以实际天数/365 为日计数基准，要求计算出该债券的收益率。

扫一扫，看视频

❶ 选中 B8 单元格，在编辑栏中输入公式：

=YIELDMAT(B1,B2,B3,B4,B5,B6)

❷ 按 Enter 键，即可计算出该债券的收益率，如图 9-72 所示。

B8		:	×	✓	fx	=YIELDMAT(B1,B2,B3,B4,B5,B6)	
	A			B			C
1	债券成交日			2017/5/1			
2	债券到期日			2020/1/28			
3	债券发行日			2017/2/28			
4	息票半年利率			8.56%			
5	债券卖出价格			102.5			
6	日计数基准			3			
7							
8	债券收益率：			7.36%			

图 9-72

9.5.4　与修正期限有关的函数

1. DURATION（定期有价证券的修正期限）

【函数功能】DURATION 函数返回定期付息有价证券的修正期限。

【函数语法】DURATION(settlement,maturity,coupon,yld,frequency,basis)

- settlement：表示证券的成交日。
- maturity：表示有价证券的到期日。
- coupon：表示有价证券的年息票利率。
- yld：表示有价证券的年收益率。
- frequency：表示年付息次数。如果按年支付，frequency = 1；按半年期支付，frequency = 2；按季支付，frequency = 4。
- basis：表示日计数基准类型。若为 0 或省略，按美国（NASD）

30/360；若为 1，按实际天数/实际天数；若为 2，按实际天数/360；若为 3，按实际天数/365；若为 4，按欧洲 30/360。

例：计算定期付息债券的修正期限

某债券的成交日为 2017 年 5 月 10 日，到期日为 2018 年 6 月 20 日，年息票利率为 10%，收益率为 8%，以按实际天数/360 为日计数基准，要求计算出该债券的修正期限。

❶ 选中 B8 单元格，在编辑栏中输入公式：

=DURATION(B1,B2,B3,B4,B6)

❷ 按 Enter 键，即可计算出该债券的修正期限，如图 9-73 所示。

B8			fx	=DURATION(B1,B2,B3,B4,B6)	
	A		B		C
1	成交日		2017/5/10		
2	到期日		2018/6/20		
3	年息票利率		10.00%		
4	收益率		8.00%		
5	年付息次数		1		
6	日计数基准		1		
7					
8	修正期限		1.021707138		

图 9-73

2. MDURATION（返回有价证券的修正期限）

【函数功能】MDURATION 函数用于返回有价证券的 Macauley 修正期限。

【函数语法】MDURATION(settlement,maturity,coupon,yld,frequency,basis)

- settlement：表示证券的成交日。
- maturity：表示有价证券的到期日。
- coupon：表示有价证券的年息票利率。
- yld：表示有价证券的年收益率。
- frequency：表示年付息次数。如果按年支付，frequency = 1；按半年期支付，frequency = 2；按季支付，frequency = 4。
- basis：表示日计数基准类型。若为 0 或省略，按美国（NASD）30/360；若为 1，按实际天数/实际天数；若为 2，按实际天数/

扫一扫，看视频

360；若为 3，按实际天数/365；若为 4，按欧洲 30/360。

例：计算出定期债券的 Macauley 修正期限

某债券的成交日为 2017 年 1 月 1 日，到期日期为 2018 年
6 月 10 日，年息票利率为 7.5%，收益率为 8.5%，以半年期来
付息，以按实际天数/360 为日计数基准，计算出该债券的
Macauley 修正期限。

扫一扫，看视频

❶ 选中 B8 单元格，在编辑栏中输入公式：

=MDURATION(B1,B2,B3,B4,B5,B6)

❷ 按 Enter 键，即可计算出债券的修正期限，如图 9-74 所示。

	B8	▼	:	×	✓	fx	=MDURATION(B1,B2,B3,B4,B5,B6)	
▲	A			B		C		D
1	债券成交日			2017/1/1				
2	债券到期日			2018/6/10				
3	债券年息票利率			7.50%				
4	收益率			8.50%				
5	债券年付息次数			2				
6	日计数基准			2				
7								
8	债券的Macauley 修正期限			1.328460409				

图 9-74

9.5.5　与有价证券有关的函数

1．DISC（返回有价证券的贴现率）

【函数功能】DISC 函数返回有价证券的贴现率。

【函数语法】DISC(settlement,maturity,pr,redemption,basis)

● settlement：表示证券的成交日，即在发行日之后，证券卖给购买
　者的日期。

● maturity：表示有价证券的到期日。

● pr：表示面值 100 的有价证券的价格。

● redemption：表示面值 100 的有价证券的清偿价值。

● basis：表示日计数基准类型。若为 0 或省略，按美国（NASD）
　30/360；若为 1，按实际天数/实际天数；若为 2，按实际天数/
　360；若为 3，按实际天数/365；若为 4，按欧洲 30/360。

例：计算出债券的贴现率

扫一扫，看视频

某债券的成交日为 2017 年 5 月 10 日，到期日为 2018 年 6 月 10 日，价格为 89 元，清偿价格为 100 元，按实际天数/360 为日计数基准，计算该债券的贴现率。

❶ 选中 B7 单元格，在编辑栏中输入公式：

```
=DISC(B1,B2,B3,B4,B5)
```

❷ 按 Enter 键，即可计算出该项债券的贴现率，如图 9-75 所示。

图 9-75

2. ODDFPRICE（首期付息日不固定面值 100 的有价证券价格）

【函数功能】ODDFPRICE 函数用于返回首期付息日不固定的面值是 100 的有价证券价格。

【函数语法】ODDFPRICE(settlement,maturity,issue,first_coupon,rate,yld,redemption,frequency,basis)

- settlement：表示证券的成交日。
- maturity：表示有价证券的到期日。
- issue：表示有价证券的发行日。
- first_coupon：表示有价证券的首期付息日。
- rate：表示有价证券的利率。
- yld：表示有价证券的年收益率。
- redemption：表示面值 100 的有价证券的清偿价值。
- frequency：表示年付息次数。如果按年支付，frequency = 1；按半年期支付，frequency = 2；按季支付，frequency = 4。
- basis：表示日计数基准类型。若为 0 或省略，按美国（NASD）30/360；若为 1，按实际天数/实际天数；若为 2，按实际天数/

360；若为 3，按实际天数/365；若为 4，按欧洲 30/360。

例：计算首期付息日不固定的债券的价格

购买债券的日期为 2016 年 10 月 1 日，该债券到期日期为 2020 年 12 月 1 日，发行日期为 2016 年 5 月 1 日，首期付息日期为 2016 年 12 月 1 日，付息利率为 8.95%，年收益率为 6.26%，以半年期付息，以按实际天数/365 为日计数基准，计算出该首期付息日的债券价格。

扫一扫，看视频

❶ 选中 B11 单元格，在编辑栏中输入公式：
=ODDFPRICE(B1,B2,B3,B4,B5,B6,B7,B8,B9)

❷ 按 Enter 键，即可计算出该首期付息日的债券价格，如图 9-76 所示。

B11	▾	:	×	✓	fx	=ODDFPRICE(B1,B2,B3,B4,B5,B6,B7,B8,B9)

▲	A	B	C	D	E
1	债券成交日	2016/10/1			
2	债券到期日	2020/12/1			
3	债券发行日	2016/5/1			
4	债券首期付息日	2016/12/1			
5	付息利率	8.95%			
6	年收益率	6.26%			
7	清偿价值	100			
8	付息次数	2			
9	日计数基准	3			
10					
11	债券价格	109.698664			

图 9-76

3. ODDLPRICE（末期付息日不固定面值 100 的有价证券价格）

【函数功能】ODDLPRICE 函数用于返回末期付息日不固定的面值是 100 的有价证券的价格。

【函数语法】ODDLPRICE(settlement,maturity,last_interest,rate,yld, redemption,frequency,basis)

- settlement：表示证券的成交日。
- maturity：表示有价证券的到期日。
- last_interest：表示有价证券的末期付息日。
- rate：表示有价证券的利率。
- yld：表示有价证券的年收益率。
- redemption：表示面值 100 的有价证券的清偿价值。

- frequency：表示年付息次数。如果按年支付，frequency = 1；按半年期支付，frequency = 2；按季支付，frequency = 4。
- basis：表示日计数基准类型。若为 0 或省略，按美国（NASD）30/360；若为 1，按实际天数/实际天数；若为 2，按实际天数/360；若为 3，按实际天数/365；若为 4，按欧洲 30/360。

例：计算末期付息日不固定的债券的价格

扫一扫，看视频

购买债券的日期为 2016 年 10 月 1 日，该债券到期日期为 2020 年 12 月 1 日，末期付息日期为 2016 年 5 月 1 日，付息利率为 8.95%，年收益率为 6.26%，以半年期付息，以按实际天数/365 为日计数基准，计算出该末期付息日的债券价格。

❶ 选中 B10 单元格，在编辑栏中输入公式：

=ODDLPRICE(B1,B2,B3,B4,B5,B6,B7)

❷ 按 Enter 键，即可计算出该末期付息日的债券价格，如图 9-77 所示。

	B10	▼	✕ ✓ fx	=ODDLPRICE(B1,B2,B3,B4,B5,B6,B7)	
	A		B	C	D
1	债券成交日		2016/10/1		
2	债券到期日		2020/12/1		
3	债券末期付息日		2016/5/1		
4	付息利率		8.95%		
5	年收益率		6.26%		
6	清偿价值		100		
7	付息次数		2		
8	日计数基准		3		
9					
10	债券价格		108.12		

图 9-77

4. PRICE（定期付息的面值 100 的有价证券的价格）

【函数功能】PRICE 函数用于返回定期付息的面值 100 的有价证券的价格。

【函数语法】PRICE(settlement,maturity,rate,yld,redemption,frequency,basis)

- settlement：表示证券的成交日。
- maturity：表示有价证券的到期日。
- rate：表示有价证券的年息票利率。

- yld：表示有价证券的年收益率。
- redemption：表示面值 100 的有价证券的清偿价值。
- frequency：表示年付息次数。如果按年支付，frequency = 1；按半年期支付，frequency = 2；按季支付，frequency = 4。
- basis：表示日计数基准类型。若为 0 或省略，按美国（NASD）30/360；若为 1，按实际天数/实际天数；若为 2，按实际天数/360；若为 3，按实际天数/365；若为 4，按欧洲 30/360。

例：计算定期付息 100 面值债券的发行价格

2017 年 8 月 10 日购买了面值为 100 的债券，债券到期日期为 2018 年 12 月 31 日，息票半年利率为 6.59%，按半年期支付，收益率为 8.7%，以实际天数/365 为日计数基准，计算出该债券的发行价格。

扫一扫，看视频

❶ 选中 B9 单元格，在编辑栏中输入公式：

=PRICE(B1,B2,B4,B5,B3,B6,B7)

❷ 按 Enter 键，即可计算出该债券的发行价格，如图 9-78 所示。

B9		:	×	✓	fx	=PRICE(B1,B2,B4,B5,B3,B6,B7)	
▲	A		B			C	
1	债券成交日		2017/8/10				
2	债券到期日		2018/12/31				
3	债券面值		100				
4	息票半年利率		6.59%				
5	收益率		8.70%				
6	付息次数		2				
7	日计数基准		3				
8							
9	债券发行价格		97.28				

图 9-78

5. PRICEDISC（折价发行的面值 100 的有价证券的价格）

【函数功能】PRICEDISC 函数返回折价发行的面值 100 的有价证券的价格。

【函数语法】PRICEDISC(settlement,maturity,discount,redemption,basis)

- settlement：表示证券的成交日。
- maturity：表示有价证券的到期日。
- discount：表示有价证券的贴现率。

- redemption：表示面值 100 的有价证券的清偿价值。
- basis：表示日计数基准类型。若为 0 或省略，按美国（NASD）30/360；若为 1，按实际天数/实际天数；若为 2，按实际天数/360；若为 3，按实际天数/365；若为 4，按欧洲 30/360。

例：计算面值 100 的债券的折价发行价格

扫一扫，看视频

2017 年 8 月 10 日购买了面值为 100 的债券，债券到期日期为 2018 年 12 月 31 日，贴现率为 6.35%，以实际天数/365 为日计数基准，计算出该债券的折价发行价格。

❶ 选中 B7 单元格，在编辑栏中输入公式：

=PRICEDISC(B1,B2,B3,B4,B5)

❷ 按 Enter 键，即可计算出该债券的折价发行价格，如图 9-79 所示。

B7		× ✓ fx	=PRICEDISC(B1,B2,B3,B4,B5)	
	A	B	C	
1	债券成交日	2017/8/10		
2	债券到期日	2018/12/31		
3	贴现率	6.35%		
4	清偿价值	100		
5	日计数基准	3		
6				
7	债券发行价格	91.16		

图 9-79

6. PRICEMAT（到期付息的面值 100 的有价证券的价格）

【函数功能】PRICEMAT 函数用于返回到期付息的面值 100 的有价证券的价格。

【函数语法】PRICEMAT(settlement,maturity,issue,rate,yld,basis)

- settlement：表示证券的成交日。
- maturity：表示有价证券的到期日。
- issue：表示有价证券的发行日。
- rate：表示有价证券在发行日的利率。
- yld：表示有价证券的年收益率。
- basis：表示日计数基准类型。若为 0 或省略，按美国（NASD）30/360；若为 1，按实际天数/实际天数；若为 2，按实际天数/360；若为 3，按实际天数/365；若为 4，按欧洲 30/360。

例：计算到期付息的 100 面值的债券的价格

2017 年 5 月 18 日购买了面值为 100 的债券,债券到期日期为 2019 年 1 月 1 日,发行日期为 2017 年 1 月 1 日,息票半年率为 5.56%,收益率为 7.2%,以实际天数/365 为日计数基准。现在需要计算出该债券的发行价格。

扫一扫,看视频

❶ 选中 B8 单元格,在编辑栏中输入公式:
=PRICEMAT(B1,B2,B3,B4,B5,B6)

❷ 按 Enter 键,即可计算出该债券的发行价格,如图 9-80 所示。

	A	B	C
	B8 ▾ : × ✓ fx	=PRICEMAT(B1,B2,B3,B4,B5,B6)	
1	债券成交日	2017/5/18	
2	债券到期日	2019/1/1	
3	债券发行日	2017/1/1	
4	息票半年利率	5.56%	
5	收益率	7.20%	
6	日计数基准	3	
7			
8	债券发行价格	97.40	

图 9-80

7. RECEIVED(一次性付息的有价证券到期收回的金额)

【函数功能】RECEIVED 函数用于返回一次性付息的有价证券到期收回的金额。

【函数语法】RECEIVED(settlement,maturity,investment,discount,basis)

● settlement:表示证券的成交日。

● maturity:表示有价证券的到期日。

● investment:表示有价证券的投资额。

● discount:表示有价证券的贴现率。

● basis:表示日计数基准类型。若为 0 或省略,按美国(NASD)30/360;若为 1,按实际天数/实际天数;若为 2,按实际天数/360;若为 3,按实际天数/365;若为 4,按欧洲 30/360。

例：计算出购买债券到期的总回报金额

2017 年 2 月 1 日购买 500000 元的债券,到期日为 2018 年 6 月 10 日,贴现率为 6.65%,以实际天数/365 为日计数基准,要求计算出该债券到期后的总回报金额。

扫一扫,看视频

❶ 选中 B7 单元格，在编辑栏中输入公式：

=RECEIVED(B1,B2,B3,B4,B5)

❷ 按 Enter 键，即可计算出该债券到期时的总回报金额，如图 9-81 所示。

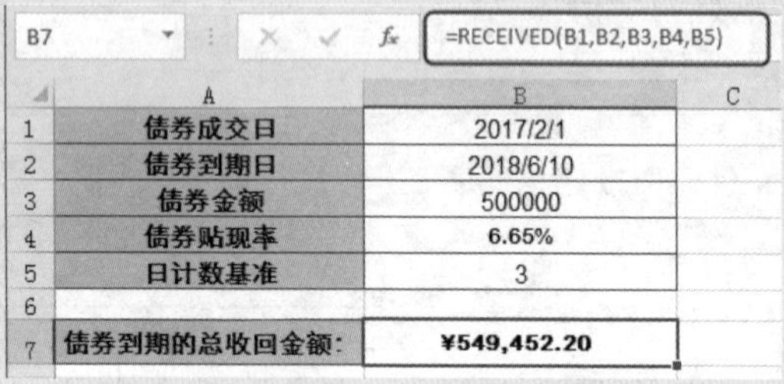

B7	▼ : × ✓ *fx*	=RECEIVED(B1,B2,B3,B4,B5)	
▲	A	B	C
1	债券成交日	2017/2/1	
2	债券到期日	2018/6/10	
3	债券金额	500000	
4	债券贴现率	6.65%	
5	日计数基准	3	
6			
7	债券到期的总收回金额：	¥549,452.20	

图 9-81

第 10 章　数据库函数

10.1　常规统计

数据库函数用于对存储在列表或数据库中的数据进行分析。这里所说的数据库只是一个工作表区域，其中包含一组相关数据记录（包含相关信息的行）、数据库字段（列）、列标签（相关单元格区域的第一行）。

数据库函数与其他函数的区别在于，它需要我们事先对判断条件做好约定，并且各个数据库函数具有相同的参数，主要归纳如下。

（1）每个函数均有 3 个参数，即 database、field 和 criteria，这些参数指向函数所使用的工作表区域。

（2）每个函数都是以字母 D 开头。

（3）如果将字母 D 去掉，会发现大多数数据库函数已经在 Excel 其他函数类型中出现过。例如，DSUM 将 D 去掉的话，就是普通的求和函数 SUM。DSUM 函数的作用是求数据清单中符合特定条件的字段列中的数据的和。类似于 SUMIF 函数和 SUMIFS 函数，两种不同的函数都可以达到相同的统计目的，但却各有优势，可根据实际情况选用。

1. DSUM（从数据库中按给定条件求和）

【函数功能】DSUM 函数用于返回列表或数据库中满足指定条件的记录字段（列）中的数字之和。

【函数语法】DSUM(database, field, criteria)

- database：表示构成列表或数据库的单元格区域。
- field：表示指定函数所使用的列。
- criteria：表示包含指定条件的单元格区域。

【用法解析】

数据列表要求第一行包含每一列的标签，
行为记录，列为字段

=DSUM (❶数据区域，❷字段名，❸条件区域)

指定进行求和的数据列。可以使用两端带双引号的列标签，如"销量"；或是代表列在列表中的位置的数字：1 表示第一列，2 表示第二列，以此类推

包含条件的单元格区域。条件区域至少有一个列标签，并且列标签下方包含至少一个指定条件的单元格。可以是一个或者多个条件

例 1：计算指定销售员的销售总金额

扫一扫，看视频

表格中统计了各订单的数据，包括销售日期、销售员、销售额。要求计算出指定经办人的订单总金额。

❶ 在 F1:F2 单元格区域中设置条件，其中包括列标签与要统计的销售员姓名，如图 10-1 所示。

	A	B	C	D	E	F	G
1	编号	销售日期	销售员	销售额		销售员	订单金额
2	Y-030301	2017/3/3	何慧兰	12900.00		吴若晨	
3	Y-030302	2017/3/3	周云溪	1670.00			
4	Y-030501	2017/3/5	夏楚玉	9800.00			
5	Y-030502	2017/3/5	吴若晨	8870.00			
6	Y-030601	2017/3/6	何慧兰	12000.00			

图 10-1

❷ 选中 G2 单元格，在编辑栏中输入公式：

=DSUM(A1:D15,4,F1:F2)

按 Enter 键，即可计算出销售员"吴若晨"的销售总金额，如图 10-2 所示。

图 10-2

【公式解析】

$$=DSUM(A1:D15,4,F1:F2)$$

此参数也可以设置为字段名，即使用公式
"=DSUM(A1:D15,"销售额",F1:F2)"

条件区域中指定的列标签必须与数据区域中的一致

例 2：计算指定月份的总出库量（满足双条件）

表格中按日期统计了产品的出库记录，要求计算出指定月份的总出库量。

❶ 在 F1:G2 单元格区域中设置条件（注意包括列标签与要统计的时间段），如图 10-3 所示。

图 10-3

❷ 选中 H2 单元格，在编辑栏中输入公式：

`=DSUM(A1:D14,4,F1:G2)`

按 Enter 键，即可计算出 3 月份的总出库量，如图 10-4 所示。

	H2		▼	:	×	✓	fx	=DSUM(A1:D14,4,F1:G2)	
▲	A	B	C	D	E	F	G	H
1	日期	品牌	产品类别	出库		日期	日期	3月份出库量
2	2017/3/1	玉肌	保湿	79		>=2017/3/1	<=2017/3/30	823
3	2017/4/7	贝莲娜	保湿	91				
4	2017/3/19	薇姿薇可	保湿	112				
5	2017/4/26	贝莲娜	保湿	136				
6	2017/3/4	贝莲娜	防晒	88				
7	2017/3/5	玉肌	防晒	125				
8	2017/4/11	薇姿薇可	防晒	96				
9	2017/4/18	贝莲娜	紧致	110				
10	2017/3/18	玉肌	紧致	95				
11	2017/4/25	薇姿薇可	紧致	186				
12	2017/3/11	玉肌	修复	99				
13	2017/3/12	贝莲娜	修复	120				
14	2017/3/26	玉肌	修复	105				

图 10-4

【公式解析】

$$=DSUM(A1:D14,4,\underline{F1:G2})$$

此区域是双条件，并且都是判断日期，所以两个条件都要带上"日期"列标签。条件可以使用表达式判断

例 3：计算总工资时去除某个分部

扫一扫，看视频

表格中统计了员工的工资情况，包括员工的性别、所属部门、金额等信息。在统计总工资时要求去除某一个（或多个）部门。

❶ 在 F1:F2 单元格区域中设置条件，其中要包括列标签需要剔除的部门名称，如图 10-5 所示。

	A	B	C	D	E	F	G
1	姓名	性别	所属部门	工资		所属部门	总工资
2	何慧兰	女	企划部	5565.00		<>销售部	
3	周云溪	女	财务部	2800.00			
4	夏楚玉	男	销售部	14900.00			
5	张心怡	女	销售部	6680.00			
6	孙丽萍	女	办公室	2200.00			
7	李悦	女	财务部	3500.00			

图 10-5

❷ 选中 G2 单元格，在编辑栏中输入公式：

=DSUM(A1:D13,4,F1:F2)

按 Enter 键，即可计算出剔除"销售部"之后的所有的工资总额，如图 10-6 所示。

G2		:	× √	fx	=DSUM(A1:D13,4,F1:F2)		
	A	B	C	D	E	F	G
1	姓名	性别	所属部门	工资		所属部门	总工资
2	何慧兰	女	企划部	5565.00		<>销售部	22845
3	周云溪	女	财务部	2800.00			
4	夏楚玉	男	销售部	14900.00			
5	张心怡	女	销售部	6680.00			
6	孙丽萍	女	办公室	2200.00			
7	李悦	女	财务部	3500.00			
8	苏洋	男	销售部	7800.00			
9	张文涛	男	销售部	5200.00			
10	吴若晨	女	销售部	5800.00			
11	周保国	男	办公室	2280.00			
12	崔志飞	男	企划部	6500.00			
13	李梅	女	销售部	5500.00			

图 10-6

【公式解析】

=DSUM(A1:D13,4, F1:F2)

设置条件时可以使用"<>"符号，表示排除某些数据

例 4：在设置条件时使用通配符

表格中统计了本月店铺各电器商品的销量数据，现在只想

扫一扫，看视频

统计出电视类商品的总销量。要找出电视类商品，其规则是只要商品名称中包含"电视"文字就为符合条件的数据，但由于"电视"文字的位置不固定，因此需要在前后都使用通配符。

❶ 在 D1:D2 单元格区域中设置条件，如图 10-7 所示。

	A	B	C	D	E
1	商品名称	销量		商品名称	电视的总销量
2	长虹电视机	35		*电视*	
3	Haier电冰箱	29			
4	TCL平板电视机	28			
5	三星手机	31			
6	三星智能电视	29			
7	美的电饭锅	270			
8	创维电视机3D	30			
9	手机索尼SONY	104			
10	电冰箱长虹品牌	21			
11	海尔电视机57寸	17			

图 10-7

❷ 选中 E2 单元格，在编辑栏中输入公式：

=DSUM(A1:B11,2,D1:D2)

按 Enter 键，即可计算出电视类商品的总销量，如图 10-8 所示。

E2		× ✓ fx	=DSUM(A1:B11,2,D1:D2)		
	A	B	C	D	E
1	商品名称	销量		商品名称	电视的总销量
2	长虹电视机	35		*电视*	139
3	Haier电冰箱	29			
4	TCL平板电视机	28			
5	三星手机	31			
6	三星智能电视	29			
7	美的电饭锅	270			
8	创维电视机3D	30			
9	手机索尼SONY	104			
10	电冰箱长虹品牌	21			
11	海尔电视机57寸	17			

图 10-8

【公式解析】

$$=DSUM(A1:B11,2,D1:D2)$$

通配符有两种，分别是?与*，*号可以代替任意字符，?代表一个字符。因为"电视"文字前面的字符与后面的字符数量都不确定，所以前后都使用*通配符

例5：解决模糊匹配造成的统计错误问题

DSUM 函数的模糊匹配（默认情况）在判断条件并进行计算时，如果查找区域中有以给定条件的单元格中的字符开头的，都将被列入计算范围。例如，如图 10-9 所示的设置条件为"产品编号→B"，那么统计总销量时，可以看到 B 列中所有产品编号以"B"开头的都被作为计算对象。

扫一扫，看视频

F5		f_x	=DSUM(A1:C10,3,E4:E5)		

▲	A	B	C	D	E	F
1	销售日期	产品编号	销售数量			
2	2017/7/1	B	22			
3	2017/7/1	BWO	20		模糊匹配结果（错误）	
4	2017/7/2	ABW	34		产品编号	销售数量
5	2017/7/3	BUUD	32		B	115
6	2017/7/4	AXCC	23			
7	2017/7/4	BOUC	29			
8	2017/7/5	PIA	33			
9	2017/7/5	B	12			
10	2017/7/6	PIA	22			
11						

图 10-9

如果只想统计出 B 这一编号产品的总销量，就可以按下面的方法来设置条件。

❶ 为解决模糊匹配的问题，需要完整匹配字符串。选中 E9 单元格，以文本的形式输入"=B"（先设置单元格的格式为文本格式，然后输入），如图 10-10 所示。

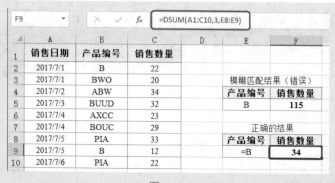

	A	B	C	D	E	F
1	销售日期	产品编号	销售数量			
2	2017/7/1	B	22			
3	2017/7/1	BWO	20		模糊匹配结果（错误）	
4	2017/7/2	ABW	34		产品编号	销售数量
5	2017/7/3	BUUD	32		B	115
6	2017/7/4	AXCC	23			
7	2017/7/4	BOUC	29		正确的结果	
8	2017/7/5	PIA	33		产品编号	销售数量
9	2017/7/5	B	12		=B	
10	2017/7/6	PIA	22			
11						

图 10-10

❷ 选中 F9 单元格，在编辑栏中输入公式：

=DSUM(A1:C10,3,E8:E9)

按 Enter 键，得到正确的计算结果，如图 10-11 所示。

F9		:	× ✓ *fx*	=DSUM(A1:C10,3,E8:E9)		
	A	B	C	D	E	F
1	销售日期	产品编号	销售数量			
2	2017/7/1	B	22			
3	2017/7/1	BWO	20		模糊匹配结果（错误）	
4	2017/7/2	ABW	34		产品编号	销售数量
5	2017/7/3	BUUD	32		B	115
6	2017/7/4	AXCC	23			
7	2017/7/4	BOUC	29		正确的结果	
8	2017/7/5	PIA	33		产品编号	销售数量
9	2017/7/5	B	12		=B	34
10	2017/7/6	PIA	22			

图 10-11

2. DAVERAGE（从数据库中按给定条件求平均值）

【函数功能】DAVERAGE 函数用于对列表或数据库中满足指定条件的记录字段（列）中的数值求平均值。

【函数语法】DAVERAGE(database, field, criteria)

● database：表示构成列表或数据库的单元格区域。

● field：表示指定函数所使用的列。

● criteria：表示包含指定条件的单元格区域。

【用法解析】

数据列表要求第一行包含每一列的标签，
行为记录，列为字段

=DAVERAGE (❶数据区域，❷字段名，❸条件区域)

指定进行求平均值的数据列。可
以使用两端带双引号的列标签，
如"销量"；或是代表列在列表中的
位置的数字：1 表示第一列，2 表
示第二列，以此类推

包含条件的单元格区域。条件
区域至少有一个列标签，并且
列标签下方包含至少一个指定
条件的单元格。可以是一个或
者多个条件

例 1：计算指定车间的平均工资

表格对不同车间职工的工资进行了统计，现在想计算出"服
装车间"的平均工资。

扫一扫，看视频

❶ 在 G1:G2 单元格区域中设置条件，其中包括列标签与指
定的要计算的车间，如图 10-12 所示。

	A	B	C	D	E	F	G	H
1	职工工号	姓名	车间	性别	基本工资		车间	平均工资
2	RCH001	张佳佳	服装车间	女	3580.00		服装车间	
3	RCH002	周传明	鞋包车间	男	2900.00			
4	RCH003	陈秀月	鞋包车间	女	2800.00			
5	RCH004	杨世奇	服装车间	男	3150.00			
6	RCH005	袁晓宇	鞋包车间	男	2900.00			

图 10-12

❷ 选中 H2 单元格，在编辑栏中输入公式：
=DAVERAGE(A1:E13,5,G1:G2)

按 Enter 键，即可计算出"服装车间"的平均工资，如图 10-13
所示。

图 10-13

例 2：计算各个班级各个科目的平均分

扫一扫，看视频

如图 10-14 所示表格统计了某次竞赛情况，其中包含语文、数学两个科目，在两个班级共选取了 10 名学生参加。现要求分别统计出各个班级各个科目的平均分。

	A	B	C	D	E
1	姓名	性别	班级	科目	成绩
2	张轶煊	男	二(1)班	语文	95
3	张轶煊	男	二(1)班	数学	98
4	王华均	男	二(2)班	语文	76
5	王华均	男	二(2)班	数学	85
6	李成杰	男	二(1)班	语文	82
7	李成杰	男	二(1)班	数学	88
8	夏正霏	女	二(2)班	语文	90
9	夏正霏	女	二(2)班	数学	87
10	万文锦	男	二(1)班	语文	87
11	万文锦	男	二(1)班	数学	87
12	刘岚轩	男	二(2)班	语文	79
13	刘岚轩	男	二(2)班	数学	89
14	孙悦	女	二(1)班	语文	85
15	孙悦	女	二(1)班	数学	85
16	徐梓瑞	男	二(2)班	语文	80
17	徐梓瑞	男	二(2)班	数学	92
18	许宸浩	男	二(1)班	语文	88
19	许宸浩	男	二(1)班	数学	93
20	王硕彦	男	二(2)班	语文	75
21	王硕彦	男	二(2)班	数学	99

图 10-14

❶ 在 G1:H2 单元格区域中设置条件，其中要包括列标签与指定的班

级、指定的科目，如图 10-15 所示。

	A	B	C	D	E	F	G	H	I
1	姓名	性别	班级	科目	成绩		班级	科目	平均分
2	张轶煊	男	二(1)班	语文	95		二(1)班	语文	
3	张轶煊	男	二(1)班	数学	98				
4	王华均	男	二(2)班	语文	76				

图 10-15

❷ 选中 I2 单元格，在编辑栏中输入公式：

=DAVERAGE(A1:E21,5,G1:H2)

按 Enter 键，即可计算出"二(1)班"中"语文"科目的平均分，如图 10-16
所示。

I2				fx	=DAVERAGE(A1:E21,5,G1:H2)				
	A	B	C	D	E	F	G	H	I
1	姓名	性别	班级	科目	成绩		班级	科目	平均分
2	张轶煊	男	二(1)班	语文	95		二(1)班	语文	87.4
3	张轶煊	男	二(1)班	数学	98				
4	王华均	男	二(2)班	语文	76				
5	王华均	男	二(2)班	数学	85				
6	李成杰	男	二(1)班	语文	82				
7	李成杰	男	二(1)班	数学	88				
8	夏正霏	女	二(1)班	语文	90				
9	夏正霏	女	二(2)班	数学	87				
10	万文锦	男	二(1)班	语文	87				
11	万文锦	男	二(1)班	数学	87				
12	刘岚轩	男	二(1)班	语文	79				
13	刘岚轩	男	二(2)班	数学	89				
14	孙悦	女	二(1)班	语文	85				
15	孙悦	女	二(1)班	数学	85				
16	徐梓瑞	男	二(1)班	语文	80				
17	徐梓瑞	男	二(2)班	数学	92				
18	许宸浩	男	二(1)班	语文	88				
19	许宸浩	男	二(1)班	数学	93				
20	王硕彦	男	二(2)班	语文	75				
21	王硕彦	男	二(2)班	数学	99				

图 10-16

例 3：计算平均值时使用通配符

表格统计了工厂各部门员工的基本工资，其中既包括行政
人员，也包括"一车间"和"二车间"的工人，现在需要计算
出车间工人的平均工资。在这种情况下，可以在设置条件时使
用通配符。

扫一扫，看视频

❶ 在 G1:G2 单元格区域中设置条件，包含列标签与条件"?车间"，表
示以"车间"结尾的均在统计范围之内，如图 10-17 所示。

	A	B	C	D	E	F	G	H
1	所属部门	姓名	性别	职位	基本工资		所属部门	车间工人平均工资
2	一车间	何志新	男	高级技工	3800		?车间	
3	二车间	周志鹏	男	技术员	4500			
4	财务部	吴思兰	女	会计	3500			
5	一车间	周金星	女	初级技工	2600			
6	人事部	张明宇	男	人事专员	3200			

图 10-17

❷ 选中 H2 单元格，在编辑栏中输入公式：

=DAVERAGE(A1:E14,5,G1:G2)

按 Enter 键，即可统计出"车间"工人的平均工资，如图 10-18 所示。

H2	▼	:	× ✓	f_x	=DAVERAGE(A1:E14,5,G1:G2)		

	A	B	C	D	E	F	G	H
1	所属部门	姓名	性别	职位	基本工资		所属部门	车间工人平均工资
2	一车间	何志新	男	高级技工	3800		?车间	3137.5
3	二车间	周志鹏	男	技术员	4500			
4	财务部	吴思兰	女	会计	3500			
5	一车间	周金星	女	初级技工	2600			
6	人事部	张明宇	男	人事专员	3200			
7	一车间	赵思飞	男	中级技工	3200			
8	财务部	赵新芳	女	出纳	3000			
9	一车间	刘莉莉	女	初级技工	2600			
10	二车间	吴世芳	女	中级技工	3200			
11	后勤部	杨传霞	女	主管	3500			
12	二车间	郑嘉新	男	初级技工	2600			
13	后勤部	顾心怡	女	文员	3000			
14	二车间	侯诗奇	男	初级技工	2600			

图 10-18

【公式解析】

$$=DAVERAGE(A1:E14,5,\underline{G1:G2})$$

通配符有两种，分别是"?"与"*"，"*"号可以代替任意字符，"?"代表一个字符。因为"车间"前只有一个字，所以使用代表单个字符的"?"通配符即可

3. DCOUNT（从数据库中按给定条件统计记录条数）

【函数功能】DCOUNT 函数用于返回列表或数据库中满足指定条件的记录字段（列）中包含数字的单元格的个数。

【函数语法】DCOUNT(database, field, criteria)

- database：表示构成列表或数据库的单元格区域。
- field：表示指定函数所使用的列。
- criteria：表示包含指定条件的单元格区域。

【用法解析】

数据列表要求第一行包含每一列的标签，
行为记录，列为字段

=DCOUNT (❶数据区域，❷字段名，❸条件区域)

指定进行计数的数据列。可以使用两端带双引号的列标签，如"销量"；或是代表列在列表中的位置的数字：1 表示第一列，2 表示第二列，以此类推

包含条件的单元格区域。条件区域至少有一个列标签，并且列标签下方包含至少一个指定条件的单元格。可以是一个或者多个条件

例 1：统计成绩表中大于等于 90 分的人数

表格中统计了学生的成绩，要求统计出成绩大于等于 90 分的人数。

扫一扫，看视频

❶ 在 F1:F2 单元格区域中设置条件，成绩条件为 ">=90"，如图 10-19 所示。

	A	B	C	D	E	F	G
1	姓名	性别	班级	成绩		成绩	大于90分的人数
2	张轶煊	男	二(1)班	95		>=90	
3	王华均	男	二(2)班	76			
4	李成杰	男	二(3)班	82			
5	夏正霏	女	二(1)班	90			
6	万文锦	男	二(2)班	87			
7	刘岚轩	男	二(3)班	79			
8	孙悦	女	二(1)班	92			
9	徐梓瑞	男	二(2)班	80			
10	许宸浩	男	二(3)班	88			
11	王硕彦	男	二(1)班	75			
12	姜美	女	二(2)班	98			
13	蔡浩轩	男	二(3)班	88			
14	王晓蝶	女	二(1)班	78			
15	刘雨	女	二(2)班	87			
16	王佑琪	女	二(3)班	92			

图 10-19

❷ 选中 G2 单元格，在编辑栏中输入公式：
=DCOUNT(A1:D16,4,F1:F2)

按 Enter 键，即可统计出成绩大于 90 分的人数，如图 10-20 所示。

G2				f_x	=DCOUNT(A1:D16,4,F1:F2)	
	A	B	C	D	E	F	G
1	姓名	性别	班级	成绩		成绩	大于90分的人数
2	张轶煊	男	二(1)班	95		>=90	5
3	王华均	男	二(2)班	76			
4	李成杰	男	二(3)班	82			
5	夏正霏	女	二(1)班	90			
6	万文锦	男	二(2)班	87			
7	刘岚轩	男	二(3)班	79			
8	孙悦	女	二(1)班	92			
9	徐梓瑞	男	二(2)班	80			
10	许宸浩	男	二(3)班	88			
11	王硕彦	男	二(1)班	75			
12	姜美	女	二(2)班	98			
13	蔡浩轩	男	二(3)班	88			
14	王晓蝶	女	二(1)班	78			
15	刘雨	女	二(2)班	87			
16	王佑琪	女	二(3)班	92			

图 10-20

例 2：统计指定分部销售业绩大于指定值的人数

扫一扫，看视频

　　表格中分部门对每位销售人员的月销量进行了统计，现在需要统计出指定部门销量达标的人数。例如，统计出一部销量大于 300 件（约定大于 300 件为达标）的人数。

❶ 在 E1:F2 单元格区域中设置条件，包含"部门"与"月销量"两个条件，如图 10-21 所示。

	A	B	C	D	E	F
1	员工姓名	部门	月销量		部门	月销量
2	徐梓瑞	一部	234		一部	>300
3	许宸浩	三部	352			
4	王硕彦	二部	526			
5	姜美	一部	367			
6	蔡浩轩	二部	527			
7	王晓蝶	三部	109			
8	刘雨	一部	446			
9	刘楠楠	三部	135			
10	张宇	二部	537			
11	李想	一部	190			

图 10-21

❷ 选中 G2 单元格，在编辑栏中输入公式：

=DCOUNT(A1:C11,3,E1:F2)

按 Enter 键，即可统计出一部销量大于 300 件的人数，如图 10-22 所示。

	A	B	C	D	E	F	G
	fx	=DCOUNT(A1:C11,3,E1:F2)					
1	员工姓名	部门	月销量		部门	月销量	一部销量达标的人数
2	徐梓瑞	一部	234		一部	>300	2
3	许宸浩	三部	352				
4	王硕彦	二部	526				
5	姜美	一部	367				
6	蔡浩轩	二部	527				
7	王晓蝶	三部	109				
8	刘雨	一部	446				
9	刘楠楠	三部	135				
10	张宇	二部	537				
11	李想	一部	190				

图 10-22

4. DCOUNTA（从数据库中按给定条件统计非空单元格数目）

【函数功能】DCOUNTA 函数用于返回列表或数据库中满足指定条件的记录字段（列）中非空单元格的个数。

【函数语法】DCOUNTA(database, field, criteria)

- database：表示构成列表或数据库的单元格区域。
- field：表示指定函数所使用的列。
- criteria：表示包含指定条件的单元格区域。

【用法解析】

数据列表要求第一行包含每一列的标签，行为记录，列为字段

=DCOUNTA (❶数据区域，❷字段名，❸条件区域)

指定进行计数的数据列。可以使用两端带双引号的列标签，如"销量"；或是代表列在列表中的位置的数字：1 表示第一列，2 表示第二列，以此类推

条件区域至少有一个列标签，并且列标签下方包含至少一个指定条件的单元格。可以是一个或者多个条件

DCOUNT 统计的是包含数字的单元格个数，而 DCOUNTA 统计的是非空单元格的个数。因此，如果第二个参数指定的那一列是数字，使用 DCOUNT 与 DCOUNTA（因为它是统计非空）都可以统计，如图 10-23 和

图 10-24 所示。

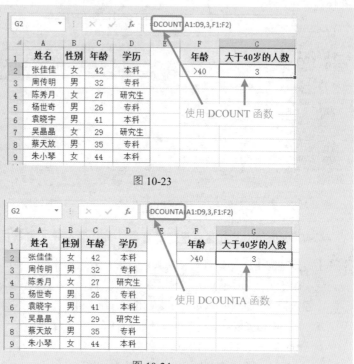

图 10-23

图 10-24

但如果第二个参数指定的那一列是文本，就必须使用 DCOUNTA 函数统计，DCOUNT 统计不了（因为它只能统计数字），如图 10-25 和图 10-26 所示。

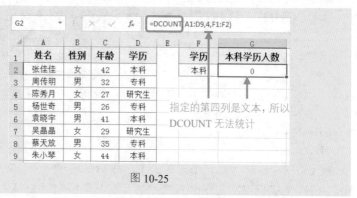

图 10-25

	A	B	C	D	E	F	G
1	姓名	性别	年龄	学历		学历	本科学历人数
2	张佳佳	女	42	本科		本科	3
3	周传明	男	32	专科			
4	陈秀月	女	27	研究生			
5	杨世奇	男	26	专科			
6	袁晓宇	男	41	本科			
7	吴晶晶	女	29	研究生			
8	蔡天放	男	35	专科			
9	朱小琴	女	44	本科			

G2 单元格公式：=DCOUNTA(A1:D9,4,F1:F2)

使用 DCOUNTA 则可以正确统计

图 10-26

例：统计考核不合格的人数

表格中统计的是某次 200 米跑步测试成绩。如果性别为女，在 32 秒之内跑完的判定为合格，否则为不合格。按照这个规则，已经对跑步成绩进行了评定，现要统计出女性中不合格的人数。

扫一扫，看视频

❶ 在 F1:G2 单元格区域中设置条件，包含"性别"与"是否合格"两个条件，如图 10-27 所示。

	A	B	C	D	E	F	G	H
1	姓名	性别	200米用时(秒)	是否合格		性别	是否合格	人数
2	徐梓瑞	女	30	合格		女	不合格	
3	许宸浩	男	27	合格				
4	王硕彦	女	33	不合格				
5	姜美	男	28	合格				
6	蔡浩轩	男	30	不合格				
7	王晓蝶	女	31	合格				
8	刘雨	男	26	合格				
9	刘楠楠	女	30	合格				
10	张宇	女	29	合格				
11	李想	男	31	不合格				
12	张怡伶	女	34	不合格				

图 10-27

❷ 选中 H2 单元格，在编辑栏中输入公式：

=DCOUNTA(A1:D12,4,F1:G2)

按 Enter 键，即可统计出女性中不合格的人数，如图 10-28 所示。

H2		▾		× ✓	fx	=DCOUNTA(A1:D12,4,F1:G2)	

	A	B	C	D	E	F	G	H
1	姓名	性别	200米用时(秒)	是否合格		性别	是否合格	人数
2	徐梓瑞	女	30	合格		女	不合格	2
3	许宸浩	男	27	合格				
4	王硕彦	女	33	不合格				
5	姜美	男	28	合格				
6	蔡浩轩	男	30	不合格				
7	王晓蝶	男	31	合格				
8	刘雨	男	26	合格				
9	刘楠楠	女	30	合格				
10	张宇	女	29	合格				
11	李想	男	31	不合格				
12	张怡伶	女	34	不合格				

图 10-28

5. DMAX（从数据库中按给定条件求最大值）

【函数功能】DMAX 函数用于返回列表或数据库中满足指定条件的记录字段（列）中的最大数字。

【函数语法】DMAX(database, field, criteria)

- database：表示构成列表或数据库的单元格区域。
- field：表示指定函数所使用的列。
- criteria：表示包含指定条件的单元格区域。

【用法解析】

数据列表要求第一行包含每一列的标签，
行为记录，列为字段

=DMAX(❶数据区域，❷字段名，❸条件区域)

指定判断最大值的数据列。可以使用两端带双引号的列标签，如"销量"；或是代表列在列表中的位置的数字：1 表示第一列，2 表示第二列，以此类推

条件区域至少有一个列标签，并且列标签下方包含至少一个指定条件的单元格。可以是一个或者多个条件

扫一扫，看视频

例 1：返回指定部门的最高工资

表格中统计了不同车间员工的工资，要求返回指定车间指定性别员工的最高工资。

❶ 在 G1:G2 单元格区域中设置条件，表示想查询的车间，如图 10-29 所示。

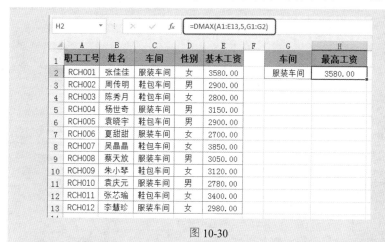

	A	B	C	D	E	F	G	H
1	职工工号	姓名	车间	性别	基本工资		车间	最高工资
2	RCH001	张佳佳	服装车间	女	3580.00		服装车间	
3	RCH002	周传明	鞋包车间	男	2900.00			
4	RCH003	陈秀月	鞋包车间	女	2800.00			
5	RCH004	杨世奇	服装车间	男	3150.00			
6	RCH005	袁晓宇	鞋包车间	男	2900.00			
7	RCH006	夏甜甜	服装车间	女	2700.00			
8	RCH007	吴晶晶	鞋包车间	女	3850.00			
9	RCH008	蔡天放	服装车间	男	3050.00			
10	RCH009	朱小琴	鞋包车间	女	3120.00			
11	RCH010	袁庆元	服装车间	男	2780.00			
12	RCH011	张芯瑜	鞋包车间	女	3400.00			
13	RCH012	李慧珍	服装车间	女	2980.00			

图 10-29

❷ 选中 H2 单元格，在公式编辑栏中输入公式：
=DMAX(A1:E13,5,G1:G2)
按 Enter 键，即可返回"服装车间"中的最高工资，如图 10-30 所示。

H2			×	√	fx	=DMAX(A1:E13,5,G1:G2)	

	A	B	C	D	E	F	G	H
1	职工工号	姓名	车间	性别	基本工资		车间	最高工资
2	RCH001	张佳佳	服装车间	女	3580.00		服装车间	3580.00
3	RCH002	周传明	鞋包车间	男	2900.00			
4	RCH003	陈秀月	鞋包车间	女	2800.00			
5	RCH004	杨世奇	服装车间	男	3150.00			
6	RCH005	袁晓宇	鞋包车间	男	2900.00			
7	RCH006	夏甜甜	服装车间	女	2700.00			
8	RCH007	吴晶晶	鞋包车间	女	3850.00			
9	RCH008	蔡天放	服装车间	男	3050.00			
10	RCH009	朱小琴	鞋包车间	女	3120.00			
11	RCH010	袁庆元	服装车间	男	2780.00			
12	RCH011	张芯瑜	鞋包车间	女	3400.00			
13	RCH012	李慧珍	服装车间	女	2980.00			

图 10-30

例2：一次性查询各科目成绩中的最高分

表格中统计了各班学生各科目考试成绩（为方便显示，只列举部分记录），现在要求返回指定班级各个科目的最高分，

扫一扫，看视频

从而实现查询指定班级各科目的最高分。

❶ 在 B11:B12 单元格区域中设置条件并建立求解标识,如图 10-31
所示。

	A	B	C	D	E	F
1	班级	姓名	语文	数学	英语	总分
2	1班	袁晓宇	87	92	96	275
3	2班	夏甜甜	98	84	85	267
4	1班	吴心怡	91	98	92	281
5	2班	蔡天放	87	84	75	246
6	1班	朱小蝶	78	78	80	236
7	1班	袁逸涛	57	89	78	224
8	2班	张芯瑜	78	78	60	216
9	2班	陈文婷	87	84	75	246
10						
11		班级	最高分(语文)	最高分(数学)	最高分(英语)	最高分(总分)
12		1班				
13						

图 10-31

❷ 选中 C12 单元格,在编辑栏中输入公式:
=DMAX($A$1:$F$9,COLUMN(C1),$B$11:$B$12)

按 Enter 键,即可返回班级为"1 班"的语文科目最高分,如图 10-32
所示。

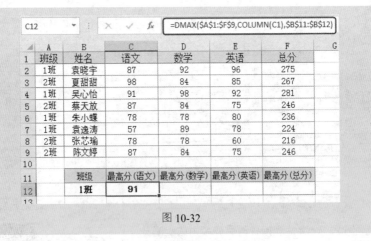

C12			fx	=DMAX($A$1:$F$9,COLUMN(C1),$B$11:$B$12)		

	A	B	C	D	E	F	G
1	班级	姓名	语文	数学	英语	总分	
2	1班	袁晓宇	87	92	96	275	
3	2班	夏甜甜	98	84	85	267	
4	1班	吴心怡	91	98	92	281	
5	2班	蔡天放	87	84	75	246	
6	1班	朱小蝶	78	78	80	236	
7	1班	袁逸涛	57	89	78	224	
8	2班	张芯瑜	78	78	60	216	
9	2班	陈文婷	87	84	75	246	
10							
11		班级	最高分(语文)	最高分(数学)	最高分(英语)	最高分(总分)	
12		1班	91				
13							

图 10-32

❸ 选中 C12 单元格,拖动右下角的填充柄向右复制公式,可以得到班
级为"1 班"的各个科目的最高分,如图 10-33 所示。

图 10-33

❹ 要想查询其他班级各科目最高分，在 B12 单元格中更改查询条件即可，如图 10-34 所示。

图 10-34

【公式解析】

=DMAX($A$1:$F$9,COLUMN(C1),$B$11:$B$12)

返回 C 列的列号，即返回值为 3。此值为指定返回$A$1:$F$9 单元格区域哪一列上的值。要想返回某一班级各个科目的最高分，其查询条件不变，需要改变的就是 field 参数，即指定对哪一列求最大值。本例中为了方便对公式的复制，使用 COLUMN(C1)公式来返回这一列数。当公式向右复制时会依次返回 4、5、6，从而返回各个科目的最大值

6. DMIN（从数据库中按给定条件求最小值）

【函数功能】DMIN 函数用于返回列表或数据库中满足指定条件的记录字段（列）中的最小数字。

【函数语法】DMIN(database, field, criteria)

- database：表示构成列表或数据库的单元格区域。
- field：表示指定函数所使用的列。
- criteria：表示包含指定条件的单元格区域。

【用法解析】

数据列表要求第一行包含每一列的标签，
行为记录，列为字段

=DMIN (❶数据区域，❷字段名，❸条件区域)

指定判断最小值的数据列。可以使用两端带双引号的列标签，如"销量"；或是代表列在列表中的位置的数字：1 表示第一列，2 表示第二列，以此类推

条件区域至少有一个列标签，并且列标签下方包含至少一个指定条件的单元格。可以是一个或者多个条件

例：返回指定班级的最低分

扫一扫，看视频

表格中统计了各个班级学生的成绩，要求返回指定班级学生成绩的最低分。

❶ 在 E1:E2 单元格区域中设置条件，其中要包括列标签与指定的班级，如图 10-35 所示。

	A	B	C	D	E	F
1	姓名	班级	分数		班级	最低分
2	周传明	1班	93		2班	
3	陈秀月	2班	72			
4	杨世奇	1班	87			
5	袁晓宇	2班	90			
6	夏甜甜	1班	60			
7	吴晶晶	1班	88			
8	蔡天放	2班	99			
9	朱小琴	1班	82			
10	袁庆元	2班	65			
11	张芯瑜	2班	89			
12	肖菲菲	2班	89			
13	简佳丽	1班	77			

图 10-35

❷ 选中 F2 单元格，在编辑栏中输入公式：

=DMIN(A1:C13,3, E1:E2)

按 Enter 键，即可返回 "2 班" 中学生成绩的最低分，如图 10-36 所示。

F2			✕ ✓	fx	=DMIN(A1:C13,E1:E2)	
▲	A	B	C	D	E	F
1	姓名	班级	分数		班级	最低分
2	周传明	1班	93		2班	65
3	陈秀月	2班	72			
4	杨世奇	1班	87			
5	袁晓宇	2班	90			
6	夏甜甜	1班	60			
7	吴晶晶	1班	88			
8	蔡天放	2班	99			
9	朱小琴	1班	82			
10	袁庆元	2班	65			
11	张芯瑜	2班	89			
12	肖菲菲	2班	89			
13	简佳丽	1班	77			

图 10-36

7. DGET（从数据库中提取符合条件的单个值）

【函数功能】DGET 函数用于从列表或数据库的列中提取符合指定条件的单个值。

【函数语法】DGET(database, field, criteria)

● database：表示构成列表或数据库的单元格区域。

● field：表示指定函数所使用的列。

● criteria：表示包含指定条件的单元格区域。

【用法解析】

数据列表要求第一行包含每一列的标签，
行为记录，列为字段

=DGET (❶数据区域，❷字段名，❸条件区域)

指定函数运算的数据列。可以使用两端带
双引号的列标签，如"销量"；或是代表列
在列表中的位置的数字：1 表示第一列，
2 表示第二列，以此类推

条件区域至少有一个列标签，
并且列标签下方包含至少一
个指定条件的单元格。可以是
一个或者多个条件

629

🔊 **注意：**

DGET 函数类似于查找函数，可以实现单条件查找，也可以实现多条件查找。尤其是针对多条件查找，使用 DGET 函数比使用 VLOOKUP、LOOKUP 等查找函数要方便得多。

例 1：实现单条件查询

扫一扫，看视频

表格中统计了学生的考试成绩，要求查询任意学生的成绩。

❶ 在 D1:D2 单元格区域中设置条件，其中要包括列标签与指定的姓名，如图 10-37 所示。

	A	B	C	D	E
1	姓名	分数		姓名	分数
2	周诚	93		夏心怡	
3	陈秀月	72			
4	杨世奇	87			
5	袁晓宇	90			
6	夏心怡	87			
7	吴晶晶	88			
8	蔡天放	99			
9	孙阅	82			
10	袁庆元	65			
11	张芯瑜	89			
12	肖菲菲	89			
13	简佳丽	77			

图 10-37

❷ 选中 E2 单元格，在编辑栏中输入公式：
=DGET(A1:B13,2,D1:D2)
按 Enter 键，即可查询到"夏心怡"的成绩，如图 10-38 所示。

E2		:	×	✓	fx	=DGET(A1:B13,2,D1:D2)

	A	B	C	D	E
1	姓名	分数		姓名	分数
2	周诚	93		夏心怡	87
3	陈秀月	72			
4	杨世奇	87			
5	袁晓宇	90			
6	夏心怡	87			
7	吴晶晶	88			
8	蔡天放	99			
9	孙阅	82			
10	袁庆元	65			
11	张芯瑜	89			
12	肖菲菲	89			
13	简佳丽	77			

图 10-38

❸ 如果要查询其他学生的成绩，只需要在 D2 单元格中更改查询姓名即可，如图 10-39 所示。

	A	B	C	D	E
1	姓名	分数		姓名	分数
2	周诚	93		孙阅	82
3	陈秀月	72			
4	杨世奇	87			
5	袁晓宇	90			
6	夏心怡	87			
7	吴晶晶	88			
8	蔡天放	99			
9	孙阅	82			
10	袁庆元	65			
11	张芯瑜	89			
12	肖菲菲	89			
13	简佳丽	77			

图 10-39

例 2：实现多条件查询

表格中统计了学生的考试成绩，要求查询任意学生的成绩。

❶ 在 G1:I2 单元格区域中设置条件，其中要包括列标签与指定的多个条件，如图 10-40 所示。

扫一扫，看视频

	A	B	C	D	E	F	G	H	I
1	产品	瓦数	产地	单价	采购盒数		产品	瓦数	产地
2	白炽灯	200	南京	¥ 4.50	5		白炽灯	100	广州
3	led灯带	2米	广州	¥ 12.80	2				
4	日光灯	100	广州	¥ 8.80	6				
5	白炽灯	80	南京	¥ 2.00	12				
6	白炽灯	100	南京	¥ 3.20	8				
7	2d灯管	5	广州	¥ 12.50	10				
8	2d灯管	10	南京	¥ 18.20	6				
9	led灯带	5米	南京	¥ 22.00	5				
10	led灯带	10米	广州	¥ 36.50	2				
11	白炽灯	100	广州	¥ 3.80	10				
12	白炽灯	40	广州	¥ 1.80	10				

图 10-40

❷ 选中 J2 单元格，在编辑栏中输入公式：

`=DGET(A1:E12,5,G1:I2)`

按 Enter 键，即可查询到同时满足 3 个条件（指定产品、瓦数、产地）的采购盒数，如图 10-41 所示。

图 10-41

8. DPRODUCT（从数据库中返回满足指定条件的数值的乘积）

【函数功能】DPRODUCT 函数用于返回列表或数据库中满足指定条件的记录字段（列）中的数值的乘积。

【函数语法】DPRODUCT(database, field, criteria)

- database：表示构成列表或数据库的单元格区域。
- field：表示指定函数所使用的列。
- criteria：表示包含指定条件的单元格区域。

【用法解析】

数据列表要求第一行包含每一列的标签，
行为记录，列为字段

=DPRODUCT (❶数据区域，❷字段名，❸条件区域)

指定进行求和的数据列。可以使用两端带双引号的列标签，如"销量"；或是代表列在列表中的位置的数字：1 表示第一列，2 表示第二列，以此类推

条件区域至少有一个列标签，并且列标签下方包含至少一个指定条件的单元格。可以是一个或者多个条件

◀))注意：

> PRODUCT 函数是将所有以参数形式给出的数字相乘，并返回乘积值。DPRODUCT 函数是先进行条件判断，然后将满足指定条件的各个数值进行相乘。下面通过例子演示其用法。

例：对满足指定条件的数值进行乘积运算

例如，在下面的表格进行如下操作。

❶ 在 D1:D2 单元格区域中设置条件。

❷ 选中 E2 单元格，在编辑栏中输入公式：
=DPRODUCT(A1:B11,2,D1:D2)

扫一扫，看视频

按 Enter 键，得出的结果是所有美的产品的数量的乘积，即 2*2*1，如图 10-42 所示。

E2		✕ ✓ fx	=DPRODUCT(A1:B11,2,D1:D2)	
	A	B	C	D	E
1	商品品牌	数量		商品品牌	DPRODUCT结果
2	美的BX-0908	2		美的*	4
3	海尔KT-1067	2			
4	格力KT-1188	2			
5	美菱BX-676C	4			
6	美的BX-0908	3			
7	荣事达XYG-710Y	3			
8	海尔XYG-8796F	2			
9	格力KT-1109	1			
10	格力KT-1188	1			
11	美的BX-0908	1			

图 10-42

10.2 方差、标准差计算

方差、标准差计算函数是从统计函数中归纳出的，其应用方法仍与前面的统计函数相同。

1. DSTDEV（按指定条件以样本估算标准偏差）

【函数功能】DSTDEV 函数用于返回以列表或数据库中满足指定条件

的记录字段（列）中的数字作为一个样本估算出的总体标准偏差。

【函数语法】DSTDEV(database, field, criteria)

- database：表示构成列表或数据库的单元格区域。
- field：表示指定函数所使用的列。
- criteria：表示包含所指定条件的单元格区域。

【用法解析】

数据列表要求第一行包含每一列的标签，
行为记录，列为字段

=DSTDEV (❶数据区域，❷字段名，❸条件区域)

指定求解标准偏差的数据列。可以
使用两端带双引号的列标签，如
"销量"；或是代表列在列表中的位
置的数字：1 表示第一列，2 表示第
二列，以此类推

条件区域至少有一个列标
签，并且列标签下方包含至
少一个指定条件的单元格。
可以是一个或者多个条件

📢 注意：

> 如果数据库中的数据只是整个数据的一个样本，则使用 DSTDEV 函数计算出
> 的是以此样本估算出的标准偏差。标准偏差用来测度统计数据的差异程度，
> 标准偏差越接近 0 值表示差异度越小。

例：计算女性参赛者年龄的标准偏差（以此数据作为样本）

扫一扫，看视频

数据列表中显示了参赛者编号、性别、年龄等数据，要求
以此数据作为样本估算女性参赛者年龄的标准偏差。

❶ 在 E1:E2 单元格区域中设置条件，指定性别为"女"。

❷ 选中 F2 单元格，在编辑栏中输入公式：

`=DSTDEV(A1:C16,3,E1:E2)`

按 Enter 键，即可计算出以此数据为样本的女性参赛者年龄的标准偏
差，如图 10-43 所示。

| F2 | ▾ | : | × | ✓ | *fx* | =DSTDEV(A1:C16,3,E1:E2) |

	A	B	C	D	E	F
1	选手编号	性别	年龄		性别	以此样本估算标准偏差
2	001	女	30		女	1.505940617
3	002	男	38			
4	003	女	31			
5	004	女	30			
6	005	男	39			
7	006	男	30			
8	007	女	33			
9	008	女	30			
10	009	女	31			
11	010	男	39			
12	011	男	42			
13	012	男	29			
14	013	男	28			
15	014	女	28			
16	015	女	32			

图 10-43

2. DSTDEVP（按指定条件计算总体标准偏差）

【函数功能】DSTDEVP 函数用于返回以列表或数据库中满足指定条件的记录字段（列）中的数字作为样本总体计算出的总体标准偏差。

【函数语法】DSTDEVP(database, field, criteria)

- database：表示构成列表或数据库的单元格区域。
- field：表示指定函数所使用的列。
- criteria：表示包含指定条件的单元格区域。

【用法解析】

数据列表要求第一行包含每一列的标签，
行为记录，列为字段

= DSTDEVP (❶数据区域，❷字段名，❸条件区域)

指定求解标准偏差的数据列。可以使用两端带双引号的列标签，如"销量"；或是代表列在列表中的位置的数字：1 表示第一列，2 表示第二列，以此类推

条件区域至少有一个列标签，并且列标签下方包含至少一个指定条件的单元格。可以是一个或者多个条件

扫一扫，看视频

注意：

如果数据库中的数据只是整个数据总体，则使用 DSTDEVP 函数计算出的是整个数据整体的真实标准偏差。

例：计算女性参赛者年龄的标准偏差（以此数据作为样本总体）

数据列表中显示了参赛者编号、性别、年龄等数据，此数据为全部总体数据，要求计算总体标准偏差。

❶ 在 E1:E2 单元格区域中设置条件，指定性别为"女"。

❷ 选中 F2 单元格，在编辑栏中输入公式：

`=DSTDEVP(A1:C16,3,E1:E2)`

按 Enter 键，即可计算出该样本总体的标准偏差，即真实的标准偏差，如图 10-44 所示。

	A	B	C	D	E	F
1	选手编号	性别	年龄		性别	样本总体标准偏差(真实标准偏差)
2	001	女	30		女	1.408678459
3	002	男	38			
4	003	女	31			
5	004	女	30			
6	005	男	39			
7	006	男	30			
8	007	男	33			
9	008	女	30			
10	009	女	31			
11	010	男	39			
12	011	男	42			
13	012	男	29			
14	013	男	28			
15	014	女	28			
16	015	女	32			

F2 单元格公式栏：`=DSTDEVP(A1:C16,3,E1:E2)`

图 10-44

3. DVAR（按指定条件以样本估算总体方差）

【函数功能】DVAR 函数用于返回以列表或数据库中满足指定条件的记录字段（列）中的数字作为一个样本估算出的总体方差。

【函数语法】DVAR(database, field, criteria)

● database：表示构成列表或数据库的单元格区域。

● field：表示指定函数所使用的列。

● criteria：表示包含指定条件的单元格区域。

【用法解析】

数据列表要求第一行包含每一列的标签，
行为记录，列为字段

= DVAR (❶数据区域，❷字段名，❸条件区域)

指定求解总体方差的数据列。可以
使用两端带双引号的列标签，如
"销量"；或是代表列在列表中的位
置的数字：1 表示第一列，2 表示
第二列，以此类推

条件区域至少有一个列标签，
并且列标签下方包含至少一
个指定条件的单元格。可以是
一个或者多个条件

◀๗ 注意：

如果数据库中的数据只是整个数据的一个样本，则使用 DVAR 函数计算出的
是以此样本估算出的方差。方差和标准差是测度数据变异程度的最重要、最
常用的指标，用来描述一线数据的波动性（集中还是分散）。

例：计算女性参赛者年龄总体方差（以此数据作为样本）

数据列表中显示了参赛者编号、性别、年龄等数据，要求
以此数据作为样本估算女性参赛者年龄的总体方差。

扫一扫，看视频

❶ 在 E1:E2 单元格区域设置条件，指定性别为"女"。

❷ 选中 F2 单元格，在编辑栏中输入公式：
=DVAR(A1:C16,3,E1:E2)

按 Enter 键，即可计算出以此数据为样本的女性参赛者年龄的总体方
差，如图 10-45 所示。

4．DVARP（按指定条件计算总体方差）

【函数功能】DVARP 函数用于返回以列表或数据库中满足指定条件的
记录字段（列）中的数字作为样本总体计算出的总体方差。

| F2 | | ▼ | ⋮ | × | ✓ | f_x | =DVAR(A1:C16,3,E1:E2) |

▲	A	B	C	D	E	F
1	选手编号	性别	年龄		性别	以此样本估算方差
2	001	女	30		女	2.267857143
3	002	男	38			
4	003	女	31			
5	004	女	30			
6	005	男	39			
7	006	男	30			
8	007	女	33			
9	008	女	30			
10	009	女	31			
11	010	男	39			
12	011	男	42			
13	012	男	29			
14	013	男	28			
15	014	女	28			
16	015	女	32			

图 10-45

【函数语法】DVARP(database, field, criteria)

● database：表示构成列表或数据库的单元格区域。

● field：表示指定函数所使用的列。

● criteria：表示包含指定条件的单元格区域。

【用法解析】

数据列表要求第一行包含每一列的标签，
行为记录，列为字段

= DVARP (❶数据区域，❷字段名，❸条件区域)

指定求解总体方差的数据列。可以使
用两端带双引号的列标签，如"销量"；
或是代表列在列表中的位置的数字：
1 表示第一列，2 表示第二列，以此
类推

条件区域至少有一个列标签，
并且列标签下方包含至少一个
指定条件的单元格。可以是一
个或者多个条件

📢 注意：

如果数据库中的数据只是整个数据总体，则使用 DVARP 函数计算出的是整
个数据整体的真实方差。

例：计算女性参赛者年龄的总体方差

数据列表中显示了参赛者编号、性别、年龄等数据，此数据为全部总体数据，要求计算总体方差。

❶ 在 E1:E2 单元格区域中设置条件，指定性别为"女"。

❷ 选中 F2 单元格，在编辑栏中输入公式：

=DVARP(A1:C16,3,E1:E2)

按 Enter 键，即可计算出该样本总体的方差，即真实的方差，如图 10-46 所示。

F2		▼	:	×	✓	fx	=DVARP(A1:C16,3,E1:E2)

	A	B	C	D	E	F
1	选手编号	性别	年龄		性别	样本总体方差(真实方差)
2	001	女	30		女	1.984375
3	002	男	38			
4	003	女	31			
5	004	女	30			
6	005	男	39			
7	006	男	30			
8	007	女	33			
9	008	女	30			
10	009	女	31			
11	010	男	39			
12	011	男	42			
13	012	男	29			
14	013	男	28			
15	014	女	28			
16	015	女	32			

图 10-46

第11章 工程函数

11.1 进制编码转换函数

11.1.1 二进制编码转换为其他进制编码

扫一扫，看视频

二进制编码可以分别转换为八进制、十进制与十六进制编码。用于转换的函数都是以 B 开头，参数格式统一，均有 number 和 places 两个参数。

- number：表示待转换的二进制编码。字符位数不能多于 10 位。number 的最高位为符号位，其余 9 位是数量位。负数用二进制补码记数法表示。

- places：表示要使用的字符数。如果省略，将使用必需的最小字符数。

1. BIN2OCT（二进制编码转换为八进制编码）

如图 11-1 所示为将二进制编码转换为八进制编码的示例。

	A	B	C
1	二进制编码	公式	八进制编码
2	11010011	=BIN2OCT(A2)	323
3	11011101	=BIN2OCT(A3)	335
4	11001011	=BIN2OCT(A4)	313

图 11-1

2. BIN2DEC（二进制编码转换为十进制编码）

如图 11-2 所示为将二进制编码转换为十进制编码的示例。

	A	B	C
1	二进制编码	公式	十进制编码
2	11010011	=BIN2DEC(A2)	211
3	11011001	=BIN2DEC(A3)	217
4	11001011	=BIN2DEC(A4)	203

图 11-2

3. BIN2HEX（二进制编码转换为十六进制编码）

如图 11-3 所示为将二进制编码转换为十六进制编码的示例。

	A	B	C
1	二进制编码	公式	十六进制编码
2	11010011	=BIN2HEX(A2)	D3
3	11011001	=BIN2HEX(A3)	D9
4	11001011	=BIN2HEX(A4)	CB

图 11-3

11.1.2 十进制编码转换为其他进制编码

十进制编码可以分别转换为二进制、八进制与十六进制编码。用于转换的函数都是以 D 开头，参数格式统一，均有 number 和 places 两个参数。

- number：表示待转换的十进制编码。如果为负数，则忽略有效的 places 值，且 DEC2BIN 返回 10 位二进制数，其中最高位为符号位，其余 9 位是数量位。负数用二进制补码记数法表示。

- places：表示要使用的字符数。如果省略，将使用必需的最小字符数。

1. DEC2BIN（十进制编码转换为二进制编码）

如图 11-4 所示为将十进制编码转换为二进制编码的示例。

	A	B	C
1	十进制编码	公式	二进制编码
2	9	=DEC2BIN(A2)	1001
3	28	=DEC2BIN(A3)	11100
4	165	=DEC2BIN(A4)	10100101
5	430	=DEC2BIN(A5)	110101110

图 11-4

2. DEC2OCT（十进制编码转换为八进制编码）

如图 11-5 所示为将十进制编码转换为八进制编码的示例。

图 11-5

3. DEC2HEX（十进制编码转换为十六进制编码）

如图 11-6 所示为将十进制编码转换为十六进制编码的示例。

	A	B	C
1	十进制编码	公式	十六进制编码
2	9	=DEC2HEX(A2)	9
3	28	=DEC2HEX(A3)	1C
4	165	=DEC2HEX(A4)	A5
5	430	=DEC2HEX(A5)	1AE

图 11-6

11.1.3　八进制编码转换为其他进制编码

扫一扫，看视频

八进制编码可以分别转换为二进制、十进制与十六进制编码。用于转换的函数都是以 O 开头，参数格式统一，均有 number 和 places 两个参数。

- number：表示待转换的八进制编码。字符位数不能多于 10 位。number 的最高位为符号位，其余 9 位是数量位。负数用二进制补码记数法表示。

- places：表示要使用的字符数。如果省略，将使用必需的最小字符数。

1. OCT2BIN 函数（八进制编码转换为二进制编码）

如图 11-7 所示为将八进制编码转换为二进制编码的示例。

	A	B	C
1	八进制编码	公式	二进制编码
2	7	=OCT2BIN(A2)	111
3	65	=OCT2BIN(A3)	110101
4	127	=OCT2BIN(A4)	1010111
5	343	=OCT2BIN(A5)	11100011

图 11-7

2. OCT2DEC 函数（八进制编码转换为十进制编码）

如图 11-8 所示为将八进制编码转换为十进制编码的示例。

	A	B	C
1	八进制编码	公式	十进制编码
2	7	=OCT2DEC(A2)	7
3	65	=OCT2DEC(A3)	53
4	127	=OCT2DEC(A4)	87
5	343	=OCT2DEC(A5)	227

图 11-8

3. OCT2HEX 函数（八进制编码转换为十六进制编码）

如图 11-9 所示为将八进制编码转换为十六进制编码的示例。

	A	B	C
1	八进制编码	公式	十六进制编码
2	7	=OCT2HEX(A2)	7
3	65	=OCT2HEX(A3)	35
4	127	=OCT2HEX(A4)	57
5	343	=OCT2HEX(A5)	E3

图 11-9

11.1.4　十六进制编码转换为其他进制编码

十六进制编码可以分别转换为二进制、八进制与十进制编码。用于转换的函数都是以 H 开头，参数格式统一，均有 number 和 places 两个参数。

扫一扫，看视频

● number：表示待转换的十六进制编码。字符位数不能多于 10 位。number 的最高位为符号位，其余 9 位是数量位。负数用二进制补码记数法表示。

- places：表示要使用的字符数。如果省略，将使用必需的最小字符数。

1. HEX2BIN（十六进制编码转换为二进制编码）

如图 11-10 所示为将十六进制编码转换为二进制编码的示例。

	A	B	C
1	十六进制编码	公式	二进制编码
2	9	=HEX2BIN(A2)	1001
3	1C	=HEX2BIN(A3)	11100
4	A5	=HEX2BIN(A4)	10100101
5	1AE	=HEX2BIN(A5)	110101110

图 11-10

2. HEX2OCT（十六进制编码转换为八进制编码）

如图 11-11 所示为将十六进制编码转换为八进制编码的示例。

	A	B	C
1	十六进制编码	公式	八进制编码
2	9	=HEX2OCT(A2)	11
3	1C	=HEX2OCT(A3)	34
4	A5	=HEX2OCT(A4)	245
5	1AE	=HEX2OCT(A5)	656

图 11-11

3. HEX2DEC（十六进制编码转换为十进制编码）

如图 11-12 所示为将十六进制编码转换为十进制编码的示例。

	A	B	C
1	十六进制编码	公式	十进制编码
2	9	=HEX2DEC(A2)	9
3	1C	=HEX2DEC(A3)	28
4	A5	=HEX2DEC(A4)	165
5	1AE	=HEX2DEC(A5)	430

图 11-12

11.2 复数计算函数

1. COMPLEX（将实系数及虚系数转换为复数）

【函数功能】COMPLEX 函数用于将实系数及虚系数转换为 $x+yi$ 或 $x+yj$ 形式的复数。

扫一扫，看视频

【函数语法】COMPLEX(real_num,i_num,suffix)

- real_num：复数的实部。
- i_num：复数的虚部。
- suffix：复数中虚部的后缀；如果省略，则认为它为 i。

如图 11-13 所示为将实系数及虚系数转换为 $x+yi$ 或 $x+yj$ 形式的复数的示例。

	A	B	C	D
1	实系数	虚系数	公式	转换为复数形式
2	0	0	=COMPLEX(A2,B2)	0
3	2	3	=COMPLEX(A3,B3,"i")	2+3i
4	10	7	=COMPLEX(A4,B4,"j")	10+7j

图 11-13

2. IMABS（返回复数的模）

【函数功能】IMABS 函数用于返回以 $x+yi$ 或 $x+yj$ 形式表示的复数的绝对值，即模。

扫一扫，看视频

【函数语法】IMABS(lnumber)

lnumber：表示需要计算其绝对值的复数。

如图 11-14 所示为返回复数的模的示例。

	A	B	C
1	复数形式	公式	复数的模
2	i	=IMABS(A2)	1
3	5i	=IMABS(A3)	5
4	5+3j	=IMABS(A4)	5.830951895

图 11-14

3. IMREAL（返回复数的实系数）

扫一扫，看视频

【函数功能】IMREAL 函数用于返回以 $x+yi$ 或 $x+yj$ 形式表示的复数的实系数。

【函数语法】IMREAL (lnumber)

lnumber：表示需要计算其实系数的复数。

如图 11-15 所示为返回复数的实系数的示例。

	A	B	C
1	复数	公式	实系数
2	10-5i	=IMREAL(A2)	10
3	2i	=IMREAL(A3)	0
4	4+3j	=IMREAL(A4)	4

图 11-15

4. IMAGINARY（返回复数的虚系数）

【函数功能】IMAGINARY 函数用于返回以 $x+yi$ 或 $x+yj$ 形式表示的复数的虚系数。

【函数语法】IMAGINARY (lnumber)

扫一扫，看视频

lnumber：表示需要计算其虚系数的复数。

如图 11-16 所示为返回复数的虚系数的示例。

	A	B	C
1	复数	公式	复数的虚系数
2	10-5i	=IMAGINARY(A2)	-5
3	2i	=IMAGINARY(A3)	2
4	4+3j	=IMAGINARY(A4)	3

图 11-16

5. IMCONJUGATE（返回复数的共轭复数）

扫一扫，看视频

【函数功能】IMCONJUGATE 函数用于返回以 $x+yi$ 或 $x+yj$ 形式表示的复数的共轭复数。

【函数语法】IMCONJUGATE(lnumber)

lnumber：表示需要计算其共轭复数的复数。

如图 11-17 所示为返回复数的共轭复数的示例。

	A	B	C
1	复数形式	公式	共轭复数
2	10-5i	=IMCONJUGATE(A2)	10+5i
3	2i	=IMCONJUGATE(A3)	-2i
4	4+3j	=IMCONJUGATE(A4)	4-3j

图 11-17

6. IMSUM（计算两个或多个复数的和）

【函数功能】IMSUM 函数用于返回以 $x+yi$ 或 $x+yj$ 形式表示的两个或多个复数的和。

【函数语法】IMSUM(inumber1,inumber2,...)

inumber1,inumber2,...：表示 1~29 个需要相加的复数。

如图 11-18 所示为返回两个或多个复数的和的示例。

扫一扫，看视频

	A	B	C	D	E
1	复数1	复数2	复数3	公式	复数的和
2	3-4j	2j	2-3j	=IMSUM(A2,B2,C2)	5-5j
3	9j	3	-5	=IMSUM(A3,B3,C3)	-2+9j
4	0	9-11j	7j	=IMSUM(A4,B4,C4)	9-4j
5	10i	1-5i	2-5i	=IMSUM(A5,B5,C5)	3

图 11-18

7. IMSUB 函数（计算两个复数的差）

【函数功能】IMSUB 函数用于返回以 $x+yi$ 或 $x+yj$ 形式表示的两个复数的差。

【函数语法】IMSUB(inumber1,inumber2)

● inumber1：表示被减（复）数。

● inumber2：表示减（复）数。

如图 11-19 所示为计算两个复数的差的示例。

扫一扫，看视频

	A	B	C	D
1	复数1	复数2	公式	复数的差
2	3-4j	2j	=IMSUB(A2,B2)	**3-6j**
3	9j	3	=IMSUB(A3,B3)	**-3+9j**
4	0	9-11j	=IMSUB(A4,B4)	**-9+11j**
5	10i	1-5i	=IMSUB(A5,B5)	**-1+15i**

图 11-19

8. IMDIV（计算两个复数的商）

【函数功能】IMDIV 用于返回以 $x+yi$ 或 $x+yj$ 形式表示的两个复数的商。

【函数语法】IMDIV(inumber1,inumber2)

- inumber1：表示复数分子（被除数）。
- inumber2：表示复数分母（除数）。

如图 11-20 所示为计算两个复数的商的示例。

	A	B	C	D
1	复数1	复数2	公式	复数的商
2	3-4j	2j	=IMDIV(A2,B2)	**-2-1.5j**
3	9j	3	=IMDIV(A3,B3)	**3j**
4	0	9-11j	=IMDIV(A4,B4)	**0**
5	10i	3+4i	=IMDIV(A5,B5)	**1.6+1.2i**

图 11-20

9. IMPRODUCT（计算两个复数的积）

【函数功能】IMPRODUCT 函数用于返回以 $x+yi$ 或 $x+yj$ 形式表示的 2~29 个复数的乘积。

【函数语法】IMPRODUCT(inumber1,inumber2,...)

inumber1, inumber2,...：表示第 1~29 个用来相乘的复数。

如图 11-21 所示为计算两个复数的积的示例。

	A	B	C	D
1	复数1	复数2	公式	复数的积
2	3-4j	2j	=IMPRODUCT(A2,B2)	8+6j
3	9j	3	=IMPRODUCT(A3,B3)	27j
4	0	9-11j	=IMPRODUCT(A4,B4)	0
5	10i	3+4i	=IMPRODUCT(A5,B5)	-40+30i

图 11-21

10. IMEXP（计算复数的指数）

【函数功能】IMEXP 用于返回以 $x+y$i 或 $x+y$j 形式表示的复数的指数。

扫一扫，看视频

【函数语法】IMEXP(inumber)

inumber：表示需要计算其指数的复数。

如图 11-22 所示为计算任意复数的指数的示例。

	A	B	C
1	复数	公式	复数的指数
2	0	=IMEXP(A2)	1
3	3	=IMEXP(A3)	20.0855369231877
4	10i	=IMEXP(A4)	-0.839071529076452-0.54402111088937i
5	3-4j	=IMEXP(A5)	-13.1287830814622+15.200784463068j
6	9-11j	=IMEXP(A6)	35.861802235277+8103.00457043379j

图 11-22

11. IMSQRT（计算复数的平方根）

【函数功能】IMSQRT 函数用于返回以 $x+y$i 或 $x+y$j 形式表示的复数的平方根。

扫一扫，看视频

【函数语法】IMSQRT(inumber)

inumber：表示需要计算其平方根的复数。

如图 11-23 所示为计算任意复数的平方根的示例。

	A	B	C
1	复数	公式	复数的平方根
2	0	=IMSQRT(A2)	0
3	3	=IMSQRT(A3)	1.73205080756888
4	10i	=IMSQRT(A4)	2.23606797749979+2.23606797749979i
5	3-4j	=IMSQRT(A5)	2-j
6	9-11j	=IMSQRT(A6)	3.40680718588181-1.61441481713219j

图 11-23

12. IMARGUMENT（将复数转换为以弧度表示的角）

扫一扫，看视频

【函数功能】IMARGUMENT 函数用于将复数转换为以弧度表示的角。

【函数语法】IMARGUMENT(inumber)

inumber：用来计算角度值的复数。

如图 11-24 所示为将复数转换为以弧度表示的角的示例。

	A	B	C
1	复数	公式	以弧度表示的角
2	3	=IMARGUMENT(A2)	0
3	10i	=IMARGUMENT(A3)	1.570796327
4	3-4j	=IMARGUMENT(A4)	-0.927295218
5	9-11j	=IMARGUMENT(A5)	-0.885066816
6	1+2j	=IMARGUMENT(A6)	1.107148718

图 11-24

13. IMSIN（计算复数的正弦值）

扫一扫，看视频

【函数功能】IMSIN 函数用于返回以 $x+yi$ 或 $x+yj$ 形式表示的复数的正弦值。

【函数语法】IMSIN(inumber)

inumber：表示需要计算其正弦值的复数。

如图 11-25 所示为计算复数的正弦值的示例。

	A	B	C
1	复数	公式	复数的正弦值
2	3	=IMSIN(A2)	0.141120008059867
3	10i	=IMSIN(A3)	11013.2328747034i
4	3-4j	=IMSIN(A4)	3.85373803791938+27.0168132580039j
5	9-11j	=IMSIN(A5)	12337.6202978503+27276.5712029355j
6	1+2j	=IMSIN(A6)	3.16577851321617+1.95960104142161j

图 11-25

14. IMSINH（计算复数的双曲正弦值）

扫一扫，看视频

【函数功能】IMSINH 函数用于返回以 $x+yi$ 或 $x+yj$ 形式表示的复数的双曲正弦值。

【函数语法】IMSINH (inumber)

inumber：表示需要计算其双曲正弦值的复数。如果 inumber 为非 $x+yi$ 或 $x+yj$ 形式的值，则函数 IMSINH 返回错误值 #NUM!；如果 inumber 为逻辑值，则函数 IMSINH 返回错误值 #VALUE!。

如图 11-26 所示为计算复数的双曲正弦值的示例。

	A	B	C
1	复数	公式	复数的双曲正弦值
2	3	=IMSINH(A2)	10.0178749274099
3	10i	=IMSINH(A3)	-0.54402111088937i
4	3-4j	=IMSINH(A4)	-6.548120040911+7.61923172032141j
5	9-11j	=IMSINH(A5)	17.9309008445513+4051.50234692119j
6	1+2j	=IMSINH(A6)	-0.489056259041294+1.40311925062204j

图 11-26

15. IMCOS（计算复数的余弦值）

【函数功能】IMCOS 函数用于返回以 $x+yi$ 或 $x+yj$ 形式表示的复数的余弦值。

扫一扫，看视频

【函数语法】IMCOS(inumber)

inumber：表示需要计算其余弦值的复数。

如图 11-27 所示为计算复数的余弦值的示例。

	A	B	C
1	复数	公式	复数的余弦值
2	10i	=IMCOS(A2)	11013.2329201033
3	3-4j	=IMCOS(A3)	-27.0349456030742+3.85115333481178j
4	9-11j	=IMCOS(A4)	-27276.5712181529+12337.6202909673j
5	1+2j	=IMCOS(A5)	2.03272300701967-3.0518977991518j

图 11-27

16. IMCOSH（计算复数的双曲余弦值）

【函数功能】IMCOSH 函数用于返回以 $x+yi$ 或 $x+yj$ 形式表示的复数的双曲余弦值。

扫一扫，看视频

【函数语法】IMCOSH (inumber)

inumber：表示需要计算其双曲余弦值的复数。如果

inumber 为非 $x+yi$ 或 $x+yj$ 形式的值，则函数 IMCOSH 返回错误值#NUM!；如果 inumber 为逻辑值，则函数 IMCOSH 返回错误值 #VALUE!。

如图 11-28 所示为计算复数的双曲余弦值的示例。

	A	B	C
1	复数	公式	复数的双曲余弦值
2	10i	=IMCOSH(A2)	-0.839071529076452
3	3-4j	=IMCOSH(A3)	-6.58066304055116+7.58155274274654j
4	9-11j	=IMCOSH(A4)	17.9309013907258+4051.5022235126j
5	1+2j	=IMCOSH(A5)	-0.64214812471552+1.06860742138278j

图 11-28

17. IMCOT（计算复数的余切值）

扫一扫，看视频

【函数功能】IMCOT 函数用于返回以 $x+yi$ 或 $x+yj$ 形式表示的复数的余切值。

【函数语法】IMCOT (inumber)

inumber：表示需要计算其余切值的复数。如果 inumber 为非 $x+yi$ 或 $x+yj$ 形式的值，则函数 IMCOT 返回错误值#NUM!；如果 inumber 为逻辑值，则函数 IMCOT 返回错误值 #VALUE!。

如图 11-29 所示为计算复数的余切值的示例。

	A	B	C
1	复数	公式	复数的双曲余弦值
2	4i	=IMCOT(A2)	-1.00067115040168i
3	1+2j	=IMCOT(A3)	0.0327977555337526-0.984329226458191j
4	5-3j	=IMCOT(A4)	-0.00268579840575853+0.995845318575854j

图 11-29

18. IMCSC（计算复数的余割值）

【函数功能】IMCSC 函数用于返回以 $x+yi$ 或 $x+yj$ 形式表示的复数的余割值。

【函数语法】IMCSC (inumber)

inumber：表示需要计算其余割值的复数。如果 inumber 为非 $x+yi$ 或 $x+yj$ 形式的值，则函数 IMCSC 返回错误值#NUM!；如果 inumber

为逻辑值，则函数 IMCSC 返回错误值 #VALUE!。

如图 11-30 所示为计算复数的余割值的示例。

	A	B	C
1	复数	公式	复数的余割值
2	10i	=IMCSC(A2)	-0.0000907998597121222i
3	5-4j	=IMCSC(A3)	-0.0351186310057677+0.0103815770277425j
4	2-3j	=IMCSC(A4)	0.0904732097532074-0.0412009862885741j

图 11-30

19. IMCSCH（计算复数的双曲余割值）

【函数功能】IMCSCH 函数用于返回以 $x+yi$ 或 $x+yj$ 形式表示的复数的双曲余割值。

扫一扫，看视频

【函数语法】IMCSCH (inumber)

inumber：表示需要计算其双曲余割值的复数。如果 inumber 为非 $x+yi$ 或 $x+yj$ 形式的值，则函数 IMCSCH 返回错误值#NUM!；如果 inumber 为逻辑值，则函数 IMCSCH 返回错误值#VALUE!。

如图 11-31 所示为计算复数的双曲余割值的示例。

	A	B	C
1	复数	公式	复数的双曲余割值
2	10i	=IMCSCH(A2)	1.83816396088967i
3	5-4j	=IMCSCH(A3)	-0.00880791586223676-0.0101989184567642j
4	2-3j	=IMCSCH(A4)	-0.27254866146294+0.0403005788568915j

图 11-31

20. IMSEC（计算复数的正割值）

【函数功能】IMSEC 函数用于返回以 $x+yi$ 或 $x+yj$ 形式表示的复数的正割值。

扫一扫，看视频

【函数语法】IMSEC (inumber)

inumber：表示需要计算其正割值的复数。如果 inumber 为非 $x+yi$ 或 $x+yj$ 形式的值，则函数 IMSEC 返回错误值#NUM!；如果 inumber 为逻辑值，则函数 IMSEC 返回错误值#VALUE!。

如图 11-32 所示为计算复数的正割值的示例。

	A	B	C
1	复数	公式	复数的正割值
2	10i	=IMSEC(A2)	0.0000907998593378173
3	5-4j	=IMSEC(A3)	0.0104002477656774+0.0351346130309063j
4	2-3j	=IMSEC(A4)	-0.0416749644111443-0.0906111371962376j

图 11-32

21. IMSECH（计算复数的双曲正割值）

扫一扫，看视频

【函数功能】IMSECH 函数用于返回以 $x+yi$ 或 $x+yj$ 形式表示的复数的双曲正割值。

【函数语法】IMSECH (inumber)

inumber：表示需要计算其双曲正割值的复数。如果 inumber 为非 $x+yi$ 或 $x+yj$ 形式的值，则函数 IMSECH 返回错误值#NUM!；如果 inumber 为逻辑值，则函数 IMSECH 返回错误值#VALUE!。

如图 11-33 所示为计算复数的双曲正割值的示例。

	A	B	C
1	复数	公式	复数的双曲正割值
2	10i	=IMSECH(A2)	-1.1917935066879
3	5-4j	=IMSECH(A3)	-0.00880894840977089-0.0101982619011619j
4	2-3j	=IMSECH(A4)	-0.263512975158389+0.0362116365587685j

图 11-33

22. IMTAN（计算复数的正切值）

扫一扫，看视频

【函数功能】IMTAN 函数用于返回以 $x+yi$ 或 $x+yj$ 形式表示的复数的正切值。

【函数语法】IMTAN (inumber)

inumber：表示需要计算其正切值的复数。如果 inumber 为非 $x+yi$ 或 $x+yj$ 形式的值，则函数 IMTAN 返回错误值#NUM!；如果 inumber 为逻辑值，则函数 IMTAN 返回错误值#VALUE!。

如图 11-34 所示为计算复数的正切值的示例。

	A	B	C
1	复数	公式	复数的正切值
2	10i	=IMTAN(A2)	0.999999995877693i
3	5-4j	=IMTAN(A3)	-0.000365203054511304-1.00056304611579j
4	2-3j	=IMTAN(A4)	-0.00376402564150425-1.00323862735361j
5			

图 11-34

23. IMLN（计算复数的自然对数）

【函数功能】IMLN 函数用于返回以 $x+yi$ 或 $x+yj$ 形式表示的复数的自然对数。

【函数语法】IMLN(inumber)

inumber：表示需要计算其自然对数的复数。

如图 11-35 所示为计算复数的自然对数的示例。

	A	B	C
1	复数	公式	复数的自然对数
2	10i	=IMLN(A2)	2.30258509299405+1.5707963267949i
3	5-4j	=IMLN(A3)	1.85678603335215-0.674740942223553j
4	2-3j	=IMLN(A4)	1.28247467873077-0.982793723247329j

图 11-35

24. IMLOG10（返回复数以 10 为底的常用对数）

【函数功能】IMLOG10 函数用于返回以 $x+yi$ 或 $x+yj$ 形式表示的复数的常用对数（以 10 为底数）。

【函数语法】IMLOG10(inumber)

inumber：表示需要计算其常用对数的复数。

如图 11-36 所示为计算复数以 10 为底的常用对数的示例。

	A	B	C
1	复数	公式	复数的常用对数（以10为底数）
2	5i	=IMLOG10(A2)	0.698970004336019+0.682188176920921i
3	5-4j	=IMLOG10(A3)	0.806391928359868-0.29303626792189j
4	2-3j	=IMLOG10(A4)	0.556971676153418-0.426821890855467j

图 11-36

25. IMLOG2（返回复数以 2 为底的对数）

扫一扫，看视频

【函数功能】IMLOG2 函数用于返回以 $x+yi$ 或 $x+yj$ 形式表示的复数以 2 为底的对数。

【函数语法】IMLOG2(inumber)

inumber：表示需要计算以 2 为底的对数值的复数。

如图 11-37 所示为计算复数以 2 为底的对数的示例。

	A	B	C
1	复数	公式	复数的对数（以2为底数）
2	5i	=IMLOG2(A2)	2.32192809488736+2.2661800709136i
3	5-4j	=IMLOG2(A3)	2.67877600230904-0.973445411230666j
4	2-3j	=IMLOG2(A4)	1.85021985907055-1.41787163074572j
5			

图 11-37

26. IMPOWER（计算复数的 n 次幂值）

扫一扫，看视频

【函数功能】IMPOWER 函数用于返回以 $x+yi$ 或 $x+yj$ 形式表示的复数的 n 次幂。

【函数语法】IMPOWER(inumber,number)

- inumber：表示需要计算其幂值的复数。
- number：表示需要计算的幂次。

如图 11-38 所示为计算复数的 n 次幂值的示例。

	A	B	C	D
1	复数	幂数	公式	复数的n次幂值
2	4i	1	=IMPOWER(A2,B2)	2.45029690981724E-16+4i
3	1+2j	2	=IMPOWER(A3,B3)	-3+4j
4	5i	5	=IMPOWER(A4,B4)	9.57147230397359E-13+3125i
5	5-3i	7	=IMPOWER(A5,B5)	-183640+137112i

图 11-38

11.3 Bessel 函数

1. BESSELJ（返回 Bessel 函数值）

【函数功能】BESSELJ 函数用于返回 Bessel 函数值。

【函数语法】BESSELJ(x,n)

- x：表示参数值。
- n：表示函数的阶数。如果 n 为非整数，则截尾取整。

例：计算 Bessel 函数值

❶ 选中 C2 单元格，在编辑栏中输入公式：

`=BESSELJ(A2,B2)`

扫一扫，看视频

❷ 按 Enter 键，即可计算出 3.5 的 1 阶 Bessel 函数值为 0.137377527；向下复制公式，得到其他数值的 Bessel 函数值，如图 11-39 所示。

	A	B	C	D
			C2 =BESSELJ(A2,B2)	
1	数值	阶数	Bessel函数值	
2	3.5	1	0.137377527	
3	1.5	2	0.232087679	

图 11-39

2. BESSELI 函数（返回修正 Bessel 函数值）

【函数功能】BESSELI 函数用于返回修正 Bessel 函数值，它与用纯虚数参数运算时的 Bessel 函数值相等。

【函数语法】BESSELI(x,n)

- x：表示参数值。
- n：表示函数的阶数。如果 n 为非整数，则截尾取整。

例：计算修正 Bessel 函数值 ln(X)

❶ 选中 C2 单元格，在编辑栏中输入公式：

`=BESSELI(A2,B2)`

扫一扫，看视频

❷ 按 Enter 键，即可计算出 3.5 的 1 阶修正 Bessel 函数值为 6.205834932；向下复制公式，得到其他数值的修正 Bessel 函数值，如图 11-40 所示。

	A	B	C	D
			C2 =BESSELI(A2,B2)	
1	数值	阶数	修正Bessel函数值ln(X)	
2	3.5	1	6.205834932	
3	1.5	2	0.337834621	

图 11-40

3. BESSELY 函数（返回 Bessel 函数值）

【函数功能】BESSELY 函数也称为 Weber 函数或 Neumann 函数，用于返回 Bessel 函数值。

【函数语法】BESSELY(x,n)

- x：表示参数值。
- n：表示函数的阶数。如果 n 为非整数，则截尾取整。

例：计算 Bessel 函数值 Yn(X)

❶ 选中 C2 单元格，在编辑栏中输入公式：

```
= BESSELY(A2,B2)
```

❷ 按 Enter 键，即可计算出 3.5 的 1 阶 Bessel Yn(X)函数值为 0.410188417；向下复制公式，得到其他数值的 Bessel Yn(X)函数值，如图 11-41 所示。

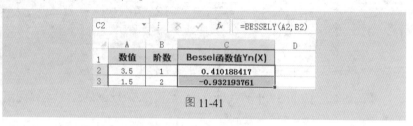

图 11-41

4. BESSELK（返回修正 Bessel Kn(X)函数值）

【函数功能】BESSELK 函数用于返回修正 Bessel 函数值，它与用纯虚数参数运算时的 Bessel 函数值相等。

【函数语法】BESSELK(x,n)

- x：表示参数值。
- n：表示函数的阶数。如果 n 为非整数，则截尾取整。

例：计算修正 Bessel 函数值 Kn(X)

❶ 选中 C2 单元格，在编辑栏中输入公式：

```
=BESSELK(A2,B2)
```

❷ 按 Enter 键，即可计算出 3.5 的 1 阶 Bessel Kn(X)函数值为 0.022239393；向下复制公式，得到其他数值的 Bessel Kn(X)函数值，如图 11-42 所示。

C2		f_x	=BESSELK(A2,B2)	
	A	B	C	D
1	数值	阶数	Bessel函数值Kn(X)	
2	3.5	1	0.022239393	
3	1.5	2	0.583655974	

图 11-42

11.4 其他工程函数

1. DELTA（测试两个数值是否相等）

【函数功能】DELTA 函数用于测试两个数值是否相等。如果 number1 = number2，则返回 1，否则返回 0。

【函数语法】DELTA(number1,number2)

● number1：表示第一个参数。

● number2：表示第二个参数。如果省略，假设 number2 值为 0。

例：测试两个数值是否相等

表格中统计了 6 月份产品的预测销量和实际销量，通过设置函数公式可以测试出产品的销量是否与预期相同。

扫一扫，看视频

❶ 选中 E2 单元格，在编辑栏中输入公式：
=IF(DELTA(C2,D2)=0,"不同","相同")

❷ 按 Enter 键，即可返回第一件产品的预测销量与实际销量是否相同。然后向下复制 E2 单元格的公式，即可得出批量判断结果，如图 11-43 所示。

E2		f_x	=IF(DELTA(C2,D2)=0,"不同","相同")	
	A	B	C	D	E
1	销售日期	产品名称	预测销量	实际销量	销量变化
2	2017/6/1	显示器	100	85	不同
3	2017/6/2	加湿器	82	82	相同
4	2017/6/3	文件柜	100	120	不同
5	2017/6/4	打印机	135	120	不同
6	2017/6/5	碎纸机	150	150	相同
7	2017/6/6	录音笔	80	120	不同
8	2017/6/7	传真机	20	35	不同

图 11-43

2. GESTEP（比较给定参数的大小）

【函数功能】GESTEP 函数用于比较给定参数的大小。如果 number 大于等于 step，则返回 1，否则返回 0。

【函数语法】GESTEP(number,step)

- number：待测试的数值。
- step：阈值。如果省略 step，则函数假设其为 0。

例：判断是否需要缴纳税金

个人所得税的起征点为 3500 元，现在需要根据公司员工工资表中的数据将需要缴纳税金的人员标记出来（1 表示要缴纳，0 表示不需要缴纳）。

❶ 选中 D2 单元格，在编辑栏中输入公式：

`=GESTEP(C2,3500)`

❷ 按 Enter 键，即可得出第一位员工是否要缴纳税金。然后向下复制 D2 单元格的公式，即可得到批量判断结果，如图 11-44 所示。

	A	B	C	D
1	工号	姓名	工资	是否需要缴纳税金
2	A-001	张智云	3600	1
3	A-002	刘琴	2500	0
4	A-004	周雪	2800	0
5	B-001	梁美媛	4600	1
6	B-003	尹宝琴	2900	0
7	C-001	廖雪辉	1800	0
8	C-005	周云	5000	1

D2 单元格公式栏：`=GESTEP(C2,3500)`

图 11-44

3. ERF 函数（返回误差函数在上下限之间的积分）

【函数功能】ERF 函数用于返回误差函数在上下限之间的积分。

【函数语法】ERF(lower_limit,upper_limit)

- lower_limit：ERF 函数的积分下限。
- upper_limit：ERF 函数的积分上限。如果省略积分上限，ERF 函数在 0 到下限之间进行积分。

例：返回误差函数在上下限之间的积分

表格中给定了误差值的上限和下限范围，使用 ERF 函数可以计算其误差值。

❶ 选中 B2 单元格，在编辑栏中输入公式：

```
=ERF(A2)
```

❷ 按 Enter 键, 即可计算出误差函数在 0.8~0 之间的积分值, 如图 11-45 所示。

图 11-45

4. ERFC (返回从 x 到无穷大积分的互补 ERF 函数)

【函数功能】ERFC 函数用于返回从 x 到无穷大积分的互补 ERF 函数。

【函数语法】ERFC(x)

x: 表示 REF 函数的积分下限。

例: 返回从 x 到无穷大积分的互补 ERF 函数

❶ 选中 C2 单元格, 在编辑栏中输入公式:
```
=ERFC(A2)
```

❷ 按 Enter 键, 即可计算出 0.8 的 ERF 函数的补余误差函数, 如图 11-46 所示。

图 11-46

🔊 注意:

ERF 是误差函数, 它是高斯概率密度函数的积分。在很多涉及高斯分布的场合, 由于理论分析的需要, 会涉及一些关于高斯概率密度函数的积分, 这些积分无法求出具体的表达式, 可是这些积分又非常常见, 为了表示的需要, 后来专门将这类积分定义为 ERF 函数。

ERFC 函数与 ERF 函数是互补误差函数，ERFC 函数是在 x 到无穷上的积分，所以 erfc(x) + erf(x) = 1。

ERFC 是单调增函数，在通信原理中常用于计算误码率与信噪比的关系，信噪比越高，误码率越低。

5. ERF.PRECISE（返回误差函数在 0 与指定下限间的积分）

【函数功能】ERF.PRECISE 函数用于返回误差函数在 0 与指定下限间的积分。

【函数语法】ERF.PRECISE (x)

x：表示 ERF.PRECISE 函数的积分下限。如果 x 为非数值型，则函数 ERF.PRECISE 返回错误值 #VALUE!。

例：返回误差函数在 0 与指定下限间的积分

扫一扫，看视频

❶ 选中 B2 单元格，在编辑栏中输入公式：
`=ERF.PRECISE(A2)`

❷ 按 Enter 键，即可计算出误差函数在 0~0.875 之间的积分值，如图 11-47 所示。

B2		× ✓ fx	=ERF.PRECISE(A2)
	A	B	C	D
1	下限	积分值		
2	0.875	0.784075061		

图 11-47

6. ERFC.PRECISE 函数（返回从 x 到无穷大积分的互补 ERF.PRECISE 函数）

【函数功能】ERFC.PRECISE 函数用于返回从 x 到无穷大积分的互补 ERF.PRECISE 函数。

【函数语法】ERFC.PRECISE (x)

x：表示 ERFC.PRECISE 函数的积分下限。如果 x 为非数值型，则 ERFC.PRECISE 返回错误值 #VALUE!。

例：返回从 x 到无穷大积分的互补 ERF.PRECISE 函数

❶ 选中 B2 单元格，在编辑栏中输入公式：
=ERFC.PRECISE(A2)

❷ 按 Enter 键，即可返回 0.875 的 ERF.PRECISE 函数的补余误差函数，如图 11-48 所示。

扫一扫，看视频

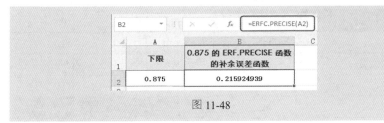

图 11-48

7. CONVERT（从一种度量系统转换到另一种度量系统）

【函数功能】CONVERT 函数可以将数值从一种度量系统转换到另一种度量系统中。

【函数语法】CONVERT(number,from_unit,to_unit)

- number：表示以 from_units 为单位的需要进行转换的数值。
- from_unit：表示数值 number 的单位。
- to_unit：表示结果的单位。

例：将"加仑"转换为"升"

CONVERT 函数可以将数字从一种度量系统转换到另一种度量系统中。例如，将单位 m（米）转换为 ft（英尺）、将单位 gal（加仑）转换为 l（升），将单位 lbm（磅）转换为 g（克）等。

扫一扫，看视频

CONVERT 函数中的 from_unit 和 to_unit 参数接受表 11-1 列出的文本值。

表 11-1

重量和质量	from_unit 或 to_unit	能　　量	from_unit 或 to_unit
克	"g"	焦耳	"J"
斯勒格	"sg"	尔格	"e"
磅（常衡制）	"lbm"	热力学卡	"c"

重量和质量	from_unit 或 to_unit	能　量	from_unit 或 to_unit
U（原子质量单位）	"u"	IT	卡
盎司（常衡制）	"ozm"	电子伏	"eV"
距　离	**from_unit**	马力/小时	"HPh"
米	"m"	瓦特/小时	"Wh"
法定英里	"mi"	英尺磅	"flb"
海里	"Nmi"	BTU	"BTU"
英寸	"in"	**乘　幂**	**from_unit**
英尺	"ft"	马力	"HP"
码	"yd"	瓦特	"W"
埃	"ang"	**磁**	**from_unit**
皮卡（1/72 英寸）	"Pica"	特斯拉	"T"
日　期	**from_unit**	高斯	"ga"
年	"yr"	**温　度**	**from_unit**
日	"day"	摄氏度	"C"
小时	"hr"	华氏度	"F"
分钟	"mn"	开氏温标	"K"
秒	"sec"	**液 体 度 量**	**from_unit**
压　强	**from_unit**	茶匙	"tsp"
帕斯卡	"Pa"	汤匙	"tbs"
大气压	"atm"	液量盎司	"oz"
毫米汞柱	"mmHg"	杯	"cup"
力	**from_unit**	U.S.	品脱
牛顿	"N"	U.K.	品脱
达因	"dyn"	夸脱	"qt"
磅力	"lbf"	加仑	"gal"
		升	"l"

Excel 函数与公式速查宝典

❶ 选中 C2 单元格，在编辑栏中输入公式：

`=ROUND(CONVERT(B2,"gal","l"),2)`

❷ 按 Enter 键，即可将单位 gal（加仑）转换为 1（升）。然后向下复制 C2 单元格的公式，即可实现批量转换，如图 11-49 所示。

C2		× ✓ fx	=ROUND(CONVERT(B2,"gal","l"),2)		
▲	A	B	C	D	E
1	食品	用量(加仑gal)	用量(升l)		
2	威士忌	5.12	**19.38**		
3	酸奶	8.95	**33.88**		
4	葡萄汁	1.75	**6.62**		
5	水	5.85	**22.14**		
6	芝士	3.36	**12.72**		

图 11-49

8. BITAND（按位进行 AND 运算）

【函数功能】BITAND 函数用于返回两个数值型数值按位进行 AND 运算后的结果（即两个数按位进行"与"运算）。将 nExpression1（二进制的）的每一位同 nExpression2（二进制的）的相应位进行比较，如果 nExpression1 和 nExpression2 的位都是 1，相应的结果位就是 1；否则相应的结果位是 0。

【函数语法】BITAND (nExpression1, nExpression2)

● nExpression1：必须为十进制格式并大于或等于 0。

● nExpression2：必须为十进制格式并大于或等于 0。

例：以二进制形式比较两个数值（"与"对比）

❶ 选中 C2 单元格，在编辑栏中输入公式：

`=BITAND(A2,B2)`

扫一扫，看视频

❷ 按 Enter 键，返回的结果为 4。因为数字 5 的二进制编码为 101，数字 6 的二进制编码为 110，二者按位进行"与"对比，得到的是 100，此二进制编码对应的十进制编码就是 4，如图 11-50 所示。

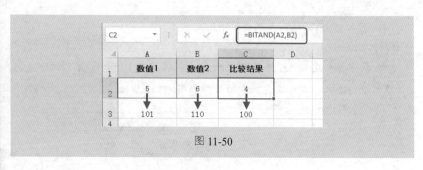

图 11-50

9. BITOR（按位进行 OR 运算）

【函数功能】BITOR 函数用于返回两个数值型数值按位进行 OR 运算后的结果（即两个数按位进行"或"运算）。将 nExpression1（二进制的）的每一位同 nExpression2（二进制的）的相应位进行比较，如果 nExpression1 和 nExpression2 的位有一个为 1，相应的结果位就是 1；只有当两个位都是 0 时，相应的结果位才是 0。

【函数语法】BITOR (nExpression1, nExpression2)

- nExpression1：必须为十进制格式并大于或等于 0。
- nExpression2：必须为十进制格式并大于或等于 0。

例：以二进制形式比较两个数值（"或"对比）

❶ 选中 C2 单元格，在编辑栏中输入公式：

=BITOR(A2,B2)

❷ 按 Enter 键，返回的结果为 7。因为数字 5 的二进制编码为 101，数字 6 的二进制编码为 110，二者按位进行"或"对比，得到的是 111，此者二进制编码对应的十进制编码就是 7，如图 11-51 所示。

扫一扫，看视频

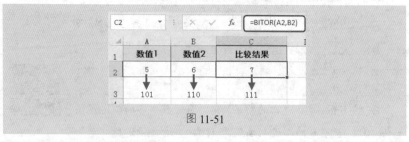

图 11-51

10. BITXOR 函数（返回两个数值的按位"异或"结果）

【函数功能】BITXOR 函数用于返回两个数值的按位"异或"结果。将

nExpression1（二进制的）的每一位同 nExpression2（二进制的）的相应位进行比较，如果 nExpression1 和 nExpression2 的位有一个为 1，相应的结果位就是 1；只有当两个位都是 0 或者都是 1 时，相应的结果位是 0。

【函数语法】BITXOR (number1, number2)

● number1：必须大于或等于 0。

● number2：必须大于或等于 0。

例：以二进制形式比较两个数值（"异或"对比）

❶ 选中 C2 单元格，在编辑栏中输入公式：

=BITXOR(A2,B2)

❷ 按 Enter 键，返回的结果为 3。因为数字 5 的二进制编码为 101，数字 6 的二进制编码为 110，二者按位进行"异或"对比，得到的是 011，此二进制编码对应的十进制编码就是 3，如图 11-52 所示。

图 11-52

11. BITLSHIFT（左移指定位数并返回十进制编码）

【函数功能】BITLSHIFT 函数用于返回向左移动指定位数后的数值。

【函数语法】BITLSHIFT(number, shift_amount)

● number：必需，number 必须为大于或等于 0 的整数。

● shift_amount：必需，shift_amount 必须为整数。

例：左移指定位数并用十进制表示

❶ 选中 B2 单元格，在编辑栏中输入公式：

=BITLSHIFT(A2,2)

❷ 按 Enter 键，返回结果为 20。因为数字 5 的二进制编码为 101，在右侧添加两个数字 0 将得到 10000，此二进制编码对应的十进制编码为 20，如图 11-53 所示。

图 11-53

12. BITRSHIFT（右移指定位数并返回十进制编码）

【函数功能】BITRSHIFT 函数用于返回向右移动指定位数后的数值。

【函数语法】BITRSHIFT(number, shift_amount)

- number：必需，number 必须为大于或等于 0 的整数。
- shift_amount：必需，shift_amount 必须为整数。

例：右移指定位数并用十进制表示

❶ 选中 B2 单元格，在编辑栏中输入公式：

=BITRSHIFT(A2,2)

❷ 按 Enter 键，返回结果为 5。因为数字 22 的二进制编码

为 10110，删除最右边的两位数得到 101，此二进制编码对应

的十进制编码为 5，如图 11-54 所示。

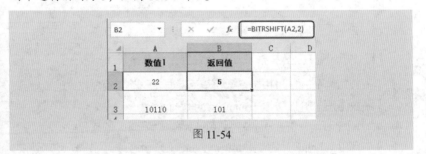

图 11-54